"十三五"国家重点出版物出版规划项目

面向可持续发展的土建类工程教育丛书

21世纪高等教育工程管理系列教材

SUSTAINABLE

DEVELOPMENT

房屋建筑学

第2版

◎ 主　编　邢双军
◎ 副主编　许瑞萍　赵春艳
◎ 参　编　张立伟　高　唱
　　　　　　王　蕾　王秀珍
◎ 主　审　曹麻茹

机械工业出版社
CHINA MACHINE PRESS

本书是特别为工程管理专业开设房屋建筑学课程而编写的。全书在内容安排上力求体现工程管理专业的教学特点，精简设计内容，强化宏观控制，突出建筑构造，以简练的语言和直观的图表介绍了房屋建筑的设计原理、分类方法及建筑的主要组成和常规构造。全书内容简洁，紧贴应用实际，具有较强的实用性。

全书共分为3篇：第1篇（1～3章）为房屋建筑学入门知识，第2篇（4～12章）为民用建筑设计原理及构造，第3篇（13～19章）为工业建筑设计原理及构造。

本书主要作为工程管理、建筑环境与设备工程及土木工程等专业的本科教材和教学参考书，也可供从事工程管理及建筑施工的专业人员学习参考。

图书在版编目（CIP）数据

房屋建筑学/邢双军主编. —2 版. —北京：机械工业出版社，2018.9
（2024.1 重印）

（面向可持续发展的土建类工程教育丛书）

"十三五"国家重点出版物出版规划项目　21 世纪高等教育工程管理系列教材

ISBN 978-7-111-60822-6

Ⅰ.①房…　Ⅱ.①邢…　Ⅲ.①房屋建筑学－高等学校－教材　Ⅳ.①TU22

中国版本图书馆 CIP 数据核字（2018）第 205495 号

机械工业出版社（北京市百万庄大街 22 号　邮政编码 100037）
策划编辑：冷　彬　　　　　责任编辑：冷　彬　臧程程
责任校对：樊钟英　王明欣　封面设计：张　静
责任印制：单爱军
北京虎彩文化传播有限公司印刷
2024 年 1 月第 2 版第 5 次印刷
184mm×260mm·23.75 印张·590 千字
标准书号：ISBN 978-7-111-60822-6
定价：59.80 元

电话服务　　　　　　　　　网络服务
客服电话：010-88361066　　机　工　官　网：www.cmpbook.com
　　　　　010-88379833　　机　工　官　博：weibo.com/cmp1952
　　　　　010-68326294　　金　书　网：www.golden-book.com
封底无防伪标均为盗版　　　机工教育服务网：www.cmpedu.com

前　　言

　　本书第 1 版自 2006 年 6 月出版至今已有 12 年了，受到广大高校师生的喜爱和好评。如今，编者根据广大高校当前有关专业教学使用需求和第 1 版的使用反馈意见，并为适应建筑相关规范的更新调整，通过认真修订，形成本书的第 2 版。

　　本书作为工程管理及土木工程等本科专业开设"房屋建筑学"课程的使用教材，在内容安排上力求体现上述专业的教学特点，精简设计内容，强化宏观控制，突出建筑构造，以简炼、平实的语言介绍了房屋建筑的设计原理、分类方法及建筑物的主要组成和常规构造。全书内容简洁，紧贴实际应用，具有较强的实用性。

　　全书共分为 3 篇：第一篇（1~3 章）为房屋建筑学入门知识，第 2 篇（4~12 章）为民用建筑设计原理及构造，第 3 篇（13~19 章）为工业建筑设计原理及构造。

　　本书第 2 版由邢双军担任主编。编写成员及具体的编写分工为：浙江万里学院邢双军编写第 1 章、第 2 章、第 3 章；邢双军和北京建筑大学高唱合作编写第 4 章；浙江大学宁波理工学院许瑞萍编写第 5 章、第 6 章、第 9 章；许瑞萍和黑龙江工程学院张立伟合作编写第 7 章；许瑞萍和湖南工程学院王秀珍合作编写第 8 章、第 10 章；桂林理工大学王蕾编写第 11 章、第 12 章；鲁迅美术学院赵春艳编写第 13 章、第 14 章、第 15 章、第 16 章、第 17 章、第 18 章、第 19 章。

　　本书在编写过程中参考借鉴了一些国内外的经典教材及专著，在此向这些文献的作者表示深深的谢意。

编　者

目　录

第 3 篇　工业建筑设计原理及构造

第1篇

房屋建筑学入门知识

认 识 建 筑

了解中国建筑和国外建筑发展历史概况；熟悉功能、技术和形象是构成建筑的三大基本要素以及三者之间的辩证统一关系；掌握建筑的分类和分级。

1.1 建筑和构成建筑的基本要素

1.1.1 什么是建筑

简单地说，建筑就是指人工创造的空间环境，是人们日常生活和从事生产活动不可缺少的场所。人类的生存和发展，都与建筑有着密不可分的关系，"衣、食、住、行"是人们最基本的生活条件，而其中的"住"就需要房屋，"房屋"从广义上来讲就是"建筑"。

"建筑"这个词是近代从外国传入的。在我国古代，曾有"营造""营建"的说法，也就是经营建造的意思。建筑可分为建筑物和构筑物。通常把直接供人使用的建筑称为"建筑物"，如住宅建筑、公共建筑、宗教建筑、工商企业建筑等；而把不直接供人使用的建筑称为"构筑物"，如烟囱、水塔、电视塔、堤坝等。无论是建筑物还是构筑物都以一定的空间形式存在，而且在使用建筑材料、结构技术和构造方法等方面具有相同的基本原理，并具有技术、艺术和生命周期等复合因素的特征。

1.1.2 构成建筑的基本要素

建筑的基本要素是指建筑功能、建筑技术和建筑形象，通称为建筑的三要素。任何一个建筑都因人的特定使用要求而产生，在建造过程中自然需要材料、设备、施工方法等，而且建成后人们总是希望它符合自己的审美要求。建筑的使用要求即功能；材料、设备、施工方法等即物质技术；审美要求即艺术形象。公元前 1 世纪，罗马建筑师维特鲁威曾经把实用、坚固、美观称为构成建筑的三要素。在不同历史条件下，建筑功能、物质技术条件和建筑形式，会因社会的发展而变化，但上述三者始终是构成一个建筑物的基本内容。

1. 建筑功能

什么是建筑功能？简单地说，就是人对建筑的物质和精神方面的具体使用要求。建造房屋的首要目的是实用，设计房屋时，必须首先考虑建筑的功能，这体现了建筑物的目的性。例如，建造工厂是为了满足生产的需要，建造住宅是为了满足居住的需要，建造影剧院则是为了满足文化生活的需要。因此，满足人们对各类建筑的不同的使用要求，即建筑功能。

2. 建筑技术

建筑技术是建造房屋的手段，包括建筑结构、建筑材料、建筑施工和建筑设备等内容。建筑不可能脱离建筑技术而存在，物质技术条件与建筑功能的关系是非常密切的。没有一定的物质技术条件，建筑功能就不可能实现。例如，高层建筑、大跨度建筑只有在出现了钢和钢筋混凝土以及现代化施工技术之后才得以实现。可以说，高度发展的建筑技术是现代建筑的一个重要标志，结构和材料构成了建筑的骨架，设备是保证建筑达到某种要求的技术条件，施工是保证建筑实施的重要手段。建筑功能的实施离不开建筑技术的保证。随着生产和

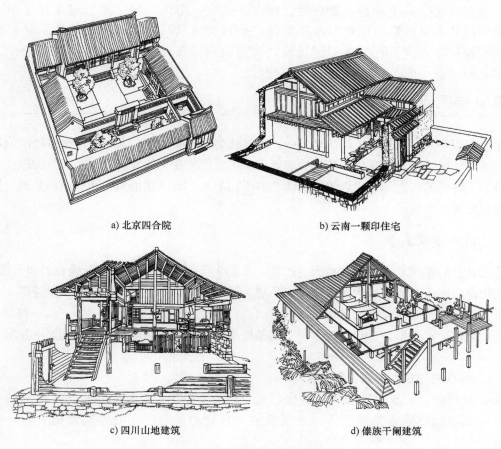

a) 北京四合院   b) 云南一颗印住宅

c) 四川山地建筑   d) 傣族干阑建筑

图 1-1　中国不同地区的建筑形象

科学技术的发展，各种新材料、新结构、新设备和新的施工工艺不断发展，新的建筑形式不断涌现，更加充分地满足了人们对各种不同功能的需求。

3. 建筑形象

建筑形象是建筑物内外空间组合、建筑体型、立面式样、材料质感、细部线形、建筑色彩等观感的综合体现。建筑形象处理得当能产生良好的艺术效果，给人以感染力和美的享受，如庄严雄伟、朴素大方、简洁明快、生动活泼等不同的感觉，这就是建筑艺术形象的魅力。不同时代的建筑有不同的建筑形象，例如古代建筑与现代建筑的形象就不一样。我国不同民族、不同地域的建筑，也会产生不同的建筑形象，例如汉族和少数民族、南方和北方，都具有本民族、本地区各自的建筑形象（见图1-1）。建筑形象因社会时代、民族、地域的不同而不同，它反映出了绚丽多彩的建筑风格和特色。

建筑功能、建筑技术和建筑形象是构成建筑的三大基本要素。这三者之间是辩证统一的关系，不可分割，但又有主次之分，并相互制约。一般情况下，第一是建筑功能，是建筑的目的，是起主导作用的因素；第二是建筑技术，是达到目的的手段，但技术对功能又有制约和促进作用；第三是建筑形象，是建筑功能、建筑技术与艺术的综合表现。但有时对一些纪念性、象征性、标志性建筑，建筑形象往往也起主导作用，成为构成建筑的主要因素。建筑形象不能是完全被动地反映功能和技术条件，应在同样功能和同样技术条件下，力求把建筑设计得更美观。在一个优秀的建筑作品中，这三者应该是和谐统一的。

1.2 建筑发展概况

建造房屋是人类最早的生产活动之一，随着社会的不断发展，人类对建造房屋的内容和形式的要求发生了巨大的变化，建筑的发展反映了时代的变化与发展，同时建筑的形式也深深地烙下了时代的印记。对建筑的发展演变的研究学习，可以领悟到一些有用的东西，使人们受到启发并可以借鉴。

1.2.1 国内建筑发展概况

原始社会的建筑是人与自然斗争的产物。人们为了躲避自然灾害的侵袭和野兽的袭击，开始利用简单的工具或架木为巢或依洞穴而居，逐渐出现了人工挖掘的穴居、巢屋等，人类开始了建筑活动。随着原始人定居状态的形成，许多地方出现了村落的雏形。由于我国与外国在历史条件、意识形态、建筑技术、自然条件等方面的差别，使得国内外建筑的发展不尽相同。

1.2.1.1 我国古建筑发展概况及特征

经过原始社会、奴隶社会和封建社会三个历史发展阶段，特别是经历了漫长的封建社会，中国古代建筑逐步形成了一种成熟的、独特的体系，在世界建筑史上占有重要的位置。

1. 我国古建筑发展

（1）原始社会建筑　我国目前发现人类最早的住所是北京猿人居住的岩洞。随着生产力的发展和社会的进步，人们开始利用天然材料建造各种类型的房屋。在距今已有六七千年历史的浙江余姚河姆渡遗址中，发现了大量的木制榫卯构件，说明当时已出现了木结构建筑，而且达到了一定的技术水平（见图1-2）。从我国的西安半坡遗址可以看出距今5000多年前的院落布局及较完整的房屋雏形（见图1-3）。

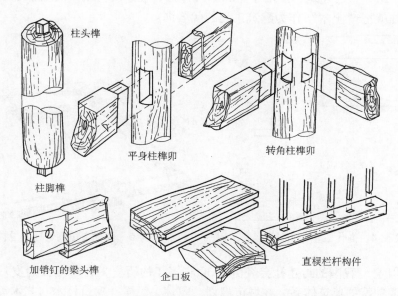

图 1-2　浙江余姚河姆渡遗址的干阑建筑构件

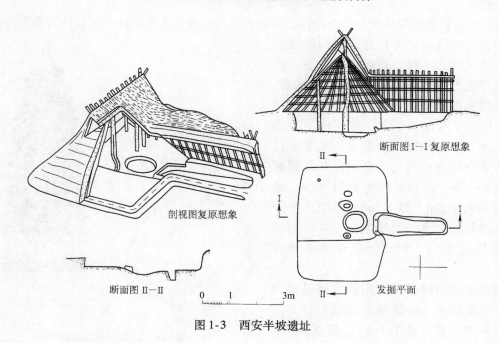

图 1-3　西安半坡遗址

（2）奴隶社会建筑　公元前21世纪到公元前476年，即从夏朝起经商朝到西周这段时间，我国达到奴隶社会的鼎盛时期，在这期间已经出现了宫殿、宗庙、都城等建筑。考古发现证明，夏代已有了夯土筑成的城墙和房屋的台基，商代已形成了木架夯土建筑和庭院，西周时期在建筑布局上已形成了完整的四合院格局。图1-4 和图1-5 是商代一座宫殿遗址的平面和复原模型。如图1-5 所示，整个宫殿建造在夯土台基上，中间是木结构大殿，四周围绕着廊子，构成一组完整的建筑群。由于土和木两种材料在建筑构成中的综合运用，所以在几千年以前，我国就把"土木"作为建筑工程的代名词。

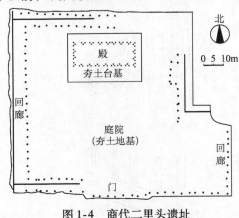
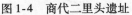

图1-4　商代二里头遗址

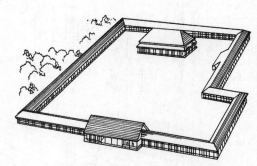

图1-5　商代二里头遗址复原模型

（3）封建社会　我国的封建社会经历了3000 多年的历史，在这漫长的岁月中，中国古建筑逐步发展成独特的建筑体系，在城市规划、园林、民居、建筑技术与艺术等方面都取得了很大的成就。

我国的万里长城是伟大的历史杰作，被誉为世界建筑史上的奇迹，它最初兴建于春秋战国时期，是各国诸侯为相互防御而修筑的城墙。公元前221 年，秦始皇灭六国，建立中国历史上的第一个统一的封建帝国后，这些城墙被逐步增补连接起来，后经历代修缮，形成了西起嘉峪关、东至山海关的万里长城。保存比较完整的是明长城。根据此前文物和测绘部门的全国性长城资源调查结果，明长城总长度为8851.8km。这些城墙高约7.5m，厚约6m，有的用土夯筑，有的用砖包砌，因地制宜，并在显要的位置建造关城，大部分至今基本保存完好。

魏晋南北朝时期最突出的成就是佛教建筑。河南嵩岳寺砖塔建于北魏时期，是我国最早的砖塔（见图1-6），高40m，全部用泥浆砌筑而成，外形呈抛物线状，体现了1400 多年前我国古代工匠高超的施工技术水平。

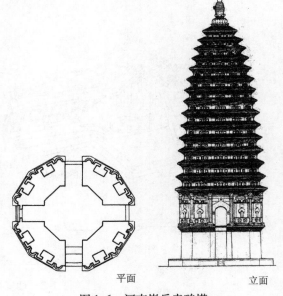

平面　　　　　　立面

图1-6　河南嵩岳寺砖塔

兴建在隋朝的河北赵县安济桥在工程技术和建筑造型上都达到了很高的水平。桥身是一道雄伟的单孔弧券，跨度达 37.37m，在主拱券的上边两端又各加设了两个小拱。这种处理方式一方面可以防止洪水雨季急流对桥身的冲击，另一方面可减轻桥身的自重，并形成了桥面的缓和曲线，它是世界上现存最早的敞肩式石拱桥（见图 1-7）。

图 1-7　河北赵县安济桥

唐代是我国封建社会经济文化发展的一个高潮时期，著名的山西五台山佛光寺正殿就兴建于唐大中十一年（公元 857 年）。它是我国保存年代最久、现存最大的木构架建筑（见图 1-8），该建筑是唐代木结构庙堂的范例，它充分地表现了结构和艺术的统一。

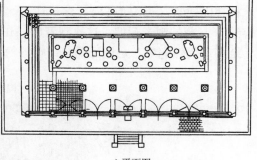

a) 平面图

唐代的砖建筑也有进一步的发展，比较著名的是西安的慈恩寺大雁塔和荐福寺小雁塔。大雁塔是典型的阁楼式砖塔（见图 1-9），平面方形、空筒式结构，高度为 64m，内设木梯、木楼板。塔身收分显著，逐层减少高宽。荐福寺小雁塔则是一座典型的唐代密檐式砖塔，平面为空筒方形，底层每边长为 11.38m。原塔层叠 15 层，现塔顶残毁，剩下 13 层，残高为 43.3m（见图 1-10）。

b) 正立面图

图 1-8　佛光寺正殿

宋代由于手工业和商业的发展，城市经济呈现崭新的面貌，出现了沿街设店的经营方式，涌现出大量的茶楼、酒楼、旅馆、戏棚，打破了过去集中的市场制度。北宋张择端所画的《清明上河图》长卷，描绘了宋代东京城沿汴河的近郊风貌和城内的街市情景。

图1-9 西安大雁塔

图1-10 西安小雁塔

宋代还总结了隋唐以来的建筑成就，制定了设计模数和工料定额制度，编写了《营造法式》一书，由政府颁布施行。这是当时世界上较完整的一部建筑著作。

辽金元代的建筑基本上保持了唐代的建筑风格。天津市蓟州区独乐寺观音阁是现存最古老的木构楼阁建筑（见图1-11），建于辽代，采用梁枋斗拱结构，内部空间贯通三层高度，以便容纳16m高的观音塑像。这座观音阁，在历史上曾遭受过28次地震以及1976年唐山大地震，结构却仍然完好，足以证明其结构的稳定可靠。

图1-11 天津市蓟州区独乐寺观音阁

辽代建造的山西应县佛宫寺释迦塔，是国内现存最古老最高大的木构楼阁式塔。外观八角五层六檐，高达66m，体形高大，结构复杂，轮廓优美（见图1-12）。塔身利用里外两圈梁柱互相搭接及柱间斜撑起支撑作用，形成了空间结构的刚性整体。该塔经历了多次地震考验，至今仍巍然屹立，堪称奇迹。

到了明清时期，随着生产力的发展，建筑技术与艺术也有了突破性的发展，兴建了一些

图 1-12　山西应县佛宫寺释迦塔

举世闻名的建筑。明清两代的皇宫紫禁城（又称故宫）就是代表性建筑之一，它南北长 960m，东西宽 760m，占地 73hm² （公顷，$1hm^2 = 10^4m^2$），有房屋 9000 多间，建筑面积约 15 万 m²。故宫采用了中国建筑传统的对称布局的形式，格局严谨，轴线分明。太和、中和、保和三大殿建筑在 7m 高的工字形汉白玉石的台基上，整个建筑群体高低错落，起伏开阔，色彩华丽，气势庄严巍峨，体现了皇权至上的思想。太和殿（见图 1-13）是我国现存最大的木建筑，是皇帝上朝的地方，建筑上的一切构建规格和装修均达到了当时最高级的标准。

图 1-13　故宫太和殿

北京的颐和园、天坛也集中体现了古代园林和祭祀建筑的光辉成就，建筑技术和艺术都达到了极高的境界（见图 1-14、图 1-15）。其中，天坛是皇帝祭天和祈祷丰年的场所。按照天圆地方的传统观念，天坛的建筑都是圆形的。祈年殿建造在有三层汉白玉石栏的圆形台基上，它有三重深蓝色的琉璃屋檐和彩画精美的圆形大殿。

我国古代建筑经过几千年的演变，在自己特定的社会和自然环境中，形成了一个完整独立体系，并影响到日本、朝鲜和东南亚一带的国家。

2. 我国古建筑的特征

（1）木构架体系　中国建筑中的重要建筑都是采用木构架（见图 1-16）。墙只起围护作用，因而有"墙倒屋不塌"之说。木构架的主要类型有抬梁式、穿斗式两种，由此体系而派生出以下特点：

图 1-14　颐和园

图 1-15　天坛祈年殿

1）重视台基。为防止木柱根部受潮，台基要高出地面。台基的高低与形式逐渐成为显示建筑物等级的标志。如故宫太和殿用三层须弥座汉白玉台基（见图1-17），而王府的台基高度是有规定限制的。

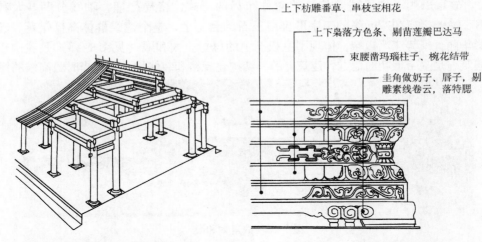

图 1-16　清式抬梁式木构架示意图

图 1-17　清式砖砌须弥座

上下枋雕番草、串枝宝相花

上下枭落方色条、剔苗莲瓣巴达马

束腰凿玛瑙柱子、椀花结带

圭角做奶子、唇子，剔雕素线卷云，落特腮

2）屋身灵活。木结构中的墙不承重，因此可以任意设置或取消，可亭、可仓、可室、可厅；墙体可厚、可薄；开窗可大、可小，以适应各种不同的气候。

3）屋顶呈曲线或曲面。屋顶以举折或举架形成上陡下缓的坡度曲线，以取得屋面雨水匀速下注。檐部平缓又取得反宇向阳、多纳日照的好处。中国建筑的曲线坡屋顶犹如建筑的冠冕，优美而实用（见图1-18）。

4）重要建筑使用斗拱。斗拱原为起承重作用的构件，随着结构功能的变化，斗拱逐渐成为建筑物等级的标志（见图1-19）。

5）装饰构造但不构造装饰。建造中仅对必需的构造加以艺术处理，而不是另外添加装饰物。例如，在石柱基础上加以雕饰，梁、柱做卷杀，形成梭柱、月梁；屋顶尖端接缝处加屋脊；脊端、屋檐等有穿钉处加设吻兽、垂兽、仙人走兽、帽钉等以防雨、防滑落；甚至油漆彩画设计的初衷也用作木材防腐之需。在必需的条件下，加以美化处理，而非纯粹的装饰（见图1-20）。

图 1-18　屋顶

图 1-19　斗拱

（2）院落式布局　用单体建筑围合成院落，建筑群以中轴线为基准由若干个院落组合，利用单体建筑的体量大小和在院中所居位置来区别尊卑内外，符合我国封建社会的宗法观念。我国的宫殿、庙宇、衙署、住宅都属院落式。另外，院落式平房比单幢的高层木楼阁在防火方面较为有利。

（3）有规划的城市　历史上大多数朝代的都城都必附于《周礼·考工记》的王城之制，虽不是完全体现，但大多数都是外形方正、街道平直、按一定规划建造的，包括州县等也是如此。只是在自然条件极为特殊的地段，才偶然有不规则的城存在。

（4）山水式园林　我国园林园景构图采用曲折的自由布局，因借自然，模仿自然，与中国的山水画、山水诗文有共同的意境（见图1-21）。与欧洲大陆的古典园林惯用的几何图形、树木修剪以及人力造作的气氛，大异其趣。强调"虽由人作，宛自天开"。

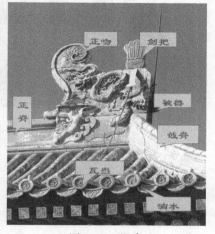

图 1-20　屋脊

图 1-21　风景园林

（5）特有的建筑观　视建筑等同于舆服车马，不求永存。而且也不把建筑作为一种学术。技术由师徒相传，以实地操作、身传口述为主，而读书人很少有人关心建筑，因此著书很少，这些建筑观影响了我国建筑的发展与进步。

1.2.1.2　新中国建筑发展概述

1949年新中国成立以来，随着国民经济的恢复和发展，建设事业取得了很大的成就。

在新中国成立 10 周年之际,北京市兴建了人民大会堂、北京火车站、民族文化宫等十大建筑,建筑规模、建筑质量、建设速度都达到了很高的水平。图 1-22 为人民大会堂和人民英雄纪念碑。其中人民英雄纪念碑坐落在天安门广场的中心,碑下是汉白玉石栏的双重大平台,把纪念碑衬托得更加挺拔和稳定,它与广场四周的建筑比例协调,从而使天安门广场显得更加辽阔。

图 1-22　人民大会堂和人民英雄纪念碑

20 世纪 60 年代至 70 年代,我国在广州、上海、北京等地兴建了一批大型公共建筑,如 1968 年兴建 27 层高的广州宾馆,1976 年 6 月兴建的 33 层广州白云宾馆,1970 年兴建的上海体育馆等建筑,都是当时高层建筑和大跨度建筑的代表作。

进入 20 世纪 80、90 年代以来,随着改革开放和经济建设的不断发展,我国的建设事业也出现了蓬勃发展的景象。1985 年建成的北京国际展览中心是当时我国最大的展览建筑,总建筑面积 7.5 万 m²。1987 年建成的北京图书馆新馆,建筑面积 14.2 万 m²,它是我国目前规模最大、设备与技术最先进的图书馆。1990 年建成的国家奥林匹克体育中心游泳馆,建筑面积 3.7 万 m²,内设 6000 个座位,是当年北京亚运会的重要比赛场馆之一。后来,我国又陆续兴建了深圳国贸中心、深圳发展中心、广州国际大厦、广州中信广场、北京火车西站、上海市浦东的金茂大厦、上海环球金融中心、上海中心大厦等一大批高层建筑(见图 1-23 ~ 图 1-25)。其中上海中心大厦总高度 632m,地面楼层 127 层,建筑面积约 57.6 万 m²,占地面积约 3 万 m²,外形呈 120°螺旋上升的流线型玻璃晶体,总投资 148 亿元人民币。截至 2017 年,在世界最高的 100 个已建成建筑中,有将近一半是在我国建成的,这标志着我国高层建筑的发展已达到世界先进水平。

近年来,我国在住宅建设方面发展非常迅速。一方面,居住建筑面积稳步增长。2013—2016 年,全国累计竣工住宅建筑面积 74 亿 m²,住宅建设水平创历史新高。2016 年,全国居民人均住房建筑面积达到 40.8m²。另一方面,居住质量不断提高。2016 年,农村居民居住在钢筋混凝土或砖混材料结构住房的户比重为 64.6%,比 2013 年提高了 8.8 个百分点。全国居民居住水平和条件有了质的飞跃。

图 1-23　北京火车西站

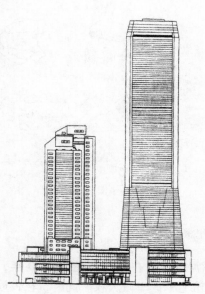

图 1-24　广州国际大厦

图 1-25　上海中心大厦和上海金茂大厦

1.2.2　国外建筑发展概况

1. 原始社会

人们最初对建筑的要求就是能防止野兽的侵袭、挡风避雨。当人类进入新石器时代,随着人类的定居和工具的发展,开始用石头和树枝建造掩蔽物。这便是建筑物发展的最初形式（见图 1-26）。另外,还出现了纪念性巨石建筑（见图 1-27）。

2. 奴隶社会

公元前 4000 年以后,世界上开始由奴隶社会取代原始社会,出现了最早的奴隶制国家,在这一历史阶段，建筑形式也发生了巨大的变化。

a) 天然洞穴

b) 石洞

c) 巢穴

图 1-26 原始的洞穴和窝棚

a) 石环

b) 石台

图 1-27 原始宗教及纪念性建筑

（1）古埃及建筑 古埃及位于非洲东北部尼罗河流域。在大约公元前 3000 年，埃及成了统一的奴隶制帝国，实行奴隶主专制统治，国王法老掌握军政大权。同时，在古埃及出现了人类第一批巨大的纪念性建筑，如陵墓和神庙。其中，金字塔是古埃及最著名的建筑，它是古埃及统治者法老的陵墓，距今已有 5000 余年的历史。散布在尼罗河下游两岸的金字塔共有 70 多座，最大的一座为胡夫金字塔，它的底面边长为 230.6m，高为 146.4m，大约相当于 50 层楼高，绕塔一周，即为 1km，该塔用 230 万块巨石干砌而成，每块石料重达 2.6t。金字塔以其庞大、沉稳、简洁的体形屹立在一望无际的沙漠上，极具表现力（见图 1-28）。

古埃及另一著名的建筑是太阳神殿，它由高大的石门、露天柱廊、空旷的大院、正殿、内殿、围墙组成。主神殿内部净宽 103m，进深 25m，密排着 134 棵柱子。中央两排 12 棵柱子高达 21m，直径 3.57m，上面架设 9.21m 长的大梁，重达 65t；其余柱子高 12.8m，直径 2.74m。柱子长细比为 1:4.66，柱间净距小于柱直径。密集的柱子形成柱林，体现出一派冷酷、神秘、压抑的气氛（见图1-29）。

（2）古希腊建筑 古希腊包括巴尔干半岛、小亚细亚西岸、爱琴海诸岛屿、西西里和黑海等广大地区。古希腊的奴隶与自由民在这里创造了光辉的文化，历史上称欧洲的古典文化，是欧洲文化的摇篮。古希腊的建筑特色主要体现在建筑的柱式上，具有代表性的有陶立克、爱奥尼克和科林斯柱式。陶立克柱式刚劲雄健，用来表示古朴庄重的建筑形式；爱奥尼克柱式清秀柔美，适用于秀丽典雅的建筑形象；科林斯柱式的柱头由忍冬草的叶片组成，宛如一个花篮，体现出一种富贵豪华的气派（见图1-30）。

图1-28 金字塔

图1-29 古埃及太阳神庙主殿（卡纳克太阳神庙）

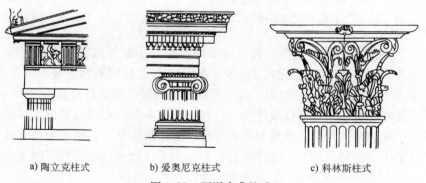

a) 陶立克柱式　　　b) 爱奥尼克柱式　　　c) 科林斯柱式

图1-30 西洋古典柱式

希腊半岛气候温和，适宜户外活动，除神庙外，出现了进行公共活动的场所，如露天剧场、体育场、广场、敞廊等。建筑风格开敞明朗，讲究艺术效果。希腊盛产白云石，也为建筑艺术创作提供了条件。

被视为古希腊建筑典范的雅典卫城，是雅典人为了纪念波希战争的胜利而修建的一组建筑群。它是由帕提农神庙、伊瑞克先神庙、胜利神庙和卫城山门组成。建筑群依山修筑，气势雄伟，布局灵活，主次分明，高低错落，被誉为西方建筑史上建筑群体组合艺术的辉煌杰作（见图1-31）。

a)平面图　　　　　　　　　　　　　　　　b) 透视图

图 1-31 雅典卫城

帕提农神庙是雅典卫城的主体建筑，该建筑恰当地选择了陶立克柱式，使整个神庙尺度适宜，简洁大方，风格明朗（见图 1-32）。伊瑞克先神庙更是结合地形，设计精巧，使用了人像柱（见图 1-33）。

图 1-32 帕提农神庙图

图 1-33 人像柱

（3）古罗马建筑 罗马本是意大利半岛中部西岸的小城邦国家，后来征服了整个意大利半岛，并逐渐向外扩张，到公元前 30 年，古罗马已成为横跨欧、亚、非的帝国。公元 1—3 世纪是古罗马建筑最繁荣的时期，也是世界奴隶制时代建筑的最高水平。

古罗马建筑在建筑空间处理以及结构、材料、施工等方面都取得了重大成就，形成了独特的建筑风格。在空间处理上，注意空间的层次、形体的组合，达到了宏伟壮观的效果；在结构方面发展了拱券和穹顶结构，在建筑材料上运用了当地出产的天然混凝土，有效地取代了石材。

古罗马万神庙是穹顶技术的成功范例。万神庙是古罗马宗教奉祀诸神的庙宇，平面由矩形门廊和圆形正殿组成，圆形正殿直径和高度均为 43.3m，上覆穹窿，顶部开有直径 8.9m 的圆洞，可顶部采光，并寓意人与神的联系。从圆洞进来柔和的漫射光，照亮空阔的内部，有一种宗教的宁谧气息。这一建筑从建筑构图到结构形式，堪称古罗马建筑的珍品（见图 1-34）。

罗马大斗兽场也是古罗马建筑的代表作之一。大斗兽场用作统治者观看残酷的人与人斗、人与野兽斗的场所，建筑平面呈椭圆形，长轴 188m，短轴 156m，立面高 48.5m，分为四层，下面三层为连续的券柱组合，第四层为实墙（见图 1-35）。它是建筑功能、结构和形式三者和谐统一的楷模，它有力地证明了古罗马建筑已发展到了相当成熟的地步。

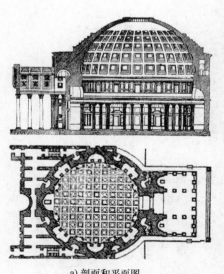
a) 剖面和平面图

b) 室内透视图

图 1-34　古罗马万神庙

图 1-35　罗马大斗兽场

3. 封建社会

在公元 4—5 世纪，欧洲各国先后进入到中世纪的封建社会。在这一时期，宗教建筑得到了迅速的发展，能容纳上千人的大教堂、修道院等便成了这一时期建筑活动的重要内容。为了适应大空间、大跨度的要求，建筑技术也有了进一步的发展，拱肋结构、飞扶壁结构（见图 1-36）、穹顶结构相继出现，使建筑内外部空间更加丰富多彩。

在这一时期，法国的巴黎圣母院为典型实例。巴黎圣母院是天主教的圣地之一。它位于巴黎的斯德岛上，整栋建筑用石头砌筑，所有屋顶、塔楼、飞扶壁等顶端都用尖塔作为装饰。圣母院总长 130m，宽 50m，高 35m，可容纳约 9000 人，大厅相当宽敞。其结构用柱墩承重，柱墩之间全部开窗，并有尖券六分拱顶、飞扶壁。其建筑形象也反映出强烈的宗教气氛，不但是哥特式建筑的上乘之作，同时也是世界建筑史上无与伦比的杰作（见图 1-37）。

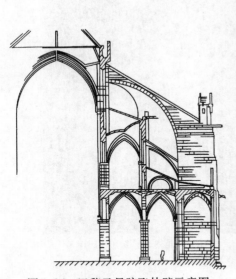

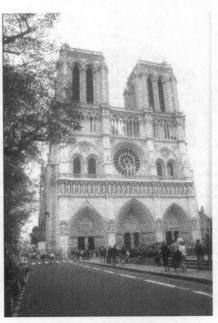

图 1-36　巴黎圣母院飞扶壁示意图　　　　图 1-37　巴黎圣母院

4. 文艺复兴和资本主义近现代建筑

在 14 世纪末，资产阶级在上层建筑领域掀起了"文艺复兴运动"，即借助于古典文化来反对封建文化并建立自己的文化。在这期间，建筑家们在古希腊、古罗马柱式的基础上，结合当时的建造技术、材料和施工方法等，总结出了一套完整的建筑构图原理。于是，各种拱顶、券廊、柱式成为文艺复兴时期建筑构图的主要手段。为了学习和研究古典建筑，1671 年，法国在巴黎成立了皇家建筑学院。从那时候开始，直到 19 世纪，以柱式为基础的古典建筑形式在欧洲占据了绝对统治地位。一些建筑师把古典建筑形式加以绝对化，以致发展成为僵硬的古典主义学院派，走上了形式主义道路。

这一时期的代表性建筑有罗马圣彼得大教堂。它是世界上最大的天主教堂，历时 120 年建成（1506—1626 年），罗马最优秀的建筑师都曾主持过设计与施工，它集中了 16 世纪意大利建筑、结构和施工的最高成就。它的平面为拉丁十字形，长 212m，两翼宽 137m，穹顶直径 42m，仅次于罗马万神庙，穹顶上的十字架尖端高 138m，是罗马全城的最高点，内部顶点高 123m。这一建筑被称为意大利文艺复兴时期最伟大的纪念碑（见图 1-38）。

图 1-38　罗马圣彼得大教堂

19 世纪欧洲进入资本主义社会。19 世纪初期，虽然建筑规模、建筑技术、建筑材料都有了很大的发展，但是受到根深蒂固的古典主义学院派的束缚，建筑形式没有发生大的变化。以至于 19 世纪中期建成的美国国会大厦仍采用了万神庙的形式。但是，社会在不断地进步，技术在迅速地发展，使得建筑新技术、新内容与旧形式之间的矛盾日益尖锐。19 世纪中叶开始，一批建筑师、工程师、艺术家纷纷提出了各自的见解，倡导"新建筑"运动。

到 20 世纪 20 年代已形成了一套完整的理论体系，即注重建筑的使用功能与建筑形式的统一，力求体现材料和结构特性，反对虚假、繁琐的装饰，并强调建筑的经济性及规模建造。这期间，以格罗皮乌斯、勒·柯布西耶、密斯·凡·德·罗和赖特为代表的"现代建筑"取代了复古主义学院派，形成了世界建筑的主流。德国著名建筑师设计的"包豪斯"校舍，就是现代建筑的典型代表。校园按功能要求合理分区，平面灵活布局，立面简洁大方，体型新颖（见图 1-39）。

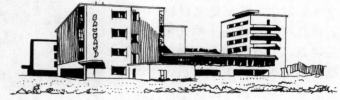

a) 主体布局示意

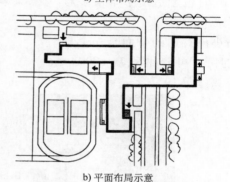

b) 平面布局示意

图 1-39　德国包豪斯校舍

现代建筑运动的激进分子勒·柯布西耶主张建筑走向工业化，1930 年建成的萨伏伊别墅是他的代表作（见图 1-40）。采用框架结构，使底层架空，屋顶设花园。灵活自由的平面布局，通长的横向窗，变化多端的立面，这些都是他在处理框架建筑上的设计特点。

图 1-40　萨伏伊别墅

著名德国建筑师密斯·凡·德·罗认为，结构和构造是建筑的基础。1955 年由他设计建成的美国伊利诺理工学院建筑馆（见图 1-41），长 67m，层高 6m，内部是一个基本上没有墙和柱子的大空间，四榀大钢梁突出在屋顶上，墙面四周全是玻璃，表现了现代建筑材料与技术光洁透明的外观，没有任何虚假装饰。

著名建筑师赖特认为，建筑从内到外应该是一个有机的整体。1936 年他设计的美国宾夕法尼亚州流水别墅（见图 1-42），以体型穿插多变，与自然环境有机结合而闻名于世。

随着社会的不断发展，特别是 19 世纪以来，钢筋混凝土的应用、电梯的发明、新型建筑材料的涌现和建筑结构理论的不断完善，使高层建筑、大跨度建筑相继问世。特别是第二次世界大战以后，建筑设计思潮非常活跃，出现了设计多元化时期，同时也创造出了丰富多彩的建筑形式。

罗马小体育馆的平面是一个直径 60m 的圆，可容纳观众 6000 ~ 8000 人，兴建于 1957 年，它是由意

图 1-41 伊利诺理工学院建筑馆

图 1-42 流水别墅

大利著名结构工程师奈尔维设计的。他把使用要求、结构受力和艺术效果有机地结合起来，可谓体育建筑的精品（见图 1-43）。

巴黎国家工业与技术中心陈列馆平面为三角形，每边跨度 218m，高度 43m，总建筑面积为 9 万 m^2，是目前世界上最大的壳体结构，兴建于 1959 年（见图 1-44）。

纽约肯尼迪国际机场候机楼充分地利用了混凝土的可塑性，将机场候机楼设计成一只振翅欲飞的鸟。该建筑于 1960 年建成，由美国著名建筑师伊罗·沙里宁设计（见图 1-45）。

图 1-43 罗马小体育馆空间结构与造型

a) 透视图   b) 平面图

图 1-44　巴黎国家工业与技术中心陈列馆

图 1-45　纽约肯尼迪国际机场候机楼

　　澳大利亚悉尼歌剧院坐落在澳大利亚悉尼市三面环水的贝尼朗岛上，总建筑面积为 8.8 万 m^2，由音乐厅、歌剧院、剧场、展览厅等组成。它的外形像一支迎风扬帆的船队，采用的是预应力构件组成的肋拱体系，是由丹麦建筑师伍重设计，1973 年竣工（见图 1-46）。

图 1-46　澳大利亚悉尼歌剧院

　　蓬皮杜国家艺术和文化中心将结构构件以及设备管线全部外露，它独特的构思和造型令世人瞩目。总建筑面积 10 万 m^2，由图书馆、现代艺术博物馆、工艺美术设计中心、音乐和声学研究中心等部分组成，落成于 1977 年（见图 1-47）。

图 1-47　蓬皮杜国家艺术和文化中心

　　古根汉姆博物馆坐落在美国纽约市 5 号大街上，在高楼耸立的都市中，它似一枚神奇的海螺螺旋形的体态出现，格外引人注目。其造型满足了人流参观路线连续的特点，设计上富有新意。该建筑由美国著名建筑师赖特设计，1959 年落成（见图 1-48）。

　　截至目前，阿拉伯联合酋长国的迪拜塔是世界最高的建筑，高 828m，楼层总数 162 层，占地面积 34.4hm²，造价约 15 亿美元（见图 1-49）。

图 1-48　古根汉姆博物馆

图 1-49　阿拉伯联合酋长国的迪拜塔

1.3 建筑物的分类与等级

随着社会和科学技术的发展，一些建筑类型正在消失、转化，而更多的新的建筑类型正在产生。到目前为止，建筑物的类型已有许许多多，各种建筑物都有不同的使用要求和不同的特点，因此有必要对建筑物进行分类和分级，其目的如下。

1）总结各种类型的建筑物建筑设计的特殊规律，以提高设计水平。

2）研究由于社会生活和科学技术的发展而提出的新的功能要求，了解建筑类型发展的远景，以保证建筑设计更符合实际要求。

3）根据不同类型的建筑物特点，提出明确的任务，制定规范、定额、标准，以指导设计和施工。

4）分析研究同类建筑物的共性，以进行标准设计和工业化建造体系的设计。

5）掌握建筑标准，合理控制投资等。

1.3.1 建筑物的分类

1. 按建筑物的用途分类

按建筑物的用途通常可以分为民用建筑、工业建筑和农业建筑。

（1）民用建筑　民用建筑即为人们大量使用的非生产性活动的建筑。它又可以分为居住建筑和公共建筑两大类。

1）居住建筑。主要是指提供家庭和集体生活起居用的建筑物，如住宅、宿舍、公寓等。

2）公共建筑。主要是指提供人们进行各种社会活动的建筑物，包括办公建筑、商业建筑、旅游建筑、科教文卫建筑、通信建筑、交通运输类建筑及其他建筑等。

（2）工业建筑　工业建筑是指为工业生产服务的各类建筑，也可以叫厂房类建筑，如生产车间、辅助车间、动力用房、仓储建筑等。厂房类建筑又可以分为单层厂房和多层厂房两大类。

（3）农业建筑　农业建筑是指用于农业、牧业生产和加工用的建筑，如温室、畜禽饲养场、粮食与饲料加工站、农机修理站等。

2. 按建筑物的层数或高度分类

民用建筑根据其建筑高度和层数，可以分为单层、多层民用建筑和高层民用建筑。高层民用建筑根据其建筑高度、使用功能和楼层的建筑面积可分为一类和二类。民用建筑的分类应符合表 1-1 的规定。

3. 按主要承重结构材料分类

建筑物的主要承重结构一般为墙、柱、梁、板四个主要构件，而由于墙、柱、梁、板所使用的材料的不同，又可分出新的种类。

（1）木结构建筑　木板墙、木柱、木楼板、木屋顶的建筑。

（2）砖木结构建筑　由砖（石）砌墙体，木楼板、木屋顶的建筑。

（3）砖混结构建筑　由砖（石）砌墙体，钢筋混凝土做楼板和屋顶的多层建筑，如早期的集体宿舍等。

表 1-1　民用建筑分类

名称	高层民用建筑		单层、多层民用建筑
	一类	二类	
住宅建筑	建筑高度大于54m的住宅建筑（包括设置商业服务网点的住宅建筑）	建筑高度大于27m，但是不大于54m的住宅建筑（包括设置商业服务网点的住宅建筑）	建筑高度不大于27m的住宅建筑（包括设置商业服务网点的住宅建筑）
公共建筑	1. 建筑高度大于50m的公共建筑 2. 建筑高度24m以上部分，任一楼层建筑面积大于1000m^{2}的商店、展览馆、电信、邮政、财贸金融建筑和其他多种功能组合的建筑 3. 医疗建筑、重要公共建筑 4. 省级及以上的广播电视和防灾指挥调度建筑、网局级和省级电力调度建筑 5. 藏书超过100万册的图书馆、书库	除一类高层公共建筑外的其他高层公共建筑	1. 建筑高度大于24m的单层公共建筑 2. 建筑高度不大于24m的其他公共建筑

注：1. 表中未列入的建筑，其类别应根据本表类比确定。

　　2. 除《建筑防火设计规范》（GB 50016—2014）另有规定外，宿舍、公寓等非住宅类居住建筑的防火要求，应符合该规范有关公共建筑的规定；裙房的防火要求应符合该规范有关高层民用建筑的规定。

（4）钢筋混凝土结构　由钢筋混凝土柱、梁、板承重的多层和高层建筑（它又可分为框架结构建筑、筒体结构建筑、剪力墙结构建筑），如现代的大量建筑，以及用钢筋混凝土材料制造的装配式大板、大模板建筑。

（5）钢结构建筑　全部用钢柱、钢梁组成承重骨架的建筑。

（6）混合结构　部分采用钢构件，部分采用钢筋混凝土构件，全部或者部分采用组合构件的结构。

（7）其他结构建筑　如生土建筑、充气建筑、塑膜结构建筑等。

4. 按建筑物的规模分类

（1）大量性建筑　单体建筑规模不大，但兴建数量多、分布面广的建筑，如住宅、学校、中小型办公楼、商店、医院等。

（2）大型性建筑　建筑规模大、耗资多、影响较大的建筑，如大型火车站、航空港、大型体育馆、博物馆、大会堂等。

1.3.2　建筑物的等级

由于建筑的用途和规模的不同，其重要程度有所区别。在设计时考虑其经济、安全等因素也不相同，所以，有必要对建筑进行分类和分级。建筑的类型、耐久年限和耐火等级等，都直接影响和决定着建筑构造方式。建筑的等级是建筑设计从方案构思直至构造设计整个过程中非常重要的设计依据。建筑物可按耐久性和耐火性分级。

1. 耐久分级

根据建筑主体结构确定的建筑设计使用年限分四级，作为基建投资和建筑设计的重要依据，见表1-2。

2. 耐火等级

火灾会对人民的生命和财产安全构成极大的威胁，建筑设计、建筑构造等方面必须给予足够的重视，我国的防火设计规范采用防消结合的办法，详见《建筑设计防火规范》（GB 50016—2014）。

表 1-2　建筑设计使用年限

建筑等级	设计使用年限/年	示例
1	5	临时性建筑
2	25	易于替换结构构件的建筑
3	50	普通建筑和构筑物
4	100	纪念性建筑和特别重要的建筑

耐火极限是指建筑构件遇火后能够支持的时间。对任一构件进行耐火试验，从受到火的作用起到失去支持能力，或完整性被破坏，或失去隔火作用，达到这三条中任何一条时为止的这段时间，就是这个构件的耐火极限，用小时（h）表示。

燃烧性能指组成建筑物的主要构件在明火作用下，燃烧与否以及燃烧的难易程度。按燃烧性能，建筑构件分为不燃烧体（用不燃烧材料制成）、难燃烧体（用难燃烧材料制成或带有不燃烧材料保护层的燃烧材料制成）和燃烧体（用燃烧材料制成）。

组成各类建筑物的主要结构构件的燃烧性能和耐火极限不同，建筑物的耐火极限和耐火等级也不同，对建筑物的防火疏散、消防设施的限制也不同。

建筑物的耐火等级根据它的主要结构构件的燃烧性能和耐火极限，划分为一、二、三、四级。根据《建筑设计防火规范》（GB 50016—2014），不同等级建筑相应构件的燃烧性能和耐火极限不得低于表 1-3 的规定。

根据《建筑设计防火规范》（GB 50016—2014），不同耐火等级建筑的允许建筑高度或层数、防火分区最大允许建筑面积应符合表 1-4 的规定。

表 1-3　不同等级建筑相应构件的燃烧性能和耐火极限　　　　　（单位：h）

构件名称		耐火极限			
		一级	二级	三级	四级
墙	防火墙	不燃性 3.00	不燃性 3.00	不燃性 3.00	不燃性 3.00
	承重墙	不燃性 3.00	不燃性 2.50	不燃性 2.00	难燃性 0.50
	非承重墙	不燃性 1.00	不燃性 1.00	不燃性 0.50	可燃性
	楼梯间和前室的墙、电梯井的墙、住宅建筑单元之间的墙和分户墙	不燃性 2.00	不燃性 2.00	不燃性 1.50	难燃性 0.50
	疏散走道两侧的隔墙	不燃性 1.00	不燃性 1.00	不燃性 0.50	难燃性 0.25
	房间隔墙	不燃性 0.75	不燃性 0.50	难燃性 0.50	难燃性 0.25
柱		不燃性 3.00	不燃性 2.50	不燃性 2.00	难燃性 0.50
梁		不燃性 2.00	不燃性 1.50	不燃性 1.00	难燃性 0.50
楼板		不燃性 1.50	不燃性 1.00	不燃性 0.50	可燃性
屋顶承重构件		不燃性 1.50	不燃性 1.00	不燃性 0.50	可燃性
疏散楼梯		不燃性 1.50	不燃性 1.00	不燃性 0.50	可燃性
吊顶（包括吊顶格栅）		不燃性 0.25	难燃性 0.25	难燃性 0.15	可燃性

注：1. 除规范另有规定外，以木柱承重且墙体采用不燃烧材料的建筑，其耐火等级应按四级确定。

　　2. 住宅建筑的耐火极限和燃烧性能可按《住宅建筑规范》（GB 50368—2005）的规定执行。

　　3. 建筑高度大于 100m 的民用建筑，其楼板的耐火等级不应低于一级。

　　4. 一、二级耐火等级的上人屋顶，其屋面板的耐火极限分别不应低于 1.50h 和 1.00h。

表1-4 不同耐火等级建筑的允许建筑高度或层数、防火分区最大允许建筑面积

名称	耐火等级	允许建筑高度或层数	防火分区的最大允许建筑面积/m²	备注
高层民用建筑	一、二级	按表1-1确定	1500	对于体育馆、剧场的观众厅，防火分区的最大允许建筑面积可适当增加
单层、多层民用建筑	一、二级	按表1-1确定	2500	
	三级	5层	1200	
	四级	2层	600	
地下或半地下建筑	一级		500	设备用房的防火分区的最大允许建筑面积不应大于1000m³

注：1. 表中规定的防火分区最大允许建筑面积，当建筑内设置自动灭火系统时，可按本表的规定增加1.0倍；局部设置时，防火分区的增加面积可按该局部面积的1.0倍计算。

2. 裙房与高层建筑主体之间设置防火墙时，裙房的防火分区可按单、多层建筑的要求确定。

复习思考题

1. 什么是建筑？
2. 构成建筑的基本要素是什么？
3. 我国古建筑的特征是什么？
4. 什么叫大量性建筑和大型性建筑？
5. 多层与高层建筑按什么界限进行分类？
6. 什么叫构件的耐火极限？
7. 建筑的耐火等级如何划分？
8. 民用建筑的耐久等级是如何划分的？

第 **2** 章

工程建设的基本程序及设计深度

学习目标

了解工程建设的基本程序；熟悉建筑设计阶段的划分以及各技术工种之间的分工合作；掌握建筑设计深度的基本要求目标。

2.1 工程建设的基本程序

工程建设的基本程序，是指一个工程建设项目或一栋房屋由开始拟订计划至建成投入使用所必须遵循的程序。包括可行性研究、基建计划任务书的编制、上报和审批，城建部门的拨地批文，建筑设计、施工和设备安装，竣工验收及使用期的维护等环节（见图2-1）。设计工作是其中最重要的环节，具有较强的政策性和综合性。

图 2-1　建筑工程设计与施工过程示意图

建筑工程设计是指设计一个建筑或建筑群所要做的全部工作，一般包括建筑设计、结构设计、设备设计等几个方面的内容。各部门之间既有分工，又有密切配合，形成一个整体。各专业的设计图、计算书、说明书及预算书汇总，就构成一个建筑工程的完整文件，作为建筑工程施工的依据。

2.1.1　批文阶段

（1）计划任务书　计划任务书是工程项目建设单位向上级主管部门呈报的工程建设文件。该文件包括工程建设项目的性质、内容、用途、总建筑面积、总投资、建筑标准及房屋使用期限要求等。

（2）可行性研究 一个建筑项目在正式列入基建计划之前，应对其投资进行客观的分析，研究其建成后的经济效益、社会效益和环境效益，以决定其是否列入计划投资兴建。

（3）主管部门对计划任务书的批文 批文就是经上级主管部门审核、对建设单位呈报的计划任务书的批复文件。该文件内容包括核定的工程建设项目的性质、内容、用途、总建筑面积、总投资、建筑标准（每平方米建筑面积造价）及房屋使用期限要求等。

（4）规划管理部门同意拨地的批文 是指城建规划管理部门对一项工程同意拨地兴建的文件。文件内容包括基地范围地形图及划出的用地范围，并规定出建筑红线（指城市沿街建筑物的外墙、台阶、橱窗等不得超越的临街界线），并根据城市规划、环境要求对拟建房屋提出有关要求。

2.1.2 设计阶段

建筑工程设计一般分为方案设计、初步设计和施工图设计三个阶段；对于技术要求相对简单的民用建筑工程，当有关主管部门在初步设计阶段没有审查要求，且合同中没有做初步设计的约定时，可在方案设计审批后直接进入施工图设计。

1. 设计前的准备工作

有了上述两个批文后，建设单位即可据此委托建筑设计部门进行设计。当设计人接受了设计任务后，首先要熟悉设计任务书。了解本项目的建筑性质、功能要求、规模大小、投资造价以及工期要求等。同时对影响建筑设计的有关因素进行调查研究。其主要内容有以下几方面：

（1）基地情况 如地形、地貌、地物、周围建筑及树木现状等。

（2）水文地质 用作地基的土壤类别、承载力、地质构造、有无冲沟、河道、古墓以及地下水等不良的地质情况。

（3）气象条件 如日照情况、温度变化、降雨量、主导风向、风荷雪载和冻土深度等。

（4）市政设施 如给水排水、燃气、热力管网的排供能力、电力负荷能力等。

（5）道路交通 是否有路可通，通行车型及运输能力等。

（6）施工能力及材料供应 施工机具的装备程度，施工人员的技术水平和管理水平，能保证材料供应的品种、数量、期限以及地方性材料可利用的情况等。

2. 方案设计

初步设计之前，设计人员根据设计任务书的要求进行方案构思，绘制建筑方案设计图（习惯上叫作"草图"）或概念设计，重要建筑还需绘制各类表现图（透视图、鸟瞰图等）并制作模型。在多方案比较的基础上，经建设单位和城建规划管理部门认定后方可进行初步设计。

初步设计的设计图文件包括：总平面图（比例尺 1:500），建筑平面、立面、剖面图（比例尺 1:100~1:200），彩色效果图或模型及简要说明。

3. 初步设计

一般建设项目按两个阶段进行设计，即方案设计和施工图设计。但是对于技术要求复杂的建设项目，可在两个设计阶段之间，增加技术设计阶段，即三阶段设计。

在初步设计完成以后，建筑、结构、设备（水、暖气、通风、电）等专业人员在初步设计的基础上，进一步具体解决各种技术问题，经过充分的讨论，合理地解决建筑、结构、设备等专业之间在技术方面存在的矛盾。各方需互提要求，反复磋商，取得各专业的协调统一，并为各专业的施工图设计打下基础。

在初步设计的设计图文件基础上，增加结构系统的说明，某些项目还包括节能、环保和使用新技术、新工艺的说明等内容，以及采暖通风、给水排水、电气照明、燃气供应等系统的说明，再增加总概算及主要材料用料、各项技术经济指标等，这些即构成技术设计文件。

上述设计图文件应有一定的深度，以满足设计审查、主要材料及设备订货、施工图设计的编制等方面的需要。

4. 施工图设计

初步设计或技术设计被批准后，即可进行施工图设计。施工图设计阶段，主要是将初步设计或技术设计的内容进一步具体化。各专业绘制的施工图（包括详图）和施工说明必须满足建筑材料、设备订货、施工预算和施工组织计划的编制等要求，以保证施工质量和加快施工的进度。施工图一般有以下几种：

1) 建筑施工图，由建筑专业完成。
2) 结构施工图，由结构专业完成。
3) 水施工图，由给水排水专业完成。
4) 电气施工图，由电气专业完成。
5) 电梯等设备施工图，由电梯等建筑设备专业完成。
6) 空调施工图，由空调专业完成。
7) 通信施工图，由通信工程专业完成。
8) 网络施工图，由网络工程专业完成。

除了以上八种以外，依照建筑工程项目的复杂程度还可有其他特殊种类的施工图，或少于八种施工图，但是最少也要有前四种必需的施工图方可施工。

2.1.3　施工阶段

工程项目或者房屋的施工过程，大体可分为施工前准备、工程施工和验收三个阶段。

1. 施工前准备

施工前准备首先是进行"三通一平"工作，即路通（修通施工行车运输道路）、水通（引进施工用水）、电通（引进施工用电）和地平（平整施工场地）。搭建临时棚屋，组织建筑材料和施工队伍进入工地，继而进行房屋基础工程的定位放线工作，开始主体工程施工。

2. 工程施工阶段

这是工程项目或者说房屋施工生产的主要阶段。这一过程又分为主体工程阶段、建筑装修阶段和设备安装阶段。它也是控制工程项目或者说房屋质量的关键阶段。

（1）主体工程阶段　以砖混结构为例，本阶段包括挖基槽，砌基础，回填基槽，逐层砌墙、柱，吊装或浇制楼板、楼梯、屋面板等，即建筑物的基础、墙、柱、梁、板、屋顶和楼梯等施工过程阶段。

（2）建筑装修阶段　包括做屋面防水，室内外墙体抹灰及饰面、楼地面工程，门窗安装及建筑配件和油漆等，它不同于目前的室内装修。

（3）设备安装阶段　各种设备系统的管线埋设安装工作，通常是在房屋施工的各阶段中穿插进行的；有的则在即将竣工时安装完毕，如水路、电路、照明灯具、电表开关等。

如复杂的建筑工程项目还有电梯、自动扶梯、空调等。

3. 验收

建筑工程项目的验收按严格要求来说至少应该有两次关键时期的质量检查过程。第一是结构主体工程阶段施工完毕后的验收；第二是整个工程阶段施工完毕后的验收。上述各阶段均施工完毕，水、暖、电路、设备开通的验收，叫"总验收"。其余则是无数次小过程的检验。

验收一般由工程建设方、工程施工方、工程设计方、工程监理方等多方代表参加，按照国家标准，检验施工质量是否合格。

4. 交付及使用阶段

（1）交付使用　建筑工程项目验收合格后，即交付建设单位使用。

（2）使用后问题的处理　建筑工程项目交付建设单位使用后，一般情况下施工方仍需在一定的时间内负责工程质量问题的处理。

2.2 设计分工

建造一栋建筑物，从拟订计划到建成投入使用，设计工作是比较重要的环节，需要建筑、结构、采暖通风、给水排水和电气照明等多工种协同工作（工业建筑还需要由工艺师牵头设计），而建筑设计又是整个设计工作的先行，常处于主导地位（见图2-2）。

图2-2　建筑设计有关专业示意

建筑设计师在总体规划的前提下，根据建设任务要求和工程技术条件进行全面设计，并具体确定建筑物的空间组合形式与详细尺寸，明确房屋各组成部分的材料做法，最后编制完整的建筑设计文件（包括设计图与说明）。进行建筑设计时要与其他专业工作密切配合，创造实用、经济、美观的建筑物。建筑设计一般由建筑师来完成。

结构设计的主要任务是配合建筑设计选择经济合理的结构方案，进行结构构件的计算和设计，然后编制完整的设计文件。结构设计一般由结构工程师来完成。

设备设计是指建筑物中采暖、通风、给水排水和电气照明方面的设计，最后分别编制采暖、通风、给水排水和电气照明方面的设计文件，设备设计一般由有关专业的工程师来完成。

2.3 建筑设计的深度

建筑设计深度依照住房和城乡建设部印发的《建筑工程设计文件编制深度规定（2016版）》进行编制。

2.3.1　方案设计文件编制深度的总体要求

方案设计文件，应满足编制初步设计文件的需要，应满足方案审批或报批的需要。主要有一般要求、设计说明书和设计图三个部分。方案设计文件的一般要求如下。

1. 方案设计文件

1）设计说明书，包括各专业设计说明以及投资估算等内容；对于涉及建筑节能、环保、绿色建筑、人防等设计的专业，其设计说明应有相应的专门内容。

2）总平面图以及相关建筑设计图。

3）设计委托或设计合同中规定的透视图、鸟瞰图、模型等。

2. 方案设计文件的编排顺序

1）封面：写明项目名称、编制单位、编制年月。

2）扉页：写明编制单位法定代表人、技术总负责人、项目总负责人及各专业负责人的姓名，并经上述人员签署或授权盖章。

3）设计文件目录。

4）设计说明书。

5）设计图。

3. 装配式建筑技术策划文件

1）技术策划报告，包括技术策划依据和要求、标准化设计要求、建筑结构体系、建筑围护系统、建筑内装体系、设备管线等内容。

2）技术配置表，装配式结构技术选用及技术要点。

3）经济性评估，包括项目规模、成本、质量、效率等内容。

预制构件生产策划，包括构件厂选择、构件制作及运输方案，经济性评估等。

方案设计文件中具体的设计说明书、设计图详见《建筑工程设计文件编制深度规定》。

2.3.2　初步设计文件编制深度要求

初步设计文件，应满足编制施工图设计文件的需要，应满足初步设计审批的需要。主要有一般要求、设计总说明、总平面、建筑、结构、建筑电气、给水排水、供暖通风与空气调节、热能动力和概算十个部分，详见《建筑工程设计文件编制深度规定》。初步设计文件的一般要求如下。

1. 初步设计文件

1）设计说明书，包括设计总说明、各专业设计说明。对于涉及建筑节能、环保、绿色建筑、人防、装配式建筑等，其设计说明应有相应的专项内容。

2）有关专业的设计图。

3）主要设备或材料表。

4）工程概算书。

5）有关专业计算书。

2. 初步设计文件的编排顺序

1）封面：写明项目名称、编制单位、编制年月。

2）扉页：写明编制单位法定代表人、技术总负责人、项目总负责人和各专业负责人的姓名，并经上述人员签署或授权盖章。

3）设计文件目录。

4）设计说明书。

5）设计图。

6）概算书。

2.3.3 施工图设计文件编制深度

施工图设计文件，应满足设备材料采购、非标准设备制作和施工的需要。

主要有一般要求、总平面、建筑、结构、建筑电气、给水排水、供暖通风与空气调节、热能动力和预算九个部分，详见《建筑工程设计文件编制深度规定》。施工图设计文件的一般要求如下。

1. 施工图设计文件

1）合同要求所涉及的所有专业的设计图以及设计图总封面；对于涉及建筑节能设计的专业，其设计说明应有建筑节能设计的专项内容；涉及装配式建筑设计的专业，其设计说明及设计图应有装配式建筑专项设计内容。

2）合同要求的工程预算书。

3）各专业计算书。计算书不属于必须交付的设计文件，但应按《建筑工程设计文件编制深度规定》相关条款的要求编制并归档保存。

2. 总封面标识内容

1）项目名称。

2）设计单位名称。

3）项目的设计编号。

4）设计阶段。

5）编制单位法定代表人、技术总负责人和项目总负责人的姓名及其签字或授权盖章。

6）设计日期。

复 习 思 考 题

1. 工程建设的基本程序是怎样的？
2. 两阶段设计和三阶段设计是什么意思？
3. 建筑设计各阶段文件编制的深度一般要求是怎样的？

第 **3** 章

建筑设计的要求和依据

学习目标

　　了解建筑模数制；熟悉建筑功能、建筑技术、建筑经济、建筑美观和规划及环境等设计要求；掌握人体和人体活动尺度，掌握家具、设备的空间尺度，掌握风玫瑰图等建筑设计依据。

3.1 建筑设计的要求

　　适用、经济、技术先进并符合生态及可持续发展目标是建筑设计的原则。

　　怎样能使建筑设计适用呢？首先，必须对建筑内部的使用要求有深入细致的了解。建筑的类型很多，使用要求各不相同，设计人员要深入到群众中去，向群众请教，听取他们的意见和建议，提出设计中的问题和他们共同讨论研究，将有助于解决问题，有助于提高设计质量，满足"适用"的要求。除此之外，设计人员还应根据需要与可能走访一些设计单位，学习有关设计图资料，吸取他们在长期实践中积累起来的正反两方面的经验，了解他们对设计同类型建筑有哪些看法和建议。

　　有些比较重要的建筑，在造型或经济技术方面可能有一些特殊的要求，这些要求在任务书上不一定反映得很具体，如遇到这种情况，设计者则应与建设单位深入讨论，以便把具体的要求搞清楚。

　　另外，各项定额、标准、规范与规定是政府和有关部门根据我国的具体情况制定的，任何设计人员都必须认真贯彻和执行。一项成功的设计应满足以下要求。

3.1.1 建筑功能要求

　　满足建筑物的功能要求，为人们的生产和生活活动创造良好的环境，是建筑设计的首要任务。例如设计学校，首先要考虑满足教学活动的需要，教室设置应分班合理，采光通风良好，同时还要合理安排教师备课、办公、储藏、饮水间和厕所等行政管理和辅助用房，并配置良好的体育场馆和室外活动场地等。

3.1.2 建筑技术要求

　　正确选用建筑材料，根据建筑空间组合的特点，采用合理的技术措施，选择合理的结构、施工方案，使房屋坚固耐久、建造方便。例如，近年来，我国设计建造的一些覆盖面积较大的体育馆，由于屋顶采用钢网架空间结构和整体提升的施工方法，既节省了建筑物的用钢量，也缩短了施工期限，它也反映出施工单位的技术实力。

3.1.3　建筑经济要求

建造房屋是一个复杂的物质生产过程，需要大量的人力、物力和资金，在房屋的设计和建造中，要因地制宜、就地取材，尽量做到节省劳动力，节约建筑材料和资金。设计和建造房屋要有周密的计划和核算，重视经济领域的客观规律，讲究经济效果。房屋设计的使用要求和技术措施，要与相应的造价、建筑标准统一起来，使其具有良好的经济效果。

3.1.4　建筑美观要求

建筑物是社会物质和精神文化财富的体现，它在满足使用要求的同时，还需要考虑满足人们在美观方面的要求，考虑建筑物所赋予人们在精神上的感受。建筑设计要努力创造具有我国时代精神的建筑空间组合与建筑形象。历史上创造的具有时代印记和特色的各种建筑形象，往往是一个国家、一个民族传统文化宝库中的重要组成部分。

3.1.5　建筑规划及环境要求

单体建筑是总体规划中的组成部分，单体建筑应符合总体规划提出的要求。建筑物的设计，还要充分考虑和周围环境的关系。例如原有建筑的状况、道路的走向、基地面积大小以及绿化等方面和拟建建筑物的关系。新设计的单体建筑，应使所在基地形成协调的室外空间组合、良好的室外环境（见图3-1）。

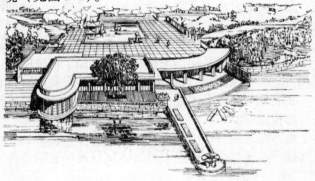

a) 公园茶室与基地环境的协调

b) 入口与室外空间的组合

图3-1　单体建筑与室外环境的协调

3.2 | 建筑设计的依据

3.2.1　人体尺度和人体活动所需的空间尺度

在建筑设计中，首先必须满足的就是人体尺度和人体活动所需的空间尺度要求。建筑物中家具、设备的尺寸，踏步、窗台、栏杆的高度，门洞、走廊、楼梯的宽度和高度，以及各类房间的高度和面积大小，都和人体尺度以及人体活动所需的空间尺度直接或间接有关。因此，人体尺度和人体活动所需的空间尺度，是确定建筑空间的基本依据之一。我国成年男子和女子的平均高度分别为 167.1cm 和 155.8cm。人体尺度和人体活动所需的空间尺度如图 3-2 所示。

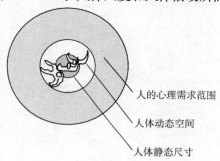

人的心理需求范围

人体动态空间

人体静态尺寸

a) 视觉空间

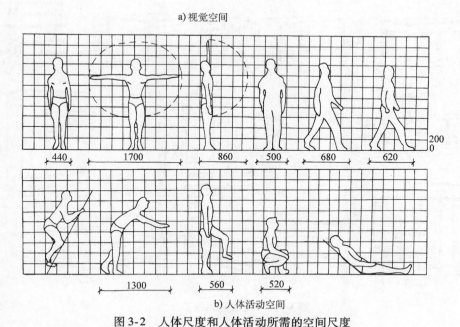

b) 人体活动空间

图 3-2　人体尺度和人体活动所需的空间尺度

3.2.2　家具、设备的空间尺度

家具、设备的空间尺度，即家具、设备的尺寸和使用它们的必要空间。人们在使用家具和设备时所必要的活动空间，是考虑房间内部使用面积的重要依据。民用建筑中常用的家具

尺寸如图 3-3 所示。

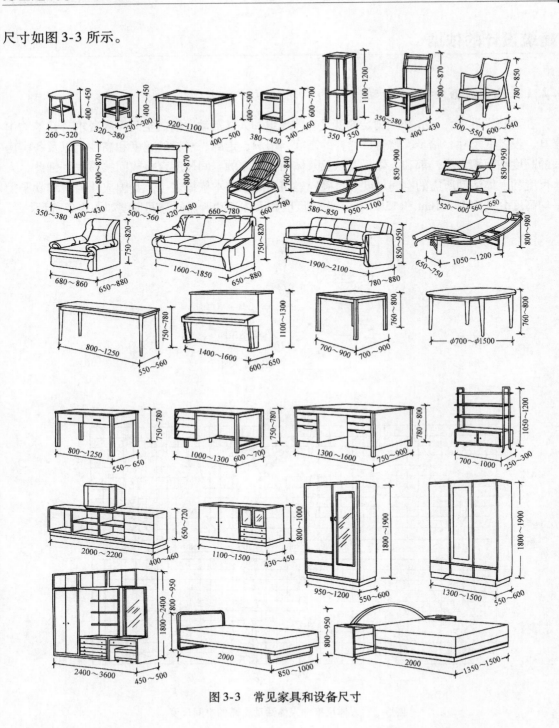

图 3-3　常见家具和设备尺寸

3.2.3　环境因素

环境因素即自然条件，由于建筑物始终处于自然界之中，因此进行建筑物设计时必须对自然条件有充分的了解。

1. 温度、湿度、日照、雨雪、风向、风速等气候条件的影响

气候条件对建筑物的设计有较大的影响。例如湿热地区，房屋设计要很好地考虑隔热、通风和遮阳等问题；干冷地区通常又希望把房屋的体型尽可能设计得紧凑一些，以减少外围护面的散热，以利于室内采暖、保温。

日照和主导风向，通常是确定房屋朝向和间距的主要因素；风速是高层建筑、电视塔等设计中考虑结构布置和建筑体型的重要因素；雨雪量的多少对屋顶形式和构造也有一定影响。

在设计前，必须收集当地上述有关的气象资料，作为设计的依据。图 3-4 是我国部分城市的全年及夏季风向频率玫瑰图。风向频率玫瑰图（即风玫瑰图），是根据某一地区多年平均统计的各个方向吹风次数的百分数值，并按一定比例绘制而成，一般多用八个或十六个罗盘方位表示。玫瑰图上所表示风的吹向，是指从外面吹向地区中心。

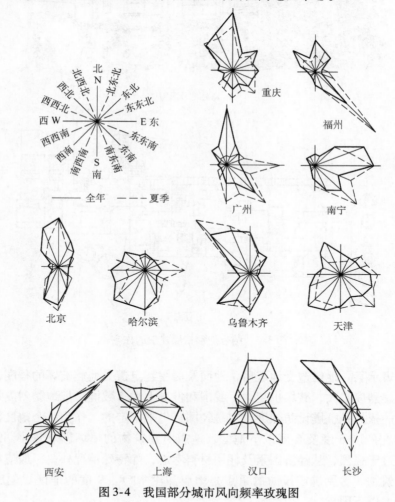

图 3-4　我国部分城市风向频率玫瑰图

2. 地形、地质条件和地震烈度的影响

基地地形的平缓或起伏，基地的地质构成、土壤特性和地耐力的大小，对建筑物的平面组合、结构布置和建筑体型都有明显的影响。坡度较陡的地形，常使房屋结合地形错层建造（见图3-5），复杂的地质条件，要求房屋的构成和基础的设置采取相应的结构构造措施。

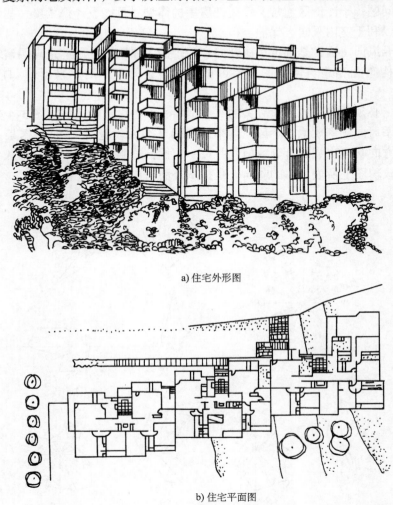

a) 住宅外形图

b) 住宅平面图

图3-5　结合地形错层建造的住宅

地震烈度表示某一地区遭受地震后，地面及房屋建筑遭受地震破坏的程度，距离地震中心区越近，地震烈度越大，破坏也越大。我国和世界上大多数国家把地震烈度划分为12度。建筑地震设防的依据是抗震设防烈度，它是经国家批准审定的、作为一个地区抗震设防依据的地震烈度。在烈度6度及6度以下地区，地震对建筑物的损坏影响较小。9度以上的地区，由于地震过于强烈，从经济因素及耗用材料考虑，除特殊情况外，一般应尽量避免在这些地区修建建筑物。房屋抗震设防的重点是地震烈度7、8、9度的地区。地震区的房屋设计，主要应考虑以下因素。

1）选择对抗震有利的场地和地基。例如应选择地势平坦、较为开阔的场地，避免在陡坡、深沟、峡谷地带，以及处于断层上下的地段建造房屋。

2）房屋设计的体型，应尽可能规整、简洁。避免在建筑平面及体型上有凹凸。例如住宅设计中，地震区应避免采用突出的楼梯间和凹阳台等。

3）采取必要的加强房屋整体性的构造措施。不做或少做地震时容易倒塌或脱落的建筑附属物，如女儿墙、附加的花饰等。

4）从材料选用和构造做法上尽可能减轻建筑物的自重。特别需要减轻屋顶和围护墙的重量。

3. 其他影响因素

这主要是指业主影响因素，航天及通信限高，古迹遗址、古树等。

3.2.4　建筑模数制

建筑模数和模数制是建筑设计工程师必须掌握的一个基本概念。

为了使建筑设计、构件生产以及施工等方面的尺寸相互协调，从而提高建筑工业化的水平，降低造价并提高房屋设计和建造的质量和速度，建筑设计应采用国家规定的建筑统一模数制。

建筑模数是选定的标准尺度单位，作为建筑物、建筑构配件、建筑制品以及有关设备尺寸相互间协调的基础。根据国家制定的《建筑模数协调标准》（GB/T 50002—2013），我国采用的基本模数 $M = 100mm$，整个建筑物和建筑物的各部分以及建筑组合件的模数化尺寸，应是基本模数的倍数。

为了适应建筑设计中对建筑部位、构件尺寸、构造节点以及断面、缝隙等尺寸的不同要求，还分别采用以下两种变化模数。

（1）扩大模数　扩大模数分水平扩大模数和竖向扩大模数，水平扩大模数的基数为 $3M$、$6M$、$12M$、$15M$、$30M$、$60M$，其相应尺寸分别为 300mm、600mm、1200mm、1500mm、3000mm、6000mm，适用于建筑物的跨度（进深）、柱距（开间）及建筑制品的尺寸等。竖向扩大模数的基数为 $3M$ 与 $6M$，其相应尺寸为 300mm、600mm。竖向扩大模数，主要用于建筑物的高度、层高和门窗洞口等处。其中 $12M$、$30M$、$60M$ 各扩大模数特别适用于大型建筑物的跨度（进深）、柱距（开间）、层高及构配件的尺寸等。

（2）分模数　分模数也叫"缩小模数"，一般为 $M/10$、$M/5$、$M/2$，相应的尺寸为 10mm、20mm、50mm。分模数数列主要用于成材的厚度、直径、构件之间缝隙、构造节点的细小尺寸、构配件截面及建筑制品的公偏差等。

复 习 思 考 题

1. 什么叫建筑模数制？
2. 基本模数、扩大模数、分模数的含义和适用范围是什么？
3. 地震区的房屋设计主要应考虑哪些因素？
4. 什么是地震烈度？
5. 风向频率玫瑰图的含义是怎样的？
6. 建筑设计的主要依据有哪些？
7. 建筑设计的基本要求是什么？

第2篇

民用建筑设计原理及构造

第

4 章

民用建筑设计原理

学习目标

了解建筑总平面设计的内容和要求；了解建筑构图规则；了解无障碍设计；熟悉建筑平面设计、剖面设计、建筑体型及立面设计；掌握用地控制线、建筑控制线；掌握建筑平面设计中的主要使用面积、辅助面积和交通面积的分析与设计；树立建筑防火安全意识。

建筑物由各种不同的使用空间和交通联系空间组合而成，建筑设计的任务就是将建筑物的各个空间进行合理的组合，满足一定的使用功能，同时又具有相应的艺术感染力。建筑设计离不开建筑的三大基本要素，即在建筑设计的过程中，要始终围绕建筑的功能、技术和形象，寻求一个最佳的方案，平衡三者的关系。

进行建筑设计时，通常从平面、剖面和立面三个角度去表现建筑整体和各个空间的组合关系。由于建筑平面相对而言更能集中反映建筑功能方面的问题，所以建筑设计往往从平面设计入手，首先分析建筑物在平面上的面积、形状和布局，然后再进行竖向的空间组合和体型、立面设计。当然，平面、剖面和立面设计并不是相互孤立的。在建筑平面设计时，需要有良好的建筑整体空间意识，平面设计需要兼顾建筑剖面和立面分析。建筑设计就是一个从平面到空间，再由空间到平面，不断调整和完善的过程。

建筑物总是处在特定的地域环境里的，建筑设计脱离不了对建设地点和周围环境的分析。平面设计需要在总体构思方案的基础上进行。所以，建筑设计通常从总平面设计开始，先宏观后微观，从整体到局部，逐步深入到平面、剖面和立面设计。

4.1 建筑总平面设计

建筑总平面设计又称为场地设计。所谓"场地"有广义和狭义之分。狭义的场地是指建筑物之外的广场、停车场、室外活动场地等相对于建筑物而存在的内容。广义的场地是指建设基地中全部内容所组成的整体，建筑物、广场、停车场等都是场地的构成元素。我们所说的场地设计是指广义上的"场地"，场地的主要构成要素主要包括建筑物、场地的交通系统、室外活动设施、绿化景观设施和工程管线系统，各要素之间相互依存，每一项内容都因为需要而存在，是保证场地成为一个有机、完善整体的必备因素，也是城市设计的一个组成部分。

场地设计是根据建筑物的组成内容及其使用功能要求，结合场地自然条件和建设条件，组织场地中各构成要素之间关系的设计活动。其根本目的是通过设计，正确处理建筑布局、交通组织、绿化布置、管线综合布置等问题，使场地中的各要素，特别是建筑物与其他要素组成统一的有机整体，并与周围环境相协调。即使是单一的一幢建筑物，也同样需要建筑总平面设计，合理处理建筑物与地形、朝向、道路、绿化、相邻建筑物和周围环境的关系。

建筑总平面设计具有很强的综合性，与设计对象的性质、规模、使用功能、场地自然条件、地理特征及城市规划要求等因素紧密相关。为了实现建筑物与周围环境空间的协调，为了满足规划要求，需要全面分析场地条件和建筑使用功能要求，正确处理场地内各要素的平面与空间关系，从而做出经济合理、技术先进的场地设计方案。

4.1.1　场地设计的内容及特征

1. 场地设计内容

场地设计是建筑设计中重要的一个环节，是设计建筑物的前提，一般包括以下七个方面的内容：

（1）场地条件分析　全面分析场地及其周围的自然条件、环境条件、场地建设现状和城市规划的要求等，明确影响场地设计的各种因素及问题，并提出初步解决方案。

（2）场地平面布置　合理地确定场地内的建筑物、构筑物及其他工程设施相互间的平面关系，并进行平面布置。

（3）交通组织设计　根据场地的平面布局，结合场地条件，合理组织场地内的各种交通流线，并布置好道路、出入口、广场、停车场等设施。

（4）竖向设计　竖向设计是指结合场地的地形条件和规划要求，确定场地内各部分的建筑设计高程，进行合理的竖向布置。

（5）管线综合布置　通常建筑场地内有多种室外管线，如上下水、供暖、燃气、电信等管线。如何协调各种管线的关系，合理地进行管线的综合布置，是场地设计要解决的问题之一。

（6）绿化与环境保护　合理布置场地内的绿化、小品，使建筑物与场地环境，场地环境与周围环境协调美观，满足环境保护的要求。

（7）技术经济分析　核算场地设计方案的各项技术经济指标，满足设计任务书和有关城市规划的要求，核定场地的室外工程量及工程造价，进行必要的技术经济分析。

场地设计会因建筑的使用功能不同、所在的场地地点不同，很难有完全一致的设计。但是，场地设计也有一定的共性，即场地设计的基本内容和需要分析了解的场地条件，对不同的建设项目，大同小异。

从场地设计的内容可以看出，场地设计是建筑设计工作的重要组成部分，是建筑设计的前期工作。场地设计必须与建设项目的性质、规模相适应，应该服从建筑设计的总体安排，并满足建筑的功能、技术、安全、经济、美观等各方面的要求，场地设计先行提出比较完善、合理的方案，给建筑的平面、剖面、立面设计和创作提供坚实的基础。

场地设计和建筑设计相互影响、相互依存。场地设计是对场地总的布置和安排，而建筑设计应该按照局部服从整体的设计原则贯彻场地设计的意图。建筑设计在功能布局、平面形式、层数及建筑造型等方面都要受到场地设计的合理制约。建筑的位置、朝向、室内外交通联系、建筑出入口布置、建筑造型的设计处理等都应贯彻场地设计的意图。另一方面，场地设计在一定程度上也取决于单体建筑的平面形式、建筑层数、形态尺度等。所以妥善处理好场地设计和建筑设计的关系，就会使设计更加经济、合理。

2. 场地设计的特征

场地设计涉及的内容较广，问题相对复杂，具有以下特征。

（1）综合性　场地设计涉及社会、经济、工程技术、环境保护、艺术等多学科内容，兼具技术和艺术的两重性。场地中建筑物位置的确定，交通系统与工程管线的布置都需要依照一定的技术要求来进行，强调工程技术和经济效益两方面的合理性，设计中需要科学地分析。同时，场地的布局形态，绿化的配置，小品的形式与风格以及建筑材质、色彩的选择等设计内容没有硬性的规定和复杂的技术要求，也没有固定的模式套用，设计中需要丰富的想象力，使场地设计又呈现出艺术性的一面。场地设计既需要宏观上的理性，又离不开微观上的细腻，是一项高度综合性的工作。

（2）政策性　场地设计关系到建筑的使用效果、建设投资和速度，涉及建筑的使用性质、规模、建设标准及用地等，不只取决于技术和经济因素，还必须以国家的有关方针政策为依据。所以场地设计工作与国家的法律、法规、政策密切相关。

（3）地域性　场地设计除受场地特定的自然条件和建设条件制约外，与场地所处纬度、地区、城市等密切联系，应适应周围建筑环境特点、地方风俗习惯等。场地设计工作应依据地方特点，遵循科学规律，尊重地方风俗与环境风格，充分挖掘场地本身的特质，设计出各具特色的作品。

（4）预见性　场地设计是场地内各项建设的蓝图和依据，一旦付诸实施便具有相对的长期性。这就要求场地设计工作，充分估计到社会经济发展、技术进步可能对场地未来使用的影响，保持一定的前瞻性，为发展留有余地，既要有发展的弹性，又须有相对的稳定性和连续性，为可持续发展提供可能。

4.1.2 场地条件分析

场地条件分析是场地设计的基础，获取和分析场地条件是设计工作的开始，对以后的设计工作有重要的指导意义，只有全面地分析各项指标和数据，才能正确地展开场地设计工作。

场地条件主要包括规划要求、自然条件、环境条件及现状条件等方面，一般从设计任务书、设计基础资料、规划部门提供的控制条件和现场调研中获得。

1. 规划要求

规划要求由城市规划部门提出，是场地及建筑设计中必须满足的。规划要求是城市总体规划、城市分区规划特别是控制性详细规划对场地的控制指标规定和要求，这些规定和要求直接影响到场地的功能配置、建筑布局、空间形态、交通组织等许多方面。

（1）建筑和用地范围控制　场地范围控制线，又叫用地红线，即用地界线，由临街一面的道路红线、相邻建设项目的分界线组成。道路红线是城市道路用地的规划控制线，即城市道路用地和建筑用地的分界线。道路红线一般与用地红线重合。建筑范围控制线，又称建筑红线，比用地红线范围略小，是场地内可建筑的范围。用地红线以内、建筑红线外的用地，只能做道路、管线、绿化、停车场用。非经规划主管部门批准，任何建筑物不允许超越建筑红线。

建筑与相邻基地边界线之间应留出相应的防火间距；在满足建筑防火要求时，相邻基地的建筑也可毗连建造。

（2）容积率　为保证适度的土地利用强度和城乡共用设施的正常运转，场地设计必须进行容量的相应控制。容积率是指场地上各类建筑的建筑面积（不含地下空间面积）之和与场地总用地面积的比值，是用以控制场地上建筑面积总量的指标。容积率的计算公式为

$$容积率 = \frac{总建筑面积（m^2）}{总用地面积（m^2）} \times 100\%$$

（3）建筑密度　又称为建筑覆盖率，是控制场地内空地（包括绿地、道路、广场）数量的重要指标，通过建筑密度指标的合理确定，能够保证场地内所必需的道路、停车场和绿地的面积，保证场地内的环境质量以及使用功能。建筑密度计算公式为

$$建筑密度 = \frac{建筑总基地面积（m^2）}{总用地面积（m^2）} \times 100\%$$

（4）建筑高度控制　控制数据包括平均层数、建筑高度和最高层数。

平均层数是指场地内总建筑面积与建筑总基地面积的比值，单位为层，通常用于居住区的规划。平均层数的表达式为

$$平均层数 = \frac{总建筑面积（m^2）}{建筑总基地面积（m^2）} = \frac{容积率}{建筑密度}（层）$$

建筑高度又称为建筑限高，是对场地内建筑高度的控制。建筑高度与城市空间和城市景观效果有直接的关系，同时也是影响容积率指标的重要因素。有的时候，采用另一指标——建筑最高层数来进行控制。

（5）绿地率控制　为了保证场地内的绿化和环境，通常采用绿化用地面积和绿地率进行控制。绿化用地面积是指场地内专门用作绿化的各类绿地的面积之和，绿地包括：公共绿地、专用绿地、宅旁绿地、防护绿地和道路绿地等。绿地率是指场地内各类绿地面积之和占总用地面积的百分比，即

$$绿地率 = \frac{各类绿地面积之和（m^2）}{总用地面积（m^2）} \times 100\%$$

（6）交通出入口限制　主要是控制场地内机动车的出入口方位，对一些人流集散量大而集中的大型公共建筑，还应对行人和非机动车出入口方位有所规定。

（7）停车泊位　即场地内必须提供的最少停车位置数量，停车可采取垂直式、平行式或斜列式。

场地设计中，除上述控制指标外，还常用到其他一些规划控制指标和要求，如：建筑物朝向、日照时数控制指标、建筑形式与色彩等。有的是必须执行的，有的是建议性指标。此外，场地设计还需要遵循其他法规规范，如：对场地的防火要求，对无障碍场地的设计要求等，都应该全面地贯彻到场地设计中去。

2. 自然条件

自然条件一般指地形地貌、气象、工程地质和水文等内容。

（1）地形地貌　场地的地形条件主要是指场地的大小形状、地势起伏及高程变化、坡度等设计条件。场地的大小和形状对建筑物的平面形状和入口方向等有直接的影响，在进行

场地设计时，则需要根据使用性质和功能要求，结合实际情况，因地制宜。

场地设计中还涉及场地高程的平整，为此而进行的设计即为竖向设计。在布置建筑时应注意与场地高程的关系，特别是山地环境，如果采用错层布置，应注意错层后地面各层出口与地面高程的联系。

（2）气象条件　气象条件主要是指场地所处地区的日照、温度、风象、湿度等对建筑设计有影响的因素。

1）日照。太阳的辐射热能和日照率有关，因地球纬度不同而存在差异。我国大部分地区处在地球北回归线以北，气候属于夏热、冬冷，为了获得较长时间的日照，房间的朝向以朝南或南略偏东、南略偏西为宜。现行规范对不同地区、不同类别建筑的日照标准都进行了详细的规定。例如住宅建筑，对日照标准的规定见表4-1。

表4-1　住宅建筑日照标准

建筑气候区划	I、II、III、VII气候区		IV气候区		V、VI气候区
	大城市	中小城市	大城市	中小城市	
日照标准日	大寒日				冬至日
日照时数/h	≥2		≥3		≥1
有效日照时间带/h	8~16				9~15
计算起点	底层窗台面				

日照标准是根据建筑所处的气候区、城市大小和建筑物的使用性质确定的，在规定的日照标准日（冬至日或大寒日）的有效日照时间范围内，以底层窗台面为计算起点的建筑外窗获得的日照时间作为控制标准。实际工程中，为了保证阳光对室内的照射，避免南向建筑对日照的遮挡，一般通过控制建筑物之间的距离来满足日照标准。

2）风象。由风向、风速、风频组成，其中主要考虑的是风向。

场地所处地区的常年（或夏季和冬季）的主导风向，可由风玫瑰图查出。依据风向频率的情况，在场地功能布局时可有意识地把污染源安排在主导风向的下风侧。和日照一样，它是决定建筑朝向和间距的主要因素。

3）温度。指气温，主要参数是最冷、最热月平均气温及极端最低和最高气温等。气温与纬度紧密相关，它决定了建筑保温的要求（外墙构造及厚度）、建筑形式及建筑的组合方式、场地道路和绿化组织形式等，从而反映了南北不同气候条件下建筑和场地的不同特点。

4）降雨量。主要参数为年平均（总）降雨量、最高月降雨量、最高日降雨量等，是设置建筑落水管密度、设计场地排水条件、安排场地排水设施等的基础条件。

（3）工程地质条件　场地的工程地质条件，主要体现在场地的地质特征、地震危害和不良地质现象分析上。

1）地质。场地地面下一定深度内是由土、砂、岩石等组成，地质构成、土壤特性和地基承载力的大小制约着建筑结构形式和基础的类型。当地基承载力小于100kPa时，应注意地基的变形问题。复杂的地质条件，要求房屋的构造和基础的设置采取相应的结构构造措施。

2）地震。地震是一种严重的自然灾害，对建筑物的危害非常大。建筑地震设防的依据是抗震设防烈度，它是经国家批准审定的、作为一个地区抗震设防的依据。

3）几种不良地质现象。对建筑的工程质量和安全产生影响的地质现象还有冲沟、滑坡、崩塌、断层、岩溶、人工采空区等，如果建筑场地存在这样的不良地质现象，会直接影响到建筑的布局和设计，还会影响到工程的施工进度和工程造价。

（4）水文条件　对水文条件的分析主要是分为地表水和地下水两个方面。

1）河湖等地表水体、防洪标准。有河流流经或靠近湖泊等地表水体的场地应注意岸线位置、水位变化情况、岸线附近的高程及坡度变化，以及防洪标准与相应的洪水淹没范围和高程。建筑应选择在比防洪标准限定的淹没高程高 0.5m 以上的地段上。同时，场地内的排水径流、坡度也要设计顺畅。

2）地下水。地下水位的高低及地下水的水质是否有腐蚀性直接影响建筑物的基础设计和防潮处理。

3. 环境及现状条件

（1）区域位置　指场地在城市或区域中的位置，包括与区域整体用地结构的关系。建筑物受区域影响较大，其所处区域的人、其他建筑、设施都会对建筑的使用产生相应的影响。还可能影响建筑的形态和场地的布局结构。因此，必须针对场地的区域位置和环境进行必要的调查和分析。

（2）周围道路与交叉口　主要反映了场地与外界交通联系的条件。为保证城市道路交通设施功能的正常发挥和城市交通系统的正常运行，场地设计中的交通流线布置必须结合场地周围的道路性质、道路布局和交叉口的位置进行设计，而不能只考虑场地自身的需要，避免对道路通行（包括各类道路的人行和车行）和周围其他地块交通进出的干扰。

（3）周围的建筑与绿化　场地周围的道路与建筑物、绿化一起构成了场地的外部环境，形成了一定的风格和艺术特征。场地设计不能独立于场地的外部环境，场地内的新建建筑在建筑风格、色彩、体型等方面应该与之相协调，这就影响到场地内建筑的形态和群体组合关系，如采取与外部环境一致的轴线、对位、对景、尺度等，使之协调统一为有机整体，对整个城市景观是有利的。

（4）市政设施条件　场地内的各种管线，必须与场地周围的城市各类工程管线和设施合理衔接，在总平面设计中，应特别注意城市市政管线的位置、走向、标高和接入点的选择，并确定场地内的市政工程设施的用地规模和用地界限，避免浪费。

（5）现状条件　在熟悉设计任务书和设计文件图后，应对建筑基地的现状情况有一定的了解，主要是现状土地的使用情况、现状建筑质量、现状道路交通和现状工程管线等，特别是要求保留的建筑物、构筑物及绿化等设施，针对具体情况，充分合理地加以利用，并有机地组织到场地总平面中来。要求保留的若干绿化，既可以组织到建筑庭院、广场、活动场地中去，也可作为建筑周围的一般绿化予以保留。为了解现场状况，必要时应进行现场踏勘。

4.1.3　总平面设计具体内容

总平面设计是在熟悉设计任务书，进行详细场地条件分析的基础上开展的。围绕建筑的使用功能，结合场地的具体条件，可能会有不同的设计方案，评价一个总平面设计是否优秀需要从场地的整体性出发，进行技术经济比较。好的设计能够驾驭场地的自然约束条件，在较苛刻的条件下尽可能创作出富有特色的建筑。总平面设计需要注意以下几个方面。

1）总平面设计应以城市规划和规划部门对场地提出的规划条件为依据。

2）总平面设计应结合工程特点，注意节约用地，节约能源，保护环境，以适应可持续发展的需要。

3）总平面设计应结合场地自然地形、建筑环境、地域人文等条件，因地制宜，勇于创新。

4）总平面设计应功能分区合理，路网结构清晰，人流车流有序，并对建筑群体、竖向设计、道路交通、环境景观和管线布置进行综合考虑，统筹兼顾。

5）场地内建筑物的布置应按其不同功能争取最好的朝向和自然通风，并满足防火和卫生要求。

1. 功能分区

使用功能是建筑的基本要素，不同性质的建筑有不同的功能要求，在场地总平面布局时必须以使用功能为依据，根据建筑的性质、规模和构成要求，进行功能分析和总平面功能分区布局，并结合场地的自然条件，选择既能满足适用要求又符合经济效果，既注重个体形象又兼顾建筑群体造型的方案。

场地的使用功能要求与建筑自身的功能要求密不可分，民用建筑往往以图解的方式（即功能分析图）分析场地内各建筑之间的关系。功能分析图一般采用框图的方式来表示建筑或建筑各部分之间在功能方面的联系与分隔的关系，通常是这一类建筑平面关系的概括和总结，即同类的建筑有相近的功能分析图。功能分析的目的就是指导平面布局，使之设计合理。

在进行功能分析的时候，应注意各部分的使用特点、相互关系以及对环境的要求和影响，结合场地条件，提炼出场地的合理功能分区。例如，中学建筑在功能上主要分为教学区域、办公区域、室外活动区域和附属设施区域四个部分。图4-1所示是某中学的建筑功能分析图，其中办公区域和教学区域是学校的核心部分，构成了校园中的主要建筑区，它们都要求有安静的环境并靠近主要出入口，联系应相对紧密一些；室外活动区域对教学干扰较大，应与教学区域有适当的分隔，考虑学生课间时间较短，往返于二者之间的路程又不宜太远；而教学区域中可以分为教学静区和教学闹区，虽然同属一个区域，但应该进行适当的分隔，

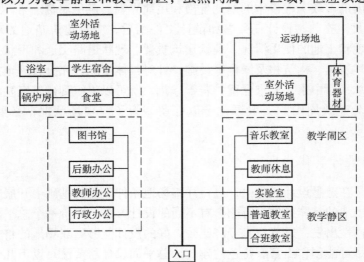

图4-1 某中学的建筑功能分析图

避免音乐教学对其他教学的干扰；后勤服务要求使用方便，所以食堂、学生宿舍和浴室等附属设施可以集中布局在一起，形成一个相对独立的区域。

对于建筑群体的总平面布局，首先，要在功能分析的基础上确定不同建筑各自的功能要求，在单体建筑满足使用功能的基础上，考虑各建筑之间的使用关系，联系比较密切和频繁的建筑物应尽量靠近，地段允许时也可以将这些建筑物进行合并。同时，各建筑物之间的距离也必须满足日照、通风、人防、防火、工程管网等技术间距，根据人流和车流的流向、频率布置道路系统，选择道路的纵横断面，以及与城市干道的有机连接，并在此基础上进行绿化布置，保护环境卫生。

功能分析不能脱离场地的特定条件而单独进行，建设场地的大小、形状、朝向、地势起伏及周围环境、道路的连接、原有建筑现状及城市规划对总体设计的要求等，都直接影响总平面布置的形式，有时甚至对总平面设计设置了许多的限制和约束条件，特别是在城市市区，由于场地条件并不宽松，限制过多，使总平面设计增加了难度。例如北京金鱼池中学（现名为北京市第十一中学），位于北京市旧城改造地区。由于还建的基地面积十分有限，在布置相关功能区域时，无法实现传统的布局方式。如图 4-2 所示，设计人员将该项目设计

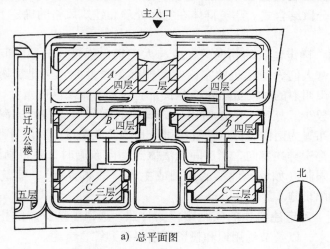

a）总平面图

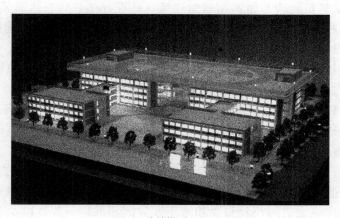

b）建筑模型

图 4-2　北京金鱼池中学

为 A、B、C 三个部分。A 部分主要为室内运动场馆、学生食堂、实验室、教师办公室等，B、C 部分主要为教室以及少量的教师休息室。三部分之间用连廊进行联系和分隔。这些建筑几乎占据了整个建设场地，于是，设计人员将体育活动场地布置在相邻的两幢建筑 A、B 的顶上，自行车停车场安排在了地下，最大限度地利用了场地，并成为该地区独特的风景。当然，因此带来的技术问题需要得到有效的解决。

在进行场地设计的具体工作中，需要深入现场踏勘，密切结合地形，做到因地制宜，布置紧凑，寻求场地条件和布局方案之间的最佳结合，设计出适用、经济、美观的总体布置方案。

2. 建筑的组合安排

总平面设计中，建筑的组合安排涉及建筑的形体、朝向、间距、布置及组合方式等内容，它需要与场地的条件分析相结合，使建筑与场地的地形、道路、管线协调配合。

（1）建筑的形体　建筑的形体取决于建筑的使用功能，同时受场地自然和环境条件的制约。因地段地貌、绿化的状况、地下水、地基承载力的不同，决定不同体型建筑的格局。对于单个建筑物的体型设计将在本章其他小节中介绍，建筑群体的布置方式可以采用集中式、分散式或集中分散结合式。建筑群体在空间处理和建筑风格的确定上，也同样需要取决于场地的具体情况。

（2）建筑朝向　确定建筑的朝向时，应与太阳辐射强度、日照时间、常年主导风向等因素综合考虑。通常人们希望建筑的室内空间能够冬暖夏凉，从建筑物受到日照的情况来看，南向在夏季太阳照射的时间虽然较冬季长，但因夏季太阳高度角大，从南向窗户照射到室内的深度和时间较少。相反，冬季时南向的日照时间和照进房间的深度都比夏季大。所以，将建筑的朝向布置为南向，可以使夏季避免日晒而冬季可以利用日照。但是，在设计时不可能把所有房间都安排在南向，当房间无法做到南向布局时，要特别注意避免西晒问题。如果因地段条件的限制（如场地地形的原因或主入口的布置等），建筑布置只能是东西向时，要适当布置遮阳设施。

（3）建筑间距　确定建筑物的间距应根据日照、通风、防火、防止建筑间的干扰、室外工程等方面的要求，以及节约用地和投资等诸多因素综合考虑。

1）通风间距。建筑物应尽量利用自然通风。是否有良好的自然通风，与周围建筑物，尤其是风吹的方向和前幢建筑物的阻挡有密切的关系，当前幢建筑物正面迎风时，如要求后幢建筑的迎风面窗口进风，两建筑物的间距一般要满足 $(4 \sim 5)H$ 以上（H 为前幢建筑物的建筑高度）。但从用地的经济性来讲，不可能选择这样的标准作为建筑物的通风间距。因为这样会使建筑的总体布局非常松散，既增加了道路及管线长度，也浪费了土地面积。因此为使建筑物既有合理间距，又能获得较好的自然通风，通常使建筑物与当地的夏季主导风向呈一个角度的布局形式。建议呈并列布置的建筑群，其迎风面最好同夏季主导风向呈 $60° \sim 30°$ 的角度，这时建筑的通风间距取 $(1.3 \sim 1.5)H$ 为宜。

2）防火间距。为满足建筑防火要求而确定的建筑物之间的距离称为建筑防火间距。《建筑设计防火规范》（GB 50016—2014）对其适用范围的建筑防火间距做出了具体的规定。这些规定是综合考虑满足消防扑救需要和防止火势向邻近建筑蔓延以及节约用地等几个因素，并参照已建成的建筑防火间距的现状而确定的。表4-2为《建筑设计防火规范》对民用建筑防火间距的相关规定。

表 4-2　民用建筑之间的防火间距　　　　　　　　　　　　　　（单位：m）

建筑类别		高层建筑	裙房和其他民用建筑		
		一、二级	一、二级	三级	四级
高层民用建筑	一、二级	13	9	11	14
裙房和其他民用建筑	一、二级	9	6	7	9
	三级	11	7	8	10
	四级	14	9	10	12

3）日照间距。在进行场地条件分析时，已经提到对日照标准的要求，通过对日照间距的规定，可以使各建筑之间的遮挡受到控制，使房间内满足一定的日照时间和日照质量。日照间距是指前后（正面方向）两排居住建筑之间为保证后排房屋在规定的时日获得所需的日照量而必须保持的一定距离，是按照阳光照射的最小高度角的日期——冬至日中午正南向阳光照到窗台上计算出来的，如图 4-3 所示。

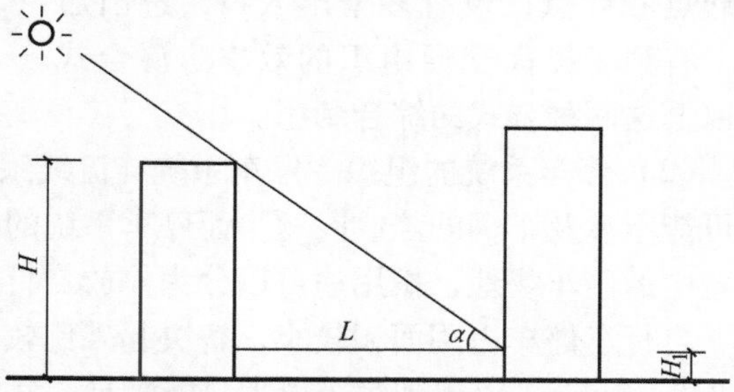

图 4-3　日照间距

计算公式为

$$L = \frac{H - H_1}{\tan\alpha}$$

式中　L——前后两建筑相对外墙的距离；

　　　H——南向前排建筑遮挡屋檐的高度；

　　　H_1——后排建筑底层窗台高度。

我国大部分城市的日照间距一般在（1.0～1.8）H 之间，南方地区偏小，往北则大一些。应当指出，非正南向布局的建筑物，日照间距可相应折减，山地环境的日照间距应视坡向和坡度的变化而进行具体的推算。另外，还有为避免建筑之间相互干扰而设定的间距要求，如防视线干扰间距和隔声间距，在住宅和学校教室设计中应引起重视。通常情况下，满足了日照间距，建筑物之间的距离也就满足了其他的控制要求。

3. 交通组织与设计

交通组织是场地设计的主要内容之一。交通组织要解决的是如何在场地的各区域之间建立交通联系，实现场地内各部分之间以及它们与外界的畅通。交通组织要求清晰明确，符合使用规律，交通流线应避免相互干扰和冲突，要针对交通运输方式自身的特点进行交通组织。此外，要合理安排交通流量和车行系统，对存在大量人流集散的地段和建筑，如火车站、展览馆、影剧院、文体场馆等，可以通过步行道或广场组织交通。

交通组织的基本内容包括两个方面，一是交通流线的确定，二是停车方式的确定。

（1）交通流线的组织　场地内的交通流线可以分为人员流线和车辆流线，交通流线的组织就是合理安排人员、车辆的流动路线和流动方式。交通流线的组织方式通常分为合流式和分流式两种。合流式是指把不同的交通流线合并由一套通道系统来组织。这种方式交通体系较简单，节约用地，适用于场地交通流量较小或以一种交通流线为主、另一种交通流量较小的情况。分流式是指不同的交通流线由各自独立的通道来承担，各道路系统用途专一，这种方式使交通体系划分细致，实现了各自的畅通和安全。

场地内交通流线的布置形式，常见的有尽端式、环通式和混合式，如图4-4所示。尽端式的流线体系中各条交通流线的起点和终点明确区分，单独设置，可以使场地内不同区域独立与外部联系，避免了相互的混杂、穿越和干扰。环通式的流线体系中各条交通流线相互贯通，没有明确的起点和终点，设有多个出入口，进出通畅，有利于提高交通组织的效率。混合式是以上这两种方式的综合利用。

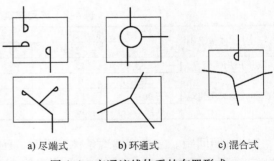

a) 尽端式   b) 环通式   c) 混合式

图4-4 交通流线体系的布置形式

（2）停车系统的组织 停车系统与流线系统密切相关。在考虑车流以及人流的组织时，不可能不涉及车辆的停放问题，而停车系统的组织也应照顾到流线的组织要求。建筑总平面布置中的停车场地，按用途可以分为停放自行车和停放机动车两种。

自行车停车占用面积较小，解决起来比较简单。自行车停车场出入口的宽度一般要求大于2.5～3.5m，以保证每个出入口能满足一对相向车辆进出的要求。在估算用地面积时，通常按每辆自行车占地（包括通道）1.4～1.8m²考虑，对一般公共建筑前的自行车临时停放场地，每辆自行车占地按1.0～1.2m²考虑。

机动车停车系统的组织需要考虑停车场地类型和位置以及停车方式。停车场地可以分为三种类型，第一种是地面停车场，独立布置于基地地面，形成场地中独立的组成要素。第二种是停车场与其他内容相组合布置的组合式停车场，如位于绿地或广场的地下、建筑物的架空底层、地下室或屋面等，特别是高层建筑，通常采用地下停车场来解决停车问题。第三种是多层的停车楼，是将水平停车空间叠合起来组成的独立构筑物。这三种形式中，第一种是平面形式的，其他的属于立体空间形式。停车场地在整个建筑总平面中的位置确定，需要考虑交通流线的组织以及建筑物的布置方式，结合基地的具体情况，停车场地可以集中或分散布置，可以布置在场地的内部或外侧等，总之应当做到因地制宜。

停车场的设计应根据停车数量指标、车型尺寸确定用地面积，并注意车辆出入口的数量和设置要求。在进行机动车停车用地面积估算时，包括绿化、通道及出入口等在内，一般按照每辆小型车占地20～30m²，每辆大型车占地40～50m²。停车方式按车辆与通道的关系可以分为平行停放式、垂直停放式、斜列停放式（见图4-5）。

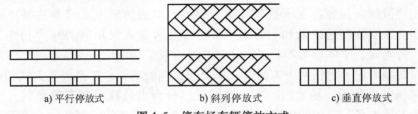

a) 平行停放式   b) 斜列停放式   c) 垂直停放式

图4-5 停车场车辆停放方式

4. 绿化设计

绿化是场地设计中必不可少的要素。绿化对环境温度、湿度及空气流通起着调节作用，具有净化空气、保护环境的功能。同时，绿化也是处理和协调外部空间的重要手段，起到美化环境、提供休息及活动场地的作用。

（1）绿化类型　场地中绿化用地的配置形式相对而言是比较自由的，存在多种多样的可能和变化，但从在场地中所处的位置来看，可以归结为以下三种基本类型。

1）边缘性绿地。利用场地中的一些边角用地布置绿化，如建筑物后退红线与基地边缘之间的空地、道路的两侧等，这种方式非常普遍，几乎所有的场地中均有运用。边缘性绿地是构成场地绿化的基础，不能因为面积小而被忽视，设计中应该尽量挖掘场地布局的潜力，尽可能多地扩大绿地面积。

2）小面积的绿地。独立绿地在场地中呈现点状，如花坛、小块的草地、孤植的树木等。由于规模小，布置起来非常灵活，是点缀环境、丰富场地景观的一种极为有效的方式，用地面积少又可以取得良好的效果。

3）具有一定规模的集中绿地。集中绿地是绿化设计中最有利的形式，可以将绿地的多重功能充分展示，绿化效果最为明显，用地效益最好，对场地景观风貌起着决定性的作用，在形体构成上是与场地内的建筑物等其他内容比重相当的平衡要素，可以作为场地布局的核心，这是前两种方式无法比拟的。另一方面，集中绿地对用地条件要求较高，适应性不强，在有的情况下受到限制。

（2）绿化组织方式　绿化设计应考虑总体布局的要求和建筑的使用特点，满足规划要求的绿地面积和绿地率等控制指标。具体设计应结合场地的自然条件，主次分明地选择树种和布置方式，有机地参与空间构图，创造宜人的室外环境和自然景观，与建筑的风格和布局相协调。绿化设计通常运用草地、花卉、灌木、乔木等配置出多样化的绿地。有条件时，还可以增设水景，以丰富绿化景观。绿地的组织方式主要有以下三种（见图4-6）。

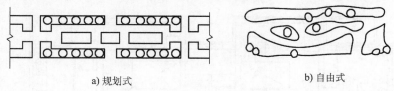

　　a) 规划式　　　　　　　　　　　　　　　b) 自由式

c) 混合式

图 4-6　绿地组织形式

1）规划式。道路、绿地均以规整的几何图形布置，树木、花卉也呈图案或成行、成排有规律地组合，给人井然有序、整齐的感觉。

2）自由式。道路曲折迂回，绿地形状自如，树木花卉无规则组合，自由中又有均衡，这种布局相对活泼。

3）混合式。同一绿地中既有规划式又有自由式的布置形式，是以上两种方式的结合运用。

具体采用哪种布局方式，关键是要结合场地和建筑的具体情况，不能生搬硬套。因地制宜发挥绿化作用的同时，不能影响地上交通和管线的布置、运行和维修。

4.2 建筑平面设计

　　建筑平面设计是在建筑总平面设计的基础上进行的设计工作。建筑平面表现的是建筑物在水平方向房屋各部分的组合关系，平面设计是通过二维图形来分析组织建筑的内部空间，完善建筑的使用功能。一般来说，它对建筑方案的确定起着决定性的作用，是建筑设计的基础。

　　由于建筑平面通常较为集中地反映了建筑功能方面的问题，一些剖面关系比较简单的民用建筑，它们的平面布置基本上能够反映空间组合的主要内容。因此，设计一幢建筑物时，通常是从建筑平面设计入手。但是，建筑物是一个三维空间的整体，为了准确地表现其完整的空间组合关系，除了建筑平面，还需要从剖面和立面的角度去分析、设计，三者是相辅相成的有机整体。所以，建筑平面设计始终需要从建筑整体空间组合的效果来考虑，紧密联系建筑剖面和立面，分析剖面、立面的可能性和合理性，不断调整修改平面，反复深入由平面联系到空间，再由空间联系到平面。

　　民用建筑的平面组成，从各部分的使用性质来分析，主要可以归纳为使用部分和交通联系部分两类。

　　使用部分主要是指主要使用活动部分的面积和辅助使用活动部分的面积，即各类建筑物中的主要房间和辅助房间。主要房间如住宅中的起居室、卧室（如图4-7中"1"所指部分）；学校中的教室、实验室；商店中的营业厅等。辅助房间如住宅中的厨房、浴室、厕所，学校中的厕所、储藏室，商店中的仓库以及各种电气、水暖等设备用房。

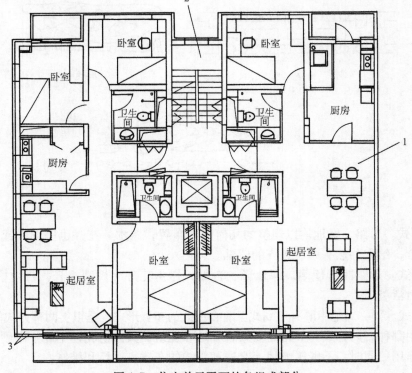

图4-7　住宅单元平面的各组成部分

交通联系部分是指建筑物中各个房间之间、楼层之间和房间内外之间联系通行的面积，如建筑物中的走廊、门厅、过厅、楼梯（如图 4-7 中"2"所指部分）、坡道以及电梯和自动扶梯的面积。

除此之外，平面中各类墙、柱及隔断等构件所占用的面积（如图 4-7 中"3"所指部分），属于房屋构件部分或结构部分，通常在建筑平面的面积上所占比例很小。

建筑平面设计包括主要使用面积、辅助面积的平面设计及交通使用部分的流线的组织和平面设计。在进行平面设计时，根据功能要求确定房间合理的面积、形状和尺寸以及门窗的大小、位置；满足日照、通风、保温、隔热、隔声、防潮、防水、防火、节能等方面的需要；考虑结构的可行性和施工技术；兼顾对建筑剖面、立面、建筑体型等方面的影响。

4.2.1　主要使用面积

主要使用面积往往是整个建筑中核心的功能部分，它所对应的主要使用房间的设计直接关系到建筑物最终是否能达到预期的使用效果。

（1）主要使用面积种类　由于建筑的使用性质不同，其主要使用面积所对应的房间的功能也不尽相同，主要有以下几类：

1）生活用房间。住宅的起居室、卧室，宿舍和招待所的卧室等。

2）工作、学习房间。各类建筑物的办公室、值班室，学校的教室、实验室等。

3）公共活动房间。商场的营业厅，剧院、电影院的观众厅、休息厅等。

一般说来，生活、工作和学习用的房间要求安静、少干扰，由于人们在其中停留的时间相对较长，因此希望能有较好的朝向。公共活动房间的主要特点是人流比较集中，通常进出频繁，因此室内人们活动和通行面积的组织比较重要。特别是人流的疏散问题较为突出。使用房间的分类，有助于平面组合中对不同房间进行分组和功能分区。

（2）对使用房间平面设计的要求

1）房间的面积、形状和尺寸要满足室内使用活动和家具、设备合理布置的要求。

2）门窗的大小和位置，应考虑房间的出入方便，疏散安全，采光通风良好。

3）房间的构成应使结构构造布置合理，施工方便，也要有利于房间之间的组合，所用材料要符合相应的建筑标准。

4）室内空间以及顶棚、地面、各个墙面和构件细部，要考虑人们的使用和审美要求。

主要使用房间的平面设计一般包括房间的面积、平面形状和尺寸的确定三个方面。

1. 房间的面积

主要使用房间面积的大小，主要是由房间的使用特点、使用人数的多少、家具设备的尺寸和数量以及模数制、防火防烟分区等因素决定的。房间的面积通常可以分为以下几个部分。

1）家具或设备所占面积。

2）人们在室内的使用活动面积（包括使用家具及设备时近旁所需的面积）。

3）房间内部的交通面积。

图 4-8 是一个学校教室和住宅一间卧室的室内使用面积分析示意图。从图中可以看到，为了确定房间使用面积的大小，除了需要知道室内家具、设备的数量和尺寸外，还需要了解室内活动和交通面积的大小，这些面积的确定又与人体活动的基本尺度有关。例如，教室设

计中，为保证学生就座、起立时桌椅近旁必要的使用活动面积以及入座、离座时通行的最小宽度，课桌行与行之间的距离（排距）必须满足一定的要求。此外，最后一排桌椅至后墙的距离和第一排桌椅至讲台之间的距离均要满足教室中的通行和视线的要求。

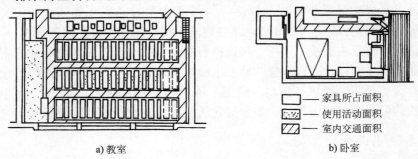

a) 教室　　　　　　　　　　　　　　　　b) 卧室

□ —— 家具所占面积
▨ —— 使用活动面积
▨ —— 室内交通面积

图 4-8　主要使用面积分析

（1）使用人数的确定　确定房间面积的关键是房间的使用人数，它决定着室内家具与设备的多少，决定着交通面积的大小。确定使用人数的依据是房间的使用功能和建筑标准。如小学普通教室的容纳人数决定着房间面积的大小；旅馆建筑中标准较高的客房，虽然人数少，但使用面积较大。

在实际设计工作中，主要是依据使用人数和国家有关部门及各地区制定的面积定额指标，得出房间的面积。表4-3是部分民用建筑房间面积定额参考指标。

表 4-3　部分民用建筑房间面积定额参考指标

建筑类型项目	房 间 名 称	面积定额/（m²/人）	备　　注
中小学	普通教室	1.12 ~ 1.2	小学取下限
	教师办公室	3.5	
办公楼	普通办公室	3.0	
	单间办公室	10.0	
	中小型会议室	0.8	无会议桌
		1.8	有会议桌
电影院	观众厅	0.6 ~ 0.8	
公路客运站	候车厅	1.10	按最高聚集人数计

对有些建筑的主要使用房间的容纳人数，国家有关规范也做了规定，如小学校的普通教室，每班按 45 人，中学普通教室每班按 50 人；剧院、观众厅的规模按观众容量分为小型（300 ~ 800 座）、中型（801 ~ 1200 座）、大型（1201 ~ 1600 座）、特大型（1601 座以上）。有些房间的使用人数并不是固定不变的，且家具、设备布置灵活性大，如商店、展览馆等，在确定这类房间面积时，设计人员要根据设计任务书的要求，从实际出发，通过对已建成的同类建筑进行调查研究，结合房间的使用特点、使用标准确定其合理的面积。

（2）家具设备面积及其使用面积　房间的人数和性质决定着家具设备的多少和种类，如教室中的课桌椅、讲台；卧室中的床、衣橱；办公室的桌椅等，这些家具设备的多少和布置方式以及人们使用它们所必需的活动面积，都影响到房间面积的确定。小学课桌尺寸为550mm×380mm，排距为 750 ~ 800mm；中学课桌尺寸为 550mm×480mm，排距为 860 ~ 900mm。图 4-9 所示为卧室、教室及营业厅中人们使用各种家具时，所必需的使用空间。

（3）房间内交通面积　房间内交通面积是指连接各个使用区域的面积，如为满足教室

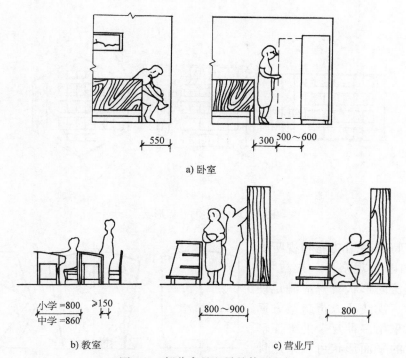

a) 卧室

b) 教室

c) 营业厅

图 4-9　部分家具必需的使用空间

中必要的交通面积，通常要求第一排课桌椅距离讲台为 2000mm；课桌排距小学为 500 ~ 550mm，中学为 550 ~ 600mm；最后一排距离后墙应大于 600mm 等。对于有些房间，由于房间的使用人数较少，设计中可能会出现家具设备的使用面积和房间的交通面积重叠的情况，图 4-10 中住宅房间内通向阳台的通道面积同时也是人们使用衣柜的活动区域。

2. 房间的平面形状

房间的平面形状一般是矩形、方形，但有时也会是多边形、圆形以及不规则形状。房间平面形状是在满足使用功能的前提下，充分考虑结构、施工、经济、建筑物的平面形状及建筑物周围环境等因素综合确定的。不要为追求变化而标新立异，人为地将可以规整的平面复杂化。房间的形状应满足适用、合理、经济、美观的要求。

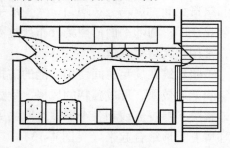

图 4-10　房间交通面积与家具的使用面积重叠

一般功能要求的民用建筑的房间形状常常是矩形，这是因为矩形具有平面简单、墙体平直、便于家具和设备的布置、灵活性较大、房间之间组合方便等特点。同时，它节约土地，使结构构件简单统一，便于装配式施工，加快了施工速度。

但是，在同样满足使用功能的前提下，矩形平面并不是唯一的选择。就中小学教室而言，由于有特定的视听要求，如最后一排座位距黑板的距离要求小于 8.5m、边课桌距黑板远端的夹角不小于 30°以及第一排座位与黑板的最小距离为 2m 等，因此，除了矩形和方形的平面形式，采用六边形的平面形状，可以使平面布局较为合理，视听效果较好。但由于墙与墙之间相互不垂直，增加了施工的难度。图 4-11 所示为满足视听条件下的几种教室平面形状。

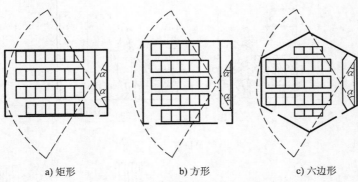

a) 矩形　　　　　　　b) 方形　　　　　　　c) 六边形

图 4-11　教室的平面形状

　　某些具有特殊使用功能和视听要求的房间，如电影观众厅、杂技场、体育馆等，其房间形状首先应满足使用功能在声学、视线及人员疏散方面的要求，可以采用多种复杂的平面形状。如观众厅的平面形状可以采用钟形、扇形、六角形等（见图 4-12）。矩形平面的声场分布均匀，池座前部能接受侧墙一次反射声的区域比其他

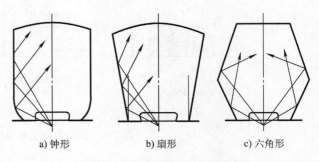

a) 钟形　　　　　　b) 扇形　　　　　　c) 六角形

图 4-12　观众厅的平面形状

平面形状都大，当跨度较大时，前部易产生回声，故常用于小型观众厅；扇形平面由于侧墙呈倾斜状，声音能均匀地分散到大厅的各个区域，多用于大、中型观众厅；钟形平面介于矩形和扇形之间，声场分布均匀；六角形平面的声场分布均匀，但屋盖结构复杂，适用于中、小型观众厅；圆形平面的声场分布严重不均匀，观众厅很少采用，但因为视线好及疏散条件好，常用于大型体育馆。

　　一些建筑在满足房间使用功能的前提下，结合环境，采用不规则的平面形状，突出房间的空间艺术效果，形成独特的风格。例如，北京动物园大熊猫馆利用圆弧形的平面构图，较好地解决了参观流线和各个展室之间的关系，延长了观赏线路，而且突出了建筑的个性，并与环境有机地结合起来（见图 4-13）。

3. 房间的尺寸

　　房间的尺寸是房间设计内容的进一步量化，对于民用建筑常用的矩形平面来说，就是确定房间的长和宽的尺寸，在建筑设计中用开间和进深表示。开间是指房间在建筑外立面上所占的宽度，进深是垂直于开间的深度尺寸。开间和进深是表示两个方向的轴线尺寸，如图 4-14 所示，房间的墙为 240mm 厚砖墙，轴线一般设在墙厚方向中心线位置上，此时开间、进深的尺寸是房间的净尺寸加上墙的厚度。

　　在同样面积的前提下，可以有多种的房间平面尺寸。确定合适的房间尺寸，一般应从以下几个方面进行综合考虑。

　　（1）满足家具设备布置及人们的活动要求　卧室的平面尺寸应考虑床等家具的尺寸和

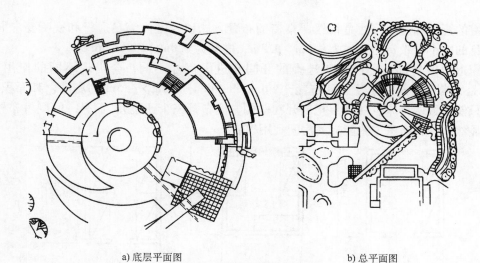

a) 底层平面图

b) 总平面图

图 4-13　北京动物园熊猫馆

相互关系。为增加房间布置的灵活性，主卧室要求床能从两个方向布置，因此，开间的最小尺寸应为床的长度加门的宽度，再考虑结构厚度，开间尺寸不得小于3.3m；进深方向考虑将大小床横竖放置，两床间设床头柜，再加上结构厚度，进深尺寸不得小于4.2m，如图 4-15a 所示。次卧室考虑布置，单人床和写字台，可以按图 4-15b 布置。住宅设计中卧室的常见尺寸：

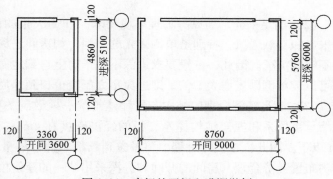

图 4-14　房间的开间和进深举例

主卧室开间为 3.6m、3.9m、4.2m，进深为 4.2m、4.5m、4.8m、5.1m 等；次卧室开间为 2.7m、3.0m、3.3m，进深为 2.7m、3.0m、3.3m、3.6m、3.9m 等。

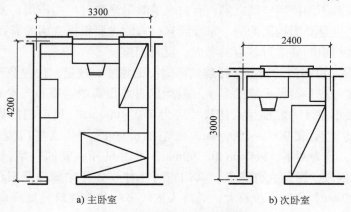

a) 主卧室

b) 次卧室

图 4-15　卧室的平面布置举例

教室的开间和进深尺寸是根据课桌椅的布置方式以及室内满足通行和视听要求而确定的，常见的中小学教室的开间为9.0m、9.3m，进深为6.0m、6.3m、6.6m。

面积近似的房间，可能由于选择的开间和进深尺寸不同，会出现不同的使用效果，图4-16是宿舍的房间尺寸及家具布置，3.6m×3.9m与3.3m×4.5m的房间，其面积相近，但一间只能布置两个床位（如果把门开在一侧，能布置三个床位），而另一间则可布置四个床位，显然后一种布置方式能提高房间利用率。

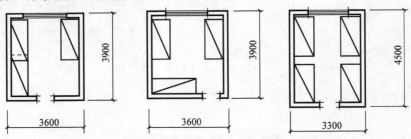

图4-16　宿舍的房间尺寸及家具布置示意图

（2）满足采光、通风等物理环境要求　作为大量的民用建筑，一般都要求有良好的天然采光和自然通风，特别是单侧采光的房间，如房间进深过大，会使远离采光面一侧出现照度不够的情况。因此，一般要求进深不大于窗上口到地面距离的两倍，如果是双侧采光，进深可以较单侧采光增大1倍，即进深不大于窗上口到地面距离的4倍。

（3）满足经济合理的结构布置和建筑统一模数制的要求　一般的民用建筑，目前常采用墙承重体系和框架结构体系，板的经济跨度在4m左右，钢筋混凝土梁的较经济跨度在9m以下。因此，在设计过程中要考虑到梁板布置，尽量统一开间尺寸，减少构件类型，使结构布置经济合理。房间的开间和进深采用统一的建筑模数，可以协调建筑尺寸，提高建筑工业化水平，统一构件类型，加快施工速度。按照建筑模数协调统一标准的规定，民用建筑的开间和进深通常用3M（即300mm）为模数。

4. 房间的门窗设置

一个房间平面设计考虑是否周到，使用是否方便，门窗的设置是一个重要的因素。门主要是供人出入和联系不同使用空间之用，有时也兼具采光和通风的作用；窗的主要功能是采光和通风，同时它也是立面构图的一个重要元素，有时也要根据立面的需要决定它的位置与形式。因此，设计门窗时要进行综合的考虑，反复推敲。

（1）门的设置　房间门的设置包括确定房间门的宽度、数量、位置及开启方向。

房间门的宽度一般是根据人流的多少、搬运家具或设备的需要及安全疏散的要求决定。单股人流通行的最小宽度一般根据人体尺寸定为550～600mm，所以门的最小宽度为600～700mm，通常门的宽度取900～1000mm，住宅的分户门，可以将门宽定为1000mm或1200mm（子母门，分为两扇，900mm和300mm，平时只开启宽的一扇，需要时可同时开启），而辅助用房因较少搬运大件家具，其门宽可小些，如住宅厨房及阳台门多取800mm，厕所门取650～700mm。房间面积较大，通行人数较多的公共建筑，如观众厅、商店，其外门为满足疏散要求，一般取1200～1800mm。

门的数量根据房间面积的大小、使用人数的多少以及疏散方便程度等因素决定。防火规范中规定，当一个房间面积超过 60m² ，且容纳人数多于 50 人时，门的数量应设两个，并分设在房间两端，以利于人员疏散。位于走道尽端的房间（托儿所、幼儿园除外）由最远一点到房间门口的直线距离不超过 14m，且人数不超过 80 人时，可设一个向外开启的门，但门的净宽不应小于 1400mm。一些人流大量集中的房间，如车站候车厅、商场营业厅等公共建筑房间，用作疏散的门，其数量应符合防火规范的要求，不应少于两个，且每个安全出口的平均疏散人数不应超过 250 人。

　　门的位置恰当与否直接影响到房间的使用，所以确定门的位置时除要考虑到室内人流活动的特点和家具布置的要求，还应考虑到缩短交通路线，争取室内有较完整的空间和墙面，以及有利于组织采光和穿堂风等方面的要求。如图 4-16 所示，由于门的位置不同，家具的摆放就出现不同的结果。当一个房间有两个或两个以上门时，门与门之间的交通联系必然给房间的使用带来影响，这时既要考虑缩短交通路线，又要考虑家具布置灵活。图 4-17 是套间门的位置设置比较，其中图 4-17a 和图 4-17c 穿行面积过大，影响房间家具摆设和使用，而图 4-17b 和图 4-17d 所示房间内交通路线较短，家具设置方便。

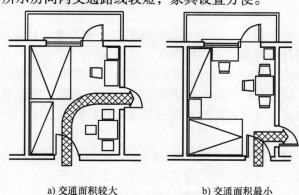

a) 交通面积较大　　　　　　　　　　b) 交通面积最小

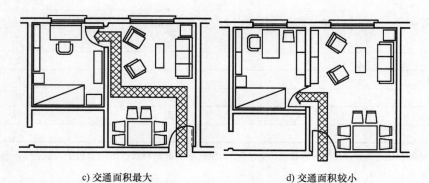

c) 交通面积最大　　　　　　　　　　d) 交通面积较小

图 4-17　套间门的设置比较

　　在住宅设计过程中，可将一些房间的门相互集中，形成一个小的过道，避免由于开门太多而影响房间的使用。当房间人数较多和门的数量较多时，要注意将门均匀布置，使疏散方便。

　　门的开启方式很多，在民用建筑中用得最普遍的是平开门。平开门分外开和内开两种。对于人数较少的房间，一般要求门向房间内开启，以免影响走廊的交通，如住宅、宿舍、办公室等。使用人数较多的房间，如会议室、礼堂、教室、观众厅以及住宅单元入口门，考虑疏散的安全，门应开向疏散方向。对有防风沙、保温要求或人员出入频繁的房间，可以采用转门或弹簧门。而幼儿园建筑，为确保安全，不宜设弹簧门。影剧院建筑的观众厅疏散门严禁用推拉门、卷帘门、折叠门、转门等，应采用双扇外开门。当房间门位置比较集中时，应该考虑到门在同时开启时发生碰撞的可能性，要协调好几个门的开启方向，防止门扇碰撞或交通不便（见图4-18）。

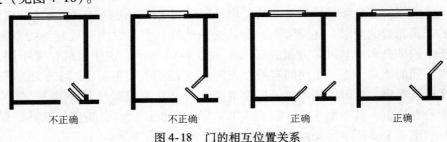

不正确　　　　不正确　　　　正确　　　　正确

图4-18　门的相互位置关系

（2）窗的设置　窗的设置，主要是确定窗的大小和位置，这需要考虑室内采光、通风、立面美观、建筑节能及经济等多方面的要求。

民用建筑一般情况下都要求具有良好的天然采光，民用建筑中由于房间使用性质不同而对采光要求也不同。窗面积的大小直接决定了房间的进光量，通常用采光面积比来衡量采光效果的好坏。采光面积比是指窗的透光面积与房间地板面积之比。对需要光线强的房间，窗户面积应大些，反之则小些。

在建筑方案设计时，对Ⅲ类光气候区的采光，窗地面积比和采光有效进深可按表4-4进行估算，其他光气候区的窗地面积比应乘以相应的光气候系数 K。

表4-4　窗地面积比和采光有效进深

采光等级	侧面采光		顶部采光
	窗地面积比 (A_c/A_d)	采光有效进深 (b/h_s)	窗地面积比 (A_c/A_d)
Ⅰ	1/3	1.8	1/6
Ⅱ	1/4	2.0	1/8
Ⅲ	1/5	2.5	1/10
Ⅳ	1/6	3.0	1/13
Ⅴ	1/10	4.0	1/23

注：1. 窗地面积比计算条件：窗的总透射比 τ 取0.6；室内各表面材料反射比的加权平均值，Ⅰ～Ⅲ级取 $\rho_j = 0.5$；Ⅳ级取 $\rho_j = 0.4$；Ⅴ级取 $\rho_j = 0.3$。

2. 顶部采光指平天窗采光，锯形天窗和矩形天窗可分别按平天窗的1.5倍和2倍窗地面积比进行估算。

窗的位置设置对采光的影响主要体现在由房间沿外墙（开间）方向来的照度是否均匀、有无暗角和眩光。窗的位置宜使进入房间的光线均匀分布，同时还应满足房间内部家具布置的便利。如果房间的进深较大，同样面积的矩形窗户竖向设置，可使房间进深方向的照度比较均匀。中小学校教室在一侧采光的条件下，窗户应位于学生左侧，窗间墙的宽度从照度均匀的角度考虑，一般不宜过大（具体窗间墙尺寸的确定需要综合考虑房屋结构或抗震要求等因素），宽度不应大于 1200mm，以保证室内光线均匀。同时，窗户和挂黑板墙面之间的距离要适当，这段距离太小会使黑板产生眩光，距离太大会形成暗角，通常要求大于 1000mm。

窗的大小、开启扇的位置和数量与房间通风效果有直接关系，为了获得良好的通风效果，通常将门窗位置统一进行合理设计。设计中应尽量减少涡流区，可以利用房间两侧相对应的窗户或门窗之间组织穿堂风。门窗的相对位置采用对面通直布置时，室内气流通畅（见图 4-19），为了实现更好的通风效果，要尽可能使穿堂风通过室内的活动空间。在教室设计中，常在靠走廊一侧开设高窗，以调节出风通路，改善教室内通风条件。

在建筑立面上，窗的位置及大小对建筑美观影响很大，设计中通常根据立面的需要适当调整窗的大小及位置。就建筑节能而言，窗户不宜太大。大窗不仅冬季散热多，而且窗缝冷空气渗透的影响是不可忽视的，所以寒冷地区不宜开大窗。就造价而言，由于单位面积窗的造价高于外墙，加大窗面积通常意味着提高了建筑造价。然而在实践中，为了建筑美观或其他方面的要求而加大窗面积的情况也经常出现。设计时应根据具体条件，进行综合分析，做到既合理又美观。

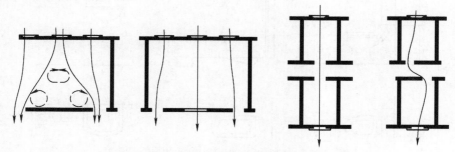

图 4-19　门窗位置对房间内空气流动的影响

4.2.2　辅助使用面积

辅助使用面积所对应的是辅助使用房间，在建筑物中占用的面积分额较少，但却是建筑重要的不可缺少的一部分。各类民用建筑中辅助房间的平面设计和主要使用房间的设计分析方法基本一致，所不同的是，由于辅助使用房间通常设有较多的设备和管道，平面设计受到设备数量、布置方式及使用特点的影响很大，因而相对缺少灵活性。厕所、浴室、卫生间和厨房是民用建筑中比较常见的辅助使用房间。

1. 厕所、浴室、卫生间

通常根据建筑物的使用特点和使用人数的多少，先确定所需厕所、浴室、卫生间设备的数量和种类。根据计算所得的设备数量，参照设备的尺寸及使用所需的空间要求，考虑辅助使用房间在整幢建筑物中的分间情况和平面位置，按功能要求适当调整并确定这类房间的面积、形状和尺寸。

厕所的设备有大便器、小便器、洗手盆、污水池等，一般民用建筑每一个卫生器具可供使用的人数可参考表 4-5 选用。浴室按入浴方式有多种形式，以比较普遍的淋浴浴室为例，设备参考指标见表 4-6。常用设备的尺寸如图 4-20 和图 4-21 所示。

表4-5　部分民用建筑厕所设备个数参考指标

建筑类型	男小便器 /（人/个）	男大便器 /（人/个）	女大便器 /（人/个）	洗手盆或龙头/（人/个）	男女比例	备　注
幼托	—	5～10	5～10	2～5	1:1	—
中小学	40	40	25	100	1:1	小学数量应稍多
宿舍	20	20	15	15	—	男女比例按实际使用情况
旅馆	20	20	12	—	—	男女比例按设计要求
办公楼	50	50	30	50～80	3:1～5:1	—
火车站	80	80	50	150	2:1	—
影剧院	35	75	50	140	2:1～3:1	—

表4-6　浴室、盥洗设备个数参考指标

建筑类型	男淋浴器/（人/个）	女淋浴器/（人/个）	洗脸盆或龙头/（人/个）
旅馆	15	10	10
幼托	每班2个		2～5

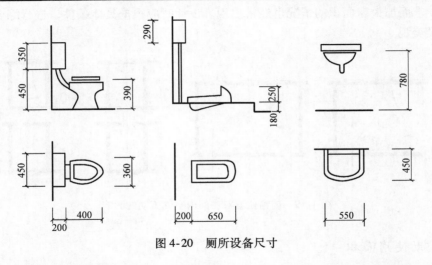

图4-20　厕所设备尺寸

　　浴室、盥洗室常常与厕所布置在一起通称为卫生间。卫生间分为专用卫生间和公共卫生间。

　　专用卫生间使用人数较少，常用于住宅、宾馆和标准较高的病房；公共卫生间将沐浴、厕所和盥洗分为几个空间，既分割又有联系，通常设在旅馆、招待所、公寓、宿舍等建筑内。浴室、卫生间要求严密防水、防止渗漏，并应选用不吸水、不吸污、耐腐蚀、易于清洗且防滑的墙面和地面材料。浴室、卫生间的室内标高要求略低于走道标高（可以通过与走道选用不同的楼面做法的高度差来实现），并应有不小于5%的坡度坡向地漏。专用卫生间要求与使用房间结合布置，位置应尽量在靠走廊的一端，不向客房或走道开窗。住宅中的卫生间不宜设在卧室、起居室和厨房的上层，如必须设置时，其下水管道及存水弯不得在室内外露，并应采取可靠的防水、消声和便于检修的措施。图4-22所示为专用卫生间布置举例。

　　公共卫生间通常具备使用频率较高的厕所和盥洗室的功能，在建筑平面中宜处于既方便使用又相对隐蔽的位置，与走廊、大厅有较方便的联系。为减少管道布置，男女厕所应尽量组合在一起。与专用卫生间通常采用人工照明和竖向通风道机械通风不同，公共卫生间要求应有良好的自然采光和通风，并设置前室，前室的深度一般不小于1.5m，以改善卫生条件

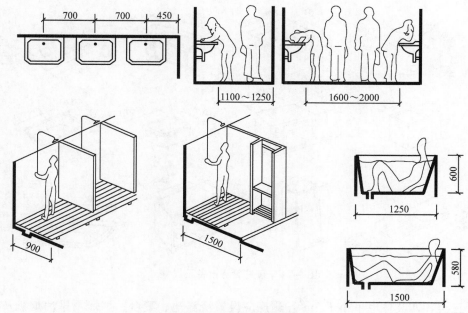

图 4-21　浴室盥洗设备尺寸

和遮挡视线，图 4-23 所示为公共卫生间布置举例。

2. 厨房

根据使用功能的不同，厨房可以分为专用厨房和公共厨房。专用厨房是指住宅、公寓内每户的家用厨房。公共厨房一般用于提供较大型的食堂、餐厅、饭店的饮食服务，设计比一般专用厨房复杂，但基本原理和设计方法与家用厨房基本相同。

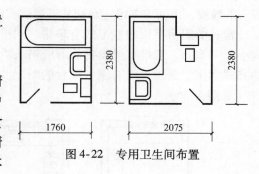

图 4-22　专用卫生间布置

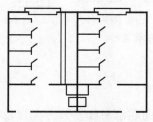

a) 附有前室的中学男女厕所

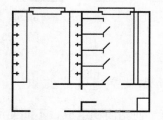

b) 宿舍中套间布置的男卫生间

图 4-23　公共卫生间布置举例

以家用厨房为例，随着住宅标准和人们生活水平的不断提高，厨房的设计要求也不断地被赋予新的内容，面积较大的厨房可兼作餐厅。厨房内主要设备有灶台、洗涤池、案台、固定式碗橱（或搁板、壁龛）、冰箱及排烟装置（见图 4-24）。

厨房要求有天然采光和自然通风条件，在平面组合上尽量靠外墙布置，厨房通常布置在次要朝向，并宜布置在套内近入口处。厨房应满足最基本的面积要求，一类和二类住宅不小

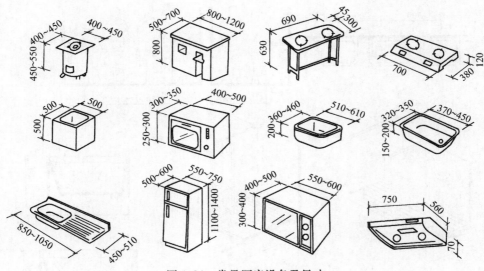

图 4-24　常见厨房设备及尺寸

于 4m²，三类和四类住宅不小于 5m²。厨房应设置洗涤池、案台、炉灶及排油烟机及排烟道等设施或预留位置，设计要符合操作流程和使用者的使用特点，操作面净长不应小于 2.10m。厨房的墙面、地面应考虑防水和易于清洁，地面比一般房间低 20～30mm。

　　常见的厨房平面布置形式有单排、双排、L 形、U 形几种，单排布置设备的厨房净宽不应小于 1.50m，双排布置设备的厨房要求两排设备之间的净距不小于 0.90m。双排布置设备的方式常用于厨房外设有服务阳台的情况。L 形和 U 形的布置形式操作较方便，平面利用率高（见图 4-25）。

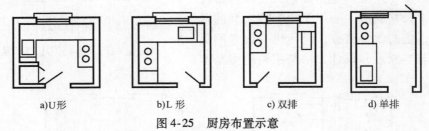

a)U 形　　　　　　b)L 形　　　　　c) 双排　　　　　d) 单排

图 4-25　厨房布置示意

4.2.3　交通面积及交通流线组织

　　建筑物由若干使用面积组成，不同使用房间之间在水平和垂直方向以及与建筑室外之间的联系，是通过走道、楼梯、电梯、门厅等来实现的，这些部分所对应的就是交通面积。一幢建筑物是否适用，除使用房间本身及其位置是否恰当外，很大程度上取决于使用房间与交通联系部分的相互位置处理是否合理，以及交通联系部分本身使用是否方便。交通联系部分设计的主要要求有：

　　1）交通路线简洁明确，联系通行方便。

　　2）人流通畅，紧急疏散时迅速安全。

　　3）满足一定的采光通风要求。

4）在满足使用要求的前提下，力求节省交通面积，同时考虑空间处理等造型问题。

建筑物内部的交通联系部分可以分为：水平交通联系的走廊、过道等；垂直交通联系的楼梯、坡道、电梯、自动扶梯等；交通联系枢纽的门厅、过厅等。

1. 走道

走道又称为过道、走廊，是连接同层内各个房间、楼梯和门厅等各部分，以解决房屋中水平联系和疏散问题的通道，有时也兼有其他从属功能。按走道的使用性质，分为以下两种类型。

（1）交通型　设置走道的目的只是交通联系，如办公楼、旅馆等建筑的走道，都是供人流通行的，这类走道一般不允许安排其他用途。

（2）综合型　在满足正常交通的前提下，根据建筑的性质，在走道内安排其他的使用功能，如教学楼中的过道，除了交通的功能外，既可作为学生课间休息活动的场地，还可布置陈列橱窗及黑板，医院门诊部走道可满足人流通行和候诊的要求。对这类走道的宽度和面积应适当增加。

走道设计的内容包括确定走道的宽度和长度，主要根据人流通行、安全疏散、防火要求、使用性质、空间感受来综合考虑。

走道的宽度应满足人的正常行走和紧急情况下的疏散要求，通行单股人流时，走道净宽度的最小尺寸为 900mm，两股人流时为 1100～1200mm，三股人流时为 1500～1800mm。在通行人数较多的公共建筑中，按各类建筑的使用特点、建筑平面组合要求、通过人流的多少及根据调查分析或参考设计资料确定走道宽度。走道内是否设置固定设备、是否有其他通行要求以及走道两侧房间的门和窗的位置及开启方式，对走道的宽度确定都有影响（见图 4-26）。

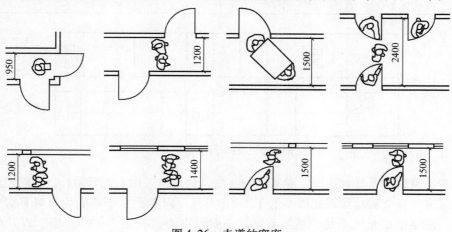

图 4-26　走道的宽度

此外，还应根据建筑物的耐火等级、建筑层数和过道中通行人数的多少，依据防火规范确定走道的宽度，见表 4-7。

走道的长度根据建筑平面房间布置的实际需要和防火疏散的要求来设计。单向疏散的走道称为袋形走道，而双向疏散的走道称为普通走道。按照防火规范的要求，最远房间的出入口到楼梯间安全出入口的距离必须控制在一定的范围之内，如表 4-8 和图 4-27 所示。

表4-7 每层的房间疏散门、安全出口、疏散走道和疏散楼梯的每100人最小疏散净宽度

（单位：m/百人）

建筑层数		建筑的耐火等级		
		一、二级	三级	四级
地上楼层	1～2层	0.65	0.75	1.00
	3层	0.75	1.00	—
	≥4	1.00	1.25	—
地下楼层	与地面出入口地面的高差 $\Delta H \leq 10m$	0.75	—	—
	与地面出入口地面的高差 $\Delta H > 10m$	1.00	—	—

表4-8 直通疏散走道的房间疏散门至最近安全出口的直线距离　（单位：m）

名　　称			位于两个安全出口之间的疏散门			位于袋形走道两侧或尽端的疏散门		
			一、二级	三级	四级	一、二级	三级	四级
托儿所、幼儿园 老年人建筑			25	20	15	20	15	10
歌舞娱乐放映游艺场所			25	20	15	9	—	—
医疗建筑	单、多层		35	30	25	20	15	10
	高层	病房部分	24	—	—	12	—	—
		其他部分	30	—	—	15	—	—
教学建筑	单、多层		35	30	25	22	20	10
	高层		30	—	—	15	—	—
高层旅馆、公寓、展览建筑			30	—	—	15	—	—
其他建筑	单、多层		40	35	25	22	20	15
	高层		40	—	—	20	—	—

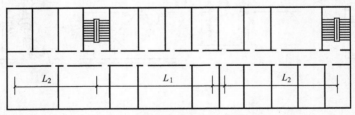

图4-27 走道长度的控制

走道应有良好的采光和通风，除某些公共建筑的走道采用人工照明外，一般走道应有直接的天然采光，采光窗地面积比以不低于1/10为宜。内走道由于两侧均布置有房间，如果设计不当，就会造成光线不足、通风不好，一般可以通过在走道尽端开窗，以及利用楼梯间、门厅或走道两侧的房间设置高窗等方式来解决这一问题。

2. 楼梯

楼梯是解决多层建筑各层之间垂直交通联系及人流紧急疏散的工具。楼梯设计主要根据使用要求和人流通行情况选择适当的楼梯形式，考虑整幢建筑的楼梯数量和楼梯间的平面位置，确定梯段和休息平台的具体数据和尺寸（如每梯段级数不得大于18级）。

楼梯的形式有多种，常见的有直跑楼梯、双跑楼梯和三跑楼梯。直跑楼梯方向单一、简洁，不转向，构造简单，常用于层高较小的建筑，大型公共建筑（如体育馆、大会堂）为解决人流疏散和加强建筑的庄重性，也常采用这种形式，如果层高较高，会在梯段中按需要加一段或几段平台。双跑楼梯分为平行双跑和 L 形双跑楼梯，前者是民用建筑中最常用的，它占地面积小，使用方便，往往布置在单独的楼梯间内。三跑楼梯形式灵活，造型美观，常布置在公共建筑的大厅中，由于其梯井空间较大，不宜用于高层和人流较大的公共建筑。从安全角度考虑，也不宜用于幼儿园和小学校。此外，还有弧形楼梯、螺旋形楼梯和剪刀式楼梯等楼梯形式。选择楼梯形式主要依据建筑的功能及防火要求和使用特点。图 4-28 所示为楼梯形式示例。

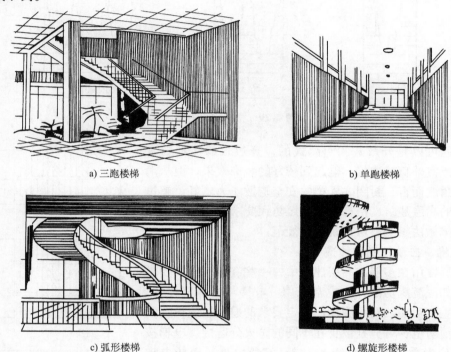

a) 三跑楼梯　　　　　　　　　　　　　　　　b) 单跑楼梯

c) 弧形楼梯　　　　　　　　　　　　　　　　d) 螺旋形楼梯

图 4-28　楼梯形式示例

确定楼梯的数量和位置，是交通联系部分的设计以及建筑平面组合中比较关键的问题。它关系到建筑物中人流交通的组织是否通畅安全，建筑面积的利用是否经济合理。楼梯按使用性质分为主要楼梯、次要楼梯、消防楼梯等，主要楼梯常常位于主要出入口附近或直接布置在主门厅内，成为视线的焦点，起到及时分散人流的作用，同时也可增加大厅的气氛。次要楼梯应布置在防火规范要求的与主要楼梯的距离范围内。防火楼梯是为了满足防火疏散需要而设的，一般布置在建筑物的端部，常做成简易式开敞楼梯。通常情况下，一幢公共建筑至少设 2 部疏散楼梯，对于一些使用人数少、面积不大的低层建筑，当符合表 4-9 的要求时，可只设 1 部疏散楼梯。

表 4-9　可设置 1 部疏散楼梯的公共建筑

耐火等级	层　数	每层最大建筑面积/m^2	人　数
一、二级	3 层	200	第二层、三层的人数之和不超过 50 人
三级	3 层	200	第二层、三层的人数之和不超过 25 人
四级	2 层	200	第二层人数之和不超过 15 人

楼梯梯段的宽度要满足使用方便和安全疏散的要求，一般单股人流通行时应不小于

900mm；双股人流通行时为 1100～1400mm，公共建筑人流较多的场所，双股人流的通行宽度考虑为 1400mm；三股人流通行时为 1650～2100mm。楼梯的休息平台宽度应不小于梯段宽，其形状可以是半圆形、矩形或多边形，图 4-29 和图 4-30 所示为楼梯梯段和平台宽度示意。

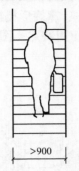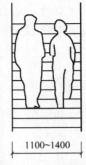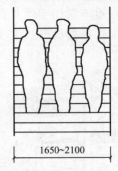

图 4-29　楼梯梯段的宽度

楼梯间可以是开敞式和封闭式的，开敞式的楼梯与走道、大厅或室外直接连接，能起到较好的装饰效果。但从消防安全的角度而言，封闭式楼梯的安全疏散能力更好。超过一定高度的高层建筑，楼梯间应按照防火要求设计为防烟楼梯间，具体做法参照高层建筑防火规范。

3. 电梯、自动扶梯和坡道

电梯通常用在多层或高层建筑中，一些有特殊使用要求的建筑，如医院病房部分，也常采用。电梯与楼梯相配合，共同进行垂直运输。对高度满足一定要求的建筑还应设置消防电梯，消防电梯可分别设置在不同的防火分区内。电梯按使用性质分为乘客电梯、载货电梯、客货电梯、消防电梯等。设置电梯时应注意以下几点：

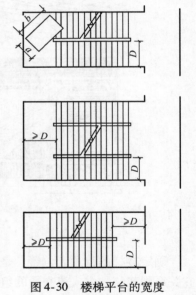

图 4-30　楼梯平台的宽度

1）在设置电梯的同时，必须配置辅助楼梯，供电梯发生故障时使用，两者尽量靠近布置，以便灵活使用，有利于安全疏散。

2）电梯应布置在人流集中、位置明显的地方。每层电梯的出入口前，应留有足够的等候空间，以免形成进出人流拥挤阻塞现象。

3）电梯井道没有天然采光的要求，候梯厅由于人流集中，宜考虑天然采光和自然通风。

4）当住宅建筑八层以上、公共建筑 24m 以上时，电梯就成为主要的垂直交通工具。建筑物内每个服务区，乘客电梯台数不宜少于 2 部。单侧排列的电梯不应超过 4 部，双侧排列的电梯不应超过 8 部（见图 4-31）。

自动扶梯是一种在一定方向上能连续运送大量人流的设备，除了提供既方便又舒适的楼层间的交通外，自动扶梯还可以引导既定的客流方向，适用于具有频繁而连续人流的大型公共建筑，但不得用于紧急疏散，如百货公司、火车站、展览馆、航空港等。每台自动扶梯可正、逆运行，即可作提升或下降之用。在停止运转时，亦可作为临时性的普通楼梯之用。由于自动扶

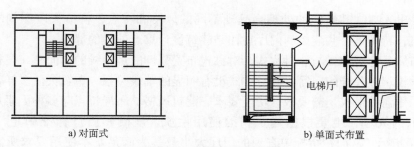

a) 对面式　　　　　　　　　　　　　　　　b) 单面式布置

图 4-31　电梯间布置方法

梯运行方向均为单向，不存在避让问题，所以梯段宽度较楼梯更小，通常为 $600 \sim 1000mm$。

公共建筑中设置自动扶梯的同时，仍需布置电梯和一般性楼梯，作为辅助性垂直交通工具。自动扶梯应布置在明显的位置，其两端应较开敞，避免面对墙壁、死角。一般均设在客流最集中的地方，如大厅中央，表 4-10 是常见的自动扶梯的布置方式。

表 4-10　自动扶梯的布置方式

类别	布置形式	备注
并联式		楼层间交通和客流可以连接，上下两方向分离清楚，但安装占地面积大
平行式		安装占地面积小，但楼层间交通不连续
串联式		楼层交通乘客流动可以连续
交叉式		乘客流动升降两方向均连续，且搭乘场远离，升降流动不发生混乱，安装占地面积小

坡道也是解决垂直交通的一种方式，其特点是坡度小，上下省力，但占地面积比楼梯大很多。所以只在需要的建筑内采用，如医院为方便病人和推车而设置的坡道，人流集中的火车站、体育馆等为方便疏散而设置的通道，以及方便残疾人通行的无障碍通道等。

4. 门厅

门厅是建筑物内部的交通枢纽，它具有接纳和分配人流、衔接水平和垂直交通空间、室内外空间过渡等作用。在某些公共建筑中，门厅还兼有其他功能要求，例如旅馆门厅兼有登记、接待、会客、休息等功能，门诊的门厅兼有挂号、取药、收费等功能。此外，门厅作为建筑物的主要出入口，其空间的处理会呈现不同的风格和特点，将给人以深刻的影响。因此，民用建筑，特别是公共建筑的门厅往往是建筑设计重点处理的部分。

门厅的布局分为对称式与非对称式，对称式布置强调的是轴线的方向感，显得规整而严肃，常用于学校、办公楼的门厅。非对称式没有明显的轴线关系，布置灵活多样，室内空间富于变化，采用何种形式，需要根据功能要求、建筑风格、布局特点等多种因素加以考虑。

门厅面积的大小，主要根据建筑物的使用性质、规模和质量标准确定，可以参考表4-11的定额指标。从面积指标中查到的门厅大小只是为满足基本使用要求所需要的空间大小，一些兼有其他功能的门厅面积，还应根据实际使用要求相应地增加。至于空间的形状、空间处理还需要根据建筑物的性质及所需达到的特定观感，做进一步的设计。门厅设计中切忌门厅面积过小或"大而无用"。

表4-11　部分建筑门厅面积设计参考指标

建 筑 名 称	面 积 定 额	备　注
中小学校	$0.06 \sim 0.08 \text{m}^2$/学生	
食堂	$0.08 \sim 0.18 \text{m}^2$/座	包括洗手台
城市综合医院	11m^2/日百人次	包括衣帽间和问询处
旅馆	$0.2 \sim 0.5 \text{m}^2$/床位	
电影院	0.13m^2/观众	

门厅应处于建筑总平面中明显而突出的位置，一般应面向主干道路，使人流出入方便。门厅的设计应做到导向性明确，避免交通路线过多的交叉和干扰。可以使人们进入门厅后，能够比较容易地找到各过道口和楼梯口，并易于辨别这些过道或楼梯的主次，以及它们通向房屋各部分使用性质上的区别。门厅内各组成部分的位置与人流活动路线应相互协调，尽量避免或减少流线交叉，以便各使用部分能形成相对独立的活动空间。

门厅内要有良好的空间气氛，如良好的采光、合适的空间比例等。门厅对外出入口的宽度按防火规范的要求不得小于通向该门厅的走道、楼梯宽度的总和。门厅的外门通常向外开启或设置弹簧门。对于公共建筑，由于门厅是人们进入建筑物首先到达、经常经过或停留的地方，其空间组合和建筑造型是非常重要的设计内容之一。

4.2.4　建筑平面组合设计

建筑设计的合理性不仅仅体现在单个房间上，而且很大程度上取决于各个组成部分的组合上。在总平面布局中，对建筑形体、朝向、间距、布置方式和空间组合等进行了初步的设计和布置，这是基于对场地和建筑的总体构想，还需要在此基础上，在建筑平面设计中，进一步分析建筑物各组成部分的功能关系，考虑技术经济和建筑艺术等方面的要求，把使用面积和交通联系面积有机地组合起来，使之成为一个使用方便、结构合理、体型简洁、构图完整、造价经济、与环境协调的建筑物，这就是建筑平面组合设计的任务。

4.2.4.1　平面组合的基本原则

在进行建筑平面的组合设计时，根据具体设计要求，把握以下几个原则。

1. 平面组合以使用功能为核心

建筑由于使用性质不同，有不同的功能要求，这种要求很大程度上取决于各种房间按功能要求的组合上，因此，建筑的使用功能对平面组合具有决定性的影响。在教学楼设计中，虽然教室、实验室、办公室等面积、形状、尺寸及门窗布置等均满足使用要求，但如果它们之间的相互关系及走道、门厅、楼梯布置得不合理，就会造成不同程度的分区不明确，互相干扰，影响正常的使用。

在建筑平面组合设计中，一般先从分析建筑物的各个组成部分之间的功能关系着手。功能分析的方法在总平面布局中已经介绍了，对建筑物而言，其原理是一致的，在功能分析的基础上，对建筑物进行适当的功能分区，这在建筑平面组合设计，尤其是较复杂的建筑平面设计时是必须进行的。建筑物中各使用部分的相互关系，大致可归结为以下几种。

（1）主与次的关系　如前所述，建筑中的房间可分为主要房间及辅助房间，不言而喻，这种划分已充分说明各房间的主次关系。值得注意的是，有些情况下，主要房间的类型及数量较多，根据它们在整个建筑中的地位，仍有相对主要与次要的区别，这也是一种主次关系。例如，在中小学校建筑中，教室、图书阅览室、实验室、行政办公室等用房，均属主要房间，但教学用房由于使用人数多，具有更大的重要性，而行政办公室等用房则相对比较次要。平面组合时，要依据各房间的使用要求，分清主次，合理安排。通常应将居住、生活、学习和工作等使用功能的主要房间布置在朝向好、比较安静的位置，以取得较好的日照、采光、通风条件，对于人流量大的主要房间，应布置在疏散方便、接近出入口的部位。辅助房间和较次要的房间（如卫生间等）可布置在条件较差的位置，库房、储藏间可布置在比较隐蔽的暗角。

图 4-32 为某单元住宅的功能分析图和平面图，居住建筑的卧室、起居室均为主要使用房间，卫生间、厨房为辅助使用房间，楼梯间为交通联系部分。由于不可能将所有的主要使用房间均布置在南向，因此，可以将卧室布置在南向，起居室、厨房和楼梯间布置在北向，而卫生间布置在暗角。对于同层布置多套户型的塔式住宅，平面组合时矛盾更为突出，有的户型的主要使用房间也不可能占据好的平面位置，对这种居住建筑，如何在有限的条件下，实现各户的"均好性"是平面组合中至关重要的问题。

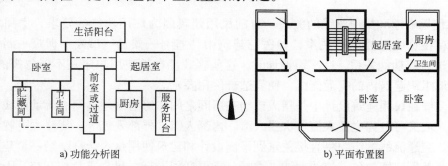

a) 功能分析图　　　　　　　　b) 平面布置图

图 4-32　住宅功能分析及平面布置图

（2）内与外的关系　建筑中各类房间，其使用功能不同，有的对外联系密切，直接为公众服务，其位置应设在靠近人流来往的地方或出入口处，有的则主要是供内部人员使用，房间的位置宜设在比较隐蔽的地方。如办公楼的接待室、传达室是对外的，而办公室是对内的。图 4-33 所示为某食堂平面图，餐厅对外服务，人流量大，应布置在交通方便、位置明显的地方，而厨房和备餐主要是内部操作和服务，布置在后部相对隐蔽的场所。

（3）联系与分隔的关系　建筑平面的各组成部分以及房间之间，有的功能联系密切，有的次之，应将联系密切的房间接近布置；有的因为噪声、振动、视线等因素的存在，会干扰其他房间的使用，对此类房间应加大与其他房间的间距，予以适当的分隔；还有的既要求严格分隔，又要求联系方便，在平面组合时，应保持适当的距离，又有直接的联系通道。

当建筑物中房间较多、使用功能又比较复杂的时候，常常根据房间的使用性质，如闹与静、洁与污等方面反映的特性进行功能分区，使其既分隔、不互相干扰，又有适当

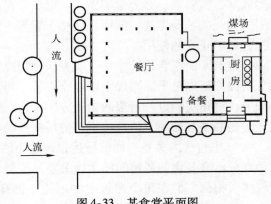

图 4-33 某食堂平面图

的联系。如学校建筑中，普通教室和音乐教室同属教学用房，但因声音干扰问题，可用较长的走廊将其适当隔开；教室和教师办公室之间虽然联系比较密切，但为了避免学生对教师工作的影响，可用门厅将这类房间隔开（见图 4-34）。

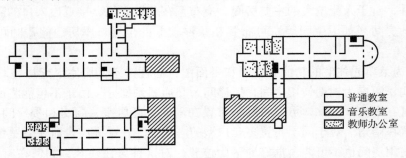

图 4-34 教学楼中房间的联系与分隔

（4）使用顺序和交通流线的关系　有的民用建筑因为使用功能的要求，房间之间在使用顺序上存在着明显的先后关系，如医院建筑中"挂号—候诊—诊断—理疗—划价—交费—取药"这一组功能关系，在平面设计时，这些客观存在的使用顺序是不能忽视的。为此，应当合理地组织建筑内的交通流线，使其适合使用要求。

交通流线在民用建筑设计中是指人或物在房间之间、房间内外之间的流动路线，即人流和货流。人流又可分为主要人流、次要人流、内部人流、外部人流等；货流也可视具体情况进行分类。交通流线的组织将直接关系到平面设计和建筑使用是否合理。当一个建筑有多种流线时，要特别注意使各种流线简洁、通畅，不可迂回逆行，尽量避免相互交叉干扰，如图4-35 所示，火车站有旅客进、出站和行李运送不同的流线，存在"售票—候车—检票—进入站台上车"的使用顺序，在建筑平面组合设计时，合理组织交通流线至关重要。

通过以上分析可以看出，根据各组成部分的功能要求以及它们之间的相互关系进行适当的功能分区，是确定各组成部分的具体位置、进行平面组合的主要依据，对功能复杂、房间较多的公共建筑尤其如此。

2. 结构类型直接影响平面组合

材料和结构是构筑建筑物的物质基础，平面组合需要认真考虑结构形式对建筑组合的影

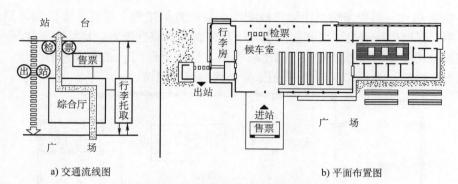

图 4-35 小型火车站设计方案平面图

响，包括结构的合理性、安全性、经济性和结构形式带来的空间效果。

（1）砖混结构 建筑物主体结构由砖墙、钢筋混凝土楼板等材料构成，称为砖混结构。其特点是：墙体既是承重构件，又起着围护和分隔室内外空间的作用，在平面布置上，室内空间的大小和形状受到限制，房间的组合也不够灵活。所以适用于房间不大、层数不多的学校建筑、办公楼、医院和居住建筑等。砖混结构的承重体系有横墙承重、纵墙承重、纵横墙混合承重等几种方式（见图 4-36）。

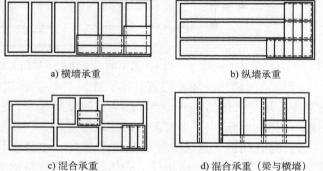

图 4-36 墙体承重结构布置

1）横墙承重。横墙一般是指建筑物短轴方向的墙，横墙承重就是将楼板压在横墙上，纵墙仅承受自身的荷载和起分隔、围护作用。这种布置方式，由于横墙较多，建筑物整体刚度和抗震性能较好，外墙不承重，因而开窗较灵活。缺点是房间开间受到楼板跨度的影响，使房间布局灵活性受到了一定的限制。这种布置方式适用于开间较小、规律性较强的房间，如住宅、宿舍、普通办公楼、一般性的旅馆等。

2）纵墙承重。纵墙是建筑物长轴方向的墙。楼板压在纵墙上的结构布置方式，即为纵墙承重。由于横墙不承重，平面布局比较灵活，在保证隔声的前提下，横墙可采用厚度较薄的砌体和其他轻质隔墙，以节约面积。纵墙承重的建筑物整体刚度和抗震效果比横墙承重差。由于受板长的影响，房间进深不可能太大，外墙开窗也受到一定的限制。这种布置方式常用于教室、会议室等房间。

3）混合承重。在一幢建筑中根据房间的使用和结构要求，同时采用了横墙承重方式和纵墙承重方式，这种结构形式称为混合承重。它具有平面布置灵活、整体刚度好的优点。缺点是增加了板型，梁的高度影响了建筑的净高。这种承重方式在民用建筑中应用较广。

究竟选择哪一种结构方式，要结合建筑性质和组合特点综合考虑。考虑到结构的经济性和安全性，混合结构布置时要尽量使房间开间、进深统一，减少板型。砖混结构的上下承重墙体要对齐，如有大房间可设在顶层或单独设置，建筑物整体刚度应均匀，门窗洞口的大小要满足墙体的受力特征。

（2）框架结构　框架结构是由梁和柱刚性连接的骨架结构，梁柱承重，墙体只起围护、分隔的作用。框架的特点是强度高、刚度大、整体性和抗震性能好，房间布置比较灵活，门窗的大小和形式不受结构的限制，布置比较自由，适用于开间、进深较大的商场、展览馆、图书馆、火车站等。图4-37所示为采用框架结构的某展览馆。

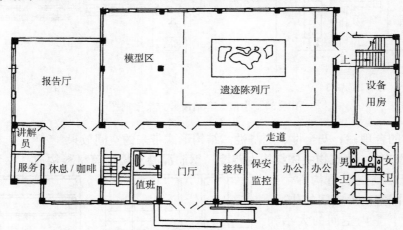

图4-37　采用框架结构的某展览馆

（3）空间结构　随着建筑技术、建筑材料、建筑施工方法的不断发展和建筑结构理论的进步，新的结构形式——空间结构迅速发展起来，它有效地解决了大跨度建筑空间的覆盖问题，同时也创造出了丰富多彩的建筑形象。

1）薄壳结构。这是一种薄壁空间结构，主要利用钢筋混凝土的可塑性，形成各种形式，如筒壳、双曲壳、折板等。壳体结构的特点是壁薄、自重轻，充分发挥了材料的力学性能（见图4-38a）。

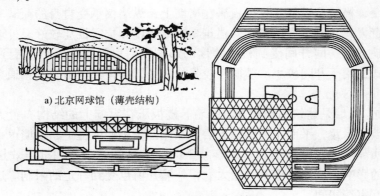

a) 北京网球馆（薄壳结构）

b) 五台山体育馆（网架结构）

c) 浙江人民体育馆（悬索结构）

图4-38　空间结构

　　2）网架结构。网架结构是将许多杆件按照一定规律布置成网格状的空间杆系结构。它具有整体性好、受力分布均匀、自重轻、刚度大、能适用于各种平面的特点，尤其是在大空间建筑中，其优越性更为明显（见图4-38b）。

　　3）悬索结构。悬索结构是利用高强度钢索承受荷载的一种结构，可以有效减轻结构自重，节省材料，悬索结构适应性强，造型独特，因而应用广泛（见图4-38c）。

　　常见的建筑结构形式还有剪力墙结构、框架－剪力墙结构、筒体结构等。

3. 平面组合应便于设备管线的布置

　　民用建筑中的设备管线主要包括给水排水、采暖、空调、燃气、电气、通信、电视等所需的设备管线，它们都占有一定的空间。在进行平面组合时，除应考虑一定的设备位置，恰当地布置相应的房间，如厕所、盥洗室、配电房、空调机房、水泵房等房间外，对于设备管线较多的房间，如住宅中的厨房、卫生间，办公楼中的厕所、盥洗室，旅馆中的客房卫生间、公共卫生间等，在满足使用要求的同时，应尽量将设备管线集中布置，上下对齐，方便使用，有利于施工和节约材料（见图4-39）。

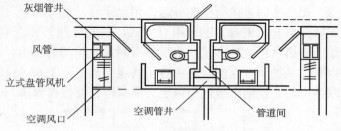

图4-39　卫生间平面图

4. 平面组合应兼顾建筑形象设计

　　平面组合设计和立面设计、建筑造型设计是互相制约、互相影响的，建筑造型和立面设计一般离不开功能要求，它是内部空间的反映，故在平面组合设计时，要为建筑造型和立面设计打下良好的基础，创造有利的条件。

4.2.4.2　建筑平面组合方式

　　建筑物因为使用功能不同，各房间之间的相互关系不同，组合而成的建筑平面也具有各自的特点，建筑平面组合方式基本为走道式、穿套式、放射式、单元式和综合式组合。

1. 走道式组合

　　走道式组合就是利用走道将使用房间连接起来，各房间沿走道一侧或两侧布置。房间之间通过走道来联系，使用房间与交通联系部分明确分开，保持着各房间使用上的独立性，彼此干扰较小。通过走廊，各房间又保持着方便的联系。走廊的长短随所连接的房间的多少而变，平面组合比较灵活。

　　根据走道与房间的位置不同，分为单外廊、单内廊和双外廊、双内廊等几种形式（见图4-40）。

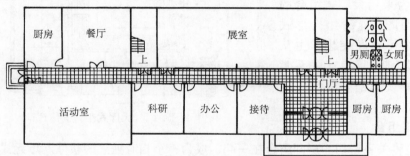

图4-40　走道式组合

外廊式组合空间开敞，南走廊还具有遮阳作用，多用于南方炎热地区的学校、办公楼和宿舍等建筑。内廊式布局是在走廊两侧布置房间。这种组合形式，平面紧凑、节约用地，走廊面积相对比例较小，房屋进深大、外墙短，建筑耗能少，但有一侧房间的朝向不好，走廊的采光、通风条件较差。在特殊情况下，为了使房屋进深更大一些，平面组合时还可以采用双内廊，在两条走廊之间布置一些辅助用房或交通用房，但这部分房间的采光与通风问题难以解决，一般要考虑人工照明和机械通风，如采用天然采光和自然通风时，也可在内部设置天井以满足要求。

走道式布局在民用建筑中应用广泛，适用于房间面积不大、数量较多的重复空间组合，如办公楼、教学楼、科研楼、医院、疗养院、旅馆、宿舍等。

2. 穿套式组合

把各房间直接衔接在一起，相互穿通，使用面积与交通面积结合起来融为一体的组合方式称为穿套式组合。这种组合方式，房间之间的相互联系简单便捷，面积利用率高。展览馆、商店常用这种形式。为适应不同人流活动的特点，可采用串联式或放射式的组合形式。串联式是按照一定的顺序将各房间连接起来（见图4-41a），放射式是以一个枢纽空间作为联系中心，向两个或两个以上方向延伸，衔接布置房间（见图4-41b）。

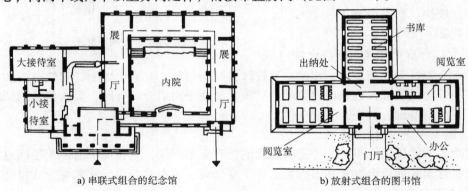

a) 串联式组合的纪念馆　　　　b) 放射式组合的图书馆

图4-41　穿套式组合

3. 大厅式组合

大厅式布局是以体量巨大的主体空间为中心，其他附属或辅助房间，环绕着它的周围布置，图4-42所示为采用大厅式组合的某体育馆平面图。这种组合形式的特点是：主体空间突出，主从关系明确，房间之间相互联系紧密，适于电影院、剧院、体育馆等建筑。

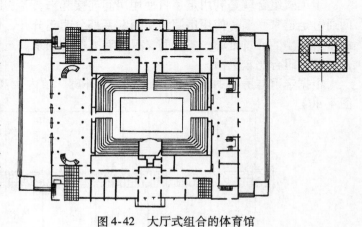

图4-42　大厅式组合的体育馆

4. 单元式组合

单元就是将关系密切的房间组合在一起，成为一个相对独立的整体。单元式布局就是将这些独立的单元按使用性质在水平或垂直方向重复组合成一幢建筑，由于建筑规模不同和场地的地形、大小不同，一幢建筑物可由一个或几个相同的或不相同的单元组成。单元式布局功能分区明确，单元之间相对独立，组合布局灵活，适应性强，同时减少了设计、施工工作量，适用于住宅和幼儿园等建筑类型，图 4-43 所示为单元式住宅平面图。

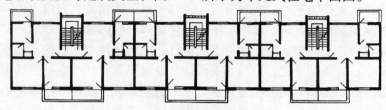

图 4-43　单元式组合的住宅

5. 混合式组合

在民用建筑中，由于功能上的要求，在布局方式上往往出现多种组合形式共存于一幢建筑物的情况，即混合式布局。在平面组合时可以是某一种组合方式为主，其他方式为辅，也可以是几种组合方式并存。混合式组合适用于多种功能要求的建筑，如文化中心、商贸中心等建筑。图 4-44 是某剧院建筑混合式组合平面图，门厅与咖啡厅形成套间式组合；大厅与周边的附属建筑形成大厅式组合；后台演员化妆、服装、道具部分则是走道式组合。

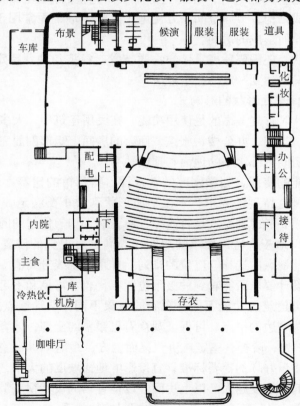

图 4-44　混合式组合的剧院底层平面

在工程实际中，应根据建筑的具体情况进行分析，灵活运用各种方式进行平面空间的组合。

4.3 | 建筑剖面设计

剖面设计是建筑设计的基本组成部分之一，它是以建筑在垂直方向上各部分的组成关系为研究对象，根据建筑功能要求、规模大小以及环境条件等因素确定建筑各部分在垂直方向上的布置。剖面设计并不是独立的，它与平面设计、立面设计相互制约、相互影响。剖面设计通常是在平面设计的基础上进行，而剖面设计又会对平面设计产生一定的影响。在建筑设计中，需要充分考虑平面和剖面的相互关系，不断调整修改，使设计结果更加完善、合理。

剖面设计的主要内容包括：确定房间的剖面形状、各部分高度、层数、剖面组合及空间利用等。

4.3.1 房间剖面形状的确定

房间剖面形状主要是根据功能要求和使用特点来确定的，同时，建筑材料、建筑结构、建筑技术以及建筑造型等对剖面形状的确定也有很大的影响。

房间剖面形状分为矩形和非矩形两类。矩形剖面简单、规整，有利于人的行动和家具、设备的布置，便于竖向空间的组合，容易获得简洁而完整的体型。同时，矩形剖面结构简单，有利于采用梁板式结构，节约空间，方便施工。非矩形剖面常用于有特殊要求的房间，或者因为结构形式不同而形成的房间。

确定房间剖面形状，还需要考虑具体的物质技术、经济条件及特定的艺术构思的影响，既要满足使用要求，又要达到一定的艺术效果。

1. 使用要求对房间剖面形状的影响

确定房间剖面形状时首先考虑的是使用功能，在民用建筑中，大多数的房间是属于一般功能要求的，如住宅、学校、办公楼、旅馆、商店的房间。矩形剖面完全能够满足这类房间的功能要求，提供给房间内部水平的地面和顶棚。

对于某些特殊功能的房间，如影剧院的观众厅、体育馆的比赛厅、阶梯教室和报告厅等，由于对视听的质量有特别的要求，不仅平面形状和大小要满足一定的视距、视角的要求，剖面设计时也同样要考虑到视线是否遮挡、声音能否均匀传递的问题。

（1）视线的要求　对于有特殊要求的房间，为满足对视觉的需要，地面应有一定的坡度。坡度的大小与设计视点的选择、座位的排列、排距、视线升高值 C 等因素有关。

设计视点是指按设计要求所能看到的极限位置，代表了可见和不可见的界限，以此作为视线设计的依据。各类建筑的功能不同，观看的对象不同，设计视点的位置选择也有所不同。如电影院定在银幕底边的中点，可保证观众看见银幕的全部；体育馆定在篮球场边线或边线上空 $300 \sim 500mm$ 处；阶梯教室定在讲台桌面上方，距地 $1100m$ 左右。设计视点选择是否恰当，是衡量视觉质量好坏的重要标准，直接影响地面坡度的大小，设计视点低，视觉范围大，但房间地面升起的坡度越大。以上房间，以体育馆的设计视点最低，因此，其剖面具有较陡的阶梯看台，图 4-45 表示设计视点与地面起坡的关系。

视线升高值 C，与人眼到头顶的高度及视觉标准有关，当座位对位排列时，C 值取 $120mm$，当座位错位排列时，C 值取 $60mm$，可保证视线无遮挡的要求（见图 4-46）。C 值大，地面升起的坡度就大，所以座位错位排列的阶梯教室的地面起坡要缓一些。

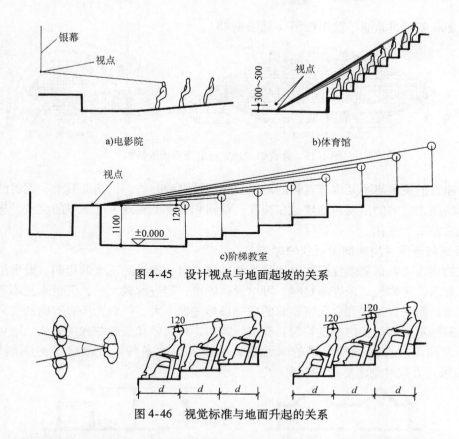

a)电影院　　　　　　　　　　　　　　b)体育馆

c)阶梯教室

图 4-45　设计视点与地面起坡的关系

图 4-46　视觉标准与地面升起的关系

（2）听觉的要求　房间的平面和剖面形状对室内声场的分布有很大的影响，如影剧院、会堂等建筑。大厅的音质要求较高，为获得良好的声场，要求空间有一定的高度，形成一定的容积来控制混响时间指标。为避免出现声音空白区、回声及声音聚焦等现象，在剖面设计时要注意顶棚、墙面和地面的处理，通常按照视线要求设计的地面能够满足声学的要求，而顶棚的高度和形状是保证室内声场均匀、良好的一个重要条件，所以顶棚应根据声学设计的要求来设计，以保证大厅各个座位都能获得均匀的反射声，并加强声压不足的部位。图 4-47 所示为不同顶棚对声音反射的影响。

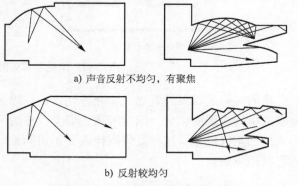

a) 声音反射不均匀，有聚焦

b) 反射较均匀

图 4-47　不同顶棚对声音反射的影响

2. 结构类型、建筑材料及施工对房间剖面形状的影响

房间剖面形状除了要满足使用功能的要求，还会受到结构类型、建筑材料及施工对剖面形状的影响。矩形是最常见的房间剖面形状，通常采用钢筋混凝土梁板结构，但钢筋混凝土构件自重较大，比较适宜跨度不大的情况。如果是大跨度的建筑，如体育馆、展览馆等，通常采用空间结构形式。对屋架、网架、拱、悬索、壳体等结构形式，受结构形式的影响，对应的剖面形状就不再是简单的矩形了（见图4-48）。

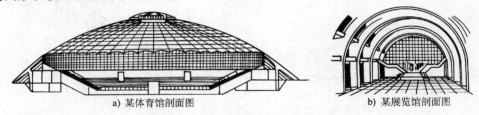

a) 某体育馆剖面图　　　　　　　　　　b) 某展览馆剖面图

图4-48 建筑结构形式对剖面形状的影响

现代建筑的发展离不开建筑材料的发展和施工技术的改进，钢筋混凝土、钢材的运用和发展，新的施工技术的出现，使建筑在跨度、空间和高度上实现了进一步的突破，建筑的剖面形状也愈发富于变化。

3. 采光和通风对房间剖面形状的影响

建筑的室内通常都要求良好的自然采光和通风。对一般进深不大的房间，设置侧窗采光就能满足要求，房间较高采光不足时，可增设高侧窗；当进深较大时，侧窗采光不能满足室内照度要求，需要在屋顶开设天窗；有的房间虽然进深不大，但对光照有特殊的要求，如展览馆中的陈列室，为使室内照度均匀、稳定、柔和，并减轻和消除眩光的影响，避免直射阳光损坏陈列品，常设置各种形式的采光窗。屋顶天窗的多种形式改变了房间剖面形状。图4-49为采光方式对剖面形状的影响。

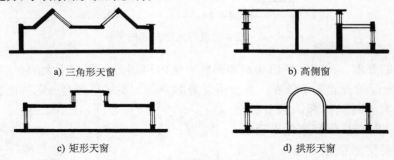

a) 三角形天窗　　　　　　　　　　b) 高侧窗

c) 矩形天窗　　　　　　　　　　d) 拱形天窗

图4-49 采光方式对剖面形状的影响

房间的通风需要设置出气口和进气口，一般房间利用门、窗进行空气对流，对于有特殊要求的房间或湿度较大、温度较高、烟尘较多的房间，还需要在屋顶开设出气孔，以天窗的形式增加空气压差，这种处理同样改变了房间剖面形状。图4-50所示为通风方式对房间剖面形状的影响。

4.3.2 房间高度的确定

建筑剖面设计研究的是建筑各部分在垂直方向上的相互关系，确定各部分的高度是剖面设计的重要内容之一，需要确定的有房间的层高和净高、窗台高度、室内外地面高差等。

1. 房间的净高和层高

对剖面形状为矩形的建筑而言，层高是指该层楼地面到上一层楼地面之间的垂直距离。而房间的净高是指楼地面到结构层（梁、板）底面或顶棚下表面之间的垂直距离。由图4-51所示可见房间净高和层高的相互关系。通常房间净高与楼板层厚度之和就是层高，

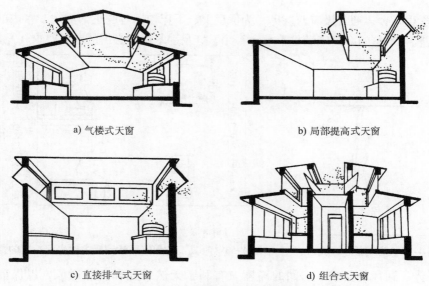

a) 气楼式天窗　　　　　　　　　　　　b) 局部提高式天窗

c) 直接排气式天窗　　　　　　　　　　d) 组合式天窗

图 4-50　通风方式对房间剖面形状的影响

净高小于层高。不过，对于房屋顶层，由于防水屋顶的厚度较大，屋面做法有一定的坡度，往往将顶层层高定为屋面结构板上表面到下一层楼面之间的垂直距离。

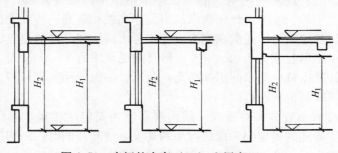

图 4-51　房间的净高（H_1）和层高（H_2）

　　房间的高度是否恰当，将直接影响到房间的使用、经济性以及室内空间的艺术效果。在确定房间的高度时，需要从以下几个方面出发，综合考虑。

　　（1）人体活动及家具设备的使用要求　确定房间高度，通常先确定净高，用净高和结构层高度计算楼层层高。房间的净高与人体活动尺度有很大关系。为保证人们的正常活动，一般情况下室内净高应以手不接触到顶棚为宜。为此，房间净高应不低于 2.2m（见图 4-52）。

　　不同类型的房间由于使用性质和活动特点不同、使用人数不同及房间面积大小不同，对净高要求也不同。对于住宅中的居室和旅馆中的客房等生活用房，因使用人数少，房间面积小，净高可以低一些，一般应≥2.4m，层高在 2.8m 左右；对于使用人数较多、房间面积较大的公用房间，如教室、办公室等，室内净高常为 3.0～3.3m，小学教室为 3.1m，中学教室为 3.4m，而阶梯教室由于使用人数多且地面需要起坡，室内的净高要求更大一些；对于商店营业厅、影剧院观众厅、体育比赛大厅等公共建筑，因空间更大、使用人数更多，在确定其净高时应考虑更多的因素，以满足各方面的要求。

　　除此之外，房间里的家具设备及人们使用家具设备所必需的空间，也直接影响房间的净高和层高。如学生宿舍，通常设有双层床，为保证上、下床使用者的正常活动，室内的净高应大于3.2m，医院手术室的净高应满足手术台、无影灯及手术操作必需的空间要求（见图4-53）。

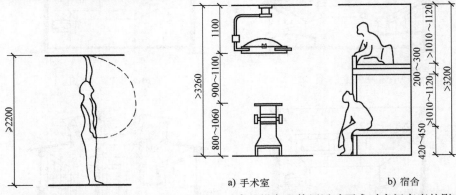

图4-52 房间最小净高   图4-53 家具设备和使用活动要求对房间高度的影响
a) 手术室   b) 宿舍

（2）采光、通风的要求　房间的高度应有利于天然采光和自然通风，以保证房间内必要的学习、生活和卫生条件。一般来讲，房间层高越大，窗口上沿越高，光线照射深度越远。所以，进深大的房间或要求光线照射深度远的房间，层高应大些。

房间的通风要求，室内进出风口在剖面的高低位置，对房间净高也有一定的影响。潮湿和炎热地区的民用房屋，经常利用空气的气压差来组织室内的穿堂风，如在内墙上开设高窗，或在门上设置亮子等，这种设计所要求的房间净高就相对高一些。为保证房间有必要的卫生条件，除了组织好通风外，还应在剖面设计中考虑房间内必需的空气容量。具体取值与房间用途有关，如中小学教室为 $3 \sim 5m^3$/人，影剧院观众厅为 $4 \sim 5m^3$/人，根据房间的使用人数、面积，便可计算出符合要求的房间净高。所以，一般使用人数较多，空气容量标准要求高的房间，房间的净高也大一些。

（3）结构层高度和布置方式的要求　结构层高度主要包括楼板、屋面板、梁和各种屋架所占的高度。房间高度的确定要考虑结构层的高度，层高相同时，结构层所占用的高度越大，房间的净高值越小。因此，在结构安全可靠的前提下，减少结构层的高度，可以增加房间的净高和降低建筑总造价。一般开间、进深较小的房间，多采用墙体承重，楼板直接搁置在承重墙上，结构层所占高度较小。开间和进深较大的房间常常需要设置梁，采用梁板布置方式，梁下凸出，使结构层高度增大。图4-54为采用梁板结构的渥太华加拿大银行大型办公室的剖面图，结构层高度占层高的 1/4 左右，这时为保证所需的房间净高，不得不增加房间的层高。一些

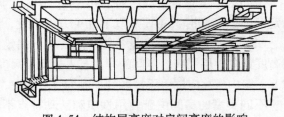

图4-54 结构层高度对房间高度的影响

大跨度、大空间建筑采用屋架、空间网架等多种结构形式，其结构层占用的高度比较大，例如五台山体育馆，其网架屋盖的端部高度为5m。如何减少结构的高度是剖面设计时必须考虑的重要问题。

当房间采用吊顶构造时，要保证吊顶后的净高满足使用要求，可将层高适当增加，以满足净高需要。对于坡屋顶建筑的顶层空间，不做吊顶时可以充分利用屋顶空间，房间的高度可以比平屋顶建筑低一些。

（4）空间比例的要求　室内空间的封闭和开敞、宽大和矮小、比例协调与否对人的心理行为影响很大。如高而窄的房间使人产生兴奋、激昂、向上的情绪，且具有严肃感，但过高就会让人觉得局促、不安。宽而矮的房间使人感觉宁静、开阔、亲切，但过低会给人压抑、沉闷的心理感觉。住宅建筑的居室净高取 2.7m 左右，使人感到亲切、随和，但如用于教室，就显得过于低矮。不同的建筑需要不同的空间比例。在确定房间净高时，应根据使用功能要求，创造出优良的空间环境，一般民用建筑的空间尺度，以高宽比在 1:1.5 ~ 1:3 之间较为适宜（见图 4-55）。

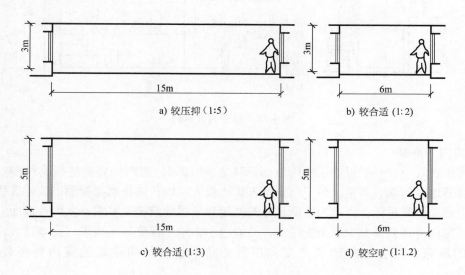

a) 较压抑（1:5）　　　　　　b) 较合适 (1:2)

c) 较合适 (1:3)　　　　　　d) 较空旷 (1:1.2)

图 4-55　不同的空间尺度比例

（5）建筑经济效益要求　房间的层高设计和楼层的竖向组合对建筑造价的影响较大。为了力求节约，在满足使用、采光、通风、室内观感等前提下，应尽可能地降低层高。降低层高首先是减少了建筑材料的用量，减少了施工量，减少荷载对基础有利。实践证明，普通砖混结构的住宅，层高每减少 100mm，土建投资可节约 1% 左右。层高的降低还导致建筑总高度的降低，从而可缩小建筑间距，节约土地。此外，围护面积的减少对降低能耗也是有益的。

2. 窗台高度

窗台的高度主要根据室内的使用要求、人体尺度和家具或设备的高度来确定，图 4-56 为窗台高度示例。通常确定窗台的高度时，应以方便人们工作、学习，适应人的生理和心理需求为前提和标准。一般民用建筑中生活、学习或工作用房的窗台高度常采用 900 ~ 1000mm，使得窗台距桌面的高度在 100 ~ 200mm，保证了桌面上充足的光线，又避免桌上的东西被风吹出窗外；幼儿园建筑结合儿童尺度，活动室的窗台高度常采用 700mm 左右；一些展览建筑中的展室、陈列室，由于室内利用墙面布置展品，为避免眩光，要求窗台到陈列品有一定的角度，因此，窗台的高度一般为 2500mm 以上；浴室、厕所走廊两侧的窗台为遮挡人们的视线，往往做到 1800mm 以上。另外，某些公共建筑的房间如餐厅、休息室、娱乐活动场所以及疗养院建筑和风景区的一些建筑物，由于要求室内阳光充足或便于观赏室外景色，丰富室内空间，常常降低窗台高度或做落地窗。

窗的形状、布置方式对立面的处理效果有很大的影响。由房间用途确定的窗台高度，如与立面处理矛盾时，可根据立面需要对窗台做适当调整。

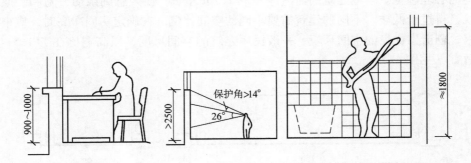

图4-56　窗台高度示例

3. 室内外高差

在建筑设计中，一般以底层室内地面标高为±0.000，室内外高差是指建筑物室内地面到室外自然地面的垂直高度。为了防止室外雨水流入室内，防止墙身受潮以及建筑物因沉降而使室内地面标高过低，以及为了满足建筑使用和增强建筑美观要求，室内外地面应有一定的高差。室内外地面高差的取值应适当，高差过小，难于保证基本要求；高差过大，不利于室内外的联系，又会增加建筑高度和工程造价。通常民用建筑的室内外高差取值为300～600mm。

对一些有特殊要求的建筑，室内外高差要根据使用要求和建筑物的性质来确定。如工业建筑通常有车辆出入，为方便室内外的交通联系，高差一般小一些，入口处做坡道；一些重要的建筑和纪念性建筑，通常加大室内外高差，采用较多的踏步，来强调其严肃性，增加庄严、雄伟的气氛。位于山地和坡地的建筑，应结合地形的起伏变化和室外道路的布置等因素，确定合理的室内外高差。

4. 雨篷高度

雨篷的高度要考虑到与门的关系，雨篷过高，遮雨效果不好；雨篷过低，给人以压抑感，且不便于安装门灯。为了便于施工和使构造简单，通常将雨篷与门洞过梁结合成一整体，雨篷板底标高宜高于门洞标高200mm左右。

4.3.3　建筑层数的确定

建筑层数是在方案阶段就需要初步确定的问题，层数不确定，建筑各层平面就无法布置，剖面、立面高度也无法确定。影响建筑层数确定的因素很多，主要有：建筑的使用功能要求、建筑结构类型、材料和施工工艺的影响、城市规划和场地环境、建筑防火要求以及经济条件等。

1. 建筑使用功能的要求

建筑物的使用功能和性质对房屋的层数有一定的要求。例如体育馆、影剧院、展览馆等大型公共建筑，具有较大的面积、空间，使用人数很多，人流集中，地面荷载较大，为迅速、安全地进行疏散，需要室内外联系方便，因而往往建成单层或低层；托儿所、幼儿园、敬老院等建筑，为了使用安全以及便于儿童和老人与户外活动场地的联系方便，其建筑层数不宜超过三层；医院、学校建筑为了使用方便和人员相对集中管理，一般也不宜建造高层，层数宜在三四层；对于中小学建筑，考虑到学生正在发育成长，为了安全及保护青少年健康成长，小学建筑不宜超过三层，中学教学楼不宜超过四层。

住宅、办公楼等建筑，使用人数相对较少，房间的层高较低，面积不大，使用较分散，这一类建筑可以采用多层或高层，利用楼梯、电梯作为垂直交通工具；宾馆、贸易大厦等建筑，则由于人员活动相对独立、集中，区域活动性较强，且因此类建筑多建造于市区繁华地段，土地费用极高，不宜在地面水平伸展，只能向高处垂直延伸，又由于高度上的优势，在一定区域内具有地域中心的导向性，兼具良好的可视性和观赏性，所以以高层居多；某些公寓式建筑也常由于所在地点和允许占地面积受限而建为高层建筑。

当然，就居住建筑来说，考虑人对自然的亲近和室内外活动方便，层数以一层或二层最好，如别墅建筑。

2. 建筑结构类型、材料和施工对层数的影响

建筑结构类型和材料对建筑高度和层数的影响很大。如一般砖混结构的建筑，墙体多采用砖或砌块，墙身自重大、整体性差，随层数的增加，下部墙体厚度也随之增加，造成材料的浪费和使用空间的减少，由于结构类型和材料的限制，砖混结构常用于建造六七层以下的大量性民用建筑，如多层住宅、中小学教学楼、办公楼和医院建筑等。

钢筋混凝土框架结构、剪力墙结构、框架－剪力墙结构及筒体结构可以适用于多层和高层建筑，由于高层建筑自身的垂直荷载较大，受到水平风荷载的影响很大（见图 4-57），因此建筑物既要有足够的强度，又要有较大的刚度和稳定性。目前世界各国建造的高层宾馆、高层办公楼、高层住宅等都采用上述结构类型，而建筑材料基本上都采用钢筋混凝土和钢材。

不同结构类型所对应的允许建筑高度是不同的。如果属于地震区，建筑物允许建造的层数应根据结构形式和地震烈度的不同而确定，还要受抗震规范的限制。

钢及钢筋混凝土材料以及由这些材料构成的结构类型的使用，不仅解决了高层建筑的结构体系和建筑材料问题，同时也解决了建筑大空间、大跨度的难题。悬索结构、空间网架、壳体、折板结构等是大空间、大跨度屋盖的主要结构体系，这种结构体系适用于单层、低层的大跨度建筑，如影剧院、体育馆等。

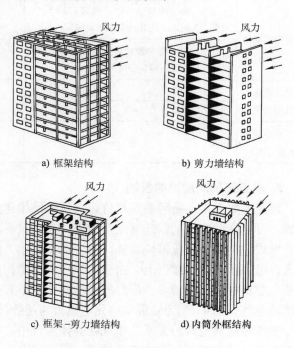

a) 框架结构　　　b) 剪力墙结构

c) 框架－剪力墙结构　　　d) 内筒外框结构

图 4-57　高层建筑结构体系

3. 城市规划和场地环境的要求

位于城市干道、广场、道路交叉口的建筑，对城市面貌影响很大，在城市规划中，往往对建筑层数和建筑高度均有严格的要求。例如，位于天安门广场周围的建筑物，当确定其高度时，应考虑与天安门高度相协调；位于风景区的建筑，其体量和造型对周围景观有很大影响，应以自然环境为主。为了保护风景区，使建筑与环境协调，一般不宜建造体量大、层数多的建筑物。

建筑的层数受建设场地环境的影响，对于相同建筑面积的建筑物，场地范围小，底层占地面积小的必然层数会多一些。此外，建设场地是否有抗震设防要求以及抗震设防烈度的大小，将直接影响到建筑的高度和层数。

4. 建筑防火的要求

房屋的耐火等级不同，允许建造的层数也不同。按照我国《建筑设计防火规范》（GB 50016—2014）的规定，建筑层数应根据建筑性质和耐火等级来确定。耐火等级为一、二级的建筑，建筑层数原则上不受限制，为三级时最多允许建五层，为四级时最多允许建二层（见表4-12）。

表4-12 不同耐火等级建筑的允许建筑高度或层数、防火分区最大允许建筑面积

名称	耐火等级	允许建筑高度或层数	防火分区的最大允许建筑面积/m²	备注
高层民用建筑	一、二级	按《建筑设计防火规范》第5.1.1条的民用建筑分类表来确定	1500	对应体育馆、剧场的观众厅，防火分区的最大允许建筑面积可适当增加。
	一、二级	按《建筑设计防火规范》第5.1.1条的民用建筑分类表来确定	2500	
单、多层民用建筑	三级	5层	1200	—
	四级	2层	600	—
地下或半地下建筑（室）	一级	—	500	设备用房的防火分区最大允许建筑面积不应大于1000m²

5. 建筑造价对层数的影响

建筑层数直接影响到建筑造价。大量性民用建筑如住宅，在多层建筑范围内，增加房屋层数，可以降低造价。以砖混结构为例，在建筑平面不变的情况下，占地面积不变，随着层数的增加建筑面积将成倍地增加，而土地、基础、屋盖等的费用相对减少，单方造价就明显降低，但到了一定层数以上，由于荷载较大，结构的受力发生很大变化，对设备的要求也提高了，建筑材料用量增多，层数的增加使建筑单方造价明显上升。一般砖混结构建造三～六层比较经济，图4-58为砖混结构住宅造价与层数关系比值。

层数与建筑造价的关系还体现在群体组合中。一般建筑的层数越多，用地越经济；建筑面积相同，层数越少，占地面积越大，层数越多，占地面积相对越少（见图4-59）。把一幢五层房屋与五幢单层平房比较，在保证同样的日照间距的条件下，用地面积要相差近2倍。可见，增加建筑层数是减少建筑用地面积的主要途径。

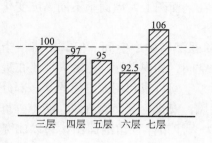

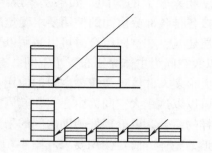

图 4-58 住宅造价与层数关系比值　　图 4-59 单层与多层建筑用地比较

4.3.4 建筑剖面空间的组合与错层空间的利用

建筑空间组合包括水平方向和垂直方向的组合,两者都反映出建筑的功能关系、结构布置以及空间的艺术构思。因此,它们是相互关联、互相影响的,只有将它们结合起来才能形成一个完整的空间概念,在进行平面和剖面组合时相互协调,才能使建筑成为使用方便、结构合理、体型美观的整体。

1. 建筑剖面空间的组合

建筑剖面空间的组合,主要是由建筑物中各类房间的高度和剖面形状、房屋的使用要求和结构布置特点等因素决定的。

在进行建筑空间组合时,应根据使用性质和使用特点将各房间进行合理的垂直分区,做到分区明确、使用方便、流线清晰、合理利用空间,同时应注意结构合理、设备管线集中。不同空间类型的建筑应采取不同的组合方式。

(1)重复小空间的组合　重复小空间是指大小、层高相等或相近,在一幢建筑物内数量较多、功能上相对独立的房间,如住宅中卧室和起居室、医院的大小病房、办公楼的各类办公室等。通常将这类房间布置在同一层并逐层向上叠加,以楼梯来联系各垂直排列的空间。这种剖面空间组合有利于标高的统一、结构方案的布置和施工的组织。

有的建筑由于使用要求或房间大小不同,房间高度会出现差别。对联系紧密、层高不同的房间,在满足使用要求的前提下,调整少数房间高度,使之层高相同。如住宅中的厨房、卫生间等,教学楼中的教室、实验室与厕所、储藏间等,从使用要求上需要组合在同一层,因此把这些房间调整到同一高度,满足对房间高度的最低要求。教学楼中的办公室由于开间、进深都较小,层高也比较低,而且又有一定的数量,组合中把全部办公室分离出来组合在一起,办公室和教学活动区的层高高差通过楼梯或踏步来调整,将两部分联系在一起(见图 4-60)。

(2)大小、高低相差悬殊的空间

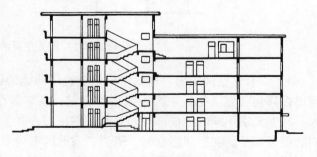

图 4-60 教学楼不同层高的剖面

组合　高度相差较大的房间，如果是单层组合，则以"联系方便、使用合理、互不干扰"为原则，按各排各部分房间的使用要求确定层高，在剖面图上，屋面呈不同高度变化。对于多层或高层建筑，在空间组合时可以采用以下方案。

1）以大空间为主体穿插布置小空间。有的建筑虽然有多个空间，但其中有一个面积较其他空间大很多，并体现建筑最主要的使用功能的空间，如观众厅、比赛大厅，在进行空间组合时，可以以这个大空间为中心，在其周围布置小空间，或利用大空间的某一部分布置小空间。这样的组合，要处理好辅助房间的采光和通风，安排合理交通流线，使得建筑布置成为一个和谐的整体，满足使用要求。图4-61所示为天津市体育馆剖面图，它以比赛大厅为核心，充分利用看台下的空间布置运动员休息室、更衣室及设备用房等，并利用四周的休息廊将辅助使用房间与主要使用房间及门厅联系起来，这样的布置既充分利用了空间，又有利于比赛大厅的保温。

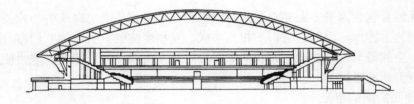

图4-61　天津市体育馆剖面

2）以小空间为主灵活布置大空间。有的建筑（如教学楼、旅馆、办公楼等）大多数房间为小空间，但由于使用功能的需要，存在少量的大空间，如教学楼中的阶梯教室、旅馆中的餐厅、办公楼的大会议室等。在空间组合时，通常以多数的小空间为主体，将大空间依附在主体建筑旁，使建筑空间组合不受层高与结构的限制，或将大小空间上下叠合，视大空间房间的使用要求和结构布置，将其布置在建筑的顶层或底部，如图4-62所示。

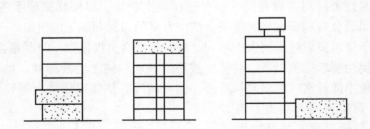

图4-62　以小空间为主灵活布置大空间

3）综合性空间组合。有的建筑由于使用功能的要求，其组成空间在大小和高度上也呈现出多样化和复杂化，如宾馆饭店类建筑，既有餐厅、游泳馆、健身房、歌舞厅等空间较大、高度要求不同的组成部分，又有住宿房间、办公室、设备用房等空间较小、高度要求不同的组成部分。在空间组合时，需要考虑的因素较多，需要协调的矛盾较多，对于这种建筑的空间组合，不能仅仅局限于一种方式，必须根据使用要求，多方面地综合考虑。图4-63所示为湖南大学图书馆的剖面图，阅览室和书库是其主要的组成部分，阅览室要求较好的天然采光和自然通风，通常层高在 4～5m，而书库要求最大限度地保证存书和取用的方便，一般层高在 2.2～2.5m，该图书馆采用集中布置方式，将阅览室和书库组合在一起，高度比为1:2，既方便使用又有利于结构布置。

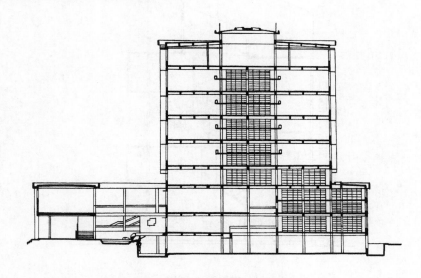

图 4-63　湖南大学图书馆剖面

综上所述，无论是简单还是复杂的剖面空间组合，都应考虑以下几点：

1）进深相同的房间尽量地组合在一起，这有利于上下层的空间组合和简化结构。

2）上下承重结构要对齐，尤其是承重墙体和外墙体，使结构受力更趋合理。

3）上下层设备宜对齐布置，避免使设备管道迂回，有利于减少管线。

2. 错层和中庭空间

建筑剖面设计时，由于功能的需要，或是地形条件的限制，使建筑空间的楼地面出现了高低错落的现象，称为错层空间。对错层的处理有几种常见的方式。

（1）用踏步或坡道联系错层　有的建筑物，如教学楼、办公楼、旅馆等，主要使用房间和门厅之间的层间高差相差不大，通常采用在较低标高的走廊上设置少量踏步来解决二者的高度差，踏步数量通常控制在五步之内。有的住宅建筑，为了丰富起居室和其他房间之间的空间变化，也常常设置一定的高度差，用少量的踏步来平衡。

（2）用楼梯联系错层　当建筑物的两部分空间高差较大时，如果设置踏步会使荷载增加太多，可以通过楼梯梯段的合理设计，使楼梯平台的标高与错层楼地面的标高一致。图4-64为某联排别墅错层空间的处理。

（3）用室外台阶解决错层高差　对于依山就势、垂直于山地等高线布置的建筑，为适应地形标高的变化，建筑物常灵活错落地设定楼地层的标高。为解决高差的不一致，可以采用室外台阶，如图4-65所示。

近年来，随着经济的发展，城市建设用地越来越紧张，建筑物的设计和建设呈现出高楼层、大体量的发展趋势，新技术和新工艺的出现为此提供了可能。随之带来的问题是，由于建筑体量过大，建筑内部空间的采光和通风受到影响，与自然的亲近受到了阻隔。为此，可

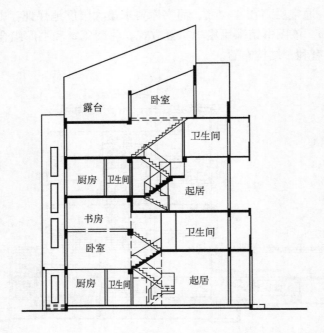

图 4-64　用楼梯解决错层高差

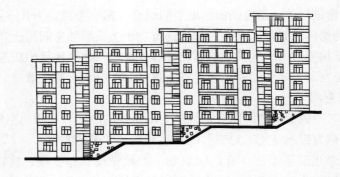

图 4-65　用室外台阶解决错层高差

以将建筑内部部分空间分隔出来，设计为中庭空间，如图 4-66 所示。

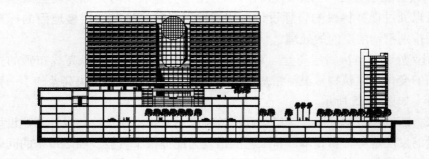

图 4-66　中庭空间示意

4.4 | 建筑体型及立面设计

建筑不仅要满足人们生产、生活等物质功能的要求，建筑还要给人以美的感受，满足人们精神文化方面的需要。建筑的美观主要是通过内部空间及外部造型的艺术处理来体现，其中建筑物的外观形象最直接地呈现在大众面前，对人的精神上产生的影响更为深刻。同时，建筑物的美观问题，还在一定程度上反映社会的文化生活、精神面貌和经济基础。因此，建筑的外部形象设计是建筑设计中十分重要、不可或缺的内容。

建筑的外部形象设计包括体型设计和立面设计两个方面，二者之间有密切的联系，体型和立面设计研究的主要内容包括建筑物的体量大小、体型组合方式、建筑立面及细部比例关系等。建筑物的外部形象是设计者运用建筑构图法则，使坚固、适用、经济和美观等要求不断统一的结果。

建筑的外部形象设计能够反映出建筑内部空间的特征，但它既不是内部空间被动地直接反映，也不是简单地在形式上进行表面加工，更不是建筑平面、剖面设计完成后的外形处理。建筑体型和立面设计应该与平面、剖面设计同时进行，并贯穿于整个设计的始终。在方案设计阶段，就应该综合考虑建筑使用功能、场地设计条件、环境因素及经济条件等多方面的影响，设计出一个建筑体系和立面的雏形。随着设计的不断深入，在平面、剖面设计的基础上从整体到局部，再由局部到整体，不断推敲、协调、深化，使建筑达到内外完美的统一。

4.4.1　影响体型和立面设计的因素

影响建筑体型及立面设计的因素很多，不同国家、不同民族、不同地区在不同的历史时期，其建筑都各具特色。对每一幢建筑物而言，由于使用功能和性质不同，结构、材料和施工技术不同，所处的场地条件和环境不同，建设投资不同，而呈现出自己独特的风格和特点。

1. 使用功能和特点

建筑是满足人们生产和生活需要而创造出的物质空间环境，功能要求不同的建筑类型具有不同的内部空间组合特点，这就要求建筑设计首先从功能出发，不同的功能要求形成了不同的建筑空间，而不同的建筑空间所构成的建筑实体又形成建筑外形的变化，产生出不同类型的建筑外观。因此，建筑的外观形象设计应当反映出建筑的性质、类型，美观问题必须服从功能要求，这是建筑设计应遵循的原则，也是建筑艺术有别于其他艺术的特点之一。一个优秀的建筑外部形象应该是形式与内容的辩证统一，不可能脱离建筑室内空间的要求和建筑物的性格特征。

如住宅、商场、影剧院因为使用功能和特点不同，外形完全不同，因而易于区别。图4-67a所示为住宅建筑，由于内部房间较小，成单元式组合，在体型上即可看出其进深较小，立面的主要特征为重复排列的阳台、面积较小的窗户、分组设置的楼梯间等，营造了浓郁的生活氛围，这是城市居住建筑所共有的特征。图4-67b所示为商场，由于使用功能的需要，内部空间较大，所以体量较大，底层设置陈列橱窗或大面积的玻璃窗，增加建筑的通透感觉，为方便大量人流通行而设置的出入口，位置明显且做重点修饰，这也是商业建筑体型和立面的主要特点。图4-67c所示为体育建筑，体量较大，层数少。图4-67d所示为剧院，由于大空间的观众厅和舞台都要求封闭，而门厅和休息厅要求宽敞明亮，所以在立面上可以看出大面积的墙体和玻璃之间强烈的虚实对比，对出入口的设置必须满足及时迅速地疏散集中的、大量的人流的要求，在立面设计上结合观览建筑的特点，风格上通常会比较活泼、轻快。

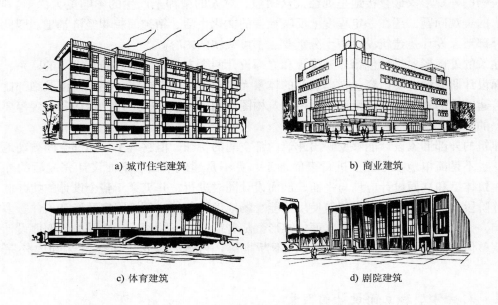

a) 城市住宅建筑　　　　　　　　　　　　　b) 商业建筑

c) 体育建筑　　　　　　　　　　　　　d) 剧院建筑

图4-67　不同类型建筑的外形特征

因此，采用与其功能要求相适应的外部形式，并在此基础上进行适当的建筑艺术处理来强调该建筑的性格特征，可以使其更为鲜明、更为突出，从而能更有效地区别于其他建筑。

2. 结构、材料和施工技术

建筑是按照一定的结构方案，运用大量的建筑材料，通过相应的技术手段建造起来的，如果离开将建筑设想变成现实的物质基础和工程技术，就没有建筑艺术。因此，建筑体型和立面设计必然在很大程度上受到物质和技术条件的制约，并反映出结构、材料和施工技术的特点。

不同结构形式由于其受力特点不同，反映在体型和立面上也截然不同，图4-68所示为不同结构形式的建筑。如砖混结构，由于外墙要承受结构的荷载，窗间墙应保有一定的宽度，因而立面开窗就要受到严格的限制，其外部形象就显得厚重。而框架结构由于是梁柱承重而外墙是围护墙，建筑立面开窗具有很大的灵活性，可以大面积开窗或形成带形窗，甚至取消窗间墙而形成完全通透的形式，外部形象显得明快、轻巧。空间结构不仅为大型活动提供了理想的使用空间，同时各种形式的空间结构又丰富了建筑物的外观形象，使建筑造型千姿百态。在建筑设计工作中，要妥善利用结构体系本身所具有的美学表现力，根据结构特点，巧妙地把结构体系与建筑造型有机地结合起来。

此外，装修材料材质的不同，其艺术表现效果明显不同，在相当程度上影响到建筑作品的外观和效果，如清水墙、混水墙、贴面砖墙和玻璃幕墙等不同材质的建筑外观，创造出不

a) 砖混结构

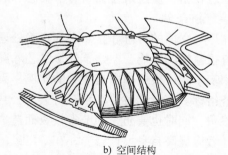

b) 空间结构

c) 框架结构

图 4-68 不同结构形式建筑的建筑形象

同的立面效果。

施工技术的工艺特点，也常形成特有的建筑外形，尤其是现代工业化建筑，如滑模建筑、升板建筑、盒子建筑等，对建筑造型都有一定的影响，各自具有不同的外形特征。

总之，现代新结构、新材料、新技术的发展，为建筑体型和立面设计提供了更大的灵活性和多样性。

3. 城市规划和场地环境

单体建筑是规划群体的一个局部，建筑物处于群体环境之中，既要有单体建筑的个性，又要有群体的共性。群体建筑是更大的群体或城市规划的一部分，所以拟建房屋无论是单体或群体，其体型、立面、内外空间组合以及建筑风格等方面都要认真考虑与规划中建筑群体的配合，同时还要注意与周围道路、原有建筑呼应配合，考虑与地形、绿化等基地环境协调一致，使建筑与室外环境有机地融合在一起，达到和谐统一的效果。

图 1-42 所示为著名美国建筑师赖特设计的流水别墅，当设计师去现场踏勘时，已经在头脑中形成了与溪水的音乐节奏感相配合的别墅的模糊形象，每块大石头和直径 6in（英寸，$1in = 2.54cm$）以上的树木的具体位置都做到心中有数。在对场地有了如此详细的了解后，赖特依照山泉和峡谷的特点，设计出了造型独特、高低错落的悬挑钢筋混凝土平台，凌跃于奔泻而下的瀑布之上，建筑与山石、流水和树木巧妙地结合在了一起。

所以风景区的建筑在体型设计上应同周围环境相协调，不应破坏风景区景色；山地建筑应结合地形和朝向错层布置，从而产生多变的体型。

此外，气候、朝向、日照、常年风向等因素也都会对建筑的体型和立面设计产生十分重要的影响，比如南方炎热地区的建筑，为减轻阳光的辐射和满足室内的通风要求，可以采用遮阳板和通透花格，使建筑立面富有节奏感和通透感。

4. 社会经济条件

建筑体型与立面的构思和立意必须正确处理适用、经济、美观三者的关系。建设投资对房屋建筑有很直接的影响，但建筑外形的艺术美并不完全是以投资的多少为决定因素，房屋建筑在国家基本建设投资中占有很大的比例，因此设计者应严格执行国家规定的建筑标准和相应的经济指标。在设计时要区别对待大型公共建筑和大量性民用建筑，既要防止滥用高级材料造成浪费，同时也要防止为节省投资而造成使用功能不合理及破坏建筑艺术性的现象。同时，设计者应提高自身设计修养，在一定经济条件下，合理巧妙地运用物质技术手段和构图法则，充分发挥设计者的主观能动性，努力创新，设计出适用、合理、经济、美观、大方的建筑物。

4.4.2 构图规则

建筑是一门艺术，建筑造型有其内在的规律，要创造出美观大方的建筑，必须遵循建筑的美学法则，这些建筑美学的构图规则，是人们在长期的建筑创作历史发展中的总结，不同地区、不同民族，尽管建筑形式各不相同，人们的审美观也有所差别，但建筑的构图规则却是被人们普遍认可的，是一致的。

建筑构图规则既是指导建筑造型设计的原则，又是检验建筑造型美观与否的标准，在设计中应遵循这些建筑构图的基本规律，如统一、变化、均衡、稳定、对比、尺度等。

1. 统一与变化

建筑物在客观上普遍存在着统一与变化的因素，如何处理它们之间的相互关系，这是建筑构图中一个非常重要的问题。统一与变化缺一不可，建筑如果有统一而无变化就会产生呆板、单调、不丰富的感觉，反过来有变化而无统一，又会使建筑显得杂乱、烦琐、无秩序。要创造美的建筑，就要恰当地运用统一与变化这个最基本的构图规则。

在建筑设计中，统一的概念并不局限在一幢建筑物的外形设计上，而应该是外部形象和内部空间及使用功能的有机统一。一个优秀的建筑作品，从整体到个体，从外形到内部，从形式到内容，从体型到立面和细部处理都必须是和谐统一的。为了取得和谐的统一，有以下几种基本手法。

（1）以简单的几何形状求统一　任何简单的几何形状本身都具有必然的统一性，并容易被人们所感受。几何形体如长方体、正方体、圆柱体、球体等（见图4-69），常常用于建筑上，由于它们的形状简单，相互之间具有严格的制约关系，给人以肯定、明确和统一的感觉。因此，借助这些简单的几何形体可以获得高度的统一。简单的几何形状从古至今在建筑中均有运用，如埃及吉萨金字塔、北京天坛等和现代的许多建筑，如图4-70所示为宁波南苑环球酒店。

图4-69　建筑的基本几何形体

（2）主从分明，以陪衬求统一　复杂体量的建筑根据功能的要求常包括主要部分和从属部分，如果不加以区别对待，则建筑必然显得平淡、松散，缺乏统一性。借助主从关系，用若干附属部分来衬托建筑物主体，便可以突出主体部分，获得理想的统一。在建筑体型设计中，常运用轴线处理，以低衬高，利用形象变化等手法来突出主体。

图 4-70　宁波南苑环球酒店

1）运用轴线的处理突出主体。如图 4-71 所示，中国国家博物馆利用中央主轴线的高大空廊，将两翼对称的陈列室联系起来，通过两翼对空廊的衬托，既突出了主体，又创造了一个完整统一的外观形象。一些纪念性建筑和大型办公楼通常采取这种手法。

图 4-71　中国国家博物馆

2）以低衬高突出主体。如图 4-72 所示，荷兰建筑师杜道克设计的希尔浮森市政厅充分利用建筑功能要求上所形成的高低不同，以高塔形成明显的主从关系。这种采取体量差别形成以低衬高、以高控制整体的处理手法也是取得完整统一的有效措施。此外，机场建筑中也常常以较高体量的瞭望塔与低而平的候机大厅体量的对比，取得主从分明、完整统一的体型组合。

3）利用形象变化突出主体。如图 4-73 所示，加拿大多伦多市政厅在建筑造型上运用弧形轮廓线，取得了突出主体、控制全局的效果。这种建筑外观比较常见的基本形体富有变化，更易于激发人们的兴趣，更引人注目。

图 4-72　荷兰希尔浮森市政厅

图 4-73　加拿大多伦多市政厅

（3）以协调求统一　将一幢建筑物的各部分在形状、尺度、比例、色彩、质感和细部都采用协调的处理手法，也可求得统一感，图 4-74 所示的某教学楼正立面，由于教室窗户、楼梯间窗户的连续重复、协调搭配，取得了和谐的统一。

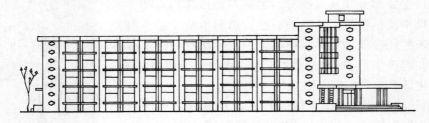

图 4-74　某教学楼正立面

统一与变化是一切形式美的基本规律，具有广泛的普遍性和概括性。其他如主从、对比、比例、均衡等构图诸要点，实际上是统一与变化在某一方面的体现，或者说是达到统一与变化的手段。

2. 均衡与稳定

均衡与稳定既是力学概念也是建筑形象概念。如果一个建筑物看起来摇摇欲坠，就很难谈得上美观问题，均衡与稳定是人们在长期实践中形成的观念，从而被人们当作一种建筑美学的原则来遵循。所谓均衡是指建筑物各体量在建筑构图中的左右、前后相对轻重关系；稳定是指建筑物在建筑构图上的上下轻重关系。均衡而稳定的建筑会给人安全、可靠、平稳的感觉。

均衡与稳定是相互联系的。建筑立面上各建筑造型要素的轻重感，会影响到均衡与稳定的效果。一般来说，墙、柱等实体部分感觉上要重一些，门、窗、敞廊等空虚部分感觉要轻一些；材料粗糙的感觉要重一些，材料光洁的感觉要轻一些；色暗而深的感觉上要重一些，色明而浅的感觉要轻一些等。在设计中可以灵活运用，以达到良好的均衡与稳定效果。

在建筑构图中，均衡与力学的杠杆原理是有联系的。均衡必须强调均衡中心，图 4-75 中的支点即为均衡中心。均衡中心往往是人们视线停留的地方，因此对建筑物的均衡中心位置应重点处理。根据均衡中心位置的不同，可以将均衡分为对称均衡和不对称均衡。

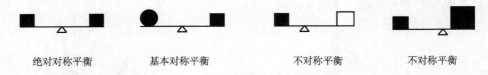

绝对对称平衡　　　　基本对称平衡　　　　不对称平衡　　　　不对称平衡

图 4-75　均衡的力学原理

对称的建筑是绝对均衡的，以中轴线为中心并加以重点强调，两侧对称容易取得完整统一的效果，给人以严谨、端庄、雄伟的感觉，常用于纪念性建筑或其他需要表现庄严、隆重的公共建筑（见图 4-76）。毛主席纪念堂、人民大会堂等都是对称均衡的实例。不对称均衡的建筑布置较灵活，通常将均衡中心（视觉上最突出的主要出入口）布置在建筑的一侧，利用不同的体量、材质、色彩、虚实变化来达到不对称均衡的目的，可以给人以轻巧和活泼的感觉（见图 4-77）。采取哪一种形式的均衡，需要根据建筑物的功能要求、性格特征以及地形、环境等条件综合考虑。

物体上小下大、上轻下重，重心偏低才能形成稳定感的观念早为人们所接受，埃及金字塔、我国的佛塔等都是典型的符合传统稳定观念的建筑。但随着现代新结构、新材料、新技术的发展，丰富了人的审美观，传统的稳定观念发生了变化，近代建造了不少底层架空的建筑，利用悬臂结构的特性，粗糙材料的质感和浓郁的色彩加强底部的厚重感，同样给人稳定的感觉。图 4-78 所示为不同稳定形式的建筑。

图 4-76　对称均衡的建筑

图 4-77　不对称均衡的建筑

a) 上小下大的稳定形式

b) 上大下小的稳定形式

图 4-78　不同稳定形式的建筑

3. 对比与微差

建筑物中按一定规律结合在一起的各要素之间必然存在各种差异，如体量大小、高低，线条曲直、粗细、水平与垂直，虚与实，以及材料质感、色彩等。对比和微差反映的就是这种差异。

对比指的是要素之间显著的差异。对比可以相互衬托而突出各自的特点。在建筑构图中，恰当地运用对比手法，能取得对比强烈、感觉明显、和谐统一等效果。例如巴西国会大厦（见图 4-79），体型处理运用了竖向的两片板式办公楼与横向体量的政府官的对比，上院和下院正、反两个碗状的议会厅的对比，以及整个建筑体型的直与曲、高与低、虚与实的对比。此外，还充分运用了钢筋水泥的雕塑感和玻璃窗洞的透明感以及大型坡道的流畅感，从而协调了整个建筑的统一气氛，给人们留下了强烈的印象。

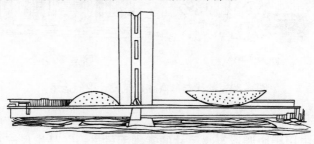

图 4-79　巴西国会大厦

微差指的是不显著的差异，它反映出一种性质向另一种性质转变的连续性，如由重逐渐转变为次重和较轻。

对比可以借彼此之间的烘托陪衬来突出各自的特点以求得变化，微差可以借相互之间的共同性求得和谐。没有对比会使人感到单调，过分地强调对比以至失去了相互之间的协调一致性，则可能造成混乱，只有把这两者巧妙地结合在一起，才能达到既变化多样又和谐统一。

4. 韵律与节奏

韵律是物体各要素重复或渐变出现而形成的一种特性，这种有规律的变化和有秩序的重复所形成的节奏，能产生有条理性、重复性、连续性的美感。韵律美和节奏感在建筑中的体现极为广泛，有人把建筑比作"凝固的音乐"，原因就在于此。

建筑物由于使用功能的要求和结构技术的影响，存在着很多重复的因素，如建筑形体、空间、色彩、构件乃至门窗、阳台、凹廊、雨篷等，这就为建筑造型提供了很多有规律的依据。在建筑构图中，有意识地对这些构图因素进行重复或渐变的处理，能使建筑形体以至细部给人以更加强烈而深刻的印象。建筑设计中，常用的韵律手法有连续韵律、起伏韵律、渐变韵律和交错韵律等（见图4-80）。

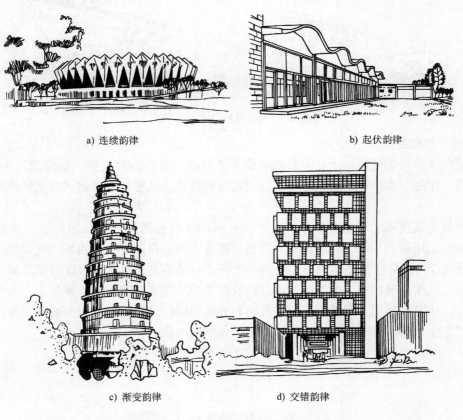

a) 连续韵律　　　　　　　　　　　　　　b) 起伏韵律

c) 渐变韵律　　　　　　d) 交错韵律

图4-80　韵律与节奏在建筑设计中的运用

5. 比例与尺度

比例是建筑艺术中用于协调建筑物尺寸的基本手段之一，是指局部本身和整体之间的关系。任何建筑，都存在着长、宽、高三个方向之间的比例关系，如整幢建筑与单个房间长、宽、高之比；门窗或整个立面的高宽比；立面中的门窗与墙面之比；门窗本身的高宽比等。良好的比例可以给人舒适、和谐、完美的感受；反之，比例失调就无法使人产生美感。

　　一般来说，抽象的几何形状以及若干几何形状之间的组合，处理得当就可获得良好的比例而易于为人们所接受。如圆形、正方形、正三角形等具有肯定的外形而引起人们的注意；"黄金分割"的比例关系（即长宽之比为1:1.618）是和谐美观的比例；大小不同的相似形体，它们之间的对角线相互垂直或平行，由于比例相当而感觉协调。因此，在建筑设计中，有意识地注意几何形体的相似关系，注意把握建筑物及其各部分的相对尺寸关系，比如大小、长短、宽窄、高低、粗细、厚薄、深浅、多少等，可以获得较为理想的比例（见图4-81）。

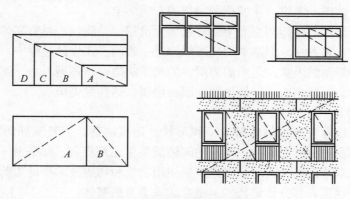

图 4-81　以相似比例求得和谐统一

尺度所研究的是建筑物的整体或局部给人感觉上的大小印象与其真实大小之间的关系问题，用以表现建筑物正确的尺寸或者表现所追求的尺寸效果。几何形状本身并没有尺度，比例也只是一种相对的尺度。在建筑设计过程中，人们常常以人或与人体活动有关的一些不变因素，如某些建筑构件（踏步、栏杆、扶手等）作为尺度标准，通过这些固定的尺度与建筑整体或局部进行比较，

图 4-82　建筑物的尺度感示例

就会得出很鲜明的尺度感。尺度正确和比例协调，是立面完整统一的重要方面。图4-82所示是以人的正常高度与建筑物高度比较所获得的不同尺度感。

　　建筑设计中，尺度效果一般有三种类型。

　　（1）自然尺度　以人体的大小度量建筑的实际大小来确定建筑的尺寸。一般用于住宅、中小学、幼儿园、商店等建筑物的尺寸确定。

　　（2）夸张尺度　有意将建筑的尺寸设计得比实际需要大些，使人感觉建筑物雄伟、壮

观。一般用于纪念性建筑和一些大型的公共建筑。

（3）亲切尺度 将建筑物的尺寸设计得比实际需要小一些，使人们获得亲切、舒适的感受。一般用于园林建筑的尺寸确定。

4.4.3 体型和立面设计

建筑体型及立面设计是建筑设计的一个主要组成部分。体型是指建筑物的轮廓形状，它反映了建筑物总的体量大小、组合方式以及比例尺度等。而立面是指建筑物的门窗组织、比例与尺度、入口及细部处理、装饰与色彩等。体型组合对建筑形象的总体效果具有重要影响，是立面设计的先决条件。立面设计则是对建筑物体型的进一步深化。在设计中应将二者作为一个有机的整体统一考虑，才能获得完美的建筑形象。

民用建筑类别繁多，体型和立面千变万化。无论哪一类建筑，尽管在体型和立面的处理上有各自不同的特点和方法，但基本的构图原则是一致的。在设计过程中，应充分考虑建筑功能、材料和结构等制约因素，运用前面所讲的构图法则，从体型入手，逐步深入到每个立面，进行反复推敲，不断修改，使体型和立面相协调，达到完美统一。

1. 建筑体型设计

建筑体型反映出建筑物总的体量大小和形状。建筑体型，从建筑外形可以归纳为两大类，即对称外形和不对称外形两种。不论建筑体型简单还是复杂，都是由一些基本的几何形体组合而成的。建筑体型设计，就是以建筑的使用功能和物质技术条件为前提，运用建筑构图的基本规律，将建筑各部分体量巧妙地组合成一个有机整体。

（1）体型的组合

1）单一体型。单一体型是将复杂的内部空间组合到一个完整的体型中去。外观各面基本等高，没有明显的主次关系，平面形式多采用对称式的正方形、三角形、圆形、多边形、风车形、Y形等单一几何形状，给人以统一、完整、简洁大方、轮廓鲜明和印象强烈的感觉。这种体型设计方法是建筑造型设计中常用的方法之一，特别是高层建筑，简单、规整的体型有利于结构布置。如图4-83所示，两幢建筑的体型分别为圆柱体和长方体。

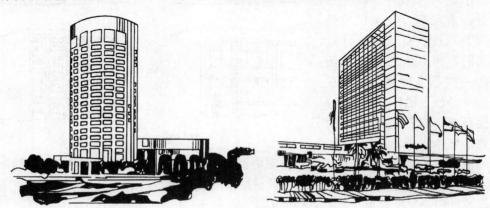

图4-83 单一体型的建筑

2）单元组合体型。单元组合体型是将几个独立体量的单元按一定方式组合起来，广泛应用于住宅、学校、幼儿园、医院等建筑类型。这种组合体型非常灵活，可以根据基地大小、形状、朝向、道路走向、地形变化，将建筑单元增加或减少，高低错落，既可形成简单的一字形体型，也可形成锯齿形、台阶式体型。组合单元的连续重复，使建筑外形形成了强烈的韵律感。同时，由于这种连续重复，使建筑物没有明显的均衡中心及体型的主从关系，所以要求单元本身具有良好的造型。图 4-84 所示为按单元组合的住宅。

图 4-84　单元式住宅

3）复杂体型。复杂体型由两个以上的体量组合而成，体型丰富。更适用于建筑规模大且功能关系比较复杂的建筑。由于存在多个体量，且这些体量之间存在着一定的关系，设计复杂体型既要考虑建筑功能的合理，也要兼顾建筑外形的美观。通常运用建筑构图的基本规律，将其主要部分、次要部分分别形成主体、附体，并将各部分巧妙地组合起来，运用对比的手法，突出重点，主次分明，形成有组织、有秩序、不杂乱的完整统一体型。中国美术馆，高大的主体位于中央，其他从属的多个体量有序地与主体连接，获得了重点突出、凹凸错落的造型效果（见图 4-85）。

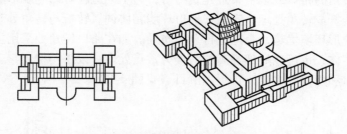

图 4-85　中国美术馆的复杂体型组合

复杂体型组合一般分为两类：一类是对称式，另一类是非对称式，无论采用哪种方式，都要注意均衡和稳定在体型组合中的体现。

（2）体量的联系与交接　由不同大小、高低、形状、方向的体量组合而成的复杂建筑体型，其各个体量之间的联系和交接，将直接影响到建筑体型的完整性及建筑功能和建筑结构的合理性。设计中常采用直接连接、咬接和以走廊或连接体相连的交接方式，如图 4-86 所示。无论哪一种形式的体型组合都首先要遵循构图法则，做到主从分明、比例恰当、交接明确、布局均衡、整体稳定、协调统一。

1）直接连接。在体型组合中，将不同体量的面直接相连为直接连接。这种方式具有体型分明、简洁、整体性强的优点，常用于功能要求各房间联系紧密的建筑。

2）咬接。各体量之间相互穿插，体型较复杂，但组合紧凑，整体性强，较前者易于获得有机整体的效果，是组合设计中较为常用的一种方式。

3）以走廊或连接体相连。这种方式的特点是各体量之间相对独立而又互相联系，走廊的开敞或封闭、单层或多层，常随不同功能、地区特点及创作意图而定，建筑给人以轻快、舒展的感觉。

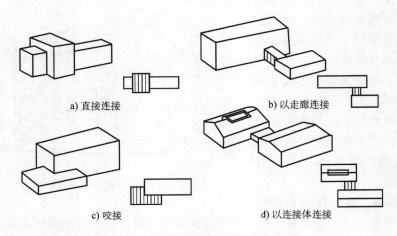

a) 直接连接   b) 以走廊连接

c) 咬接   d) 以连接体连接

图 4-86　复杂体型各体量的连接方式

在处理复杂体型中各体量的关系时，必须考虑的因素还有建筑物的结构构造、地区的气候条件、地震烈度以及基地环境等。

（3）体型的转折与转角处理　体型的组合往往受到所处的地形和位置的影响，如在十字、丁字或任意转角的路口或地带布置建筑物时，为了创造较好的建筑形象及环境景观，必须对建筑物进行转折或转角处理，实现与地形环境相协调。转折与转角处理中，应顺其自然地形，充分发挥地形环境优势，合理进行总体布局。如在路口转角处采用主附体相结合的处理，以附体陪衬主体；也可以局部升高的塔楼为重点处理，以塔楼控制整个建筑物及周围道路，使道路交叉口和建筑的主要入口更加醒目（见图4-87）。

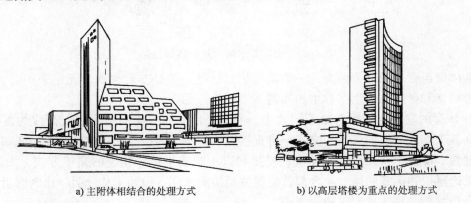

a) 主附体相结合的处理方式   b) 以高层塔楼为重点的处理方式

图 4-87　体型的转折和转角处理

2. 立面设计

建筑立面表示的是建筑的外部形象，它由许多构部件组成，如门、窗、墙、柱、雨篷、屋顶、檐口、台基、勒脚、凹廊、阳台、线脚、花饰等，立面设计就是恰当地确定这些组成部分和构件的比例、尺度、材料质感和色彩等，通过形的变换、面的虚实对比、线条的布置设计出与总体协调、与内容统一、与内部空间相呼应的建筑立面。

　　建筑立面设计通常是根据初步确定的房屋内部空间组合的平、剖关系，在方案阶段就描绘出建筑各立面的基本轮廓，以此为基础。如有需要，在不影响使用功能的前提下，可以对平面和剖面进行局部调整。需要注意的是，在立面设计中，除单独确定各个立面的处理之外，还必须考虑实际空间的效果，因为人们观赏建筑时并不是只观赏某一个立面，而要求的是一种透视效果，必须注意各个立面的相互协调和相邻立面的相互衔接。因此，立面设计应有一个从全局出发的整体观，各个立面虽然并不完全一致，但其基本的风格和特点应该是协调统一的。

　　对建筑立面的处理需要从整体到局部，从立面到细部，推敲立面各部分的比例关系，分析立面上墙面的处理、门窗的安排，以及对重点部位和细部的修饰处理等。通常有以下方面影响建筑立面设计效果。

　　（1）立面的比例和尺度　　建筑物的整体以及立面的每一个构成要素都应根据建筑的功能、材料结构的性能以及构图法则而赋予合适的比例和尺度，比例协调、尺度正确是使立面完整统一的重要因素。

　　建筑物各部分的比例关系以及细部的尺度对整体效果影响很大，如果处理不好，即使整体比例很好，也无济于事。这就要求设计者借助于比例尺度的构图手法、前人的经验以及早已在人们心目中留下的某种确定的尺度概念，恰当地加以运用从而获得完美的建筑形象。如图 4-88 所示，不同的处理方式给人的感觉是不一样的。

图 4-88　建筑的比例划分对立面效果的影响

　　建筑立面如果尺度处理不恰当，就会给人失真的感觉。立面设计常常借助门窗、细部等的尺度处理表现正确的尺度感，反映建筑物的真实大小。图 4-89 所示为某办公建筑通过对门窗细部的精细划分，从而获得应有的尺度感。

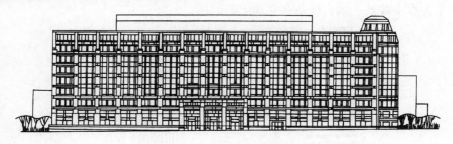

图 4-89　某办公楼立面

　　（2）立面的虚实与凹凸　　立面的虚实、凹凸关系是对比处理当中常用的手法之一。"虚"是指立面上的空虚部分，主要由玻璃、门窗洞口、门廊、空廊、凹廊等形成，能给人以不同程度的空透、开敞、轻盈的感觉；"实"是指立面上的实体部分，主要由墙面、柱面、檐口、阳台、雨篷、栏板等形成，能给人以不同程度的封闭、厚重、坚实的感觉。在立面设计中虚与实是缺一不可的，缺乏必要的实的部分，整个建筑就会显得脆弱无力。相反，没有虚的部分烘托陪衬，建筑则会使人感到呆板、笨重、沉闷。合理安排利用这些虚实凹凸的构件，使它们具有一定的联系性、规律性，就能取得生动的轻重、明暗的对比和光影变化的效果。

建筑外观的虚实关系主要由建筑功能和构造要求决定，商业建筑、高层建筑、餐厅、剧院门厅等建筑，通常以"虚"为主，虚多实少，能够获得轻巧、开朗的效果；而纪念馆、博物馆等建筑，通常以"实"为主，实多虚少，能产生稳定、庄严、雄伟的效果。立面设计中结合建筑功能、结构特点，对虚实、凹凸加以巧妙处

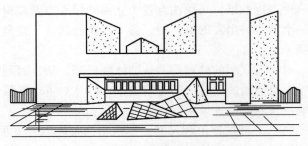

图4-90 美国国家艺术馆东馆

理，可给人留下强烈、深刻的印象。图4-90所示为美国国家艺术馆东馆，运用虚实对比手法，增强了建筑的凝重气氛，同时又使入口突出，整个体型和立面简洁大方。

由于功能和构造的需要，有的建筑外立面常出现一些凹凸的部分，比如凸出的阳台、雨篷、挑檐、凸柱、凸出的楼梯间等以及凹进的门洞、走廊等。通过凹凸关系的处理可以加强光影变化，增强建筑物的体积感，从而丰富立面，住宅建筑就常采用阳台和凹廊来形成虚实、凹凸变化。

（3）立面的线条处理 建筑立面上客观存在若干方向不同、长短各异的线条，如檐口、窗台、勒脚、窗、柱、窗间墙等。对这些线条的粗细、长短、横竖、曲直、凹凸、疏密与简繁、连续与间断、刚劲与柔和等的不同处理，对建筑立面韵律和比例尺度都会产生不同的效果，给人不同的感受。如水平线条使人感到舒展、平静、亲切；垂直线条则给人挺拔、向上的气氛；斜线条具有动态的感觉；粗线条表现厚重、有力；细线条显得精致、柔和；直线表现刚强、坚定；曲线显得优雅、轻盈。具体采用哪一种线条处理方式，应视建筑的体型、性质及所处的环境而定，墙面线条的划分既要反映建筑的性格，又应使各部分比例处理得当。图4-91所示为水平线条、垂直线条在立面上的运用。

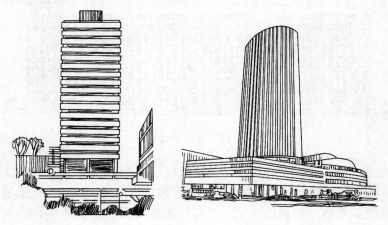

图4-91 建筑立面的线条处理

（4）立面的色彩与质感　色彩与质感是材料的固有特性，它直接受到建筑材料的影响和限制。对于一般建筑而言，主要是通过材料的不同以及色彩的变化使其相互衬托与对比来增强建筑的感染力。

一般来说，不同的色彩给人的感受是不同的，如暖色给人热烈、兴奋、扩张的感觉；冷色给人宁静、收缩的感觉；浅色给人明快的感觉；深色则给人沉稳的感觉。运用不同的色彩还可以表现出不同的建筑性格、地方特点及民族风格。

立面色彩处理时应注意以下问题：第一，色彩处理要注意统一与变化，并掌握好尺度，在立面处理中，通常以一种颜色为主色调，以取得和谐统一的效果，同时局部运用其他色调以达到统一中求变化、画龙点睛的目的。第二，色彩运用要符合建筑性格，如医院建筑宜采用给人安定、洁净感的白色或浅色调，商业建筑则常采用暖色调，以增加其热烈气氛。第三，色彩运用要与环境有机结合，既要与周围建筑、环境气氛相协调，又要适应各地的气候条件与文化背景。色彩构图应该有利于实现总的色调和气氛，要从整体出发，弥补基调的某些不足。色彩构图主要是强调对比或调和。对比可以使人感到兴奋，过分强调对比又使人感到刺激；调和则使人有淡雅之感，但过于淡雅又使人感到单调乏味。

建筑立面设计中，材料的运用、质感的处理也是极其重要的。表面粗糙与光滑都能使人产生不同的心理感受，粗糙的混凝土和毛石表面显得厚重坚实，平整光滑的面砖、金属材料及玻璃表面则令人有轻巧细腻之感。立面设计应充分利用材料质感的特性，巧妙处理，有机组合，有助于加强和丰富建筑的表现力。

材料的质感处理包括两个方面：一方面可以利用材料本身的固有特性来获得装饰效果，如未经磨光的天然石材可获得粗糙的质感，玻璃、金属则可获得光亮与精致的质感；另一方面可以通过人工的方法创造某种特殊质感，如仿石饰面砖、仿树皮纹理的粉刷等。一般来说，采用单一的材料容易统一，但处理不好就会给人单调乏味的感觉，运用不同材料质感的对比可以获得生动的效果。随着建材业的不断发展，利用材料质感来强化建筑表现力的前景是十分广阔的。

（5）立面的重点与细部处理　根据功能和造型需要，在建筑立面处理中，对一些位置（如建筑物主要出入口、建筑中心、商店橱窗等）进行重点处理，以吸引人们的视线，同时也能起到"画龙点睛"的作用，增强和丰富建筑立面的艺术效果。建筑物重点处理的部位如下。

1）建筑物主要出入口及楼梯间是人员最密集的部位，要求明显突出、易于寻找。为了吸引人们的视线，引起人们的重视，常常需要对它们进行重点处理（见图4-92）。

a) 珠海歌剧院入口悬挑雨篷　　　　　　　　b) 某办公楼入口门廊

图4-92　建筑入口的重点处理

2）根据建筑造型的特点，重点表现有特征的部分，如体量中的转折和转角，立面的突出部分等，如车站的钟楼、商店的橱窗、房屋的檐口等。

3）对反映建筑特征和性格的重要部位，如住宅的阳台和凹廊、公共建筑的柱头和檐口等，进行重点处理，使建筑统一中有变化，在变化中求统一。

立面的细部主要是指窗台、勒脚、阳台、檐口、栏杆、雨篷等构件元素以及大门、门廊和必要的花饰，对这些部位做必要的加工和装饰，可以从简洁中求丰富，使立面达到简而不陋的效果（见图4-93），细部处理应注意服从整体形式的要求，比例协调、尺度恰当。

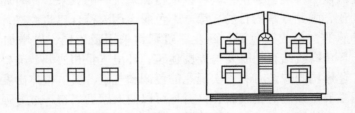

图4-93　对细部处理前后的建筑形象比较

4.5 无障碍设计

本着"以人为本"的建筑设计理念，城市规划及建筑设计，在研究正常人的心理及生理活动规律的同时，应为残疾人及老年人等行动不便者创造条件，使其能正常生活并参与社会活动，消除人为环境中对行动不便者的各种障碍，让全体公民都有平等的机会共享社会发展成果。

4.5.1 建筑物无障碍设计的基本规定和内容

为了便于残疾人（主要针对下肢残疾者和视力残疾者）和老年人在建筑物中的正常活动，国家制定了《无障碍设计规范》（GB 50763—2012）和《老年人居住建筑设计规范》（GB 50340—2016），对建筑物无障碍设计的规定，适用于医疗卫生、办公文教、交通旅游、纪念展览、商业服务等各类公共建筑的公共活动部分及残疾人较为集中使用的有关场所，同时也适用于小区规划及居住建筑。建筑物无障碍实施范围几乎涉及所有的公共建筑和居住建筑类型，对建筑物设计内容的规定见表4-13。

表4-13　建筑物设计内容

无障碍设计 / 建筑类型	室外通道	坡道	出入口	室内走道	电梯	楼梯	厕所	浴室	公用电话	饮水器	轮椅席	休息室	售物品	客房	柜橱	安全出口	停车车位	标志
政府、会堂建筑	√	√	√	√	√	√	√		√		○					√	√	○
纪念、文化建筑	√	√	√	√	√	√	√		√	√			√			√		○
图书、展览建筑	√	√	√	○	√	√	√		√	○	○					√	○	○
交通、空港建筑	√	√	√	√	√	√	√		√	○		√				√		○
商业、服务建筑	√	√	√	○	√	√	√		√					○		√		○
影院、剧场建筑	√	√	√	○	√	√	√		√		√					√		○

（续）

无障碍设计＼建筑类型	室外通道	坡道	出入口	室内走道	电梯	楼梯	厕所	浴室	公用电话	饮水器	轮椅席	休息室	售物品	客房	柜橱	安全出口	停车车位	标志
旅游、旅馆建筑	√	√	√	○	○	○	√	√	√				○	○		√	○	○
公园、游览建筑	○	○	○	○	○	○	○		○	○			○				○	○
体育、学校建筑	√	√	√	○	○	○	○	○	○	○	√		√			√	○	○
医疗、福利建筑	√	√	√	√	√	√	√	√	√	○					√	√	○	○
公厕、广场建筑	√	√	√															○
小区、居住建筑	○	○	○										○				○	○
备注	"√"表示至少设置一处　　　"○"表示按实际需要的部位进行设置																	

图 4-94 表示的是残疾人国际通用标志，它是边长 100～450mm 的正方形，黑色轮椅图案白色衬底或相反，这是国际康复协会制定的，不得随意更改。标志牌安装在建筑入口及服务设施的相应部位，位置应醒目，高度要适中，它告知残疾人可以通行、进入和使用有关设施。

a) 白色轮椅黑色衬底　　　b) 黑色轮椅白色衬底

图 4-94　残疾人国际通用标志

进行无障碍设计时首先要研究环境中存在着的对残疾人行动不便的各种障碍因素，然后要针对不同的因素进行具体分析，在设计中采取相应的对策，从而满足残疾人的正常使用要求，例如针对视力残疾者，建筑设计时应注意简化行动交通路线，建筑布局平直，避免在人行空间内出现意外变动或突出物等；对下肢残疾者而言，建筑物中的走道和门及行动的空间，应保证轮椅的通行（所需宽度较正常人通行的宽度大，乘轮椅者的宽度是健全人的 1.5 倍，挂双拐者是健全人的 2 倍），以及地面应平整坚固等。

4.5.2　无障碍设计的具体处理

在场地设计和建筑布局中，无障碍设计的内容贯穿于各部分，如室外坡道、出入口、走道、楼梯、电梯、浴厕等。

1. 建筑入口和坡道

无障碍入口是指不设台阶的建筑入口，其室外地面的坡度不应大于 1：50，对有台阶的入口，必须设置轮椅坡道和扶手，通行轮椅的入口平台的最小宽度一般为 1.5m，大、中型公共建筑和高层、中高层住宅、公寓应加宽至 2.0m。在无障碍入口和轮椅通行平台上应设置雨篷。

方便残疾人通行的坡道应设计成直线形、直角形或折返形，不宜设计成弧形，如图4-95所示，根据场地条件的不同，一般设计为一字形、L 形、U 形、一字形多段式坡道等。不同位置的坡道，其最大坡度是不同的，如只设坡道的建筑入口及室外通道，最大坡度为 1：20；同时设有台阶的建筑入口，最大坡度为 1：12；室内坡道的最大坡度为 1：8；对受场地限制的改建建筑物和室外坡道，最大坡度在 1：10～1：8 之间，每段坡道的坡度、坡段高度和水平长度以方便通行为准则，其最大允许值见表4-14。

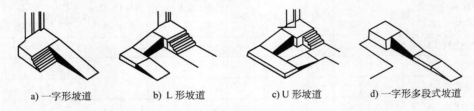

a) 一字形坡道　　b) L 形坡道　　c)U 形坡道　　d) 一字形多段式坡道

图 4-95　坡道的一般类型

表 4-14　每段坡道的坡度、坡段高度和水平长度的最大允许值

坡度	1/20	1/16	1/12	1/10	1/8
坡段最大高度/mm	1500	1000	750	500	350
坡段水平长度/mm	30000	16000	9000	5000	2800

　　室内外坡道最小宽度的确定是以轮椅宽度和人体尺度为依据的。室内坡道最小宽度为 900mm，室外为 1500mm。有转折的坡道及直跑超长坡道必须设置休息平台，其最小宽度如图 4-96 所示。坡道面层应平整并做防滑处理。

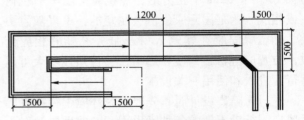

图 4-96　坡道休息平台的最小宽度

　　为保证残疾人安全及上下坡道的方便，应在坡道两侧增设扶手，坡道与休息平台的扶手应保持连贯。坡道起步处应设 300mm 长的水平扶手，为避免轮椅撞击墙面及栏杆，应在扶手下设置护堤，如图 4-97 所示。

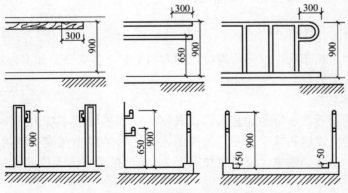

图 4-97　坡道扶手高度与水平长度

2. 走道和门

　　为了方便轮椅和挂拐者的顺利通行，无障碍设计对走道的宽度和门的设计有明确的规定。

　　图 4-98 为轮椅基本行动空间参数，无障碍设计的走道宽度最小值应满足轮椅通行宽度

的要求，影剧院、火车站、商场的检票口、结算口的轮椅通道的最小宽度为 0.9m，居住建筑走道最小宽度为 1.2m，中小型公共建筑为 1.5m，大型公共建筑为 1.8m，主要供残疾人使用的走道宽度则不应小于 1.8m，且在走道两侧设置扶手。走道的地面应该平整，采用遇水不滑的材料。为方便通行，走道内不得设置障碍物，光照度也应该满足相应的要求。

供残疾人通行的门应优先采用自动门，也可以采用推拉门、折叠门或平开门，不宜采用旋转门和弹簧门。门的净宽一般不得小于 800mm，自动门不小于 1000mm，门扇及五金等配件应考虑便于残疾人开关。建筑门厅和过厅的面积应满足轮椅的通行要求。

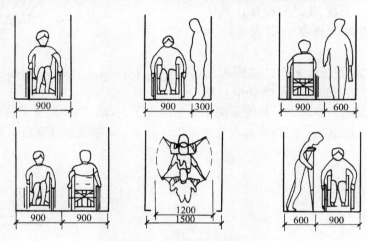

图 4-98　轮椅通行宽度示例

3. 楼梯

楼梯作为建筑垂直交通构件，是联系上下楼层的通道。供残疾人使用的楼梯，除满足一般要求外，还应具备方便残疾人通行的特殊要求，安全是首先应考虑的因素。楼梯的梯段坡度尽可能平缓，扶手平滑、坚固、适用，踏步尺度适宜且满足防滑要求，楼梯梯段宜采用直线形（见图 4-99a），不应采用无休息平台的楼梯和弧形楼梯（见图 4-99b）；楼梯细部构造要设计合理，便于通行。

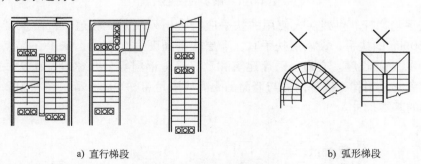

a) 直行梯段　　　　　　　　　　　　　　　　b) 弧形梯段

图 4-99　楼梯梯段形式

（1）梯段与平台　梯段的设计应充分考虑扶拐者及视力残疾者使用时的舒适感及安全感，其坡度角宜控制在 35°以下，居住建筑的梯段最小宽度为 1.2m，公共建筑为 1.5m，每梯段踏步数应在 3～18 级范围内，且应保持相同的步高，梯段两侧均设置扶手。

楼梯上下平台的宽度除满足公共楼梯的要求外，其宽度不应小于 1500mm（不含导盲石宽），图 4-100 为楼梯、平台宽度及水平扶手尺寸。

（2）踏步 因为要控制楼梯的梯段坡度，所以对梯段踏步的最小宽度和最大高度进行了规定，对于不同性质的建筑物，要求有所不同。例如，一般公共建筑楼梯，踏步的最小宽度为 280mm，最大宽度为 150mm，而住宅、公寓的公用楼梯，其踏步的最小宽度和最大高度分别为 260mm 和 160mm。

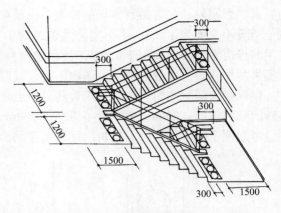

图 4-100 楼梯、平台宽度及水平扶手尺寸

踏步形状应为无直角突出，踢面应完整，左右等宽，踏步临空一侧设立缘、踢缘板或栏板，踏面应平整防滑，防滑条突出向上不大于 5mm。踏步的安全措施如图 4-101 所示。为方便弱视人的通行，距踏步起点与终点 250～300mm 应设置道盲石，踏步色彩对比要强烈。

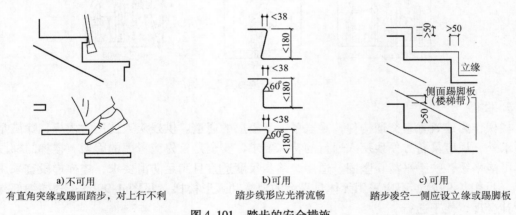

a) 不可用
有直角突缘或踢面踏步，对上行不利

b) 可用
踏步线形应光滑流畅

c) 可用
踏步凌空一侧应设立缘或踢脚板

图 4-101 踏步的安全措施

（3）扶手与栏杆 供残疾人使用的扶手应符合下列规定：坡道、台阶及楼梯两侧应设置高度为 850mm 的扶手；设两层扶手时，下层扶手高度为 650mm；扶手在起点和终点处应延伸 300mm 以上的长度。交通、医疗建筑和政府接待部门等公共建筑，在扶手的起点和终点处还应设盲文说明牌；扶手内侧与墙面的距离应满足 40～50mm 等。图 4-102 所示为楼梯扶手、栏杆的基本尺寸。

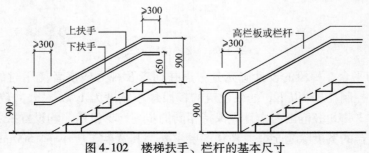

图 4-102 楼梯扶手、栏杆的基本尺寸

4. 电梯

在公共建筑中应配备无障碍电梯，考虑残疾人乘坐电梯的方便，在设计中应将电梯靠近出入口布置，并有明显标志。候梯厅应设置无障碍设施并满足无障碍设计的要求。供残疾人使用的电梯轿厢开启的最小宽度为 0.8m，轿厢最小深度为 1.4m，最小宽度为 1.1m，轿厢内应按要求设置扶手和带盲文的选层按钮，轿厢的上、下运行及到达应有清晰显示和报层音响。

5. 卫生间

与残疾人专用坡道一样，供残疾人使用的卫生间设计与普遍卫生间也有许多不同之处，它的设计是否合理，对使用人至关重要。设计中应严格依据残疾人的行为动作确定适宜的空间，公共厕所和浴室应设残疾人专用的浴位及厕位，在布置上与其他部分之间应设遮挡，卫生设备的辅助支持物要求尺度适宜，整体性好，构造合理，坚固实用。

卫生间要采用坐式便器。新建无障碍厕位面积不应小于 1.8m×1.4m，改建时不应小于 2.0m×1.0m。残疾人使用的厕所布置方式如图 4-103 所示。

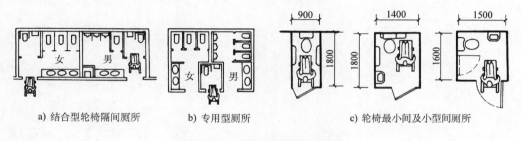

a) 结合型轮椅隔间厕所　　　b) 专用型厕所　　　c) 轮椅最小间及小型间厕所

图 4-103　残疾人厕所布置形式

浴室设计一般要求带浴缸，浴室必须留有轮椅的回转空间，为残疾人安全便利地使用浴室各项设备提供良好条件。浴缸及配套设计要满足使用者的特殊要求，冷热水开关应设在便于接近的位置，淋浴器应设可调节喷头高度的支架，附加设置的安全抓杆要牢固可靠、位置适当、便于使用。

不带浴缸的淋浴间要满足最小面积的要求。一般要求淋浴器开关应设在便于操作的位置，淋浴器位于侧墙时应靠外侧。喷头不得位于座位正上方。人身高度范围内的热水管道不得露明设置。淋浴隔间应安装遮帘，高度≥1800mm。

复 习 思 考 题

1. 场地设计包括哪些内容？场地条件分析主要包括哪些方面？
2. 建筑物如何争取好的朝向？建筑物之间的距离如何确定？
3. 什么是竖向设计？
4. 建筑平面设计包含哪些内容？
5. 房间面积包括哪几部分？
6. 房间尺寸指的是什么？举例说明确定房间尺寸时应考虑哪些因素？
7. 通常用来衡量房间采光效果的指标是什么？
8. 常见的厨房布置形式有哪些？各有什么特点？

9. 交通联系空间按位置区划分由哪三部分所组成？交通联系部分的设计要求是什么？

10. 对走道的宽度和长度设计有什么要求？

11. 门厅的设计要求有哪些？

12. 影响建筑平面组合的因素有哪些？

13. 建筑平面组合的基本形式有哪些？各有何特点？适用范围是什么？举例说明。

14. 什么是层高、净高？举例说明确定房间高度应考虑的因素。

15. 建筑层数与哪些因素有关？

16. 如何进行剖面空间的组合？

17. 建筑体型及立面设计原则有哪些？

18. 建筑构图的基本规律有哪些？并用图示加以说明。

19. 建筑体型组合的方法有哪些？

20. 如何进行立面设计？

21. 无障碍设计的意义是什么？

第 **5** 章

民用建筑构造概论

学习目标

　　熟悉民用建筑的构造组成及各自的作用，了解影响建筑构造的因素，了解定位轴线的划分方式，掌握建筑构造的设计原则。

5.1 建筑构造及其组成与作用

1. 建筑构造研究的对象和任务

　　建筑构造是研究建筑物各组成部分的构造原理和构造方法的科学，是建筑设计不可分割的一部分，其任务是根据建筑物的功能、材料性质、受力情况、施工方法和建筑形象等要求选择合理的构造方案，以作为建筑设计中综合解决技术问题及进行施工图设计的依据。它具有实践性和综合性强的特点。它涉及建筑材料、建筑物理、建筑力学、建筑结构、建筑施工以及建筑经济等有关方面的知识。

2. 建筑物的构造组成及各部分作用

　　一幢民用或工业建筑，一般是由基础、墙或柱、楼板层、地坪、楼梯、屋顶和门窗等部分所组成的，如图 5-1 所示。

　　(1) 基础　基础是建筑物最下部的承重构件，其作用是承受建筑物的全部荷载，并将这些荷载传给地基。因此基础必须有足够的强度及耐久性，并能抵御地下各种有害因素的侵蚀。

　　(2) 墙（或柱）　墙或柱是建筑物的承重构件和围护构件。作为承重构件的外墙，承受着建筑物由屋顶或楼板层传来的荷载，并将这些荷载传给基础。作为围护构件，外墙起着抵御自然界各种因素对室内的侵袭作用；内墙起分隔房间和创造室内舒适环境的作用。为此，要求墙体有足够的强度，稳定性，隔热保温、隔声、防水、防火等能力。

　　(3) 楼板层　楼板是建筑水平方向的承重构件，将建筑物分为若干层。楼板层承受着家具、设备和人体的荷载及本身的自重，并将这些荷载传给墙体。同时，楼板层对墙体起着水平支撑的作用。要求楼板层有足够的强度，刚度和隔声能力。有特殊要求的房间还应具有防水、防潮的能力。

　　(4) 地坪　地坪是底层房间与土层相接触的部分，它承受着房间内部的荷载。要求地坪具有耐磨、防潮、防水和保温等性能。

　　(5) 楼梯　楼梯是建筑的垂直交通设施，是供上下楼层和紧急疏散之用，故要求楼梯

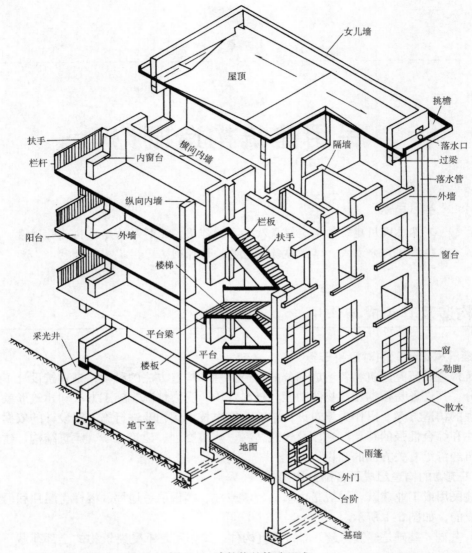

图 5-1　建筑物的构造组成

具有足够的通行能力以及防水、防滑的功能。

（6）屋顶　屋顶是建筑物顶部的外围护构件和承重构件。抵抗风、雨、雪霜、冰雹等的侵袭和太阳辐射热的影响；又承受风雪荷载及施工、检修等屋顶荷载，并将这些荷载传给墙和柱。故屋顶具有足够的强度，刚度及防水、保温、隔热等性能。

（7）门与窗　门与窗均属非承重构件，门的主要作用是交通；窗的主要作用是采光和通风。有特殊要求的房间，门、窗应具有保温、隔热、隔声、防火排烟的功能。

5.2　建筑的结构体系

结构是建筑物的承重骨架，是建筑物赖以支撑的构件。建筑材料和建筑技术的发展决定着结构形式的发展；而建筑结构形式的选用对建筑物的使用和建筑形式又有着极大的影响。

承重墙结构是由墙体来作为建筑物承重构件的结构形式。而框架结构则主要是由梁、柱作为承重构件的结构形式。大跨结构常见的结构形式有拱结构、桁架结构以及网架、薄壳、折板、悬索等空间结构形式。

依结构构件所用材料的不同，有木结构、混合结构、钢筋混凝土结构和钢结构等。

混合结构是在一座建筑物中，主要承重构件是由两种以上材料所制成，如砖与木、砖与钢筋混凝土、钢筋混凝土与钢等。这类建筑中，目前以砖和钢筋混凝土居多，故习惯称为砖混结构。它是多层建筑的主要结构形式。其特点是可根据各地情况，因地制宜，就地取材，降低造价。

钢筋混凝土结构是指建筑物的主要承重构件均采用钢筋混凝土制成。由于钢筋混凝土的骨料可以就地取材，耗钢量少，加之水泥原料丰富，造价亦较便宜，防火性能和耐久性能好，而且混凝土构件既可现浇，又可预制，为构件生产的工厂化和安装机械化提供了条件。所以钢筋混凝土结构是运用较广的一种结构形式，也是我国目前多、高层建筑所采用的主要结构形式。

钢结构则是指建筑物的主要承重构件用钢材制作的结构。它具有强度高、构件重量轻、平面布置灵活、抗震性能好等特点。随着经济的发展，钢结构在建筑上应用将会逐步扩大。此外，今后轻钢结构在低层以及多、高层建筑的围护结构中也会得到更好的发展。

5.3 | 影响建筑构造的因素

1. 外力作用的影响

作用在建筑物上的各种外力统称为荷载。荷载分为恒荷载（如结构自重）和活荷载（人群、家具等）两类。荷载的大小是建筑结构设计的主要依据，也是结构选型及构造设计的重要基础，起着决定构件尺寸、用料多少的重要作用。

在荷载中，风力的影响是高层建筑水平荷载的主要因素，风力随着距地面的不同高度而变化。在沿江、沿海地区，特别是沿海地区，影响更大。此外，地震时建筑物重量越大，受到的地震力也越大。地基土的纵波使建筑物产生上下震动，横波使建筑物产生前后或左右水平方向的震动。地震产生的水平方向的地震力是建筑物的主要侧向荷载。地震的大小用震级表示，震级的高低是根据地震时释放能量的多少来划分的，释放能量越多，地震越大，震级越高。故震级是地震大小的标志。在进行建筑物抗震设计时，是以该地区所定地震烈度为依据的，地震烈度是指在地震过程中，地表及建筑物受到影响和破坏的程度。

2. 气候条件的影响

太阳的热辐射，自然界的风、霜、雨、雪等构成了影响建筑物的多种因素。有的构配件因热胀冷缩而开裂；有的部位出现渗漏水现象；有的因室内过冷或过热而影响工作等，总之影响到建筑物的正常使用。故在进行建筑构造设计时，应针对建筑物所受影响的性质与程度，对各有关构配件及部位采取必要的防范措施，如防潮、防水、保温、隔热、设伸缩缝、设隔汽层等，保证建筑物正常使用。

3. 各种人为因素的影响

人们在从事生产和生活活动中，往往会造成对建筑物的影响，如化学腐蚀、火灾、机械振动、爆炸等人为因素的影响，故在进行建筑构造设计时，必须针对这些影响因素，采取相应的防火、防爆、防震、防腐等构造措施，以防止建筑物遭受不良的损失。

4. 技术条件的影响

由于建筑材料技术日新月异，建筑结构、建筑施工技术及建筑构造技术的发展很快。悬索、薄壳、网架等空间结构建筑，彩色铝合金等新材料的吊顶，采光天窗中庭等现代建筑设施的大量涌现，使建筑构造千姿百态，因而在构造设计中要综合解决好采光、通风、保温、隔热等问题，以构造原理为基础，在利用原有的、标准的、典型的建筑构造的同时，不断发展或创造新的构造方案。

5. 经济条件的影响

随着经济的发展和人民生活水平的提高，对建筑构造的要求也将随着经济条件的改变而发生变化。

5.4 定位轴线及其编号

在介绍定位轴线之前首先介绍几个概念。

（1）标志尺寸 用以标注建筑物定位轴线间的距离（开间、进深、层高）以及建筑制品、建筑构配件等有关尺寸界限之间的尺寸，标志尺寸必须符合模数。

（2）构造尺寸 是生产、制造建筑制品、建筑构配件的设计尺寸，一般情况下构造尺寸加上缝隙尺寸即等于标志尺寸，缝隙尺寸也应符合模数数列的规定（见图5-2）。

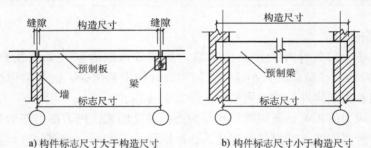

a) 构件标志尺寸大于构造尺寸　　　b) 构件标志尺寸小于构造尺寸

图5-2　标志尺寸与构造尺寸的关系

（3）实际尺寸 是建筑制品、建筑构配件的实有尺寸。

（4）定位轴线 是确定建筑物主要结构构件位置及其标志尺寸的基线，是施工中进行施工放线的主要依据。在设计中必须准确地表示出定位轴线位置及其相应的轴线编号。

当建筑物采用砖混结构时，其内墙（纵、横内墙）定位轴线一般与内墙中心线相重合。

当各层外墙墙厚相同时，其外墙定位轴线应距外墙内缘半砖（120mm）；当各层外墙墙厚不同时，其外墙定位轴线应在顶层承重内墙厚度的一半或半砖（120mm）处（见图5-3a、图5-3b）。

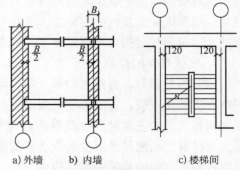

a) 外墙　　b) 内墙　　　c) 楼梯间

图5-3　承重墙定位轴线的划分

对于楼梯间墙，平面定位轴线经常定在距离楼梯间边缘120mm处（见图5-3c）。

5.5 建筑构造设计原则

（1）必须满足建筑物各项使用功能的要求　在建筑设计中，由于建筑物的功能要求和某些特殊要求，如隔热、保温、隔声、防射线、防腐等，给建筑设计提出了技术上的要求。为了满足使用功能的需要，在构造设计时，必须综合有关技术知识，进行合理设计、计算，并选择经济合理的技术方案。

（2）必须有利于结构安全　建筑物除了根据荷载大小、结构的要求确定构件的必需尺寸外，在构造上需采取措施，使构件与构件之间有可靠的连接，以保证构件的整体刚度，并满足防火要求。

（3）必须适应建筑工业化的需要　为确保建筑工业化的顺利进行，在构造设计时，应大力推广先进技术，选择新型的建筑材料，采用标准设计和定型构件，为制品生产工厂化、现场施工机械化创造有利条件。

（4）必须做到经济合理　考虑成本核算，注意造价指标是构造设计的重要原则之一。在构造设计上应注意节约木材、钢材等材料。要尽量利用工业废料，要从我国实际情况出发，做到因地制宜，就地取材。

（5）必须注意美观　构造方案的处理是否精致和美观，都会影响建筑物的整体效果。因此，需要事先予以充分考虑研究。

总之，在构造设计中，要求做到坚固耐用、技术先进、经济合理、美观大方，并结合我国国情，充分考虑到建筑物的使用功能、所处的自然环境、材料供应情况以及施工条件等因素，进行分析、比较，最后选择、确定最佳方案。

复习思考题

1. 建筑构造研究的对象和任务是什么？
2. 简述建筑物的构造组成及各部分的作用。
3. 影响建筑构造的因素有哪些？
4. 什么是建筑物的定位轴线、标志尺寸及构造尺寸？
5. 简述建筑构造设计的原则。

第6章

墙和基础构造

学习目标

　　了解墙体的作用与分类、墙体的结构布置和墙体的设计要求。了解砌筑墙的材料，熟悉砌筑墙的组砌方式和常用墙体厚度。重点掌握墙体的细部构造及其应用。熟悉隔墙的基本构造。掌握地基与基础的概念，了解影响基础埋深的因素，掌握基础的分类和应用。了解地下室的类型、组成，掌握地下室防潮、防水构造。

6.1 墙体的设计类型及要求

6.1.1 墙体的作用与分类

　　墙体是建筑物的主要组成部分，墙体依其在建筑中所处的平面位置不同，有内墙和外墙之分，位于建筑物四周的墙称为外墙，位于建筑物内部的墙称为内墙；有纵墙和横墙之分，与建筑物短轴平行的墙体称为横墙，与建筑物长轴平行的墙体称为纵墙，横向外墙又称为山墙；窗洞口之间的墙称为窗间墙；洞口下面的墙称为窗下墙（见图6-1）。

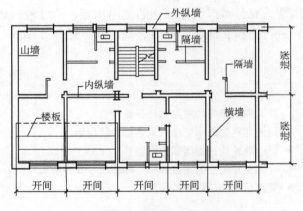

图6-1 墙体名称

　　在砖混结构中，按受力状况分，有承重墙和非承重墙，非承重墙又分承自重墙和隔墙。凡直接承受上部屋顶、楼板传来荷载的墙体称为承重墙；凡不承受上部荷载的墙体称为非承重墙；凡分隔空间其重量由楼板或梁来承受的墙体称为隔墙，隔墙一般较轻、薄；承自重墙不承担上部荷载仅承担自重，其重量一般传给基础。

　　按墙体所用材料分，有砖墙、石墙、土墙、混凝土墙等。砖是我国的传统墙体材料，由于生产原料为黏土，生产时需要占用大量的耕地，目前许多地方已限制使用或禁止使用；在产石地区采用石墙可以取得良好的经济效益；混凝土墙体在多高层建筑中应用较多。

　　按构造和施工方式分，有叠砌墙、板筑墙、装配墙。叠砌墙又分实砌砖墙、空斗墙、砌块墙等。砌块墙是用比砖规格大的各种预制块材所砌筑的墙体，根据规格不同分为大型砌块、中型砌块和小型砌块。板筑墙是在模板内夯筑或浇筑而成的墙体。装配墙是把在工厂生产的预制墙板运到现场安装，这种墙体机械化程度高，施工速度快，工期短。

外墙是建筑物外围护部分，具有防止风、雪、雨对房屋内部的侵袭以及保温、隔热等作用；内墙则具有分隔房间和隔声作用。

在砖混结构中，墙体除具有围护、分隔的作用之外，还起到承重作用。在框架结构中，外墙只起到围护作用，通常称为填充墙，内墙起分隔和隔声作用。

6.1.2　墙体的结构布置

在砖混结构中，墙体的结构布置有横墙承重、纵墙承重、纵横墙混合承重、墙和部分框架承重等四种类型。

（1）横墙承重　楼板或屋面板搁置在横墙上，板及板上的荷载由横墙承受，纵墙只起到围护作用（见图6-2a）。横墙承重的优点是横墙较密，又承受荷载，故建筑物的横向刚度好，抵抗水平荷载的能力强。纵墙可以开较大的洞口，立面处理灵活。但因横墙较密又厚，不仅废材料，建筑物的自重较大，且横向刚度受到板跨的限制，平面布置不灵活。一般多用于开间不大且重复排列的房间，如住宅、宿舍、办公用房等建筑中。

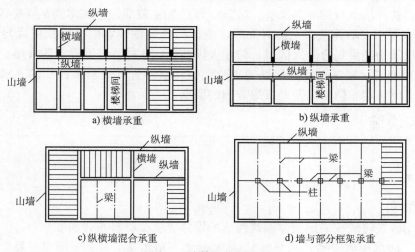

图6-2　墙体的结构布置

（2）纵墙承重　纵墙承重有两种情况：一种是楼板或屋面板直接搁置在纵墙上，纵墙承受着板传来的分布荷载（见图6-2b）；一种是板搁置在横向的梁上，再由梁传给纵墙，纵墙受到梁传来的集中荷载。这时，横墙只起到分隔房间和提高建筑物横向刚度的作用。纵墙承重的优点：横墙间距不受到限制，开间划分灵活，可布置较大的房间，板、梁的规格类型少，施工方便，便于工业化，节省墙体材料，北方地区外纵墙既承重又保温，可充分发挥其作用。缺点是，纵墙开洞受限制，建筑物横向刚度较差，板及梁的跨度较大，因而构件重量大，施工时需要大的起重运输设备。纵墙承重适用于横墙间距较大，或房间需要灵活布置的建筑中，如教室、餐厅、商店等。

（3）纵横墙混合承重　在一个建筑物中既有横墙承重又有纵墙承重，称为混合承重，如图6-2c所示。它的优点：平面布置灵活，建筑物各向刚度较好，但板的类型较多，铺设方向不一，施工麻烦。它适用于开间、进深变化较多的建筑物。

（4）墙和部分框架承重　当建筑物内需要设置大房间时，常在建筑物内部设柱子，墙与柱子间架设梁。这种方式称为墙与部分框架承重或内框架承重（见图6-2d）。

6.1.3　墙体的设计要求

墙体要起到承重、围护、分隔房间等作用，应满足以下几个方面的要求。

（1）强度、稳定的要求　墙体为了承重就应该有足够的强度和刚度。一般情况下，墙体高并且薄，高而薄的墙体除了应保证有足够的强度外，还应有一定的稳定性。墙体的稳定性与墙体的高厚比有关，矮而厚的墙体稳定性好；高而薄的墙体稳定性差。一般砖混结构五层以下的住宅中，240mm厚的砖墙基本可以满足承重要求，按规定承重的厚度不小于180mm。

（2）热工要求　北方寒冷地区要求围护结构具有较好的保温能力，以减少室内热损失。240mm的墙体不能满足保温要求，有时不得不把外墙加厚至370mm，490mm，甚至620mm才能满足保温要求，有的地方采用复合墙体，如370mm砖墙外贴10mm厚的聚苯乙烯泡沫板。

炎热地区建筑的防热，是通过加强自然通风、窗户遮阳、环境绿化和围护结构隔热等措施来达到的，就外墙本身的隔热来看，240mm厚的黏土砖墙能够基本满足隔热的要求。

（3）防火要求　墙体应满足防火要求，墙体的燃烧性能和耐火极限应满足防火规范的要求，有的建筑物还要划分防火区域，防止火灾蔓延，这样就需要设置防火墙。

（4）隔声要求　墙体必须有足够的隔声能力，以符合有关隔声标准的要求。此外，作为墙体还应考虑防潮、防水以及经济等方面的要求。

6.2 | 砖墙、砌块墙

6.2.1　砖墙

1. 砖墙材料

砖墙是用砂浆将砖按一定规律砌筑而成的墙体。主要材料是砖和砂浆。

（1）砖　砖的种类较多，见表6-1。实心砖墙一般由实心砖砌筑而成。最常用的是普通黏土砖，普通黏土砖有红砖和青砖之分。开窑后自行冷却的为红砖，出窑前浇水闷干，使红色的三氧化二铁还原成四氧化三铁，即为青砖。

表6-1　常用砌墙砖规格及强度等级

名称	简图	主要规格/mm	强度等级/MPa
普通黏土砖 适合手工砌筑		$240 \times 115 \times 53$ $220 \times 105 \times 43$ （土青砖）	MU7.5～MU20
黏土空心砖 又称模式砖		$190 \times 190 \times 90$ $240 \times 115 \times 90$ $240 \times 180 \times 115$	MU7.5～MU20
炉渣空心砖		$400 \times 195 \times 180$ $400 \times 115 \times 180$ $400 \times 90 \times 180$	MU2.5

（续）

名称	简图	主要规格/mm	强度等级/MPa
煤矸石半内燃砖		240×115×53 240×120×55	MU10～MU15
蒸养灰砂砖		240×115×53 240×180×53 400×115×53	MU7.5～MU20
粉煤灰砖		240×115×53	MU7.5～MU15
页岩砖		240×115×53	MU20～MU30

普通黏土砖的规格为 240mm×115mm×53mm（长×宽×厚），这种砖的长、宽、厚之比为 4:2:1（包括 10mm 的灰缝），即长:宽:厚 = 250:125:63。它是以 125mm 为模数制定的，这与我国现行的模数相矛盾，所以如果墙段尺寸小于 1m 时，应符合砖的模数；大于 1m 时应符合现行模数，在施工时用调整灰缝的大小来解决，灰缝应在 8～12mm 范围内变动。砖的强度是以强度等级表示，分别为 MU30、MU25、MU20、MU15、MU10 和 MU7.5 六级。

（2）砂浆　砂浆是由胶结材料（水泥、石灰）和填充材料（砂、粉煤灰等）加水搅拌而成，它将砖块胶结成为整体，并将砖块之间的空隙填平、密实，便于传力均匀，以保证砌体的强度。

砌筑墙体的砂浆常用的有水泥砂浆、石灰砂浆和混合砂浆三种。石灰砂浆是由石灰膏、砂加水搅拌而成的。它属于气硬性材料，强度不高，多用于砌筑次要建筑物地面以上的部分及防水、防潮要求不高的地方。混合砂浆是由石灰膏、水泥和砂加水搅拌而成的。混合砂浆具有一定的强度，以及良好的和易性，所以被广泛采用。水泥砂浆是由水泥、砂加水搅拌而成，它具有强度高，防潮、防水效果好的优点，多用于砌筑基础及地面以下的墙体，以及防潮、防水要求较高的墙体。砂浆的强度也用强度等级表示，有 M15、M10、M7.5、M5、M2.5、M1、M0.4 七个级别。M5 以上属于高强度砂浆。

砖墙是由砖和砂浆砌筑而成，又称砌体。砌体的强度是由砖和砂浆的强度决定的。普通黏土砖砌体的厚度是按半砖的倍数来确定的，如半砖墙、一砖墙、一砖半墙、两砖墙等，相应的尺寸为 115mm、240mm、365mm、490mm 等，通常分别标注为 120、240、370、490 等（见图 6-3）。

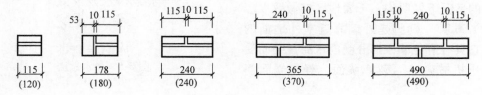

图 6-3　墙的厚度与砖的规格的关系

注：（　）内的尺寸为标志尺寸。

2. 实体墙的砌筑方式

砌筑方式就是砖在砌体中的排列方式,为保证砌体的强度,砖缝必须横平竖直,砖要内外搭接、上下错缝,砂浆要饱满、厚度均匀。实体墙常见的砌筑方式有全顺式、一丁一顺式、一丁多顺式、每皮丁顺相间式及两平一侧式等,如图6-4所示。

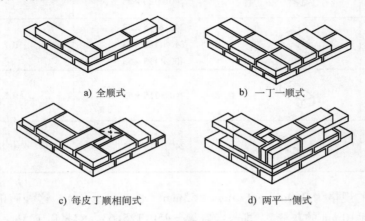

a) 全顺式   b) 一丁一顺式

c) 每皮丁顺相间式   d) 两平一侧式

图6-4 砖墙的砌筑方式

3. 墙体的细部构造

墙体既是承重构件又是围护构件。它与其他构件密切相关,而且还要受到自然界各种因素的影响。因此,处理好各有关部分的构造十分重要。

(1) 散水与明沟 为防止雨水对墙基的侵袭,沿外墙的四周应做散水,以便将水及时排走。散水的做法有砖砌、块石、碎石、水泥砂浆、混凝土等(见图6-5)。散水宽度应大于600mm,且比屋檐宽出200mm,在散水与勒脚交界处应预留缝隙,内填粗砂,上嵌沥青胶灌缝,散水要做3%~5%的坡度。混凝土散水为防止开裂,每隔6~12m留一条20mm的变形缝,用沥青灌实。

建筑物四周靠外墙的排水沟,称为明沟。用于排除屋面落下的雨水,明沟有砖砌明沟、石砌明沟、混凝土明沟(见图6-6)。一般情况下,房屋四周散水和明沟任做一种,一般雨水较多的情况下做明沟,干燥地区多做散水。

(2) 勒脚 勒脚是外墙靠近室外地面的部分,它具有避免墙根部分受雨水的侵袭而受潮,防止机械碰撞而破坏墙面,美化立面等作用。

勒脚的做法:勒脚部位可以用既防水又坚固的材料砌筑,如毛石、条石、混凝土块等;

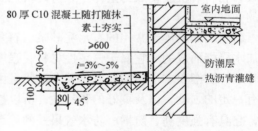

a) 混凝土散水

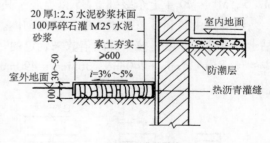

b) 碎石灌浆散水

图6-5 散水做法

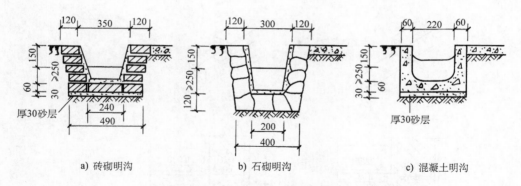

a) 砖砌明沟　　　　　　b) 石砌明沟　　　　　　c) 混凝土明沟

图 6-6　明沟构造做法

对砖墙可在外侧抹水泥砂浆，或做水刷石、斩假石等，或粘贴天然石材、人造石材等。勒脚高度一般不小于 500mm（见图 6-7）。

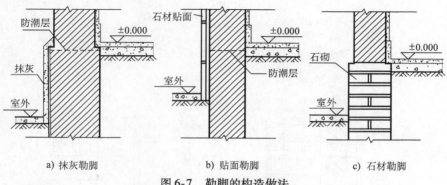

a) 抹灰勒脚　　　　　　b) 贴面勒脚　　　　　　c) 石材勒脚

图 6-7　勒脚的构造做法

（3）墙身防潮层　由于墙角处地表水和地下水的影响，会致使墙身受潮，饰面脱落，更严重的室内墙角处发霉潮湿，影响室内环境，所以要在墙体适当的位置设置防潮层，目的是隔绝室外雨水及地下的潮气对墙身的影响。防潮层分为水平防潮层和垂直防潮层。

水平防潮层是指建筑物内外墙靠近室内地坪沿水平方向设置的防潮层，以隔绝地潮等对墙身的影响。水平防潮层根据材料的不同，有油毡防潮层、防水砂浆防潮层和细石混凝土配筋防潮层（见图 6-8）。

砂浆防潮层是在 1:2 的水泥砂浆中掺入占水泥重量的 3% ~ 5% 的防水剂而制成的，防水层厚度一般为 20 ~ 25mm，也可用防水砂浆在防潮层位置上砌筑 1 ~ 2 皮砖。防水砂浆防潮层克服了油毡防潮层的缺点，故适用于抗震地区。但是，由于砂浆为脆性材料，易于开裂，在地基发生不均匀沉降时会断裂，而失去防潮作用（见图 6-8a）。

油毡防潮层具有一定的韧性、延伸性和良好的防潮性能。因油毡层降低了上下砖砌体之间的黏结力，削弱了墙体的整体性，对抗震不利，不宜用于有抗震要求的建筑中，由于油毡的使用寿命一般只有 20 年，因此长期使用将失去防潮作用。目前已较少采用（见图 6-8b）。

细石混凝土配筋防潮层是在需要设置防潮层的位置铺设 60mm C15 或 C20 的细石混凝土，内配 3ϕ6 或 3ϕ8 的钢筋以抗裂。由于它的防潮性能和抗裂性能都很好，且与砖砌体结合紧密，故适用于整体刚度要求较高的建筑中（见图 6-8c）。

水平防潮层应设在距离室外地面 150mm 以上的墙体中，以防止地表水溅渗的影响。同

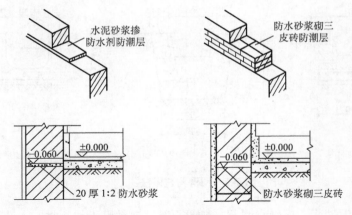

a) 防水砂浆防潮层

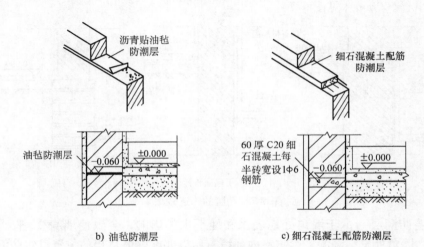

b) 油毡防潮层　　　　　　　c) 细石混凝土配筋防潮层

图 6-8　墙身防潮层构造

时，考虑到室内实铺地坪下填土或垫层的毛细作用，故一般将水平防潮层设置在底层地坪混凝土结构层之间的砖缝中，设计中一般设在室内地坪以下 60mm 处（-0.060m）（见图6-8），使其更有效地起到防潮作用。如采用混凝土或毛石砌筑勒脚时，可以不设防潮层，还可以将地梁提高到室内地坪以下来代替水平防潮层。

　　当室内地坪出现高差或室内地坪低于室外地面时，应在不同标高的室内地坪处设置两道水平防潮层，而且还为了避免高地坪房间（或室外地面）填土中的潮气侵入墙身，所以对高差部分的靠近土层的垂直墙面采取垂直防潮措施。具体做法是在两道水平防潮层之间的垂直墙面上，先用水泥砂浆抹灰，然后涂冷底子油一道、热沥青两道或采用防水砂浆抹灰处理（见图6-9）。

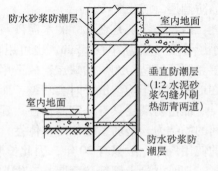

图 6-9　垂直防潮层

　　（4）门窗过梁　当墙体上开设门窗等洞口时，为了承受洞口上部砌体传来的荷载，并把荷载传给洞口两侧的墙体，常在门窗洞口两侧设置横梁，即门窗过梁。一般情况下，由于墙体的砖块之间相互咬接，过梁上墙体的重量并不是全部压在过梁上，仅仅有一部分墙体的重量压在过梁上，如图6-10所示，只有三角形部分的墙体的重量压在过梁上。过梁上如有集中荷载则另作考虑。

常见的过梁有砖拱过梁、钢筋砖过梁、钢筋混凝土过梁三种。

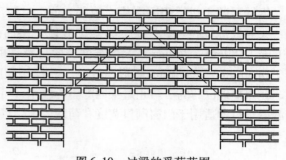

图 6-10　过梁的受荷范围

砖拱过梁又分平拱过梁和弧拱过梁，是我国传统的过梁做法。平拱过梁是用砖侧砌或立砌成对称于中心而倾向两侧的拱，灰缝成楔形上宽下窄，相互挤压形成拱。平拱的适宜跨度在 1.2m 以内，拱两端下部伸入墙内 20 ~ 30mm。弧拱的跨度稍大一些。砖拱过梁的砂浆强度等级不低于 M10 级，砖强度等级不低于 MU7.5 级才可以保证过梁的强度和稳定性。砖拱过梁节约钢材和水泥，但施工麻烦，整体性能不好，不适用于有集中荷载、振动较大、地基承载力不均匀及地震区的建筑（见图6-11）。

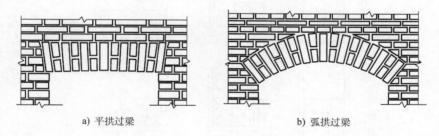

a) 平拱过梁　　　　　　　　　　b) 弧拱过梁

图 6-11　砖拱过梁

钢筋砖过梁是在砖缝里配置钢筋，形成可以承受荷载的加筋砖砌体。按每砖厚墙配2~3根φ6 的钢筋，放置在洞口上部的砂浆层内，砂浆层为1:3 水泥砂浆 30mm 厚，钢筋两边伸入支座长度不小于240mm，并加弯钩，也可以将钢筋放置在洞口上部第一皮和第二皮砖之间。为使洞口上部的砌体与钢筋形成过梁，常在相当于1/4 跨度的高度范围内（一般为5 ~ 7皮砖），用 M5 级砂浆砌筑。钢筋砖过梁多用于跨度在 2m 以内的清水墙的门窗洞口上（见图6-12）。

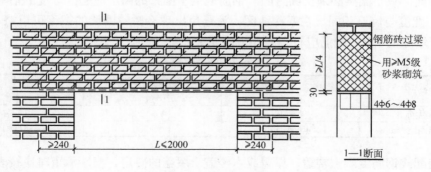

图 6-12　钢筋砖过梁

钢筋混凝土过梁坚固耐用，施工方便，目前广泛应用。钢筋混凝土过梁有现浇和预制两种，梁高及配筋按计算确定。为施工方便，梁高是砖的厚度的倍数，常见的梁高有60mm、120mm、180mm、240mm。梁的宽度一般与墙厚相同，梁的两端支撑在墙上的长度每边不少于250mm。过梁的断面有矩形和L形，矩形多用于内墙和混水墙面，L形多用于外墙和清水墙面，在寒冷地区，为了防止过梁内产生冷凝水，可采用L形过梁或组合过梁（见图6-13）。钢筋混凝土过梁适用于门窗洞口宽度和荷载较大，且可能产生不均匀沉降的墙体中。

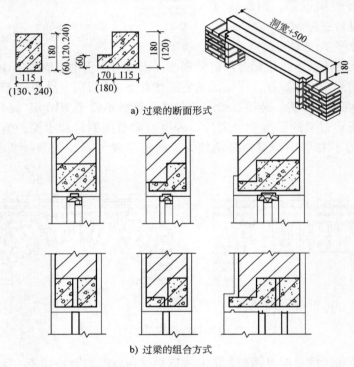

a) 过梁的断面形式

b) 过梁的组合方式

图 6-13　钢筋混凝土过梁形式

（5）圈梁　圈梁是沿房屋外墙和部分内墙设置的连续封闭的梁，它的主要作用是增强房屋的整体刚度，防止由于地基不均匀沉降引起的墙体开裂。对于抗震设防地区，利用圈梁加固墙身更加必要。圈梁有钢筋砖圈梁和钢筋混凝土圈梁两种，钢筋砖圈梁和钢筋砖过梁的做法基本相同，只是圈梁必须交圈封闭。钢筋混凝土圈梁的高度应是砖厚度的倍数，且不小于120mm，宽度与墙厚相同，在寒冷地区，为避免出现冷桥，圈梁的宽度可以略小于墙厚，但不宜小于墙厚的2/3。配筋应符合表6-2的要求。

表 6-2　圈梁配筋

配筋	抗震设防烈度		
	6 度、7 度	8 度	9 度
最小纵筋	4 φ 10	4 φ 12	4 φ 14
最大箍筋间距/mm	φ6@250	φ6@200	φ6@150

采用装配式钢筋混凝土楼盖、屋盖或木楼盖、屋盖的砖房，横墙承重时应按表6-3的要求设置；纵墙承重时，每层应设置圈梁；有抗震设防要求的房屋，横墙上的圈梁间距应比表

内适当加强。

表 6-3　现浇钢筋混凝土圈梁设置

墙类	抗震设防烈度		
	6 度、7 度	8 度	9 度
外墙和内纵墙	屋盖处及每层楼盖处	屋盖处及每层楼盖处	屋盖处及每层楼盖处
内横墙	屋盖处间距不应大于 7m；楼盖处间距不应大于 15m；构造柱对应部位	屋盖处沿所有横墙，且间距不应大于 7m；楼盖处间距不应大于 7m；构造柱对应部位	各层所有横墙

　　圈梁宜连续地设置在同一水平面上，形成闭合状，当圈梁被门窗洞口截断时，应在洞口上部设置相同截面的附加圈梁。附加圈梁与圈梁的搭接长度不应小于两者中心线的垂直距离的两倍，且不得小于 1m（见图 6-14）。

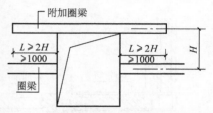

图 6-14　附加圈梁与圈梁的搭接

　　圈梁宜与预制板设在同一标高，称为板平圈梁，或紧靠预制板板底，称为板底圈梁（见图 6-15）。

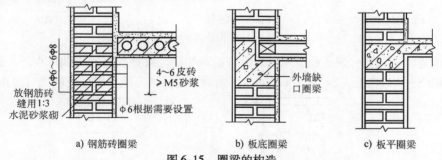

a) 钢筋砖圈梁　　　b) 板底圈梁　　　c) 板平圈梁

图 6-15　圈梁的构造

　　（6）构造柱　构造柱是设置在墙体内的混凝土现浇柱，是房屋抗震的主要措施。

　　在抗震设防地区，为了增加建筑物的整体刚度和稳定性，在多层砖混结构房屋的墙体中，需要设置钢筋混凝土构造柱，构造柱与圈梁连接，形成空间骨架，大大提高了建筑物的整体性和刚度。使墙体在破坏过程中具有一定的延性，减缓墙体酥脆现象的发生。构造柱是防止房屋倒塌的有效措施。

　　多层砌体房屋构造柱一般设置在建筑物的四角，外墙的错层部位横墙与纵墙的交界处，楼梯间以及某些较长的墙体中部。除此之外，根据房屋层数和抗震设防烈度的不同，构造柱的设置要求参见表 6-4。

表 6-4　砖房构造柱设置要求

房屋层数				设 置 部 位
6 度	7 度	8 度	9 度	
四、五	三、四	二、三		7、8 度时，楼、电梯间的四角；隔 15m 或单元横墙与外纵墙交接处
六、七	五	四	二	隔开间横墙（轴线）与外墙交接处，山墙与内纵墙交接处；7～9 度时，楼、电梯间的四角
八	六、七	五、六	三、四	内墙（轴线）与外墙交接处，内墙的局部较小墙垛处；7～9 度时，楼、电梯间的四角；9 度时内纵墙与横墙（轴线）交接处

构造柱的构造要点：构造柱的截面尺寸不小于 240mm × 180mm，纵向钢筋采用 4Φ12，箍筋间距不大于 250mm，且在靠近楼板的位置适当加密；施工时，应先放构造柱的钢筋骨架，再砌筑砖墙，最后浇筑混凝土。构造柱与墙体连接处应砌马牙槎，并应沿墙高每隔 500mm 设 2Φ6 拉结钢筋，每边伸入墙内不宜小于 1m；构造柱可不单独设基础，但应伸入室外地面下 500mm，或与埋深不小于 500mm 的基础梁相连。构造柱顶部应与顶层圈梁或女儿墙压顶拉结。构造柱的做法示例如图 6-16 所示。

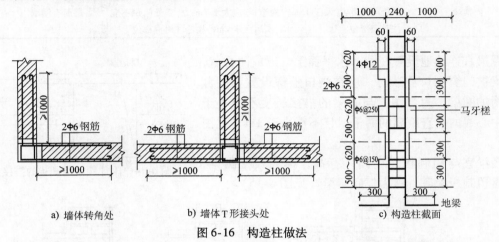

a) 墙体转角处　　　　b) 墙体T形接头处　　　　c) 构造柱截面

图 6-16　构造柱做法

（7）烟道、通风道　烟道和通风道的构造基本相同，只是烟道的进烟口在下，距地面 1m 左右，风道的进风口在上，距顶棚约 300mm，烟道与通风道不能合用以免串气（见图 6-17）。

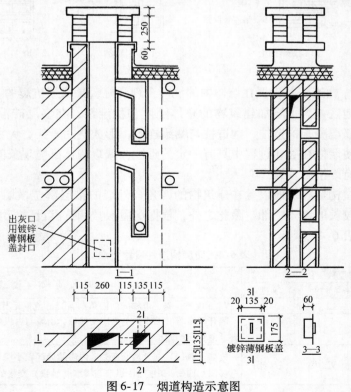

图 6-17　烟道构造示意图

（8）窗台　当室外雨水沿窗向下流淌时，为避免雨水积聚窗下渗入墙内并沿窗缝渗入室内，常在窗洞下部靠室外一侧设置窗台。窗台向外设置一定的坡度，以利排水（见图 6-18）。

窗台有悬挑窗台和不悬挑窗台两种。悬挑窗台常采用顶砌一皮砖或将一砖侧砌并悬挑 60mm，如图 6-19b、c 所示，也可以预制混凝土窗台（见图 6-19d）。窗台表面用 1:3 水泥砂浆抹面做出坡度，挑砖下缘抹出滴水，引导雨水沿滴水槽口下落，以防雨水影响窗下墙体。由于悬挑窗台下部容易积灰，并容易污染窗下墙面，影响建筑物的美观，因此大部分建筑物都设计为不悬挑的窗台，如图 6-19a 所示。外墙为贴面砖墙面时反而易被雨水冲刷干净。此外，在做窗台排水坡面时，必须注意抹灰与窗下槛的交界处理，防止雨水沿窗下槛处向室内渗透。

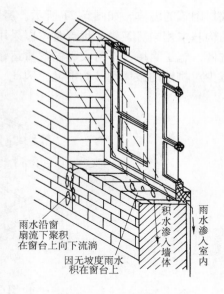

图 6-18　窗台泄水情况

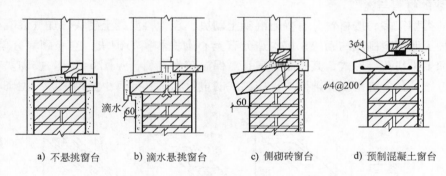

a) 不悬挑窗台　　b) 滴水悬挑窗台　　c) 侧砌砖窗台　　d) 预制混凝土窗台

图 6-19　窗台形式

（9）防火墙　为减少火灾的发生或阻止其蔓延，除了设计时考虑防火分区的分隔、选用难燃或不燃材料作为建筑构配件、增加消防设施等之外，在墙体构造上，还要考虑防火墙的设计问题。

防火墙的作用是截断火源，防止火灾蔓延。现行的防火规范规定，防火墙的耐火等级不低于 4h；防火墙上不应开设门窗洞口，必须开设时，应采用甲级防火门，并应能够自动关闭。防火墙的最大间距应根据建筑物的耐火等级而定，当建筑物的耐火等级为一、二级时，其间距为 150m；三级时其间距为 100m；四级时为 75m。

防火墙应截断燃烧体或难燃烧体的屋顶，并高出非燃烧体屋顶 400mm；高出燃烧体或难燃烧体屋顶 500mm（见图 6-20）。

6.2.2　砌块墙

砌块墙是指用尺寸大于普通黏土砖的预制

图 6-20　防火墙的设置

块材砌筑的墙体，如图6-21所示。房屋的其他承重构件，如楼板、屋面板、楼梯等与砖混结构基本相同。其最大优点是可以采用素混凝土或能充分利用工业废料和地方材料，且制作方便，施工简单，不需大型的起重运输设备，且具有较大的灵活性。既容易组织生产，又能减少对耕地的破坏和节约能源。因此，在缺砖地区的大、中城镇，应大力发展砌块墙体。

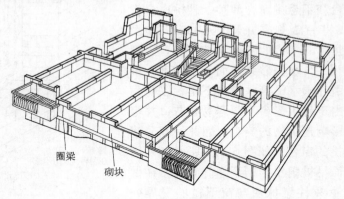

圈梁
砌块

图6-21　砌块建筑示意图

1. 砌块的材料与类型

砌块的类型很多，按材料分有普通混凝土砌块、轻骨料混凝土砌块、加气混凝土砌块以及利用各种工业废料制成的砌块；按构造分有空心砌块和实心砌块；空心砌块有单排方孔、单排圆孔和多排扁孔等形式，其中多排扁孔对保温较为有利（见图6-22）。按砌块在砌体中的作用和位置可分为主砌块和辅砌块。按砌块的重量和尺寸分有小型砌块、中型砌块、大型砌块。

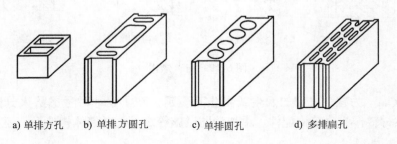

a) 单排方孔　　　b) 单排方圆孔　　　　c) 单排圆孔　　　　d) 多排扁孔

图6-22　空心砌块的形式

在考虑砌块规格时，首先应该符合《建筑模数协调标准》（GB/T 50002—2013）的规定；其次是砌块的型号越少越好；主砌块使用率越高越好。砌块的尺度应考虑到生产工艺条件，施工和起重、吊装的能力以及砌筑时错缝、搭接的可能性。最后，在确定砌块时既要考虑到砌体的强度和稳定性，同时也要考虑墙体的热工性能。

我国各地生产的砌块，其规格、类型极不统一，从使用情况来看，中、小型砌块和空心砌块居多。目前我国采用的小型砌块，有实心砌块和空心砌块之分。外形尺寸多为190mm×190mm×390mm，辅助砌块尺寸为90mm×190mm×190mm和190mm×190mm×190mm，每块在20kg以内，适用于人工搬运和砌筑，施工方法与砖混结构相同。

当前，在我国采用的中型砌块有空心砌块和实心砌块，各地的尺寸不统一。常见的空心砌块尺寸有 180mm × 630mm × 845mm、180mm × 1280mm × 845mm、180mm × 2130mm × 845mm；实心砌块的尺寸有 240mm × 280mm × 380mm、240mm × 430mm × 380mm、240mm × 580mm × 380mm。中型砌块重量较大，施工时需要吊装设备。

2. 砌块墙的排列

为使砌块墙合理组合并搭接牢固，必须根据建筑的初步设计，做好砌块的试排工作。即按建筑物的平面尺寸、层高，对墙体进行合理的分块和搭接，以便正确地选择砌块的规格、尺寸。为此，要在砌块的平面图和立面图上进行砌块的排列，并注明每一砌块的型号，以便施工时按排列图进行进料和砌筑。设计时，必须考虑砌块的整齐、划一，有规律性，不仅要考虑到大面积的错缝、搭接，避免通缝，而且要考虑内、外墙的交接、咬砌。此外，应尽量使用主规格砌块。砌块的排列设计应符合以下要求。

1）排列应力求整齐，有规律性，既要考虑建筑物的立面要求，又要考虑建筑施工的要求。

2）上下皮砌块应错缝搭接，尽量减少通缝。内外墙和转角处砌块应彼此搭接，以加强整体性。

3）尽量减少砌块规格，并使主规格砌块总数量在 70% 以上。在砌块墙体中允许使用少量的普通砖镶砖填缝，镶砖时尽可能分散、对称。

4）空心砌块上下皮之间应孔对孔、肋对肋，以保证有足够的受压面积。图 6-23 所示为砌块排列示意图。

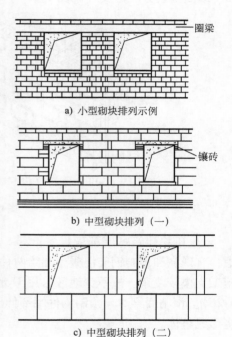

a) 小型砌块排列示例

b) 中型砌块排列（一）

c) 中型砌块排列（二）

图 6-23　砌块排列示意图

对于中型砌块，常用的有"四皮划分法"（即每层楼的窗台高为一皮，窗高为二皮，过梁高为一皮）和"七皮划分法"，以此来确定砌块的高度尺寸（见图 6-24），砌块的厚度则需根据砌体的强度和保温要求确定。砌块的长度可根据墙体的砌筑组合，能满足上下皮砌块的错缝搭接、排列整齐、减少通缝、规格类型少等原则来确定。

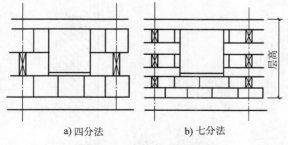

a) 四分法　　　　b) 七分法

图 6-24　砌块的立面划分

3. 砌块墙构造要点

砌块尺寸较大，垂直缝砂浆不易灌实，相互黏结较差。因此，砌块建筑需采取加固措施，以提高房屋的整体性。砌块墙构造要点如下。

1）中型砌块两端一般有封闭的灌浆槽，在砌筑、安装时，必须使竖缝填灌密实，水平缝砌筑饱满，使上、下、左、右砌块能更好地连接。一般砌块采用 M5 级砂浆砌筑，水平灰缝、垂直灰缝一般为 15～20mm。当垂直灰缝大于 30mm 时，须采用 C20 的细石混凝土灌实。有时可以采用普通黏土砖填嵌。

2）当砌块墙上下皮砌块出现通缝或错缝距离不足 150mm 时，应在水平通缝处加 2Φ4 的钢筋网片，使之拉结成整体。

3）为加强砌块建筑的整体刚度，常于外墙转角和必要的内、外墙交接处设置墙芯柱。墙芯柱多利用空心砌块将其上下孔洞对齐，在孔中配置Φ10 或Φ12 的钢筋分层插入，并用 C20 细混凝土分层夯实（见图 6-25）。墙芯柱与圈梁、基础须有较好的连接，以利抗震。

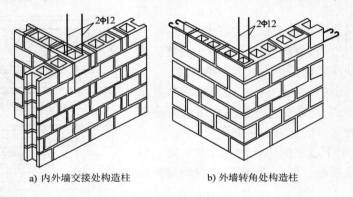

a) 内外墙交接处构造柱   b) 外墙转角处构造柱

图 6-25 砌块墙构造柱

4）砌块建筑每层都应设置圈梁，用以加强砌块墙的整体性。圈梁通常与过梁统一考虑，有现浇和预制钢筋混凝土圈梁两种做法。现浇圈梁整体性强，对加固墙身较为有利，但施工支模较复杂。故不少地区采用 U 形预制构件，在槽内配置钢筋，并浇筑混凝土（见图 6-26）。预制圈梁时，预制构件端部伸出钢筋，拼装时将端部钢筋绑扎在一起，然后局部现浇形成整体。

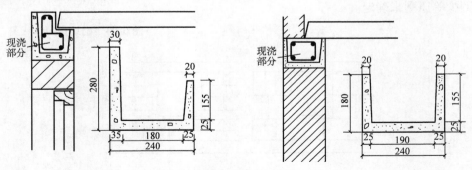

图 6-26 砌块现浇圈梁

5）合理选择砌块墙的拼缝做法，砌块墙的拼缝有平缝、凹槽缝和高低缝，平缝制作简单，多用于水平缝；凹缝灌浆方便，多用于垂直缝。缝宽视砌块尺寸而定，砂浆强度等级不低于 M5。

6）砌块墙外面宜做饰面，以提高防渗水能力和改善墙体热工性能；室内底层地坪以下，室外明沟或散水以上的墙体内，应设置水平防潮层。一般采用防水砂浆或配筋混凝土。同时，应以水泥砂浆作勒脚抹面。

6.3 ｜隔墙与隔断

隔墙是分隔建筑物内部空间的非承重内墙，本身重量由楼板或梁来承担。设计要求隔墙自重轻，厚度薄，尽量少占空间。有隔声和防火性能，便于拆卸，浴室、厕所的隔墙应能防潮、防水。常用的隔墙有砌筑隔墙、立筋隔墙和板材隔墙三种。

6.3.1　立筋隔墙

立筋隔墙又称轻骨架隔墙，它由骨架和面层两部分组成。

骨架的种类很多，常用的是木骨架和轻钢骨架。近年来为了节约木材和钢材，各地出现了不少利用地方材料和轻金属制成的骨架，如轻钢骨架、铝合金骨架。

木骨架是由上槛、下槛、墙筋、横撑或斜撑组成，上、下槛和墙筋断面为50mm×70mm或50mm×100mm。具体做法：先立边框墙筋，撑住上、下槛，并在上下槛之间每隔400～600mm立墙筋，墙筋之间每隔1.5m左右设一横撑或斜撑，两端钉牢，构成木骨架。木骨架具有自重轻、构造简单、便于拆装等优点，但防水、防潮、防火、隔声性能较差。木骨架形式如图6-27所示。

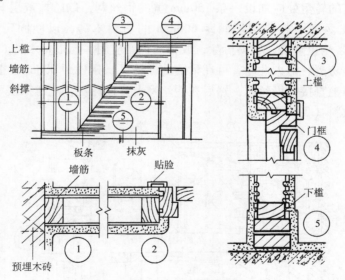

图 6-27　木骨架灰板条抹灰隔墙

轻钢骨架是由各种形式的薄壁压型钢板加工制成，也称轻钢龙骨。它具有强度高，刚度大，重量轻，整体性好，易于加工和大批量生产以及防火、防潮性能好等优点。轻钢骨架和木骨架一样，也是由上槛、下槛、墙筋、横档或斜撑组成（见图6-28）。骨架的安装过程是先用射钉将上、下槛固定在楼板上，然后安装轻钢龙骨。

隔墙的面层有抹灰面层和人造板面层，抹灰面层一般采用木骨架，如传统的木板条抹灰隔墙。人造板面层则是在木骨架或轻钢龙骨上铺钉各种人造板材，如装饰吸声板、钙塑板及各种胶合板、纤维板等。

1. 灰板条抹灰隔墙

它是先在木骨架两侧钉上灰板条，然后抹灰。灰板条的尺寸一般为1200mm×24mm×6mm 和 1200mm×38mm×9mm 两种，当墙筋间距为400mm时用前者，立筋间距为 600mm 时用后者。灰板条之间的水平灰缝为 7～8mm，以利于抹灰时底灰能挤到板条背面，咬住板条。板条的接头要留出 3～5mm 的缝隙，以利于板条伸缩。在同一立筋上连续接头的长度不超过 500mm 左右，以免裂缝出现在同一个位置上。

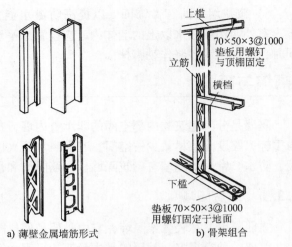

a) 薄壁金属墙筋形式　　b) 骨架组合

图 6-28　金属骨架隔墙

灰板条抹灰多用纸筋灰或麻刀灰，在抹灰的底层中应加入适量的草筋、麻刀或其他纤维，以加强抹灰与板条的联结。

隔墙上设置门窗时，门窗框四周的墙筋可适当加大，并应在门窗框上部加设斜撑。灰板条隔墙与砖墙交接的转角处应加设一条 150mm 宽的钢丝网，以防抹灰层开裂。为使隔墙与砖墙连接牢固，在两侧墙内应预埋间距 600mm 的防腐木砖，以便固定边框墙筋（见图6-27）。由于灰板条墙重量轻，容易拆除，故目前仍在应用，但浪费木材，湿作业多。

为提高隔墙的防潮、防火性能，可在稀铺的板条（板条中距60mm）上钉一层钢丝网或取消板条，在立筋上直接钉钢丝网，然后在钢丝网上直接抹灰，此时抹灰可用水泥砂浆或其他防潮性能好的材料（见图 6-29）。

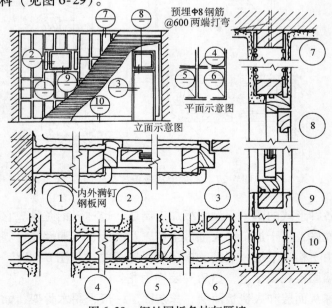

图 6-29　钢丝网板条抹灰隔墙

2. 人造板面层骨架隔墙

人造板面层骨架隔墙是骨架两侧铺钉胶合板、纤维板、石膏板或其他轻质薄板构成的隔墙。骨架间距除了满足受力要求外，还要与所用板材的规格相适应。接缝处也要留出 5mm 左右伸缩余地，并可用铝压条或木压条盖缝。

板材与骨架的关系有两种：一种是钉在骨架两面或一侧，叫贴面法；另一种则是镶在骨架中间，叫镶板法。面板可用镀锌螺钉或铁夹子固定在骨架上，为提高隔墙的隔声能力，可在面板间填岩棉等轻质有弹性的材料。这种隔墙重量轻，易拆除，且湿作业少

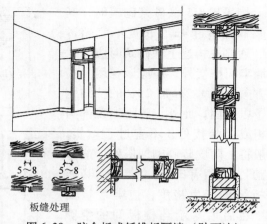

图 6-30 胶合板或纤维板隔墙（贴面法）

（见图 6-30）。胶合板、硬质纤维板等以木材为原料的板材多用木骨架，石膏板多用轻钢骨架（见图 6-31）。

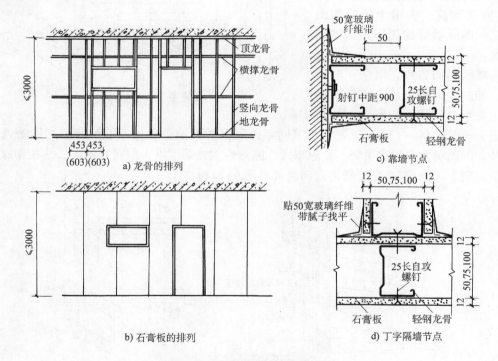

a) 龙骨的排列

b) 石膏板的排列

c) 靠墙节点

d) 丁字隔墙节点

图 6-31 轻钢龙骨石膏板隔墙

6.3.2 砌筑隔墙

块材隔墙是用普通黏土砖、空心砖以及各种轻质砌块等块材砌筑而成，常用的有普通黏土砖隔墙和砌块隔墙两种。

砖砌隔墙有半砖隔墙和 1/4 砖隔墙之分。对半砖墙，当采用 M2.5 的砂浆砌筑时，其高

度不宜超过 3.6m，长度不宜超过 5m。当采用 M5 级砂浆砌筑时，其高度不宜超过 4m，长度不宜超过 6m，否则在构造上除砌筑时应与承重墙牢固搭接外，还应该在墙身高度方向每隔 1.2m 加 2Φ6 的拉结钢筋予以加固。此外，砖隔墙顶部与楼板或梁相接处，不宜过于填实，一般将上两皮砖侧砌，俗称"立砖斜砌"，或留有 30mm 的空隙，以防楼板结构产生挠度，使隔墙被压坏。然后填塞墙与楼板间的空隙（见图 6-32）。

对 1/4 砖隔墙，是利用标准砖侧砌，其高度不宜超过 3m，需用 M5 级砂浆砌筑。多用于厨房和卫生间之间的隔墙等面积不大的墙体的砌筑。

为减轻隔墙自重，可采用轻质砌块，如加气混凝土块、粉煤灰砌块、水泥炉渣砌块。墙厚由砌块尺

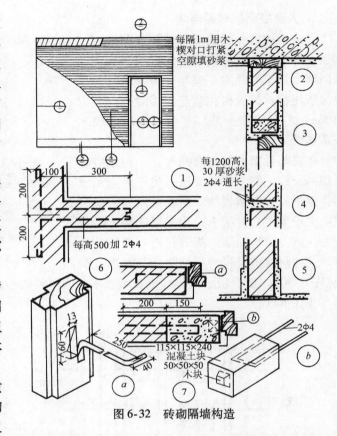

图 6-32 砖砌隔墙构造

寸决定，一般为 90～120mm。加固措施同半砖隔墙的做法。砌块不够整块时宜用普通黏土砖填补。因砌块大多具有质轻、孔隙率大、隔热性能好等优点，但吸水率大，故在砌筑时先在墙下实砌 3～5 皮实心黏土砖再砌砌块（见图 6-33）。

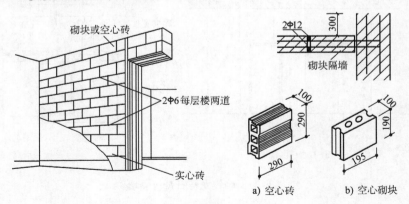

图 6-33 砌块隔墙构造

6.3.3 板材隔墙

板材隔墙是指相当于房间净高、面积较大、不依赖于骨架直接装配而成的隔墙。具有自

重轻、安装方便、施工速度快、工业化程度高等特点。常采用的预制条板有加气混凝土条板、碳化石灰板、石膏珍珠岩板等。此外，还有水泥钢丝网夹芯板等复合墙板。

预制条板的厚度大多为 60 ～ 100mm，宽度为 600 ～ 1000mm。长度略小于房屋净高。安装时，条板下部选用小木楔顶紧，然后用细石混凝土堵严板缝，用黏结剂黏接，并用胶泥刮缝，平整后再做表面装修。图 6-34 所示为水泥玻璃纤维空心条板隔墙。

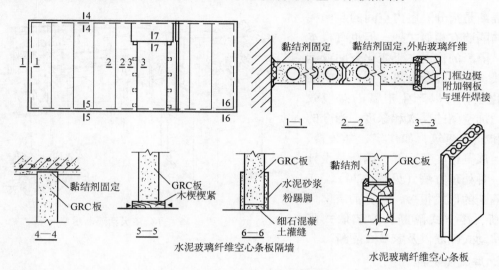

图 6-34　水泥玻璃纤维空心条板隔墙

水泥钢丝网夹芯复合墙板（又称"泰柏板"）是以直径 2mm 的低碳冷拔镀锌钢丝焊接成三维空间网笼，中间填充 50mm 厚的阻燃聚苯乙烯泡沫塑料构成的轻质板材，两侧钢丝网间距 70mm，钢丝网格间距 50mm，每个网格焊一根腹丝，腹丝倾角为 45°，两侧喷抹 30mm 厚水泥砂浆或小豆石混凝土，总厚度为 110mm。定型产品规格为 1200mm × 2400mm × 70mm（见图 6-35）。它自重轻、强度高、保温隔热性能好，具有一定的隔声和防火性能，故广泛应用于工业与民用建筑中的内、外墙和轻屋面。

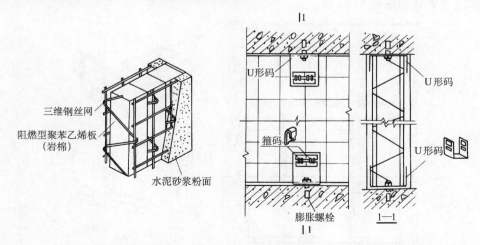

a) 水泥钢丝网夹芯墙板　　b) 水泥钢丝网夹芯墙板与楼板、地面的连接
图 6-35　水泥钢丝网夹芯复合墙板

水泥钢丝网夹芯板复合墙板安装时，要先放线，然后在楼面和顶板处设置锚筋或固定U形码，将复合墙板与之可靠连接，并用锚筋及钢筋网加强复合墙板与周围墙体、梁、柱的连接。

6.3.4 隔断

隔断是指分隔室内空间的装修构件。与隔墙有相似之处，但也有根本区别。隔断的作用在于变化空间或遮挡视线。利用隔断分隔空间，在空间的变化上，可以产生丰富的意境效果，增加空间的层次和深度。当今的居住和公共建筑，如住宅、办公楼、旅馆、展览馆、餐厅等，隔断是设计中的一种处理方法（见图6-36）。

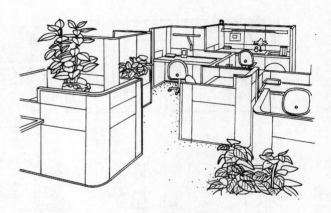

图 6-36 办公室灵活隔断示意

隔断的形式很多，常见的有屏风式隔断、镂空式隔断、玻璃墙式隔断、移动式隔断以及家具式隔断。

1. 屏风式隔断

屏风式隔断通常是不隔到顶，使空间通透性强。使隔断与顶棚保持一段距离，起到分隔房间和遮挡视线的作用。常用于办公室、餐厅、展览馆以及门诊部等公共建筑中。浴室、厕所等也常采用这种形式。隔断高一般为 1050mm、1350mm、1500mm、1800mm 等。可根据不同使用要求进行选用。

从构造上，屏风式隔断有固定式和活动式两种。固定式又可分为立筋骨架式和预制板式。预制板式隔断借预埋件与周围墙体、地面固定。而立筋式屏风隔断则与隔墙相似，它可在骨架两侧铺钉面板，亦可镶嵌玻璃。玻璃可采用磨砂玻璃、彩色玻璃、菱花玻璃等。骨架与地面的固定方式如图6-37所示。

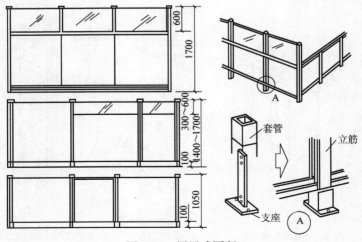

图 6-37 屏风式隔断

活动式屏风隔断可以移动放置。最简单的支撑方式是在屏风下安装一金属支架，支架可以直接放在地面上；也可在支架下安装橡胶滚动轮或滑动轮（见图6-38）。

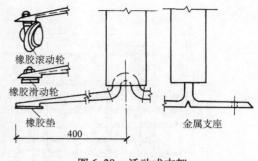

图6-38　活动式支架

2. 镂空式隔断

镂空花格式隔断是公共建筑的门厅、客厅等处分隔空间常用的一种形式。有竹、木制的，也有混凝土预制构件，形式多样（见图6-39）。

隔断与地面、顶棚的固定也根据材料的不同而变化，可以钉、焊等方式连接。

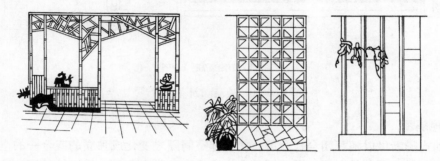

图6-39　镂空式隔断

3. 玻璃隔断

玻璃隔断有玻璃砖隔断和透空式隔断两种。透空玻璃隔断系采用普通平板玻璃、磨砂玻璃、刻花玻璃、彩色玻璃以及各种颜色有机玻璃等嵌入木框或金属框的骨架中，具有透光性。当采用普通玻璃时，还具可视性（见图6-40a）。

玻璃砖隔断是由玻璃砖砌筑而成，既分隔空间，又透光。常用于公共建筑的接待室、会议室等处（见图6-40b）。

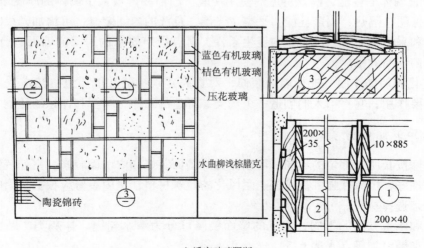

a) 透空玻璃隔断

图6-40　玻璃隔断

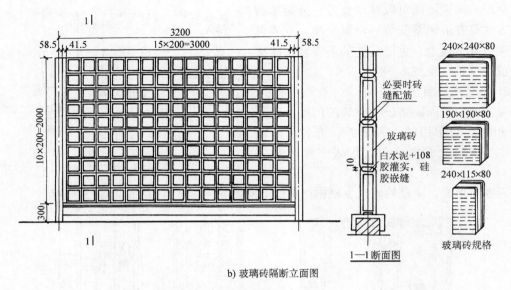

b) 玻璃砖隔断立面图

图 6-40　玻璃隔断（续）

4. 其他隔断

　　如移动式隔断可以随意闭合、开启，使相邻空间随之变化成独立的或合一的空间的一种隔断形式；家具式隔断是利用各种适用的室内家具来分隔空间的一种设计处理方法。

6.4 ｜ 墙面装修

6.4.1　墙面装修的作用

　　（1）保护墙体　避免墙体直接受到风、霜、雨、雪的侵蚀，提高墙体的防潮、抗风化的能力。增加墙体的坚固性、耐久性、延长墙体的使用年限。

　　（2）改善墙体的性能，满足房屋的使用功能　墙面装修增加了墙体的厚度以及密封性，提高墙体的保温、隔热、隔声性能。平整、光滑、色浅的内墙装修，可增加光线的反射，提高室内照度和采光均匀度，改善室内卫生条件。对有吸声要求的房间的墙面进行吸声处理，还可改善室内音质效果。

　　（3）美化和装饰作用　进行墙面装修，对提高建筑物的功能质量、艺术效果，美化建筑环境起重要作用；它将给人们创造一个优美、舒适的工作、学习和休息的环境。

6.4.2　墙面装修的分类

　　墙面装修按其所在部位的不同，可以分为外墙面装修和内墙面装修。室外装修应选择强度高、耐水性好、抗冻性强、抗腐蚀、耐风化的建筑材料；室内装修应根据房间的功能要求及装修标准来选择材料。

　　按材料和施工方法的不同，常见的墙面装修可分为清水勾缝、抹灰类、贴面类、涂料类、裱糊类和铺钉类等（见表 6-5）。

表 6-5　墙面装修分类

类别	外墙装修	内墙装修
抹灰类	水泥砂浆、混合砂浆、聚合物水泥砂浆、拉毛、水刷石、干粘石、斩假石、拉假石、喷涂、辊涂等	纸筋灰、麻刀灰粉面、石膏粉面、膨胀珍珠岩灰浆、混合砂浆、拉毛、拉条等
贴面类	外墙面砖、陶瓷锦砖、玻璃锦砖、人造水磨石板、天然石板等	釉面砖、人造石板、天然石板等
涂料类	石灰浆、水泥浆、溶剂型涂料、乳胶涂料、彩色胶砂涂料、彩色弹涂等	大白浆、石灰浆、油漆、乳胶漆、水溶性涂料、弹涂等
裱糊类		塑料墙纸、金属面墙纸、木纹壁纸、花纹玻璃纤维布、纺织面墙纸等
铺钉类	各种金属饰面板、石棉水泥板、玻璃	各种木夹板、木纤维板、石膏板及各种装饰面板等

6.4.3　墙面装修构造

1. 清水墙面

清水墙面是不做抹灰和饰面的墙面。为防止雨水渗入墙内保持墙面整齐美观，可用 1:1 或 1:2 水泥砂浆勾缝，勾缝的形式有平缝、平凹缝、斜缝、弧形缝等（见图 6-41）。

2. 抹灰类墙面装修

抹灰又称粉刷，是我国传统的饰面做法，是用水泥、石灰膏为胶结材料加入砂或石渣与水拌和成砂浆或石渣浆，抹到墙面上的一种操作工艺，属湿作业。其材料来源广泛，施工操作简便，造价低廉，通过改变工艺可获得不同的装饰效果，因此在墙面装修中应用广泛。缺点是耐久性低，易干裂、变色，多为手工湿作业施工，工效较低。

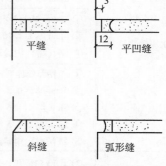

图 6-41　砖墙勾缝形式

抹灰分为一般抹灰和装饰抹灰两类。一般抹灰为石灰砂浆、混合砂浆、水泥砂浆等；装饰抹灰有水刷石、干粘石、斩假石等。

墙面抹灰有一定的厚度，一般外墙为 20～25mm；内墙为 15～20mm。为避免抹灰出现裂缝，使抹灰层与墙面黏结牢固，抹灰层不宜过厚，且要分层施工。对于普通标准的抹灰，一般分底层、面层两层构造；高标准的抹灰分为底层、中间层、面层三层构造（见图6-42）。

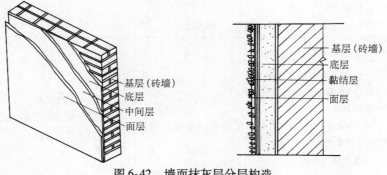

图 6-42　墙面抹灰层分层构造

底层厚一般为 5～15mm，底层抹灰的作用是使装饰层与墙面基层黏结牢固和初步找平，又称找平层和打底层，施工上称为刮糙。底灰的选用与基层的材料有关，对砖、石墙可采用水泥砂浆或混合砂浆打底，当基层为板条时，应采用石灰砂浆做底灰，并在砂浆中掺入麻刀或其他纤维。轻质混凝土砌块墙的底灰多用混合砂浆或聚合物砂浆。对混凝土墙或湿度大的房间或有防水、防潮要求的房间，底灰宜选用水泥砂浆。

面层抹灰又称罩面。对墙体的使用质量和美观起重要作用，要求表面平整、色彩均匀、无裂痕，可以做成光滑、粗糙等不同质感的表面。

中间层厚 5～15mm，主要作用是进一步找平，减少底层砂浆开裂导致面层开裂的可能。所用材料与底层基本相同，也可以根据装修要求选用其他材料。常见抹灰的具体构造做法见表 6-6。

表 6-6　墙面抹灰的做法举例

抹灰名称	做法说明	适用范围
水泥砂浆抹灰	① a. 清扫积灰，适量洒水 　 b. 刷界面处理剂一道 ② 12mm 厚 1:3 水泥砂浆打底扫毛 ③ 8mm 厚 1:2.5 水泥砂浆抹面	a. 砖石基层的墙面 b. 混凝土基层的外墙
	① 13mm 厚 1:3 水泥砂浆打底 ② 5mm 厚 1:1.25 水泥砂浆抹面，压实赶光 ③ 刷（喷）内墙涂料	砖基层的内墙涂料
	① 刷界面处理剂一道 ② 6mm 厚 1:0.5:4 水泥石灰膏砂浆打底扫毛 ③ 5mm 厚 1:1:6 水泥石灰膏砂浆扫毛 ④ 5mm 厚 1:2.5 水泥砂浆抹面，压实赶光 ⑤ 刷（喷）内墙涂料	加气混凝土等轻型材料内墙
水刷石	① a. 清扫积灰，适量洒水 　 b. 刷界面处理剂一道 ② 12mm 厚 1:3 水泥砂浆打底扫毛 ③ 刷素水泥浆一道 ④ 8mm 厚 1:1.5 水泥石子罩面，水刷露出石子	a. 砖石基层的墙面 b. 混凝土基层的外墙
	① 刷加气混凝土界面处理剂一道 ② 6mm 厚 1:0.5:4 水泥石灰膏砂浆打底扫毛 ③ 5mm 厚 1:1:6 水泥石灰膏砂浆抹平扫毛 ④ 刷素水泥浆一道 ⑤ 8mm 厚 1:1.5 水泥石子罩面，水刷露出石子	加气混凝土等轻型材料外墙
斩假石（剁斧石）	① a. 清扫积灰，适量洒水 　 b. 刷界面处理剂一道 ② 10mm 厚 1:3 水泥砂浆打底扫毛 ③ 刷素水泥浆一道 ④ 10mm 厚 1:1.25 水泥石子抹灰（米粒石内掺30%（体积分数）石屑 ⑤ 剁斧斩毛两遍	a. 砖石基层的墙面 b. 混凝土基层的外墙

（续）

抹灰名称	做法说明	适用范围
纸筋（麻刀）抹灰	① 10mm 厚 1:3:9 水泥石灰膏砂浆打底 ② 6mm 厚 1:3 石灰膏砂浆 ③ 2mm 厚纸筋（麻刀）灰抹面 ④ 刷（喷）内墙涂料	砖基层内墙
	① 刷加气混凝土界面处理剂一道 ② 5mm 厚 1:3:9 水泥石灰膏砂浆打底划出纹理 ③ 9mm 厚 1:3 石灰膏砂浆 ④ 2mm 厚纸筋（麻刀）灰抹面 ⑤ 刷（喷）内墙涂料	加气混凝土等轻型内墙
	① 刷混凝土界面处理剂一道 ② 10mm 厚 1:3:9 水泥石灰膏砂浆打底划出纹理 ③ 6mm 厚 1:3 石灰膏砂浆 ④ 2mm 厚纸筋（麻刀）灰抹面 ⑤ 刷（喷）内墙涂料	混凝土内墙

内墙抹灰中，对于容易受碰撞和有防潮、防水要求的墙面，如浴室、厕所、门厅、走廊等墙面应做墙裙，墙裙的高度一般为 1.2～1.8m。具体做法是用 1:3 水泥砂浆打底，1:2 水泥砂浆或水磨石罩面，也可以贴面砖、刷油漆或铺钉胶合板等（见图 6-43）。

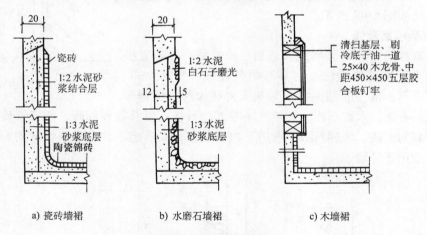

a) 瓷砖墙裙　　　　b) 水磨石墙裙　　　　c) 木墙裙

图 6-43　墙裙形式

在内墙面与楼地面交接处，为了保护墙身及防止擦洗地面时弄脏墙面做成踢脚线，高度为 120～150mm，其材料一般与楼地面相同，常见做法可与墙面与墙面粉刷相平、凸出或凹进（见图 6-44）。

为加强室内美观，在内墙面与顶棚的交接处可做成各种装饰线（见图 6-45）。

对于经常易受磕碰的内墙阳角或门窗两侧，常抹以高 1.5m 的 1:2 水泥砂浆打底，以素水泥浆抹成圆角，即护角，每侧宽度不大于 50mm（见图 6-46）。

外墙抹灰因抹灰面积较大，由于材料的干缩和温度的变化，容易产生裂缝，常在抹灰面层做分格处理，称为引条线。引条线的做法是在底灰上埋放不同形式的木引条，面层抹灰完

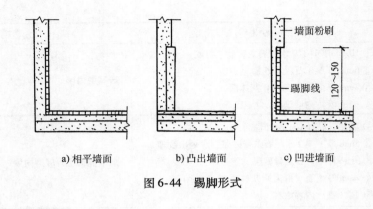

a) 相平墙面   b) 凸出墙面   c) 凹进墙面

图 6-44 踢脚形式

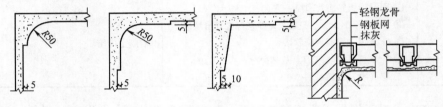

图 6-45 装饰凹线

毕后及时取下引条，再用水泥砂浆勾缝，以提高抗渗能力。引条线的做法如图 6-47 所示。

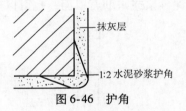

图 6-46 护角

3. 贴面类墙面装修

贴面类装修是将各种天然或人造板、块，绑、挂或直接粘贴于基层表面的装修做法。它具有耐久性好、装饰性强、容易清洗等特点。常用的贴面材料有花岗岩和大理石板等天然石板；水磨石板、水刷石板、剁斧石板等人造石板；以及各种面砖、陶瓷锦砖、墙砖等。其中质感细腻的瓷砖、大理石板一般用于内墙装修；而质感粗放、耐候性好的面砖、锦砖、花岗岩板等适用于外墙装修。

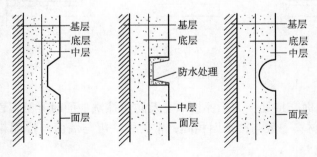

图 6-47 引条线做法

（1）陶瓷锦砖、陶瓷面砖贴面装修 面砖多数是以陶土或瓷土为原料，压制成形后煅烧而成的饰面块。由于面砖不仅可以用于墙面，也可以用于地面，所以也可以称为墙地砖。釉面砖色彩艳丽、装饰性强，多用于内墙；无釉面砖质地坚硬、防冻、防腐蚀，主要用于外墙面的装饰。釉面砖常用的规格有 108mm × 108mm × 5mm、152mm × 152mm × 5mm、100mm × 200mm × 7mm、200mm × 200mm × 7mm、152mm × 75mm × 5mm 等；无釉面砖常用的规格有 300mm × 300mm × 9mm、200mm × 100mm × 9mm、240mm × 52mm × 11mm 和 150mm × 150mm × 6mm 等多种。

一般面砖背面留有凹凸的纹路，以利于面砖粘贴牢固（见图 6-48a）。

面砖应先放入水中浸泡。安装前取出晾干或擦干净，安装时先抹 15mm 的 1:3 水泥砂浆打底并刮毛，再用 1:0.2:2.5 水泥石灰砂浆或用掺有 108 胶（水泥用量质量分数为 5% ~ 7%）的 1:2.5 的水泥砂浆满刮 10mm 厚于面砖背面紧贴于墙面。对贴于外墙的面砖常在面砖之间留有一定的缝隙，以便排除湿气（见图 6-48a）；而内墙面砖不留缝隙，要求安装紧密，以便擦洗和防水。面砖如被污染，可用质量分数为 10% 的盐酸洗刷，再用清水洗净。

陶瓷锦砖与面砖相比，其优点是表面致密光滑而不透明，坚硬耐磨，耐酸碱，质轻不易变色，造价低。陶瓷锦砖尺寸较小，根据其花色品种，可拼成各种花纹图

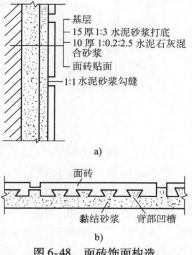

a)

基层
15 厚 1:3 水泥砂浆打底
10 厚 1:0.2:2.5 水泥石灰混合砂浆
面砖贴面
1:1 水泥砂浆勾缝

面砖

黏结砂浆　背部凹槽

b)

图 6-48　面砖饰面构造

案，工厂先按设计的图案将小块材正面向下贴在 500mm × 500mm 大小的牛皮纸上，铺贴时牛皮纸面向外将陶瓷锦砖贴于饰面基层上，用木板压平，待凝固后将纸洗掉即可。

还有一种玻璃锦砖，是半透明的玻璃质饰面材料。与陶瓷锦砖一样，生产时将小玻璃瓷片铺贴在牛皮纸上。它质地坚硬、色调柔和典雅、性能稳定，具有耐热、耐寒、耐腐蚀、不龟裂、表面光滑、不褪色等特点；且背面带有凸棱线条，可与基层黏接牢固；是外墙粘接较为理想的材料。

（2）天然石板、人造石板贴面装修　通常使用的天然石板有花岗岩板、大理石板两类，大理石又称云石，表面经磨光后纹理雅致、色泽鲜艳，常用于重要的民用建筑的内墙面；花岗岩质地坚硬、不易风化，常用于民用建筑的主要外墙面、勒脚等部位，给人以庄严稳重之感。它们都具有强度高、结构密实、不易污染和装修效果好等优点。但是加工复杂、价格昂贵，故用于高级墙面装修中。

大理石板和花岗岩板有方形和长方形两种，常用的尺寸有 600mm × 600mm、600mm × 800mm、800mm × 800mm、800mm × 1000mm，厚度为 20mm，也可按所需尺寸加工。

人造石板一般由水泥、彩色石子、颜料等配合而成，具有与天然石材一样的花纹和质感，重量轻，表面光洁，造价较低等优点。常见的有水磨石板、人造大理石板。

天然石材和人造石材的安装方法基本相同，由于石材重量和面积较大，为保证石材饰面牢固耐久，先在墙内或柱内预埋ϕ6 的钢筋，间距依石材的规格而定，而箍筋内立ϕ6 或ϕ8 的竖筋和横筋，形成钢筋网。在石板上下钻小孔，用双股 16 号钢丝绑扎固定在钢筋网上。上下两块石板用不锈钢卡销固定。板与墙之间留有 20 ~ 30mm 的缝隙，上部用定位活动木楔做临时固定，校正无误后，在板与墙之间浇筑 1:3 水泥砂浆，待砂浆初凝后，取掉定位活动木楔，继续上层石板的安装（见图 6-49）。

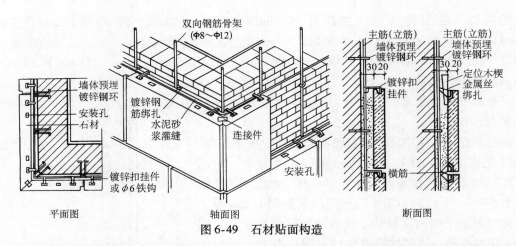

图 6-49 石材贴面构造

以上所采用的方法为湿挂石材法。目前，国内外石材高级装修中，普遍采用干挂石材法，干挂石材法又叫连接件挂接法，使用一组高强度耐腐蚀的金属连接件，将石材饰面与结构可靠地连接，其间的空气间层不做灌浆处理。主要优点：饰面效果好，石材在使用过程中不出现泛碱；无湿作业，施工不受季节限制，施工速度快，效果好，现场清洁；石材背面不灌浆，既形成了一空气间层而有利于隔热，又减轻了建筑物的自重，有利于抗震。但采用干挂石材法造价比湿挂石材法高 30% 以上。

根据干挂构造方案的不同，可分为有龙骨体系和无龙骨体系。

1）有龙骨体系的石板固定在龙骨上，龙骨由竖向龙骨和横向龙骨组成，主龙骨可选用镀锌方钢、槽钢、角钢，其间距可视石材尺寸、墙面大小、结构验算等因素而定，该体系适用于各种结构形式。用于连接件的舌板、销钉、螺栓一般均采用不锈钢，其他构件视具体情况而定。密封胶应具有耐水、耐溶剂和耐大气老化及低温弹性、低气孔率等特点，且密封胶应为中性材料，不会对连接件构成腐蚀（见图 6-50）。

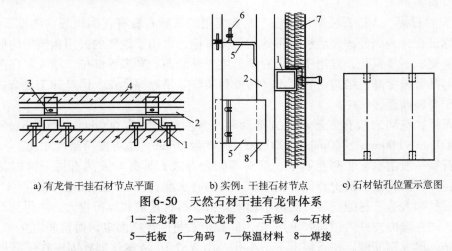

a) 有龙骨干挂石材节点平面　　b) 实例：干挂石材节点　　c) 石材钻孔位置示意图

图 6-50 天然石材干挂有龙骨体系

1—主龙骨 2—次龙骨 3—舌板 4—石材
5—托板 6—角码 7—保温材料 8—焊接

2）无龙骨体系根据立面石材设计要求，全部采用不锈钢的连接件，与墙体直接连接（焊接或栓接）。通常用于钢筋混凝土墙面（见图 6-51）。

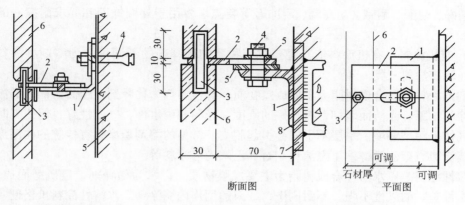

a）无龙骨体系   b）实例：干挂石材节点（北京住总大厦）

图 6-51　干挂石材无龙骨体系

a）1—托板　2—舌板　3—销板　4—膨胀螺栓　5—防水石材　6—石材

b）1—托板　2—舌板　3—销板　4—螺栓　5—垫板　6—石材　7—预埋件　8—焊接

4. 涂料类墙面装修

涂料是指涂敷于物体表面后，能与基层有很好的黏接，从而形成完整而牢固的保护膜的面层物质。这种物质对被涂物体有保护、装饰作用。它具有造价低、装饰效果好、工期短、工效高、自重轻，以及操作简单、维修方便、更新快等特点，因而在建筑上得到了广泛应用。

建筑涂料的品种很多，应根据建筑物的使用功能、所处部位、基层材料、地理环境、施工条件等，选择装饰效果好、黏结力强、耐久性好、对大气无污染和造价低的涂料。如外墙涂料要求具有足够的耐久性、耐候性、耐污染性和耐冻融性；而内墙涂料除对颜色、平整度、丰满度等有一定的要求外，还应具有一定的硬度，能耐干擦又能耐湿擦；基层对涂料也有一定的要求，如用于水泥砂浆和混凝土基层的涂料，须具有较好的耐碱性，并能有效地防止基层的碱析出涂膜表面，引起返碱现象而影响装饰效果；对于钢铁等金属构件，则应防止生锈。此外，在选择涂料时，还应考虑地区、环境以及施工季节。由于建筑物所处的地理位置不同，其饰面所经受的气候条件也不同。炎热多雨的南方选用的涂料不仅要有良好的耐水性、耐温性，而且要有良好的耐霉性；严寒的北方对涂料的抗冻性有较高的要求；雨期施工应选择能迅速干燥具有较好初期耐水性的涂料；冬期施工则应特别注意涂料的最低成膜温度，选用成膜温度低的涂料。总之，只有了解熟悉涂料的性能，才能合理、正确地使用。

建筑涂料按其主要成膜物的不同可以分为有机涂料和无机涂料及有机和无机复合涂料三大类。分述如下。

（1）无机涂料　无机涂料有普通无机涂料和无机高分子涂料。普通无机涂料如石灰浆、大白浆、可赛银等，是以生石灰、碳酸钙、滑石粉等为主要原料，这类涂料涂膜质地疏松、易起粉，且耐水性差，多用于一般标准的装修。无机高分子涂料有 JH80—1 型、JH80—2 型、JHN84—1 型、HT—1 型、F832 型等。其中 JH80—1 型涂料具有硬度高、附着力强、耐水性好以及耐酸、耐碱、耐污染、耐候性好等优点，适用于水泥砂浆抹面、预制板、水泥石棉板、清水墙面、面砖等多种基层，更适合作外墙装修涂料。JH80—2 型涂料具有光滑、细腻、黏结好、耐酸、耐碱、耐高温、耐冻融等特点。多用于外墙饰面和要求耐擦洗的内墙面饰面。

（2）有机涂料　有机涂料依其主要成膜物质和稀释剂的不同可分为溶剂型涂料、水溶性涂料、乳胶涂料三类。

溶剂型涂料是以合成树脂为主要成膜物质，有机溶剂为稀释剂，经研磨而成的涂料，它形成的涂膜细腻、光洁而坚韧，有较好的硬度、光泽和耐水性，气密性好，但施工时会挥发出有害气体，污染环境。基层不干燥会引起脱皮。常见的溶剂型涂料有传统的油漆涂料、苯乙烯内墙涂料、聚乙烯醇缩丁醛涂料、过氯乙烯内墙涂料等。

水溶性涂料是以水溶性合成树脂为主要成膜物质，以水为稀释剂，经研磨而成的涂料。它的耐水性差、耐候性不强、不耐刷洗，故只适用作内墙涂料。水溶性涂料价格便宜、无毒无怪味，具有一定的透气性，基层潮湿时亦可施工，施工时温度不宜太低。常见的水溶性涂料有聚乙烯醇水玻璃内墙涂料（106涂料）、聚合物水泥砂浆饰面涂料、改性水玻璃内墙涂料、108内墙涂料等。

乳胶涂料又称乳胶漆，它是由合成树脂借助乳化剂的作用，以极细微的粒子溶于水中构成乳液为主要成膜物而研磨成的涂料，它以水为稀释剂，价格便宜，具有无毒、无味、不易燃烧、不污染环境等特点。同时具有一定的透气性，基层潮湿亦可施工，多用于外墙饰面。常见的有乙—丙乳胶涂料、苯—丙乳胶涂料、氯—偏乳胶涂料等。其中以氯—偏乳胶涂料质量较好，具有防潮、防霉效果，但是老化后易泛黄，对外墙饰面有一定的影响。近年来研制的PA—1乳胶涂料主要特点为耐紫外线性能优良，耐水性、耐碱性、耐候性均较好，是外墙饰面中较为理想的涂料。

无机和有机复合涂料是为了取有机涂料和无机涂料的优点而研制的有机、无机的复合涂料。如聚乙烯醇水玻璃内墙涂料。

建筑涂料的施涂方法，一般分刷涂、辊涂和喷涂三种。施涂溶剂型涂料时，后一遍涂料必须在前一遍涂料干燥后进行，否则易发生皱皮、开裂等质量问题。施涂水溶性涂料时，要求与做法与施涂溶剂型涂料相同。每遍涂料应施涂均匀，各层应结合牢固。

在湿度较大，特别是遇明水部位的外墙和厨房、厕所、浴室等房间内墙施涂涂料时，为确保涂层质量，应选用耐水刷性较好的涂料和耐水性较好的腻子。涂料工程使用的腻子，应坚实牢固，不得粉化、起皮和裂纹。

用于外墙的涂料，应具有良好的耐水性、耐碱性、耐水刷性、耐冻融性、耐久性、耐玷污性等。

5. 裱糊类墙面装修

裱糊类墙面装修是将各种装饰性的墙纸、墙布、织棉等装饰性材料裱糊在墙面上的一种装修做法。

常用的装饰材料有PVC塑料墙纸、复合壁纸、金属面墙纸、天然木纹面墙纸、玻璃纤维装饰墙布、织棉墙布等。

塑料墙纸是当今流行的室内墙面装饰材料之一，它是由面层和衬底层在高温下复合而成。面层是由聚氯乙烯塑料或发泡塑料为原料，经配色、喷花或压花等工序与衬底进行复合；墙纸的衬底分为纸底和布底两类。纸底价格低，抗拉能力差。布底有较好的抗拉能力，不易开裂，多用于高级装修。

纺织物面墙纸是采用各种动、植物的纤维以及人造纤维等纺织物作面料复合于纸质衬底而制成的墙纸。多用于高档装修。

玻璃纤维装饰墙布是以玻璃纤维织物为基材，表面涂覆合成树脂，经印花而成的一种装饰材料。具有装饰效果好、耐水、防火、抗拉力强、可擦洗以及价格低等特点，应用较广。缺点是易泛色、日久呈黄色。

织棉墙布装修是采用锦缎裱糊于墙面的一种装饰材料。颜色艳丽、色调柔和、古朴典雅，有吸声作用，仅用作高级装修。

裱糊类墙面装饰性强、经济、施工方法简捷高效、材料更换方便，无论是在曲面还是在转折处均可获得连续饰面效果。

墙面应采用整幅裱糊，并统一预排对花拼缝。裱糊的顺序应先上后下、先高后低，应使饰面材料的长边对准基层上弹出的垂直准线，用刮板或胶辊赶平压实。

6. 铺钉类墙面装修

铺钉类墙面装修是以天然的木板或各种人造薄板借助于镶、钉、胶等固定方式对墙面进行装修处理。铺钉类墙面装修是由骨架和面板组成的，骨架有木骨架和金属骨架，面板有硬木板、胶合板、纤维板、石膏板等各种装饰面板以及近年来应用日益广泛的金属面板。常见的构造方法如下。

硬木条或硬木板装修是指将装饰性木条或凹凸型木板竖直铺钉在骨架上。背面衬以胶合板，使墙面产生凹凸感，以丰富墙面，其构造如图 6-52 所示。

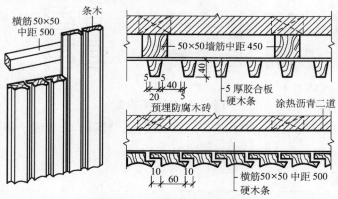

图 6-52　木质板墙面装修构造

石膏板是以建筑石膏为原料，加入各种辅助材料，经拌和后两面用纸板滚压成薄板，俗称纸面石膏板。具有重量轻、变形小，施工时可钉、可锯、可粘贴等特点。石膏板与木质骨架的连接构造主要是靠镀锌钢钉和木螺钉与骨架固定（见图 6-53）。

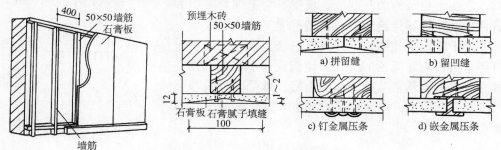

图 6-53　石膏板与木质墙筋的固结方式

胶合板系采用原木经旋切、分层胶合等工序制成的。硬质纤维板是用碎木加工而成的。胶合板、纤维板等均借圆钉或木螺钉与骨架固定。板与板之间留有 5～8mm 的缝隙，以保证板的伸缩。缝隙可以是方形，也可以是三角形，缝隙之间可用木压条或金属压条嵌固（见图 6-54）。

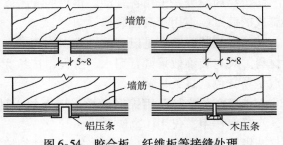

图 6-54　胶合板、纤维板等接缝处理

6.5 复合墙体

为了满足热工要求，寒冷地区的外墙，可以采用砖与其他保温材料结合而成的复合墙。一般有在砖墙内贴保温材料和中间填充保温材料以及在墙外侧贴保温材料等形式（见图6-55）。

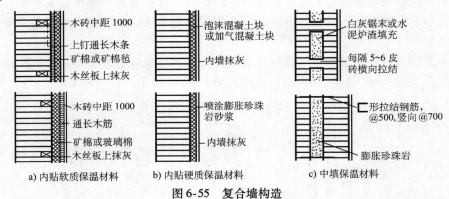

a) 内贴软质保温材料　　b) 内贴硬质保温材料　　c) 中填保温材料

图 6-55　复合墙构造

目前常用的保温材料很多，如矿渣、泡沫混凝土、蛭石、玻璃棉、膨胀珍珠岩、泡沫塑料等。

6.6 基础及地下室

6.6.1 地基和基础的基本概念

在建筑工程上，把建筑物与土壤直接接触的部分称为基础。它属于建筑物的一部分，承受着它上部建筑物的所有荷载，并将其传给地基。基础是建筑物的主要承重构件，处于建筑物地面以下，属于隐蔽工程。基础质量的好坏直接影响建筑物的安全。建筑设计中合理选择基础极为重要。地基是基础下面的土层，承受着建筑物基础传来的全部荷载，包括建筑物自重和其他荷载（见图 6-56）。

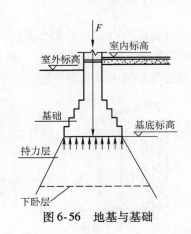

图 6-56　地基与基础

地基分两种：凡天然土层有足够的承载力，不须人工改良和加固，可直接在上面建造建筑物的称为天然地基；若天然地基的承载力较差，如淤泥、冲填土、杂填土，作为地基没有足够的坚固性和稳定性，必须进行人工加固才能在上面建造房屋，这种经过处理的土层称人工地基。常用的人工加固方法有压实法、换土法。

保证建筑物的安全和正常使用，需要从地基和基础两方面来考虑。就地基方面而言，要有足够的强度，不发生过量的变形。如地基一旦发生强度破坏，后果十分严重，因此，必须保证地基有足够的强度安全储备。如果地基发生过量的变形，将导致建筑物的开裂或倾斜，因而必须限制地基的不均匀沉降量。另外，基础的总沉降量也要受到限制，因为建筑物的下沉改变了它与室外地面、临近设施（如工艺管道、下水管道等）之间原有的合理的标高关系。

对基础本身而言，要有足够的强度和耐久性，基础如果发生破坏，势必危及整个建筑物的安全。而基础是设置于地下的隐蔽工程，一旦发生事故，既无法事前察觉，也很难事后补救。总之，对于上述的安全问题，无论地基还是基础，对其质量都必须提出严格要求。

6.6.2　基础的埋置深度

室外设计地面到基础底面的垂直距离称基础的埋置深度（见图 6-57）。基础的深浅对建筑物的造价、工期、材料消耗和施工技术措施等有很大影响，因此，基础的埋深是较重要的问题。

天然地基上的基础依其埋置的深浅可分为深基础和浅基础两大类。大多数建筑物的基础埋深不会很大，一般不大于 4m，用普通开挖基坑的方法修建，这类基础称为浅基础。有时需要将基础埋置在较深的坚实的土层上（一般大于 4m），此时须采用某种特殊的手段和相应的某些基础形式来修建，如桩基、沉井等，这类基础称为深基础。在天然地基上建造浅基础，工期短、费用低，不需要复杂的技术和设备，故应用广泛。确定基础埋深应考虑下列因素。

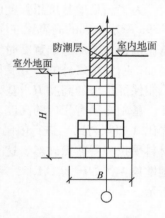

图 6-57　基础的埋深

（1）工程地质和水文地质情况　一般情况下，基础要埋置在坚实的土层上，不要设置在耕植土、淤泥土等软弱土层上，如果表面软弱土层很厚，加深不经济，可采用人工地基或采取其他结构措施。在满足强度和变形要求的前提下，基础应尽量埋置得浅一些，但不能小于 0.5m。因地表土常被扰动，一般高层建筑的基础埋深为地面以上建筑物总高度的 1/10。

基础埋深尽量埋置在地下水位以上，以便于施工。如必须埋在地下水位以下时，施工时须采取排水措施。

（2）地基土冻胀和融陷的影响　一般土壤具有冻胀和融陷的性质，地基土冻胀就会使基础隆起，融陷就会使基础下沉，久而久之基础就会破坏，因此基础的埋置深度一般应大于土的冻结深度。地基土的冻胀情况很复杂，不仅与气候条件有关，还与土壤的类别、天然土的含水率等因素有关。在工程实践中，应具体问题具体分析。

（3）房屋的使用情况　房屋有无地下室、设备基础、地下设施和地下管沟等，对基础的形式和构造有很大影响。

（4）相邻基础或构筑物的基础埋深　为保证在施工期间相邻建筑物和构筑物的安全和正常使用，新建建筑物基础不宜深于原有建筑物的基础，当深于原有建筑物的基础时，两建筑物应保持一定的距离，一般情况下，可采取两基础底面高差的 1～2 倍（见图 6-58）。

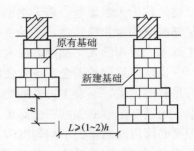

图 6-58　相邻基础关系

6.6.3　基础的类型与构造

基础的类型较多，按基础所用材料和受力特点分，有刚性基础和非刚性基础；依构造形式分，有条形基础、独立基础、井格式基础、满堂基础、箱形基础、桩基础等。

1. 按所用材料和受力特点分

（1）刚性基础　由刚性材料制作的基础称为刚性基础。所谓刚性材料，一般是指抗压强度高，抗拉、抗剪强度低的材料，如砖、石和素混凝土等材料属于刚性材料。由这些材料所做的基础为刚性基础。

为了满足地基抗压强度的要求，基础底面宽 B 往往大于墙的宽度 B_0（见图 6-59）。图 6-59a 所示基础的高宽比在刚性角范围内，受力良好。图 6-59b 所示上部荷载加大应按刚性角比例，在增加基础宽度时，相应增加基础高度。图 6-59c 所示当基础宽度增大时，高度不增加，刚性角之外的部分受拉开裂基础破坏。在基础 B 很宽的情况下，出挑部分 b 很长，如不能保证足够的高度 H，基础将因受弯曲或冲切而破坏。为了保证基础不受拉或冲切而破坏，基础必须有相应的高度。因此，根据材料的抗拉、抗剪强度，对基础的出挑 b 与高度 H 之比（即宽高比）进行限制，并按此宽高比形成的夹角来表示。保证基础在此夹角内不因材料受拉和受剪而破坏。这一夹角称刚性角。刚性基础用刚性角限制。不同材料具有不同的刚性角。例如砖为 1:1.5，毛石为 1:1.25～1:1.5，混凝土为 1:1。刚性基础的分类如图 6-60 所示。

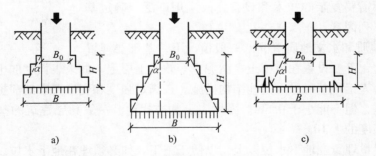

图 6-59　刚性基础受力分析

（2）非刚性基础　当建筑物的荷载较大而地基承载力较小时，基础底面 B 必须加宽，如果采用混凝土材料做基础，势必加大基础的高度。这样，既增加了挖土的工作量，又使材料的用量增加，对工期和造价都十分不利（见图 6-61a）。如果采用混凝土基础的底部设有钢筋，利用钢筋来承受拉应力，使基础底部承受较大的弯矩，这时基础底部能够承受较大的

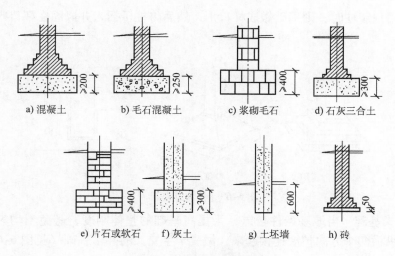

图 6-60 刚性基础分类

a) 混凝土　b) 毛石混凝土　c) 浆砌毛石　d) 石灰三合土

e) 片石或软石　f) 灰土　g) 土坯墙　h) 砖

弯矩，这时基础宽度的加大不受刚性角的限制，故称钢筋混凝土基础为非刚性基础或柔性基础（见图 6-61b）。

为保证钢筋混凝土施工时，钢筋不致陷入泥土中，常需在基础与地基之间设置混凝土垫层。

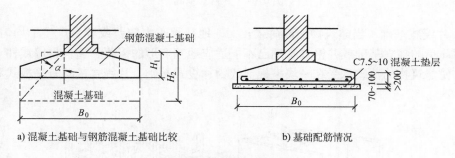

a) 混凝土基础与钢筋混凝土基础比较　b) 基础配筋情况

图 6-61 钢筋混凝土基础

2. 按构造形式分类

一般情况下，上部的结构形式直接影响基础的形式，当上部荷载大，地基的承载能力有变化时，基础的形式也随之变化。常见的基础形式有以下几种。

（1）条形基础 当上部结构采用墙体承重时，基础沿墙身设置成长条形，这类基础称为条形基础（见图 6-62）。

（2）独立式基础 当建筑物上部结构采用框架结构、排架结构、门式刚架结构承重时，基础常采用方形或矩形的单独基础，称为独立式基础或柱式基础（见图 6-63）。当采用现浇柱时，一般柱与基础全

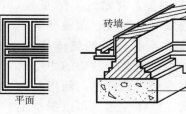

图 6-62 条形基础

部现浇；当采用预制柱时，则基础做成杯口形，然后将柱子插入并嵌固在杯口内，故称杯形基础。

a) 阶梯形　　　　　　　b) 锥形　　　　　　　c) 杯形

图 6-63　独立式基础

（3）井格式基础　当地基条件较差，为提高基础的整体刚度，避免不均匀沉降，常将柱子下基础沿纵横两个方向扩展连接起来，做成十字交叉的井格基础（见图 6-64）。

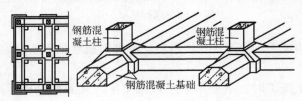

图 6-64　井格式基础

（4）片筏式基础　当建筑物上部荷载较大，地基承载力较差或容易产生不均匀沉降时，这时采用简单的独立基础或井格式基础已不能适应地基变形的需要，通常将墙或柱下基础连成一片，使建筑物的荷载承受在一块整板上成为片筏式基础，片筏式基础有平板式和梁板式（见图 6-65）。

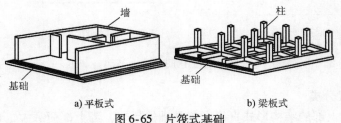

a) 平板式　　　　　　　b) 梁板式

图 6-65　片筏式基础

（5）箱形基础　当基础埋置很深，同时为增加基础的刚度，常做成箱形基础。箱形基础由钢筋混凝土底板、顶板和若干纵横墙组成，形成空心箱体的整体结构，共同承受上部的结构荷载，基础的中空部分可用作地下室或地下停车库。箱形基础整体空间刚度大，整体性强，可以抵抗地基的不均匀沉降，多适用于高层建筑或软弱地基上建造的建筑物（见图 6-66）。

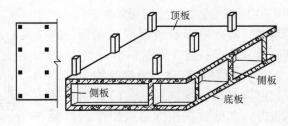

图 6-66　箱形基础

（6）桩基础　当建筑物荷载较大，地基的软弱土层厚度在 5m 以上，基础不能埋在软弱土层内，或对软弱土层进行人工处理困难和不经济时，常采用桩基础。桩基础由承台和桩柱组成（见图 6-67）。

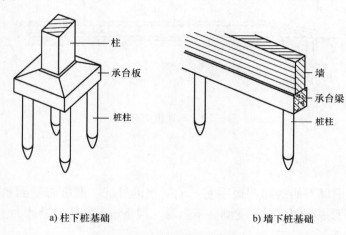

a) 柱下桩基础　　　　　　　　　b) 墙下桩基础

图 6-67　桩基础组成

桩基础的种类很多，常采用的有钢筋混凝土桩基础，根据施工方法的不同，分预制桩、灌注桩。

根据受力性质不同，可分为端承桩和摩擦桩。端承桩是将建筑物的荷载通过桩端传给较深的坚硬土层；摩擦桩是将建筑物的荷载通过桩与周围土的摩擦力传给地基（见图 6-68）。

以上是常见基础的几种基本结构形式。此外，我国各地还因地制宜，采用了许多新型的基础结构形式，如壳体基础（见图 6-69）、不埋板式基础（见图 6-70）、灰土基础等。其中，不埋板式基础是在天然地表面上，将场地平整，并用压路机将地表面碾压密实，在较好的持力层浇灌钢筋混凝土板式基础，在构造上使基础如同一只盘子反扣在地面上，以此来承受上部荷载。这种基础大大减少了土方工作量，且较适宜于较软弱地基，特别适宜于 5 ~ 6 层整体刚度较好的居住建筑采用，但在冻土深度较大的地区不宜采用。

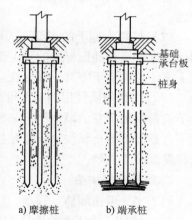

a) 摩擦桩　　　　b) 端承桩

图 6-68　桩基础示意

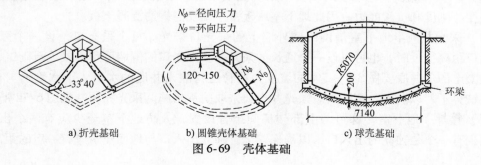

a) 折壳基础　　　　b) 圆锥壳体基础　　　　c) 球壳基础

图 6-69　壳体基础

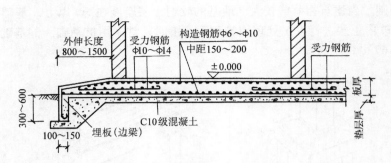

图 6-70　不埋板式基础

6.6.4　地下室

建筑物底层地面以下的房间叫地下室。地下室的外墙、底板将受到地潮或地下水的侵蚀。因此，保证地下室在使用时不受潮、不渗漏，则是地下室构造设计的主要任务。

1. 地下室的分类

（1）按使用性质不同可以分为普通地下室和人防地下室　普通地下室是指普通的地下空间，可用于满足多种建筑功能的需要，如储藏、办公、居住等；人防地下室是指有防空要求的地下室，人防地下室要解决好紧急状态下的人员隐蔽和疏散，应有保证人员安全的技术设施。

（2）按埋入地下的深度不同可分为全地下室和半地下室　全地下室是指地下室顶板底面标高低于室外地面标高的地下室；半地下室是指地下室顶板底面标高高于室外地面标高的地下室。这种地下室有一部分在室外地面以上，易于解决采光、通风等问题。

（3）按结构所使用的材料可分为砖墙结构地下室和钢筋混凝土结构地下室　砖墙结构地下室是指地下室的墙体用砖来砌筑。这种地下室适用于地下水位较低及上部荷载不大的情况下；钢筋混凝土结构地下室是指地下室全部用钢筋混凝土浇筑。它适用于地下水位较高、上部荷载较大的情况下。

2. 地下室的构造

地下室一般由墙体、顶板、底板、门窗、采光井等部分组成（见图6-71）。

（1）墙体　地下室的墙体不仅承受上部荷载，还要承受土、地下水及土壤冻胀时产生的侧压力，所以地下室墙体的厚度应经过计算确定。当采用砖墙结构时，其厚度不小于490mm，当采用钢筋混凝土结构时，其厚度不小于300mm。

（2）顶板和底板　地下室的顶板采用现浇或预制钢筋混凝土板；地下室的底板应有足够的强度、刚度和抗渗能力。因此地下室底板常采用现浇钢筋混凝土板。

（3）采光井　半地下室借助两侧外墙上的采光口采光。每个采光口外设一个采光井，当采光口距离很近时，也可以设一个通长的采光井。采光口的侧墙可用砖或毛石砌筑，井底则是混凝土的。井底要做3%～5%的坡度，用管道将灌入井底的水引入下水管网。在采光井上设铁箅子，以防人、畜跌入。采光井也要采取防潮措施。采光井构造如图6-72所示。

（4）楼梯　地下室楼梯可与上部楼梯间结合设置，人防地下室至少应有两个出入口，其中至少有一个是独立的出入口，以确保安全。独立出入口与地面建筑应有一定的距离，一般情况下，不得小于地面建筑物高度的一半。

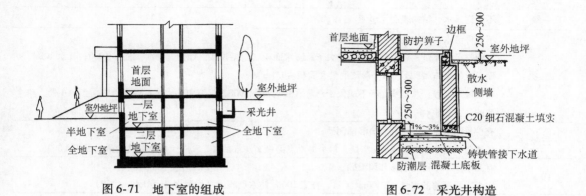

图 6-71 地下室的组成

图 6-72 采光井构造

3. 地下室的防潮防水

（1）地下室防潮处理 当设计最高水位低于地下室底板 300mm 以上，且地基范围内土壤及回填土无滞水时，应做防潮处理。其做法是在墙体外表面先抹一层 20mm 厚的 1:2.5 的水泥砂浆找平，再涂一道冷底子油和两道热沥青，然后在外侧回填渗透性土壤，如黏土、灰土等，并逐层夯实，土层厚度为 500mm 左右，以防地面雨水和其他地表水的影响。另外，地下室的所有墙体都应设两道水平的防潮层，一道设在地下室地坪附近，另一道设在室外地坪以上 150 ~ 200mm 处，使整个地下室的防潮层连成整体，其构造如图 6-73 所示。

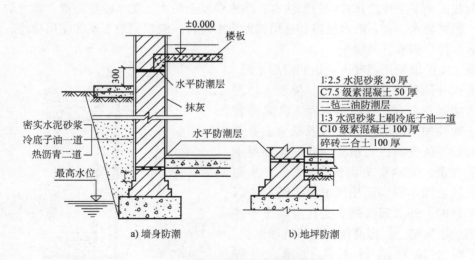

a) 墙身防潮   b) 地坪防潮

图 6-73 地下室的防潮处理

（2）地下室的防水 当设计最高水位高于地下室地坪时，地下室的墙体和底板都泡在水中，应该考虑做防水处理。我国颁发的《地下工程防水技术规范》（GB 50108—2008）把地下工程防水分为四级，见表 6-7。各种地下工程的防水等级，应根据工程的重要性和使用中对防水的要求按表 6-8 选定。

表6-7　地下防水工程等级标准

防水等级	标　准
一级	不允许渗水，结构表面无湿渍
二级	不允许渗水，结构表面可有少量湿渍； 工业与民用建筑：总湿渍面积不应大于总防水面积（包括顶板、墙面、地面）的 1/1000；任意 100m² 防水面积上的湿渍≤1 处，单个湿渍的最大面积≤0.1m²； 其他地下工程：总湿渍面积不应大于总防水面积的 6/1000；任意 100m² 防水面积上的湿渍≤4 处，单个湿渍的最大面积≤0.2m²
三级	有少量漏水点，不得有线流和漏泥砂； 任意防水面积上的漏水点≤7 处，单个漏水点的最大漏水量≤2.5L/d，单个湿渍的最大面积≤0.3m²
四级	有漏水点，不得有线流和漏泥砂； 整个工程平均漏水量≤2L/(m²·d)；任意 100m² 防水面积的平均漏水量≤4L/(m²·d)

表6-8　不同防水等级的适用范围

防水等级	适用范围
一级	人员长期停留的场所；因有少量湿渍会使物品变质、失效的储物场所及严重影响设备正常运转和危及工程安全与运营的部位；极重要的战备工程
二级	人员经常活动的场所；因有少量湿渍不会使物品变质、失效的储物场所及基本不影响设备正常运转和工程安全运营的部位；重要的战备工程
三级	人员临时活动的场所；一般战备工程
四级	对渗漏水无严格要求的工程

目前我国地下工程防水常用的做法有：防水混凝土防水、防水砂浆防水、卷材防水、涂料防水、塑料防水、金属防水层等。选用何种防水材料，应根据地下室的使用功能、结构形式、环境条件等因素合理确定。

当地下室的墙采用混凝土或钢筋混凝土时，可连同底板一同采用防水混凝土，使承重、围护、防水功能三者合一。防水混凝土常采用普通混凝土和外加剂混凝土。普通混凝土主要是采用不同粒径的骨料进行级配，并提高混凝土中水泥的含量，使砂浆充满于骨料之间，从而堵塞因骨料之间不密实而出现的渗水通路，以达到防水目的。外加剂混凝土是在混凝土中掺入加气剂或密实剂。以提高混凝土的抗渗性能。防水混凝土墙和底板不能过薄，一般应≥250mm；迎水面保护层厚度不应＜50mm。防水混凝土结构底板的混凝土垫层，强度等级不应＜C15，厚度不应＜100mm，在软弱土层中

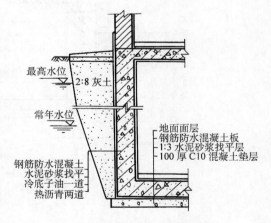

图6-74　防水混凝土防水做法

不应＜150mm。当防水等级较高时，还应与其他防水层配合使用（见图6-74）。

当采用水泥砂浆防潮层时，水泥砂浆防水层的基层如果是混凝土结构，强度等级不应小

于 C15；如果是砌体结构，砌筑用的砂浆强度等级不应低于 M7.5。水泥砂浆防水层可用于结构主体的迎水面和背水面，水泥砂浆防水层包括普通水泥防水砂浆、聚合物水泥防水砂浆、掺外加剂或掺合料防水砂浆等（见图 6-75）。

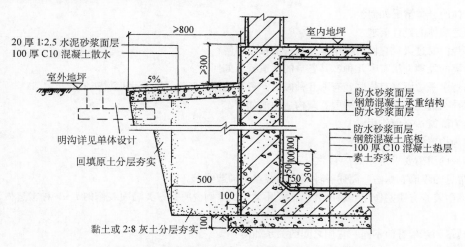

图 6-75　水泥砂浆防水与防水混凝土防水结合做法

卷材防水适用于受侵蚀性介质作用或振动作用的地下室。卷材防水常用的材料为高聚物改性沥青防水卷材或合成高分子防水卷材，可铺设一层或两层。铺贴时应使底板的防水层同墙面的防水层互相搭接形成封闭，并做好转角处卷材的保护工作。铺贴卷材前，应在基面上涂刷基层处理剂，当基面较潮湿时，应涂刷湿固化型黏结剂或潮湿界面隔离剂，基层处理剂应与卷材及黏结剂的材性相容。铺贴高聚物改性沥青卷材应采用热熔法施工，铺贴合成高分子卷材用冷贴法施工。根据防水层位置，卷材防水分为外防水和内防水。外防水是将防水层贴在地下室外墙的外表面，这对防水有利，但是维修困难；内防水是将防水层贴在地下室外墙的内表面，这样施工方便，容易维修，但对防水不利，故常用于修缮工程（见图 6-76）。

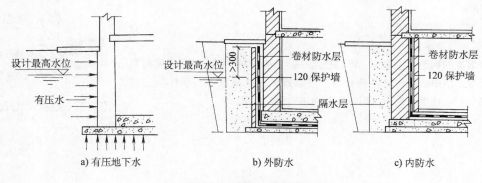

图 6-76　卷材防水做法

除上述防水材料外，还有涂料防水、金属防水等。总之，随着新型防水材料的不断涌现，地下室的防水处理也在不断更新。

复习思考题

1. 墙体的分类情况如何?

2. 试述墙体的设计要求。

3. 何为门窗过梁? 它们的适用范围和构造特点如何?

4. 勒脚的处理方法有哪几种? 其各自的构造特点如何?

5. 墙身水平防潮层有哪些? 有哪几种做法? 各有何特点? 水平防潮层应设在何处?

6. 在什么情况下设垂直防潮层? 其构造做法如何?

7. 何为圈梁? 有何作用?

8. 何为构造柱? 有何作用?

9. 砌块的组砌要求是什么?

10. 常见的隔墙有哪些? 简述各种隔墙的特点及构造要求。

11. 墙面装修有哪些作用? 墙面装修有哪几类? 试举例说明每一类墙面装修的 1~2 种构造做法及适用范围。

12. 地基和基础有何不同? 它们之间的关系如何?

13. 什么是基础的埋深? 影响基础埋深的因素有哪些?

14. 常见的基础的类型有哪些? 各有何特点?

15. 什么是刚性角? 刚性基础为什么要考虑刚性角?

16. 地下室的防潮构造要点有哪些?

17. 地下室在什么情况下要做防水? 防水的构造要点有哪些?

18. 墙身构造设计。根据图 6-77 所示条件,绘制外墙墙身剖面图。已知:室内外高差 600mm,窗台距室内地面 900mm,室内地坪从上至下分别为 20mm 厚的 1:2 水泥砂浆面层,C10 素混凝土 80mm 厚,100mm 厚的 3:7 灰土,素土夯实。要求沿外墙窗纵剖,从楼板以下至基础以上,绘制墙身剖面图。重点表示清楚以下部位:

1) 窗过梁与窗。

2) 窗台。

3) 勒脚及墙身防潮层。

4) 明沟与散水。

各种节点的构造方法很多,可以任选一种做法绘制。图中必须标明材料、做法、尺寸。图中线条、材料符号等,按建筑制图标准表示。字体应工整,线条粗细分明。比例:1:10。用一张竖向 A3 图纸完成。

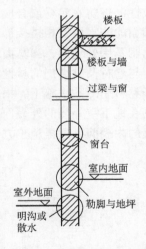

图 6-77 墙身设计示意图

第 **7** 章

楼地层构造

学习目标

掌握楼地层的设计要求、组成及类型。掌握现浇钢筋混凝土楼板的构造特点。熟悉各种常用楼地层的防潮、防水构造做法。了解阳台和雨篷的构造做法。重点掌握钢筋混凝土现浇楼板的构造、地坪构造，并且与设计相结合。

7.1 楼地层的设计要求及构造组成

7.1.1 楼板层的设计要求

楼板层是分隔建筑空间的水平承重构件，楼板层除了承受楼板层上的全部活荷载或恒荷载，并把它合理有序地传给墙或柱外，还对墙体起着水平支撑的作用，以减少风力和地震产生的水平力对墙体的影响，加强建筑物的整体刚度。此外，楼板层应具备一定的隔声、防火、防水、防潮的能力。同时，建筑物中的各种水平设备管线，也将在楼板层内安装。因此，作为楼板层必须具备如下要求。

1）楼板作为承重构件应具有足够的强度，以承受楼面荷载。为满足正常使用要求，楼板层必须具有足够的刚度，以保证结构在荷载作用下的变形在允许的范围之内。结构规范规定，楼板的允许挠度不大于跨度的1/250，可用板的最小厚度保证其刚度。

2）为避免楼层上下空间的相互干扰，楼板层应具备一定的隔声能力，不同使用性质的房间对隔声的要求也不同。对一些特殊性质的房间，如广播室、录音室、演播室等的隔声要求较高。

3）对有水侵袭的楼板层，须具有防潮、防水的能力，以防止渗漏，保证建筑物的正常使用。

4）楼板应具有一定的防火能力，以保证人身及财产安全。不同耐火等级的建筑物对楼板的燃烧性能和耐火极限有具体的要求，如《建筑设计防火规范》（GB 50016—2014）中规定：一级耐火等级的建筑物的楼板应采用非燃烧体，耐火极限不少于1.5h。

5）现代建筑各种服务设施日趋完善，电话、电气、计算机更加普及，有更多的管道、线路将借楼板层来敷设。为保证室内平面布置更加灵活，空间使用更加完善，在楼板层的设计中，必须仔细考虑各种设备管线的走向。

在多层房屋中，楼板层的造价约占总造价的20%～30%。因此，在进行结构选型、结构布置和确定结构方案时，应与建筑物的质量标准和房间的使用要求相适应，减少材料消耗，降低工程造价，满足建筑经济的要求。

7.1.2 楼板层的组成

为满足楼板层的使用要求，一般楼板层有以下几部分组成（见图7-1）。

（1）楼板面层 位于楼板层上表面，简称楼面。起到保护楼板层、分布并传递荷载的作用，同时对室内起到美化、装饰作用。

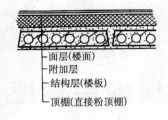

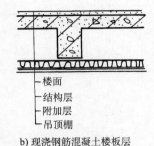

面层(楼面)
附加层
结构层(楼板)
顶棚(直接粉顶棚)

楼面
结构层
附加层
吊顶棚

a) 预制钢筋混凝土楼板层　　　b) 现浇钢筋混凝土楼板层

图 7-1 楼板层的基本组成

（2）楼板结构层 是楼板层的承重部分，由梁、板等构件组成，主要作用是承受楼板上部的全部荷载，并将荷载传给墙或柱，同时对墙体起到水平支撑的作用。

（3）附加层 又称功能层，是根据楼板层的具体要求而设置，主要作用是隔声、隔热、保温、防水、防潮、防静电等。

（4）楼板层顶棚 它是楼板层的最下面部分，主要用以保护楼板、安装灯具、遮掩各种水平管线以及装修室内。在构造上可以分为直接抹灰顶棚、吊顶棚等形式。

7.1.3 楼板的类型

根据使用材料的不同，楼板可以分为木楼板、砖拱楼板、钢筋混凝土楼板及钢衬板组合楼板等（见图7-2）。

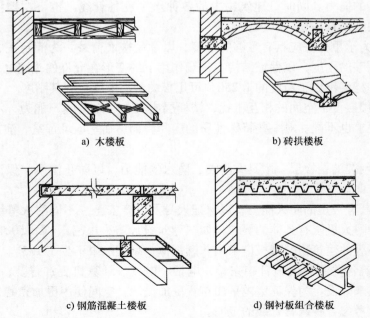

a) 木楼板　　　　　　　　b) 砖拱楼板

c) 钢筋混凝土楼板　　　　d) 钢衬板组合楼板

图 7-2 楼板的类型

（1）木楼板　是我国的传统做法，构造简单、自重轻、保温隔热性能好。但耐久性和耐火性较差，防蛀差，且造价较高。为节约木材，除产木地区现已极少采用。

（2）砖拱楼板　砖拱楼板可节约钢材、水泥和木材，曾在缺乏钢材、水泥的地区采用。由于它自重大、承载能力差，且对抗震不利，现已趋于不用。

（3）钢筋混凝土楼板　钢筋混凝土楼板具有强度高，刚度好，耐火性和耐久性好，可塑性良好，便于工业化生产和机械化施工等特点，应用最广泛。

（4）钢衬板组合楼板　由钢梁、压型钢板和现浇混凝土三部分组成。以压型钢板为衬板与混凝土浇筑在一起的整体式楼板。具有重量轻，适合于较大柱网的特点。

7.2 钢筋混凝土楼板构造

钢筋混凝土楼板按施工方法不同可分为现浇整体式钢筋混凝土楼板、预制装配式钢筋混凝土楼板和装配整体式钢筋混凝土楼板三种。

7.2.1 现浇整体式钢筋混凝土楼板

现浇整体式钢筋混凝土楼板是在施工现场经过支模板、绑扎钢筋、浇筑混凝土、养护等施工工序而制成的楼板。由于楼板是现场浇筑而成，整体性好、抗震性强、防水抗渗性好，特别适用于整体性要求较高的建筑物或有管道穿过楼板的房间以及形状不规则或房间尺寸不符合模数要求的房间中。现浇楼板的缺点是湿作业施工，工序繁多，需要养护，且施工工期较长。近年来由于工具式模板的发展，现场浇筑机械化的加强，现浇钢筋混凝土楼板又有了新的发展。

现浇钢筋混凝土楼板可分为板式楼板、肋梁楼板、无梁楼板、钢衬板组合楼板。

1. 板式楼板

板式楼板是板直接支撑在墙上，无需梁。楼板上的荷载直接靠楼板传给墙体，适用于跨度较小的房间（厨房或卫生间等）或走廊。

2. 肋梁楼板

当房间面积较大时，为使楼板结构受力与传力合理，常在板下设梁以增加支点，从而减少板的跨度。这样，楼板上的荷载先由板传给梁，再由梁传给墙或柱。这种楼板结构称为肋梁楼板，如图 7-3 所示。肋梁楼板依据其受力特点和支点情况又可分为单向板、双向板、井式楼板。

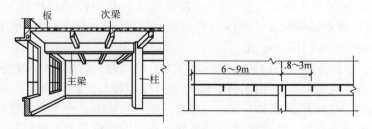

图 7-3　肋梁楼板

板的长边与短边跨度之比 $l_2/l_1 > 2$ 时，称为单向板，如图 7-4a 所示。在荷载作用下单

向板基本上是在 l_1 方向挠曲，而在 l_2 方向挠曲很小。这表明荷载主要沿 l_1 方向传递，故称单向板。这种楼板中的梁分为主梁和次梁，其荷载传递路线为板→次梁→主梁→墙或柱。主梁的经济跨度为 5~8m，最大可达 12m，主梁高约为主梁跨度的 1/14~1/8，主梁高与宽之比为 1/3~1/2；次梁的经济跨度为 4~6m，次梁的高度为次梁跨度的 1/18~1/12，宽度为次梁高度的 1/3~1/2，次梁宽度通常取 250mm，跨度及荷载大者可取 300mm 或以

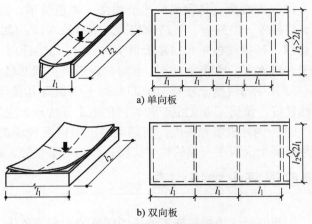

图 7-4　单向板和双向板

上。次梁的跨度为主梁的间距；板的厚度确定同板式楼板，由于板的混凝土用量占整个肋梁楼板混凝土用量的 50%~70%，因此板易取薄些，通常板跨不大于 3m，其经济跨度为 1.7~2.5m。主次梁的布置方向，不仅与房间的大小、平面形式有关，而且还应从采光效果来考虑。当次梁与窗口光线垂直时，光线照射在次梁上，使次梁在顶棚上产生较多的阴影，影响亮度和采光均匀度。当次梁和光线平行时采光效果较好（见图 7-5）。

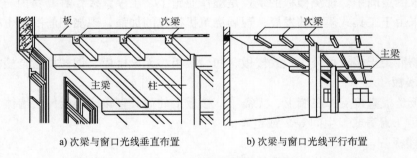

a) 次梁与窗口光线垂直布置　　　b) 次梁与窗口光线平行布置

图 7-5　单向板肋梁楼板的布置

当 $l_2/l_1 \leqslant 2$ 时，则两个方向都有挠曲（见图 7-4b），这说明板在两个方向都传递荷载，故称为双向板。双向板使板的受力和传力更加合理，构件的材料能够充分发挥作用。

双向板肋梁楼板常无主次梁之分，由板和梁组成，荷载传递路线为板→梁→柱（或墙）。由于双向板肋梁楼板梁较少，顶棚平整美观，但当板跨较大时板厚也明显增加，增加了造价，因而一般用于小柱网的建筑。

肋梁楼板中，当纵横两个方向的梁等距离布置且等高时，就形成井式楼板。它是肋梁楼板的一种特殊形式（见图 7-6）。由于井字梁的受力性能较好，故梁跨可以做得大一些，一般多用 10m 左右，但也可以做成 20~30m，井格一般在 1~3m。由于井式楼板可以用于较大的无柱空间，且楼板下面的井格规整划一，稍加处理可以形成艺术效果很好的顶棚，所以常用在门厅、大厅、会议室、餐厅等处。

3. 无梁楼板

无梁楼板是将板直接支撑在柱子上且不设梁的结构，楼板上的荷载由板直接传给柱子（见图 7-7）。无梁楼板分为有柱帽和无柱帽两种，当楼板荷载较大时，应采用有柱帽的形式，以提高楼板的承载能力和刚度并可减少板厚。

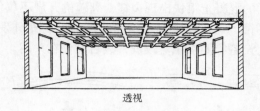

透视

图 7-6 井式楼板

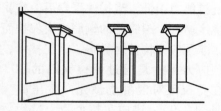

图 7-7 无梁楼板

无梁楼板的柱，可根据建筑造型的需要设计成方形、矩形、圆形、多边形等多种形式。

无梁楼板常用于正方形或接近正方形的矩形平面，柱网以方形为好，楼面活荷载 $\geq 500\mathrm{kg/m^2}$，跨度在 6m 左右时较梁板式楼板经济。由于板跨较大，一般板厚应在 120mm 以上。它多用于荷载较大的商店、展览馆及仓库等建筑中。

无梁楼板与肋梁楼板比较，顶棚平整，室内净空大，采光、通风好，施工较简单。

4. 钢衬板组合楼板

钢衬板组合楼板是利用压型钢衬板（分单层和双层）与现浇钢筋混凝土一起支撑在钢梁上形成的整体式楼板（见图 7-8）。

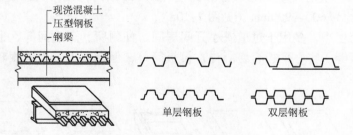

现浇混凝土
压型钢板
钢梁

单层钢板　　　　双层钢板

图 7-8 钢衬板组合楼板

钢衬板组合楼板主要由楼面层、组合板和钢梁三部分所组成，组合板包括现浇混凝土和钢衬板。此外，还可根据需要设吊顶棚。

经过构造处理，可使混凝土、钢衬板共同受力，即混凝土承受剪力和压力，钢衬板可以起到受拉钢筋的作用。同时，作为混凝土楼板的永久性模板，施工时又是施工的台板，简化了施工程序，加快了施工进度。此外，还可以利用压型钢衬板间的空隙敷设室内电力管线，也可在钢衬板底部焊接架设悬吊管道、通风管道和吊顶棚的支托，充分利用了楼板结构中的空间。

7.2.2 预制装配式钢筋混凝土楼板

预制装配式钢筋混凝土楼板是构件在工厂或现场生产，然后现场组装的钢筋混凝土楼板。这种楼板与现浇板比较，大大提高了现场机械化施工水平，并使工期大为缩短，有利于提高工业化水平。一般情况下，平面形状规则、尺度符合模数要求的建筑物，都应尽量采用预制楼板。预制板的长度一般与房屋的开间和进深尺寸一致，应为 $3M_o$ 的倍数；板的宽度一般为 M_o 的倍数。

预制构件有预应力和非预应力之分。非预应力构件的主要缺陷是容易出现裂缝，因混凝土的抗拉能力很低，当构件受弯后，在受拉区的混凝土很快出现裂缝。裂缝的开展不仅使构件的挠度增大、裂缝处的钢筋失去保护而易锈蚀，同时还限制了钢筋使用强度的充分发挥。但是，非预应力构件对材料、施工技术、施工设备等要求相对较低，故目前仍在采用。

预应力构件是通过张拉钢筋的回缩，在受拉区对混凝土预先产生压应力（见图 7-9），这样在整个受力过程中，受拉区受拉推迟，因而混凝土由受拉产生的裂缝也推迟出现。这不仅保证了构件的刚度，而且还使钢筋的使用强度得到充分发挥。与非预应力构件相比，预应力构件具有刚度、抗裂、抗渗、耐久等性能好，以及构件

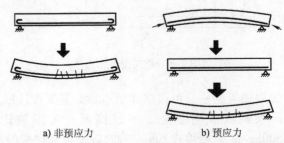

a) 非预应力　　　　　　b) 预应力

图 7-9　受弯构件非预应力和预应力受力状态示意图

断面小、重量轻、用料省等一些主要优点。但其对材料、施工技术、施工设备等要求相对较高，所以当有条件时应优先采用。预应力钢筋混凝土构件有先张法和后张法两种施工工艺。

1. 预制板的类型

（1）实心平板　实心平板规格较小，跨度在 1.5m 以内，板厚为跨度的 1/30，一般为 50～80mm，板宽约为 600～900mm（见图 7-10a）。

实心平板因跨度小，多用于过道或小开间房间，如厕所、卫生间等，也可用于阳台板、雨篷板或地沟盖板等。实心平板容易制作，模板简单，但自重大。当跨度较大时，板较厚，故不经济。

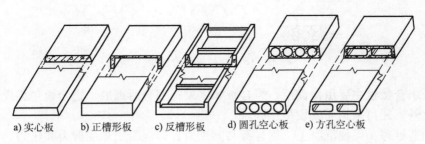

a) 实心板　　b) 正槽形板　　c) 反槽形板　　d) 圆孔空心板　　e) 方孔空心板

图 7-10　预制楼板类型

（2）槽形板　槽形板是一种梁板结合构件，相当于在实心平板的两侧加上纵向的边肋，作用在板上的荷载由边肋承担，板宽在 600～1200mm；板跨在 3～7.2m；板厚为 25～30mm；肋高为 120～300mm。为提高板的刚度和便于搁板，常将板的两端以端肋封闭，当板跨≥6m 时，应在板的中部每隔 500～700mm 处增设横肋一道。

槽形板减轻了板的自重，具有省材料，便于在板上开洞等优点，但隔声效果差。槽形板依据安放方向分为正槽板（板肋朝下）和反槽板（板肋朝上）。正槽板板底部平整，通常设

吊顶。反槽板受力不合理，但底面平整，且可在槽内填充轻质材料，以解决楼板的隔声、保温等问题（见图7-10c）。

（3）空心板 空心板也是一种梁板结合构件（见图7-10d）。与实心板相比，空心板受力合理，在不增加材料用量的基础上，可提高构件的承载能力和刚度，减轻了自重，节省材料。空心板与槽形板相比，上下表面平整，隔声效果好，是目前广泛采用的一种板形。

空心板根据其孔形不同有圆孔板、方孔板两种，方孔板制作经济，圆孔板脱模方便。

空心板厚度有120mm、180mm、240mm等，板宽有600mm、900mm、1200mm等。

空心板支撑端的两端孔内以砖块、砂浆块填塞，保证支座处不被压坏。

2. 预制空心板的细部处理

（1）板的搁置要求 为保证楼板安放平整，且使板与墙或梁有很好的连接，首先应使板有足够的搁置长度。支撑在梁上的搁置长度应不小于80mm；支撑于墙上的搁置长度不小于100mm；板的侧边一般不应伸入墙内。支撑楼板的墙或梁的表面应平整，铺板前，先在墙或梁上用10~20mm厚M5的水泥砂浆找平（称坐浆），然后再铺板，保证安装后的楼板平整、不错动，同时使墙体受力均匀。

板搁置在梁上，因梁的断面不同有两种情况：一种是板搁置在梁顶部，此时，梁板占用空间较大（见图7-11a）。当梁为花篮梁或十字梁时，梁的顶面与板顶面平齐，在梁高不变的情况下，梁底净高相应增加一个板厚（见图7-11b）。

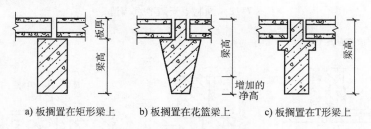

a) 板搁置在矩形梁上　　b) 板搁置在花篮梁上　　c) 板搁置在T形梁上

图7-11 板在梁上的搁置

为加强房屋的整体性，板与墙之间，板端与板端之间应有一定的连接措施。常采用在楼板面设拉结钢筋或在板缝处设拉结钢筋两种形式，如图7-12a~图7-12d所示。有抗震要求时，也可采用这种方式。但钢筋的数量、形式应满足抗震要求。

（2）板缝处理 为了便于安装，板与板之间常有10~20mm的板缝，为加强板的整体性，板缝内灌C20的细石混凝土。当板缝超过20mm时，板缝内应经过计算配筋、支模板并浇筑板缝；当板缝小于120mm时，也可将板缝调至靠墙一侧，墙体砌砖挑出与板上下平齐的挑砖，以此来调整板缝；当板缝大于150mm时，板缝内应根据板的配筋而设置钢筋，做成现浇板带；通过计算采用不同规格的板进行组合，来填充宽度大于300mm的空隙；制作相应数量的宽度为400mm的拼接板，用以调整板的空隙。

（3）楼板与隔墙 楼板上如有隔墙，应尽量采用轻质隔墙以减轻楼板荷载。当采用120mm厚的黏土砖隔墙时，由于其重量较大，必须考虑隔墙在楼板上的位置。不宜将隔墙直接搁置在楼板上，而应采取一些构造措施。如隔墙下部设置钢筋混凝土小梁，通过梁将墙体荷载传给墙体；当楼板层为预制槽形板时，可将隔墙设置在槽形板的纵肋上；当楼板结构层为空心板时，可将板缝拉开，在板缝内配置钢筋后浇筑细石混凝土形成混凝土小梁。再在

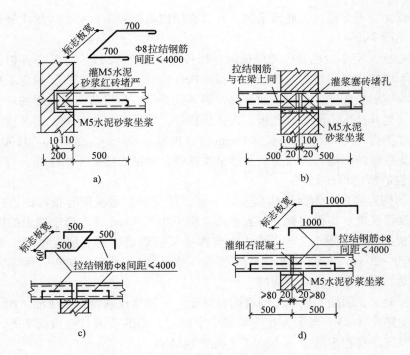

图 7-12 预制板安装节点构造

其上设置隔墙（见图 7-13）。

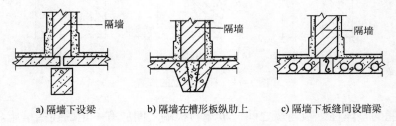

a) 隔墙下设梁　　　b) 隔墙在槽形板纵肋上　　　c) 隔墙下板缝间设暗梁

图 7-13 隔墙在楼板上的搁置

7.2.3 装配整体式钢筋混凝土楼板

装配整体式钢筋混凝土楼板，是在楼板中预制部分构件，然后在现场安装，再以整体浇筑的办法连接而成的楼板。具有整体性好、施工简单、工期短等优点，它可以分为预制薄板叠合楼板、密肋空心砖楼板等。

预制薄板叠合楼板是在预制薄板吊装后，再在板上面浇筑一层 30～50mm 厚的钢筋混凝土现浇层。预制薄板底板面平整，不必抹灰，可直接喷浆或粘贴装饰墙纸。由于预制薄板具有结构、模板、装修三方面的功能，因而叠合楼板具有良好的整体性和连续性，对结构有利。这种楼板跨度大、厚度小。目前广泛用于住宅、宾馆、学校、办公楼等建筑中。

叠合板跨度一般在 4～6m，最大可达 9m，通常以 5.4m 以内较为经济。预应力薄板厚 50～70mm，板宽 1.1～1.8m。为保证预制板与叠合层有很好的连接，薄板上表面常做成刻槽或裸露出规则的三角形钢筋（见图 7-14）。

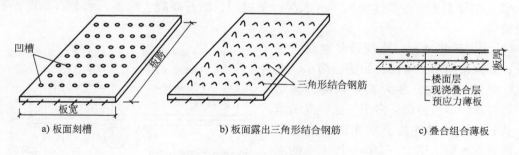

a) 板面刻槽　　　　　　　　b) 板面露出三角形结合钢筋　　　　　　　c) 叠合组合薄板

图 7-14　叠合楼板

7.3 | 地坪与地面构造

7.3.1　地坪构造

地坪是指建筑物底层与土壤接触的水平部分构件，承受其上部的荷载并传给地基。地坪层一般由面层、垫层、基层组成，对有特殊要求的地坪可在面层和垫层之间增设附加层。

（1）面层　地坪的面层又称地面，和楼面一样，是直接承受人、家具、设备等各种物理和化学作用的表面层，起到保护结构层和美化室内的作用。地面的做法和楼面相同。

（2）垫层（结构层）　位于面层和基层之间，起的作用是找平和承重传力，一般采用 60～100mm 厚的 C10 混凝土垫层。垫层材料有混凝土、碎砖三合土等刚性垫层；还有砂、碎石、炉渣等松散的柔性垫层。刚性垫层整体性好，受力后变形小，多用于整体地面；柔性垫层无整体刚度，受力后变形大，多用于块料地面。

（3）基层　垫层与土壤之间的找平层或填充层，主要起加强地基、帮助垫层传递荷载的作用，一般可用 100～150mm 厚的 2∶8 灰土或 100～150mm 厚的碎砖、道砟三合土等。

（4）附加层　附加层是为了满足某种特殊使用功能而设置的某些层次，如保温层、防潮层、防水层等。

7.3.2　地面构造

楼板层的面层和地坪的面层在构造上是一致的，统称为地面。

1. 地面的设计要求

（1）具有足够的坚固性　在外力作用下不易破损，表面要平整、光滑，不易起灰。

（2）保温性能好　要求地面材料的热导率小，给人以温暖舒适的感觉，冬季在上面走动时不致感到寒冷。

（3）应具有一定的弹性　行走时不致有过硬的感觉，有弹性的地面对减少噪声有利。

（4）满足某些特殊要求　有水作用的房屋，地面应防水、防潮；对有火源的房间，要求地面防火耐燃；对有酸、碱腐蚀的房间，则要求地面具有防腐蚀的能力。

2. 地面的类型与构造

地面的名称是根据地面所用材料来命名的，按面层所用材料和施工方式的不同，常见地面的做法可分为整体地面、块材地面、木地面、塑料及涂料地面等。

（1）整体类地面 整体类地面有水泥砂浆地面、细石混凝土地面、水磨石地面、菱苦土地面等。

1）水泥砂浆地面。水泥砂浆地面应用广泛，其构造简单、坚固、耐磨、防水、造价低，但热导率大，冬天感觉寒冷，易结露，易起灰，不易清洁，多用于低标准的地面。其具体做法是先将基层用清水清洗干净，然后在基层上用 15～20mm 厚 1:3 的水泥砂浆打底，再用 5～10mm 厚 1:2 或 1:1.5 水泥砂浆抹面、压光。若基层较平整，也可

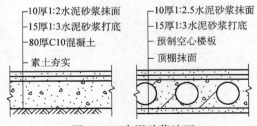

图 7-15 水泥砂浆地面

在基层上抹一道素水泥浆，然后直接抹1:2.5或 1:2 水泥砂浆抹面，待水泥砂浆终凝前进行二次压光。水泥砂浆地面构造做法如图 7-15 所示。

2）细石混凝土地面。细石混凝土地面做法是在基层上浇 30～40mm 厚的等级不低于C20 的细石混凝土，待混凝土初凝后用铁滚滚压出浆，待终凝前撒少量干水泥用铁抹子不少于两遍压光，其效果同水泥砂浆地面，目前采用较多。

3）现浇水磨石地面。现浇水磨石地面是将天然石材的石碴做成水泥石屑地面，经磨光打蜡制成。水磨石地面质地美观、表面光洁、不起灰、易清洁，具有良好的耐磨性、耐久性，耐油耐碱，防火防水，通常用于公共建筑的门厅、走道、主要房间的地面、墙裙等处。

水磨石地面是分层构造，先用 10～15mm 厚的 1:3 水泥砂浆打底，10mm 厚的 1:1.5～1:2的水泥石碴粉面。石碴要求颜色美观、硬度中等、易磨光，故多用白云石或彩色大理石材质。施工中先将找平层做好，在找平层上按设计的图案固定分隔条，分隔条可以是玻璃条、铝条或铜条，分隔条一般高出 10mm，用 1:1 水泥砂浆固定，将拌和好的水泥石屑铺入压实，经浇水养护后磨光打蜡。分隔的目的一是化整为零，防止开裂，便于维修；二是按设计图案分区，定出不同颜色，增加美观（见图 7-16）。

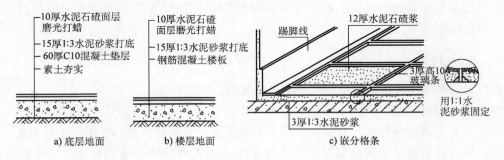

图 7-16 现浇水磨石地面

如上所述，整体类地面由于其主要采用的材料是密实的水泥砂浆或混凝土，地面的热导率大，表面吸水性较差，易出现地表结露等现象。为解决此类问题，常在面层与结构层之间设保温层或设架空层等。

（2）块料地面 凡利用各种人造的和天然的预制块材、板材镶铺在基层上的地面称为

块材地面。常用的块材有墙地砖、陶瓷锦砖、水泥花砖、大理石板等，常用的胶结材料有水泥砂浆、聚合物改性黏结剂等。

1）地面砖、缸砖及陶瓷锦砖地面。缸砖是陶土加矿物颜料烧制而成；地面砖的各种性能优于缸砖，且色彩图案丰富，造价较高，多用于装修标准较高的房屋。以上两种材料做法是 15～20mm 厚 1:3 水泥砂浆打底找平；再用 5mm 厚的水泥胶（水泥:108 胶:水 = 1:0.1:0.2）粘贴，校正找平后用水泥浆擦缝。

陶瓷锦砖质地坚硬、经久耐用、色泽多样、耐磨、防水、耐腐蚀、易清洁，适用于有水、有腐蚀性的地面。做法为 15～20mm 厚的 1:3 水泥砂浆找平，5mm 厚水泥胶粘贴陶瓷锦砖，用滚筒压平，使水泥胶挤入缝隙，用水洗去牛皮纸，用白水泥浆擦缝（见图 7-17）。

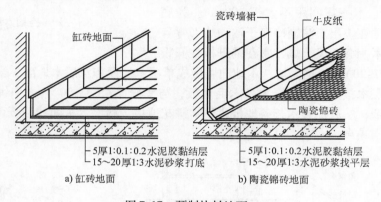

图 7-17　预制块材地面

2）花岗石、大理石、预制水磨石地面。水磨石板规格有 200mm × 200mm、300mm × 300mm、500mm × 500mm，厚 20～50mm。

常用的天然石板是指大理石板和花岗岩板，由于它们质地坚硬，色泽丰富多彩，属于高档地面装修材料，常用的为 600mm × 600mm，厚 20mm。一般用于高级宾馆、会堂、公共建筑的大厅、门厅等处。做法是在基层上刷素水泥浆一道，30mm 厚 1:3 干硬性水泥砂浆找平，面上撒 2mm 厚素水泥，粘贴 20mm 厚的大理石板（花岗石板），素水泥浆擦缝（见图 7-18）。

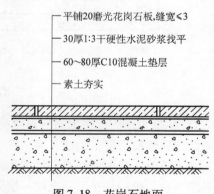

图 7-18　花岗石地面

（3）木地面　木地面的主要特点是有弹性、不起灰、不反潮、易清洁、保温性好。常用于高级住宅、宾馆、体育馆、健身房、舞台等建筑中，木地面按其用材规格分为普通木地面、硬条木地面、拼花木地面；按构造方式可分为空铺、搁栅式和粘贴三种。

1）空铺木地面。适用于首层地面，做法是按设计高度和间距在地面上砌筑地垄墙，由地垄墙将地板架空，使地板下有足够的空间，便于通风、排除潮气。

地垄墙为一砖厚，中距约 800mm，地垄墙间夯以厚约 100mm 灰土，灰土可以防止潮气上升。地垄墙上固定 50mm×100mm 的防腐的压沿木（垫木）。压沿木上放木搁栅，间距约为 400mm，在搁栅上钉企口板或硬木长条地板（见图 7-19）。

空铺木地面外墙和地龙墙上应留通风口，外墙通风口加钢丝网罩防止鼠类等小动物进入，北方寒冷地区冬季应堵严保温。

2）搁栅式木地面。将木地板直接钉在钢筋混凝土基层的木搁栅上，木搁栅为 30mm×40mm 找平刨光的木楞，木搁栅间距不大于 400mm。为底层地面防潮，须在垫层上涂刷冷底子油和热沥青各一道，为保证木搁栅通风干燥，常在踢脚板处开设

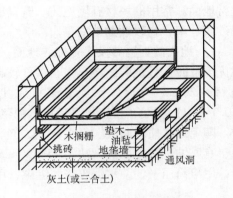

图 7-19 空铺木地面

通风口（见图 7-20）。根据需要，木地面可做成单层木地面和双层木地面，当采用拼花木地面时，可用双层木板铺钉。下层为松木毛地板，与搁栅成 45°或 30°角方向铺设，在毛地板上再铺一层油纸，然后铺硬木长条地板或硬木拼花地板。两层木板间的油纸可以防潮和防止两层木板间发出噪声。

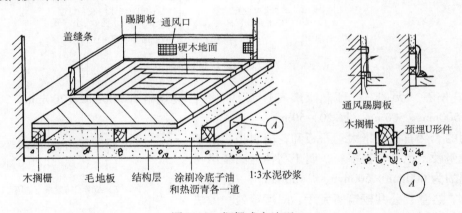

图 7-20 搁栅式木地面

3）粘贴木地面。将木地板直接粘贴在结构层上的找平层上，如用沥青粘，则找平层宜采用沥青砂浆找平层，黏结材料一般有沥青胶、环氧树脂、乳胶等。粘贴地面具有防潮性能好、施工简单、经济等特点，故应用较多。目前，大规格的复合地板应用较多，复合地板要求基层平整。做法是在基层上铺一层人造橡胶泡沫垫，其上铺钉复合地板。此类地板具有耐磨、防水、防火、耐腐蚀等特点。

（4）塑料及涂料地面 常用的有塑料地毡、橡胶地毡以及多种地毯等。这些材料，表面美观、干净、装饰效果好，具有良好的保温、消声的作用。适用于公共建筑和居住建筑。

塑料地毡系以聚乙烯树脂为基料，加入增塑剂、稳定剂、石棉绒等经塑化热压而成。有卷材，也有片材，可现场拼花。卷材可干铺，也可同片材一样，用黏结剂粘贴到水泥砂浆找平层上。具有步感舒适、富有弹性、美观大方、防滑、防水、耐磨、绝缘、防腐、消声、阻燃、易清洁等特点。

橡胶地毡是以橡胶粉为基料，掺以氧化剂，在高温、高压下解聚后，再加入着色补强剂，经混炼、塑化、压延、成卷的地面装修材料。橡胶地毡具有耐磨、柔软、防滑、消声以及富有弹性等特点，可粘铺也可粘贴。

涂料地面是混凝土地面和水泥砂浆地面表面处理形式。它对解决水泥地面易起灰的问题起了重要作用。常见的涂料包括水乳型、水溶型和溶剂型涂料。

7.4 顶棚构造

顶棚是楼板层最底部的构造，一般顶棚应平整、光洁、不易起灰、反射光线、美观，对有特殊要求的房间，还应有隔声、隔热、遮挡管线的作用。楼板层的顶棚可以分为直接式顶棚和吊顶棚两大类。

7.4.1　直接式顶棚

直接式顶棚是直接在钢筋混凝土楼板下面喷刷涂料、抹灰或粘贴装修材料的一种构造形式。直接式顶棚不占据房间的净空高度、造价低、效果好。

当要求不高时，可在板底用混合砂浆或水泥砂浆勾缝刮平，之后直接喷刷石灰浆、大白浆或乳胶漆等。

当要求较高时，可在板底先抹 8～10mm 厚的混合砂浆，后用 2～3mm 厚的纸筋灰或麻刀灰罩面，最后根据要求喷刷大白浆或乳胶漆等。

当采用大规格模板的现浇混凝土时，板底平整，不需抹灰，可直接喷刷大白浆或乳胶漆等。

为使室内美观，有时在顶棚与墙面交接处通常做成木制、金属、塑料、石膏线等加以装饰。有特殊要求的房间，可在板底粘贴墙纸、吸声板、泡沫塑料板等装饰材料。

7.4.2　吊顶棚

当楼板底部不平整而使用上又要求底部平整，或在楼板底部需隐蔽管线，或房间有隔声或吸声要求时，可设吊顶棚。吊顶棚一般由吊筋、搁栅层、面层三部分组成（见图 7-21）。

（1）吊筋　吊筋通常采用 8 号铁线或 Φ6 或 Φ8 的钢筋，有时也采用木方。吊筋的间距一般为 900～1200mm。现浇板时，吊筋可从楼板钢筋中伸出，当为预制板时，吊筋可设在板缝处。

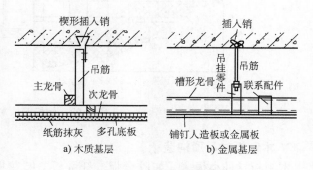

图 7-21　吊顶棚的组成

（2）搁栅层　搁栅层是由主搁栅和次搁栅（也称主次龙骨）组成，主搁栅是吊顶的承重结构，一般单向布置，次搁栅是吊顶的基层，可以单向或双向布置。搁栅可以用木材、轻钢、铝合金等材料制作，当采用木方时主搁栅断面为 50mm×70mm；次搁栅断面为 40mm×40mm 或 50mm×50mm。采用型钢时，断面形式较多，断面尺寸不尽相同，视具体情况而定。主搁栅间距一般为 900~1200mm，次搁栅间距一般为 400~1200mm。主搁栅与吊筋相连，根据材料不同，可采用钉、螺栓、挂钩、焊等方式。

（3）面层　面层的做法有抹灰和各种轻质板材，如胶合板、木丝板、石膏板、铝塑板、金属板、装饰吸声板等。下面简单介绍几种类型的吊顶构造。

1. 抹灰吊顶构造

抹灰吊顶有以下几种做法：板条抹灰、板条钢板网抹灰、钢板网抹灰。板条抹灰一般采用木龙骨，其构造做法如图 7-22 所示。这种顶棚是传统做法，构造简单，造价低，但抹灰层由于干缩或结构变形的影响，很容易脱落，且不防火，故常用于装修要求较低的建筑。

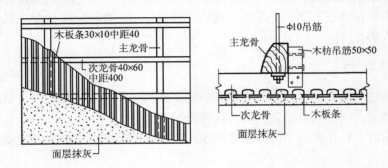

图 7-22　板条抹灰顶棚

钢板网抹灰吊顶一般采用钢龙骨，钢板网固定在钢筋上。此种做法可提高顶棚的防火性、耐久性和抗裂性，多用于防火要求较高的建筑（见图 7-23）。

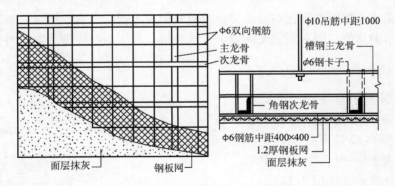

图 7-23　钢板网抹灰顶棚

2. 木制板材吊顶构造

木制板材种类很多，如胶合板、纤维板、刨花板、木丝板等，常用的有胶合板和纤维板。木制板材的优点是施工速度快，干作业，应用较广，但耐火性能差。

吊顶龙骨一般采用木龙骨，龙骨布置成格子状，分格大小应与板材规格相协调，但龙骨的间距最好采用 450mm。胶合板应采用五夹板，而不宜采用三夹板；纤维板宜采用硬质纤维板。木质板材吊顶构造如图 7-24 所示。

3. 石膏板、矿棉板、铝塑板吊顶

石膏板、矿棉板、铝塑板具有防火、质轻、吸声和易于加工等特点。石膏板规格为

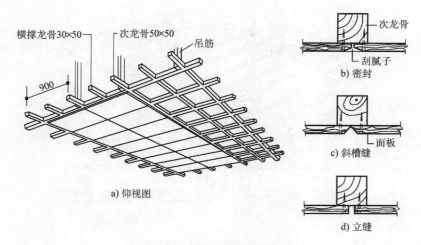

图 7-24　木质板材吊顶构造

$3000\text{mm} \times (800 \sim 900)\text{mm} \times (8 \sim 9)\text{mm}$，矿棉板、铝塑板多为 $500\text{mm} \times 600\text{mm}$ 见方，龙骨一般采用轻钢龙骨（见图 7-25）。

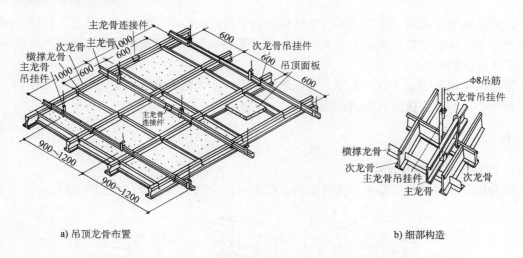

图 7-25　石膏板、矿棉板、铝塑板吊顶

　　此种板材吊顶中，龙骨有明露和不明露两种，明露时将板材搁置在次龙骨的翼缘上，用开口销卡住，所有次龙骨外露，形成方格形顶棚（见图 7-25）。这种方法如用于坡屋顶时，可在板上放保温材料，以解决保温问题。不明露时，板材用自攻螺钉固定于次龙骨上，形成整片顶棚。

4. 金属板材面层吊顶

　　金属板材面层和龙骨均采用薄壁铝板、铝合金板或镀锌薄钢板等材料制成，断面形式多为槽形，槽高约为 $12 \sim 16\text{mm}$，龙骨根据板材断面形式可做成挂钩形或夹齿形，以便于板材连结。吊顶采用螺纹钢筋套接，以便调节定位（见图 7-26）。

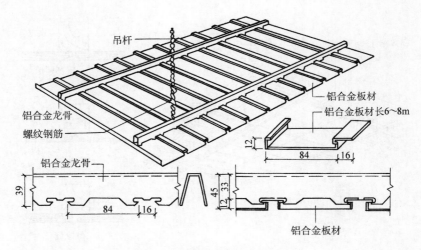

图 7-26 密铺的铝合金板条吊顶

7.5 阳台及雨篷

阳台是楼房建筑中，多层房间与室外接触的平台。人们可以在阳台上休息、眺望，或从事家务活动，改变了单元式住宅给人们造成的封闭感和压抑感，是多层住宅、高层住宅等建筑中不可缺少的部分。

雨篷位于建筑物出入口的上方，用来遮挡风雨，给人们提供一个室内外的过渡空间，同时起到保护门和丰富建筑立面的作用。

7.5.1 阳台

1. 阳台的类型和设计要求

阳台按其与外墙的关系可分为挑阳台、凹阳台、半挑半凹阳台（见图 7-27）。

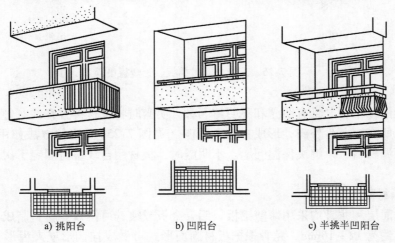

a) 挑阳台　　　　　　　b) 凹阳台　　　　　　　c) 半挑半凹阳台

图 7-27 阳台的形式

　　阳台按其使用功能不同可分为生活阳台和服务阳台。生活阳台一般靠近卧室或客厅；服务阳台一般靠近厨房。

　　按阳台是否封闭又可分为封闭阳台和非封闭阳台。寒冷地区居住建筑一般做成封闭阳台，封闭阳台可以阻挡冷气侵袭室内，改善阳台空间及其相邻房间的热环境，有利于建筑节能。南方炎热地区一般做成非封闭阳台，有利于通风。阳台设计时一般满足下列要求。

　　（1）安全适用　挑阳台挑出长度不宜过大，保证不发生阳台整体倾覆；悬挑长度过小不适用，一般在 1.2~1.5m 为宜。一般阳台栏杆高度不小于 1.1m，空花栏杆间距不宜大于110mm，以防儿童攀爬坠落，且不得在下半部设横向构件。

　　（2）坚固耐久　为保证阳台坚固耐久，承重结构宜采用钢筋混凝土，金属构件应做防锈处理。

　　（3）排水畅通　对非封闭阳台应做好阳台的排水，设计时要求阳台的地面标高低于室内地面标高 60mm 左右，并将地面抹出 0.5% 的排水坡将水导入排水孔，使雨水顺利排出。

　　2. 阳台的结构布置

　　阳台板的承重方式有搁板式、挑板式、挑梁式。

　　（1）搁板式　适合于凹阳台，阳台板的两端简支于两侧的墙上，阳台板可以现浇，也可以预制（见图 7-28a）。

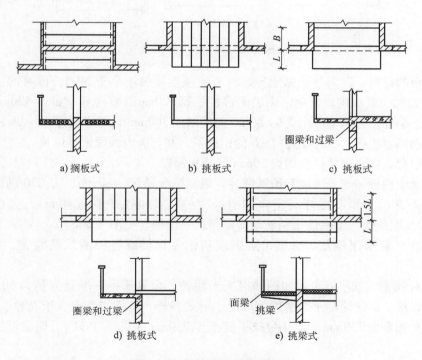

　　a) 搁板式　　　　　b) 挑板式　　　　　c) 挑板式

　　d) 挑板式　　　　　e) 挑梁式

图 7-28　阳台的结构布置形式

　　（2）挑板式　楼板外伸挑出作为阳台板（见图 7-28b），这种承重方式构造简单、施工方便，但预制板较长，板型增多；当为现浇板时，将阳台板与室内楼板整体浇筑在一起（见图 7-28c），平面形式可以做成半圆形、弧形、梯形等多种形式。挑板厚度不小于挑出长度的 1/12。

也可将挑板与墙梁或圈梁整体浇筑在一起，使上部墙体压住梁，以保证梁的稳定（见图7-28d）。

（3）挑梁式　当楼板为预制板，结构布置为横墙承重时，可选择挑梁式。即从横墙内外伸挑梁，其上搁置预制板，阳台荷载通过梁传给横墙。为美观起见可在梁端部设置面梁，既可以遮挡梁端头，又可以承受阳台栏杆的重量，还可以加强阳台的整体性（见图7-28e）。

3. 阳台的细部构造

（1）阳台栏杆　栏杆是阳台沿外围设置的竖向围护构件，其作用是承受人们倚扶的侧向推力，同时对建筑立面有装饰作用。所以要求阳台栏杆坚固、安全、美观。栏杆高度一般不宜小于1.1m。栏杆的形式有实体的栏板、空花和混合式（见图7-29）。按材料可分为砖砌、钢筋混凝土和金属栏杆。炎热地区为了便于通风，一般采用空花栏杆；严寒地区一般采用实体栏板。

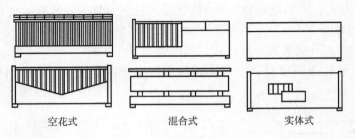

空花式　　　　　混合式　　　　　实体式

图7-29　阳台栏杆形式

砖砌栏板的材料一般为普通黏土砖，材料的强度等级不小于MU5，砂浆的强度等级为M5，可用普通黏土砖顺砌或侧砌。顺砌阳台栏板厚120mm，在挑梁端部设120mm×120mm的钢筋混凝土小柱，并从中伸出 $2\phi6@500$ 的拉结筋300mm长与栏板连接（见图7-30a）。

对于侧砌阳台栏板，在外围包以 $\phi6$ 的钢筋网，并与墙内预埋钢筋焊接。

对封闭阳台，可在砌体栏板内设50mm厚苯板保温。

钢筋混凝土栏杆一般分现浇和预制两种。现浇栏板厚60～80mm，用C20的细石混凝土现浇（见图7-30b）；预制栏杆有实体和空心两种，实体栏杆厚为40mm，空心栏杆厚为60mm，下端预埋铁件，上端伸出钢筋与面梁和扶手连接（见图7-30c）。

金属栏杆一般采用钢筋、方钢、圆钢或扁钢等焊接成各种形式的漏花，如图7-30d所示。

（2）栏杆扶手　扶手有金属和钢筋混凝土两种。金属扶手一般是直径为50mm的钢管与金属栏杆焊接。钢筋混凝土扶手用途广泛，形式多样，有不带花台、带花台、带花池等。不带花台扶手宽至少120mm；带花台扶手宽至少250mm（见图7-31）。面层可抹水泥砂浆或贴面砖等。

（3）细部构造　细部构造主要包括栏杆与扶手的连接、栏杆与面梁的连接、栏杆与墙的连接等。

栏杆与扶手的连接必须牢固，其连接方法有：预埋铁件焊接的方法，就是在扶手和栏杆上预埋铁件，安装时焊在一起，其优点是坚固安全、施工简单；从栏杆或栏板内伸出钢筋与扶手内钢筋相连，再支模现浇扶手，此种方法整体性好，但施工较复杂；也可以将栏板和扶

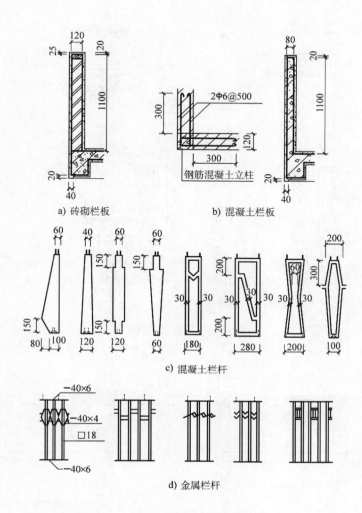

图 7-30　栏杆构造

手整体现浇在一起；当栏板为砖砌时，可直接在栏板上浇注混凝土。

栏杆与面梁或阳台板的连接方式有焊接、现浇等。

扶手与墙的连接，应将扶手或扶手中的钢筋伸入外墙的预留洞中，用细石混凝土或水泥砂浆填实牢固；现浇钢筋混凝土栏杆与墙连接时，应在墙内预埋尺寸为 240mm × 240mm × 120mm、强度等级为 C20 的细石混凝土块，从中伸出 2φ6、长 300mm 的钢筋，与扶手中钢筋绑扎后再进行现浇。

（4）阳台的排水　由于阳台外露，室外雨水可能飘入，为防止雨水从阳台上泛入室内，设计中应将阳台地面标高低于室内地面 30 ~ 50mm，并在阳台一侧栏杆下设排水孔，地面用水泥砂浆做出排水坡度，将水导向排水孔并向外排出。孔内设 φ40mm 或 φ50mm 镀锌钢管或塑料管。管口水舌向外挑出至少 80mm，也可通入雨水管排水（见图 7-32）。

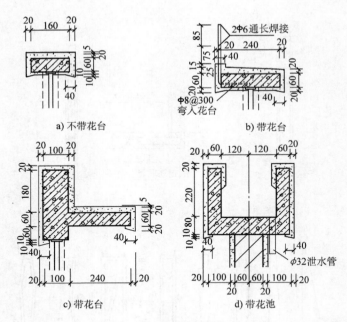

图 7-31 阳台扶手构造

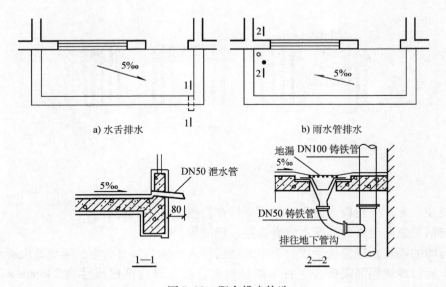

图 7-32 阳台排水构造

7.5.2 雨篷

雨篷的受力与阳台相似,均为悬臂构件,但雨篷仅承担雪荷载、自重荷载及检修荷载,承担的荷载比阳台小,所以雨篷板较薄。一般把雨篷板与入口过梁浇筑在一起,挑出长度一般在 1~1.5m 较为经济。雨篷挑出长度较大时,一般做成挑梁式,即从楼梯间或门厅两侧墙体挑出或由室内楼盖梁直接挑出,为使底面平整,可将挑梁上翻,梁端留出泄水孔。

雨篷的防水可采用 1:2.5 的水泥砂浆。掺 3% 防水剂粉刷。最薄处 50mm，向出水孔找坡 1%，出水孔可采用 φ50mm 硬塑料管，外露至少 50mm（见图 7-33a 和图 7-33b）。当雨篷面积较大时，雨篷的防水可采用卷材等防水材料（见图 7-33c）。

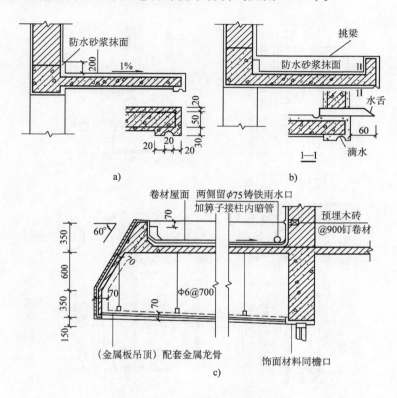

图 7-33　雨篷构造

雨篷的板底一般抹混合砂浆刷白色涂料，当装饰要求较高时，可用各种材料吊顶。雨篷底部常设照明设备，如吸顶灯、灯槽、筒灯，应与吊顶、设备一同考虑（见图 7-34）。

7.5.3　空调机搁板

随着经济的发展，人民生活质量的提高，使用空调的用户逐渐增多，安装在建筑外立面上的空调机密度越来越大，以至于影响到建筑外观。所以在建筑设计中应考虑在其外墙设置安放空调机制冷机的搁板。搁板的尺寸确定应该考虑空调制冷机的大小及安装维修的空间，搁板的位置应考虑安装的方便和冷媒铜管及电线的长度，同时考虑立面效果，一般安装在有空调房间的外窗下面或侧面。搁板上要安装护栏。每户室外空调机集中放置，并且在隐蔽处，冷媒管就近接到各房间，冷凝水就近接到外墙，由竖向预埋排水管排出，这样保证墙面完整，方便空调机安装，在外观设计上也能达到美观的要求。搁板上的排水一般考虑无组织排水，搁板下抹灰要考虑做滴水。其构造做法参如图 7-35 所示。

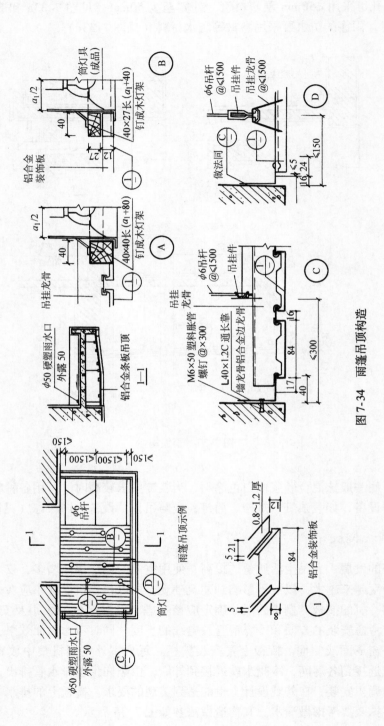

图 7-34　雨篷吊顶构造

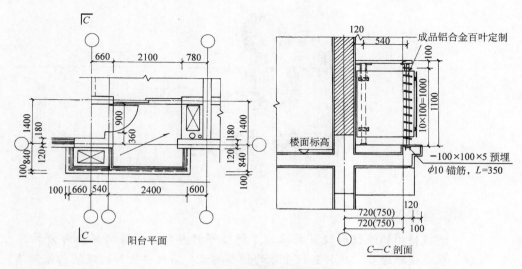

图 7-35　空调机搁板构造

复习思考题

1. 楼板层由哪些部分组成？各起什么作用？

2. 楼板层的设计要求有哪些？

3. 现浇钢筋混凝土楼板有哪些类型？各有什么特点？

4. 布置预制板时，如何处理较大板缝？

5. 简述井式楼板和无梁楼板的特点及适用范围。

6. 楼板顶棚的构造形式有几类？列举出每一类顶棚的一种构造做法。

7. 地坪由哪几部分组成？各有什么作用？

8. 地坪应满足哪些设计要求？

9. 常用地面做法可分为几类？列举出每一类地面的 1~2 种做法。

10. 简述常用块料地面的种类、特点及适用范围。

11. 常用阳台有哪几种类型？

12. 绘制雨篷构造示意图。

第 **8** 章

楼 梯 构 造

学习目标

掌握楼梯的组成和设计要求，了解楼梯的类型；掌握楼梯各部分的尺寸要求，熟悉楼梯踏步、栏杆和扶手等的细部构造。掌握台阶和坡道的构造做法，了解电梯和自动扶梯的组成和构造要求。重点掌握钢筋混凝土楼梯的构造特点。

8.1 | 楼梯的类型及组成

8.1.1 楼梯的作用及要求

在建筑中，为了解决层与层之间，以及同一层次的标高变化处和室内外的竖向联系，需要设置一些竖直交通设施。这些交通设施按坡度从小到大依次排列为：

（1）坡道 多用于多层库房通行货物、汽车和医疗建筑及无障碍设计中。防滑用的锯齿形坡道也称礓磋。

（2）台阶 多设置在建筑物出入口外面，用以解决室内外高差问题。

（3）楼梯 用于楼层之间和高差较大时的交通联系，多高层建筑使用。

（4）电梯 高层建筑或使用要求较高的宾馆等适用。

（5）自动扶梯 用于人流量大且使用要求高的公共建筑，如商场等。

（6）爬梯 消防和检修时用，使用频率低。

其中以楼梯使用最为广泛，它是建筑中解决人流疏散和竖直交通联系的主要构件。

楼梯作为建筑中主要的竖向联系功能构件，首先应该满足通行和疏散方面的要求，保证在正常情况下人流通行顺畅和家具设备搬运方便，在紧急情况下具有足够的疏散能力。因此在数量（设置一部楼梯的条件见表8-1）、尺度、平面样式、位置、细部构造方面需考虑周到。

表8-1　设置一部楼梯的条件

耐火等级	层数	每层最大建筑面积/m²	人　数
1~2	2	500	第二层与第三层人数之和不超过100人
3	2~3	200	第二层与第三层人数之和不超过50人
4	2	200	第二层人数之和不超过30人

楼梯还必须有足够的承载能力、良好的采光、较小的变形，以便安全使用。

　　此外，楼梯还应满足施工、经济要求且兼顾美观。有些楼梯除了交通功能外，还是空间形态的重要构成因素。在建筑设计中，有经验的建筑师常利用楼梯可塑性很强的实体特征创造出各种有特色的空间。

　　另外，楼梯的设计必须符合《建筑设计防火规范》（GB 50016—2014）、《民用建筑设计通则》（GB 50352—2005）等规范要求。

8.1.2　楼梯的类型

　　按楼梯承重部分所用材料，楼梯有钢筋混凝土楼梯、木楼梯、钢楼梯等，以钢筋混凝土楼梯最常见。

　　按楼梯的形式，楼梯分直跑式、双跑式、三跑式、剪刀式、弧形、圆形、螺旋形、八角形楼梯等。其中，直跑式又分直行单跑和直行多跑，其开间小、梯段长、方向单一，在层高较低的居住建筑或辅助建筑中运用较多；双跑式楼梯（也称平行双跑楼梯或并列式楼梯）因其面积小、使用方便，因此应用最为广泛。双分和双合楼梯也是双跑楼梯的一种，均衡对称、庄重典雅。三跑式常布置在公共建筑门厅内，尤其适用于方形平面的楼梯间；剪刀式、交叉式楼梯，节约空间，适用于人流疏散量较大、疏散方向复杂且层高不高的公共建筑如体育馆、高等学校教学楼等。弧形、圆形、螺旋形、八角形楼梯的装饰效果较好，多用于公共建筑大厅中，制造轻松活泼的气氛。但供大量人流疏散用的楼梯，不宜设置扇形踏步（见图 8-1）。可以说，不同的使用性质及重要程度决定了楼梯不同的平面形式。

　　楼梯间也可按安全疏散要求，分为一般楼梯间、封闭楼梯间、防烟楼梯间。其中封闭楼梯间入口处设有能阻挡烟气的双向弹簧门。高层工业建筑和高层民用建筑的封闭楼梯间的门应为乙级防火门。防烟楼梯间的入口处应设有可排烟的前室、阳台或凹廊等，且通向前室或楼梯的门应为乙级防火门，且均向疏散方向开启，如图 8-2 所示。

8.1.3　楼梯的组成

　　楼梯主要由梯段、楼梯平台、栏杆或栏板三部分组成，如图 8-3 所示。

1. 楼梯梯段

楼梯梯段指设有连续踏步供层间上下行走的通道，又称梯跑。

为了不至于过分疲劳，每一梯段的踏步数量不多于 18 级，而考虑人们行走的习惯性，梯段的数量也不宜少于 3 级，否则容易忽视而发生事故。

2. 楼梯平台

平台指两梯段之间的水平构件。主要是为了使人们在行走疲劳后稍事休息以及转换方向用的。根据位置的不同有楼层平台（又称正平台）和中间平台（又称半平台）两种。

3. 栏杆扶手及楼梯井

栏杆扶手是设在楼梯梯段及平台边缘的安全防护设施。

楼梯井是指上下两个梯段之间留出的空隙。

8.1.4　楼梯的尺度

1. 楼梯坡度

楼梯坡度是指梯段中各级踏步前缘的假定连线与水平面所形成的夹角，也可以用夹角的

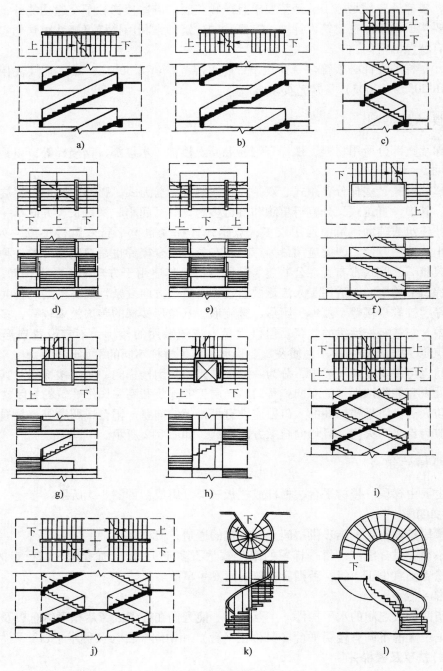

图 8-1 楼梯的形式

正切表示。一般地，楼梯坡度越小越平缓，行走也越舒适。但这样一来，楼梯间的进深也增大了，因而增加了建筑面积和造价。楼梯常见坡度角为 23°～45°，其中以 30°左右较为通用。坡度在 45°以上的楼梯为爬梯或扶梯，其坡度可从 60°～90°不等。而 20°以下为坡道，在 1∶10 以上的坡道应设有防滑措施。

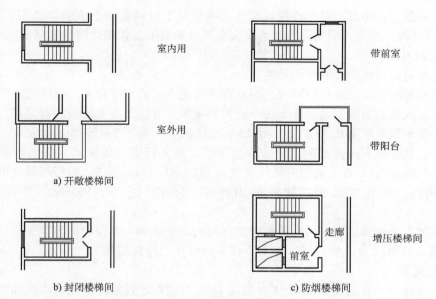

a) 开敞楼梯间

b) 封闭楼梯间

c) 防烟楼梯间

图 8-2 楼梯间的形式

楼梯坡度的选择要从攀登效率、便于通行、节省面积等方面考虑。另外还要考虑房屋的使用性质。公共建筑的楼梯及室外梯级应较平坦，一般采用 26°34′（踏步宽 300mm，高 150mm，其正切值为 1:2）。而居住建筑公用楼梯一般人流量较少，为节省公共交通面积，坡度可稍大些，常采用 33°42′（踏步宽 280mm、高 175mm，正切值为 1/1.5），住宅户内楼梯，坡度可陡达 45°，但专供老年人和儿童使用的楼梯须平坦一些。

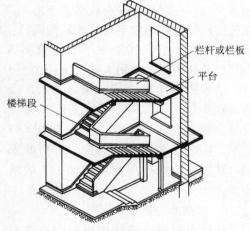

图 8-3 楼梯的组成

2. 踏步尺寸

踏步由踏步面和踏步踢板组成。楼梯的坡度取决于踏步的高度和宽度之比。踏步的高度与人们的步距有关，不宜大于 200mm，也不宜小于 140mm，宽度应与人脚长度相适应。一般不宜小于 250mm，常用 250 ~ 320mm。踏步尺寸的确定可用如下的经验公式：$2h + b = 600 ~ 620mm$ 或 $h + b = 450mm$。其中 600 ~ 620mm 为一般人的平均步距，居住建筑选用低值，公共建筑或室外台阶选用高值。圆弧形楼梯或楼梯转角踏步的踏面宽度，可以距踏面最窄面 300mm 处为准来确定其尺寸。

民用建筑中楼梯踏步尺寸可参考表 8-2 所示尺寸。

表 8-2 常用适宜踏步尺寸

建筑类型	踢面高 h/mm	踏面宽 b/mm	建筑类型	踢面高 h/mm	踏面宽 b/mm
住宅	156 ~ 175	250 ~ 300	医院（病人用）	150	300
学校、办公楼	140 ~ 160	280 ~ 340	幼儿园	120 ~ 150	260 ~ 300
剧院、会堂	120 ~ 150	300 ~ 350			

当踏步的踏面较小时，在不改变梯段长度的情况下可将踏面做成倾斜或使其出挑20～40mm，形成突缘，使踏面的实际宽度大于其水平投影宽度。楼梯坡度越陡出挑亦越大。

3. 梯段尺寸

梯段尺寸包括梯段宽度和梯段长度。

梯段宽度是指梯段边缘或与墙面之间垂直于行走方向的水平距离。梯段宽度的确定应满足正常情况下人流交通和紧急情况下安全疏散的要求，取决于人流股数和有无家具设备经常通过。一般按单股人流宽0.55＋（0～0.15）m来确定。其中0～0.15m为人流在行进中人体的摆幅，公共建筑人流众多的场所应取上限值。单人行走时楼梯宽度应大于850mm，也有要求大于900mm的；双人通行时楼梯宽度为1100～1400mm；三人通行楼梯宽度为1500～1800mm。另外，还要考虑建筑物的使用性质，住宅不小于1100mm，公共建筑不小于1300mm。

梯段长度L是指梯段始末两踏步前缘线之间的水平距离。其值与踏步宽度及该梯段踏步数量N有关。计算式为：$N = H/h$，$L = (N/2 - 1)b$（H为建筑层高）。

4. 平台宽度

平台宽度指半平台宽度D_1和正平台宽度D_2，为确保通过楼梯梯段的人流和货物能通过楼梯平台，对于平行和折行多跑等类型楼梯，D_1不小于梯段宽。当楼梯作为主要楼梯且开间不大时，或者楼梯平台联系多个出入口或有门向平台方向开启时，平台宽度应加大。医院建筑还应保证担架在平台处能转向通行，D_1不小于1800mm。对于直行多跑楼梯，D_1应等于梯段宽或者不小于1000mm。楼梯开间为2400mm的住宅楼梯，D_1不小于1300mm。楼层平台宽度应比中间平台稍大些。D_2不小于D_1，以利于人流分配和停留。

平台宽的计算应从结构边开始，当梯段踏步数为单数时，平台宽度计算点应算至梯段踏步较长的一边，如图8-4所示。同时在平台处考虑扶手转折的原因，其宽度应按梯段宽度再加1/2的踏步宽度。

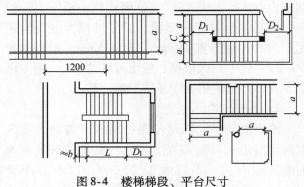

图8-4　楼梯梯段、平台尺寸

5. 楼梯净空高度

楼梯净空高度包括楼梯段的净高和平台处的净高。楼梯平台上部及下部过道处的净空高度，为保证人流通行和家具搬运，不得小于2000mm，对人流量不大的建筑至少应保证有1900mm。上下梯段间的净空高度为自踏步的前缘线（包括最低和最高一级踏步前缘线以外300mm范围内）量至上方突出物下缘间的铅垂高度，这个高度应保证人上肢向上伸直时不致触及上部梯段，一般不得小于2200mm（图8-5）。

应注意的是楼梯的净空高度应从平台梁下算起，如图8-5所示。

当采用双跑楼梯，底层中间平台下作出入口时，为保证平台下的净高，可采用如下处理方式。

（1）底层长短跑　将底层第一梯段加长为长短跑梯段。这种方法只有楼梯间进深较大时才采用，此时应同时保证平台上面的净空尺寸，如图8-6a所示。

（2）局部降地坪　降低楼梯间地坪标高。这种方式有较大的填挖土方量，增加了整个建筑物的高度。此时应注意降低后的地坪标高应高于室外地坪标高 50mm 以上，以保证室外雨水不致流入室内，如图 8-6b 所示。

（3）底层长短跑和局部降地坪相结合　这种方法因为综合了以上两种方法的优点，因而应用较多，如图 8-6c 所示。

（4）底层直跑　南方地区住宅建筑常采用这种方法。此时应注意入口处雨篷底面标高的位置，以保证其净空高度，如图 8-6d 所示。

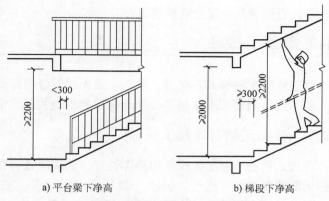

a) 平台梁下净高　　　　b) 梯段下净高

图 8-5　梯段及平台部位净高要求

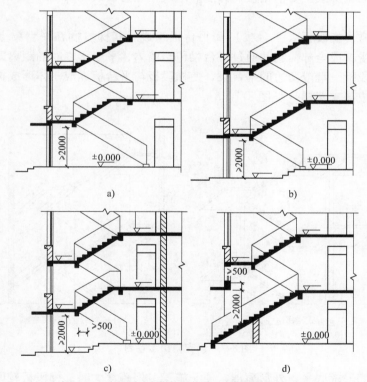

a)　　　　　　　　　b)

c)　　　　　　　　　d)

图 8-6　底层中间平台下作出入口时的处理方式

6. 楼梯栏杆和扶手

楼梯栏杆和扶手的高度与楼梯坡度大小及楼梯的使用要求有关。坡度大，栏杆和扶手的高度可小一些。一般情况下，栏杆和扶手的高度采用 900mm，平台处水平栏杆扶手的高度不小于 1000mm，儿童使用的楼梯扶手高度为 600～700mm。

7. 楼梯井宽度

楼梯井的宽度以 60～200mm 为宜。公共建筑楼梯井不应小于 150mm。

住宅应尽量减小楼梯井宽度，以增大梯段净宽。住宅、中小学校等楼梯井不宜大于

200mm，否则应采取安全防护措施。

8.2 钢筋混凝土楼梯

钢筋混凝土楼梯具有坚固、耐久、防火性能好的特点，在建筑中应用最为广泛。按施工方式的不同，钢筋混凝土楼梯分为现浇式和预制装配式钢筋混凝土两类。

8.2.1 现浇式钢筋混凝土楼梯

现浇式钢筋混凝土楼梯结构整体性好，能适应各种楼梯间平面和不同的楼梯形式，充分发挥钢筋混凝土的可塑性。但由于现场支模耗材多、施工周期长且因抽孔困难不便做成空心，因此混凝土用量多、自重大。常用于抗震要求高、异形及尺寸特殊或施工有困难的建筑中。

现浇楼梯的结构形式主要依据楼梯梯段的形式，分为板式和梁板式两种。

1. 板式楼梯

板式楼梯通常由梯段板（平台梁）和平台板组成。其梯段搁在平台梁上，楼梯段相当于斜放的板，承受梯段全部荷载并通过平台梁传给墙体，平台梁之间的距离即为板跨度。必要时也可取消梯段板一端或两边的平台梁，使梯段板与平台板连成一体形成折线形的板支承在柱或墙上，形成简支楼梯（见图8-7）。

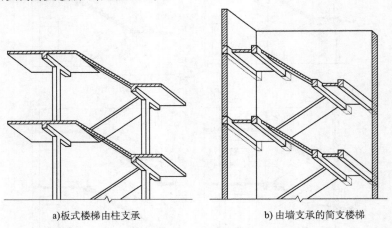

a)板式楼梯由柱支承   b)由墙支承的简支楼梯

图8-7 简支楼梯示意图

板式楼梯的梯段板底平，外形简洁，便于施工。但跨度大时，梯段板较厚，自重大，不经济。故适用于荷载不大、梯段跨度较小的住宅等建筑中。

2. 梁板式楼梯

当荷载较大、梯段板较宽且梯段水平投影又过长时，为使梯段受力合理，常采用梁板式楼梯。

梁板式楼梯由梯段板、梯段斜梁、平台梁和平台板组成。其特点是板承受荷载并传给梁，再由梁把荷载传给平台梁，梯段梁之间的距离即为板跨度。由于改变了传力过程，较之板式楼梯可缩小板跨、减薄板厚，从而节省钢筋与混凝土的用量。

梁板式楼梯梯梁通常设两根，即双梁式，其结构布置有两种形式。一为正梁布置，梯梁在踏步板下，沿踏步板两端长向布置，这种形式梯段较宽、利于人流通行，且踏步外露，可从楼梯井看到踏步，故谓之明步。另一种梯梁在踏步板上，踏步包在梁内，从楼梯井看不到踏步，谓之暗步。其板底平整美观，有利于施工支模（见图8-8）。

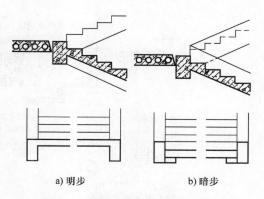

a) 明步　　　　　b) 暗步

图 8-8　梁板式楼梯的明步和暗步

在一些特殊建筑空间，为了视觉效果和设计风格等方面的需求，梁板式楼梯的梯梁也可以设计为单梁形式，即梯梁只设一根。通常也有两种形式，一种是踏步板一端设梯梁，另一端搁置在墙上，省去一根梯梁，可节约用料和模板；另一种用单梁悬挑踏步板，即梯梁布置在踏步板中部或一端，踏步板悬挑，如图8-9所示。这种楼梯受力复杂，适用于通行量小、梯段宽度和荷载不大的楼梯。现浇梁悬臂式钢筋混凝土楼梯通常采用整体现浇方式，但为了减少现场支模，也可采用梁现浇而踏步板预制的施工方式，如图8-10所示。

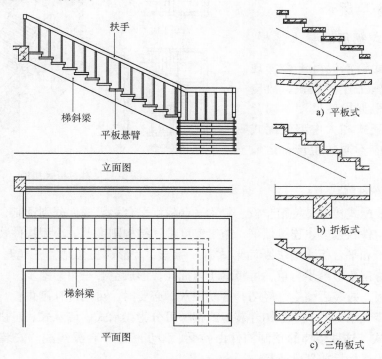

图 8-9　现浇梁悬臂式钢筋混凝土楼梯

此外，有设计成圆形或弧形的无梁弯板（亦称扭板）楼梯。其底面平整，造型美观，但施工难度大，不经济。

三折（三跑）式楼梯通常也采用现浇梁板式楼梯结构。梯段梁的布置有两种方式：

1）将第二梯段斜梁及平台梁连接在一起，呈折梁。

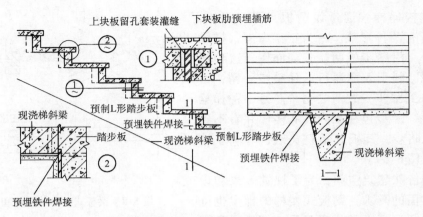

图 8-10　部分现浇梁悬臂式钢筋混凝土楼梯（单梁式）

2）当楼梯间比较宽时可将第一和第三梯段斜梁及平台梁做成折梁，支承在楼板梁与墙上，第二梯段的斜梁支承在第一和第三梯段折梁的平台处，如图 8-11 所示。

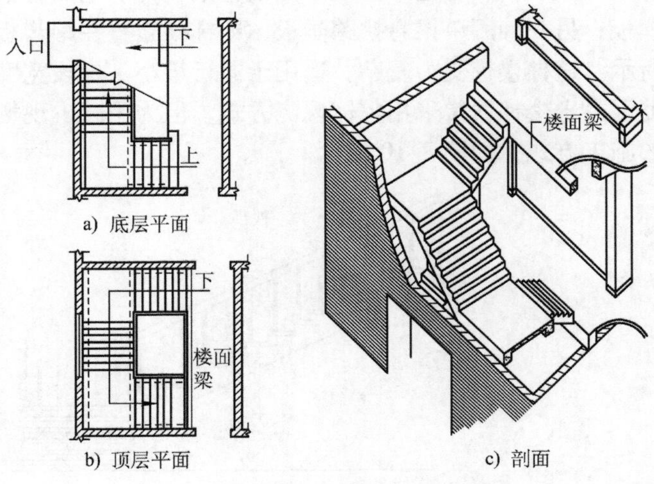

8.2.2　装配式钢筋混凝土楼梯

预制装配式钢筋混凝土楼梯现场湿作业少，施工速度较快，故应用较为广泛。根据构件尺度不同分为小型构件装配式和大中型装配式两大类，以适应不同的生产、运输和吊装能力。

图 8-11　某三折式楼梯

1. 小型构件装配式

小型构件装配式楼梯是将踏步板、斜梁平台板、平台梁等构件分别预制，然后在现场安装。这种方式构件数量多、连接烦琐、施工速度慢、结构刚度差。小型构件装配式楼梯主要预制构件是踏步和平台板。踏步断面形式有一字形、L 形、三角形。三角形拼装后底面平整。为减少实心三角形踏步自重，可将踏步内抽孔，形成空心三角形踏步。一字形踏步只有踏板，没有踢板，拼装后漏空，轻巧，容易积灰。必要时，可用砖补砌踢板。

按预制踏步支承方式，小型构件装配式楼梯可分为梁承式、墙承式、悬挑式三大类。

（1）梁承式　这种楼梯的预制构件由斜梁、踏步板、平台梁组成。安装时先放置平台梁，再放置斜梁，然后放置踏步板。

梯梁形式视踏步形式而定。三角形踏步一般采用矩形梯梁，如图 8-12a 所示。楼梯为暗步时采用 L 形梯梁，如图 8-12b 所示。L 形、一字形踏步采用锯齿形梯梁，如图 8-12c、图 8-12d 所示。

预制踏步安装时，踏步之间及踏步与梯梁之间应用水泥砂浆坐浆。L 形、一字形踏步预留孔洞，与锯齿形梯梁上预埋的插铁套接，孔内用水泥砂浆填实。

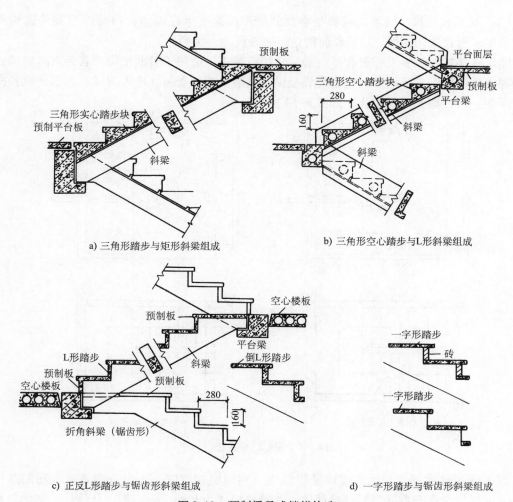

a) 三角形踏步与矩形斜梁组成

b) 三角形空心踏步与L形斜梁组成

c) 正反L形踏步与锯齿形斜梁组成

d) 一字形踏步与锯齿形斜梁组成

图 8-12　预制梁承式楼梯构造

　　平台梁一般为 L 形断面，也有采用矩形的，将梯梁搁置在 L 形平台梁的翼缘上或在矩形断面平台梁的两端局部做成 L 形断面，形成缺口，将梯梁插入缺口内。这样不会由于梯梁的搁置导致高度降低而影响平台净高。梯梁与平台梁的连接，一般采用预埋铁件焊接或预留孔洞的插铁套接，如图 8-13 所示。

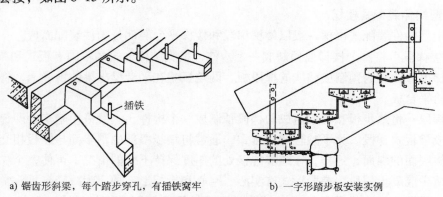

a) 锯齿形斜梁，每个踏步穿孔，有插铁窝牢

b) 一字形踏步板安装实例

图 8-13　预制踏步板安装

（2）墙承式楼梯　墙承式楼梯是将预制踏步两端支承在墙上，将荷载直接传递给两侧墙体。踏步形式采用矩形、L形或加砌立砖做踢板的一字形。

墙承式楼梯不需要设梯梁和平台梁，故简单经济，适用于直跑楼梯。若为双跑楼梯，需在楼梯中部设墙以支承踏步，这会造成楼梯间狭窄、视线受阻，给人流通行和家具设备搬运带来不便，可在墙上开观察孔，如图 8-14 所示。

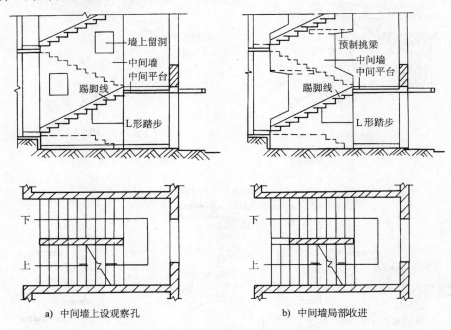

a) 中间墙上设观察孔　　　　　b) 中间墙局部收进

图 8-14　预制墙承式楼梯构造

（3）悬挑式楼梯　悬挑式楼梯是将踏步一端固定在墙壁上，另一端悬挑，利用悬挑的踏步承受梯段全部荷载并直接传给墙体。其踏步形式为 L 形、一字形。从结构上考虑，楼梯间两侧墙体厚度不应小于 240mm。

悬挑式楼梯不设梯梁和平台梁，构造简单，外形轻巧，但安装踏步时需设临时支撑，施工麻烦，且抗震性能差，故适用于非地震区、梯段宽度不大（一般不超过 1500mm）的楼梯，如图 8-15 所示。

2. 中型构件装配式楼梯

预制中型构件装配式楼梯一般以楼梯梯段和楼梯平台两部分构件装配而成。

（1）楼梯段　将整个楼梯段预制成一个构件，按其结构形式的不同有板式和梁式两种。

板式梯段：梯段为预制成整体的梯段板，两端搁置在平台梁出挑的翼缘上，将梯段荷载直接传递给平台板。

梁式梯段：将踏步板和梯梁组成的梯段预制成一个构件，一般采用暗步，即梯梁上翻包住踏步形成槽板式梯段。为了减轻梯段自重，通常将踏步根部的踏步面与踢板相交处做成平行于踏步板底面的斜面，这样，在踏步连接处的厚度保持不变的情况下可使整个梯段底面上升，从而减少混凝土用量。梯段形式有实心、空心和折板形三种。为减轻自重，常将踏步抽孔做成空心梯段，梁式梯段只能横向抽孔。梁式梯段可预制成折板踏步，但梯段底面不平

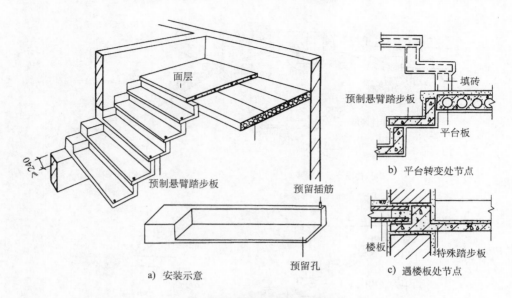

图 8-15 预制踏步悬挑式楼梯构造

整，容易积灰，且梯段工艺复杂。

（2）平台梁及平台板 通常将平台板与平台梁组合在一起预制成一个构件，形成带梁的平台板，这种平台板一般采用槽形板，将与梯段连接一侧的板肋做成 L 形梁即可。

生产吊装能力不够时，梁板可分开预制，平台梁采用 L 形断面，平台板可用普通的预制钢筋混凝土楼板，平台板平行于平台梁，两端支承在楼梯间横墙或梁上；或平台板垂直支承于平台梁上。

（3）梯段与平台梁的节点处理 中型构件装配式楼梯梯段与平台梁的连接构造较难处理，就两梯段关系而言，一般有以下几种处理方式。

1）梯段齐步并埋步处理。上下梯段起步与末步对齐，平台完整，可减小梯间进深尺寸，梯段与平台梁的连接一般以上下梯段底线交点（图 8-16 中 O 点）作为平台梁边点，埋步使平台梁底标高提高，有利于增加平台下净空高度，使梯段板或梯斜梁支承端形式简化（见图 8-16a）。

2）梯段齐步不埋步处理。减小梯段跨度，但也减小了平台梁下净空高度，平台梁为变截面梁（见图 8-16b）。

3）梯段相错一步及相错多步处理。上下梯段起步和末步相错一步，在平台梁与梯段连接方式相同的情况下平台梁底标高可比齐步方式抬高，有利于减少结构空间。但错步方式使平台不完整，并且多占楼梯间进深尺寸（见图 8-16c、d）。

采用长短跑梯段时，错步数不止一步，可将短跑梯段做成折形构件。

（4）构件连接

1）踏步板与梯斜梁。梯斜梁支承踏步处用水泥砂浆坐浆连接。如需加强可在斜梁上预埋插筋，与踏步板支承端预留孔插接，用高强度水泥砂浆填实（见图 8-17a）。

2）梯斜梁或梯段与平台梁。除用水泥砂浆坐浆外应在连接端预埋钢板进行焊接（见图8-17b）。

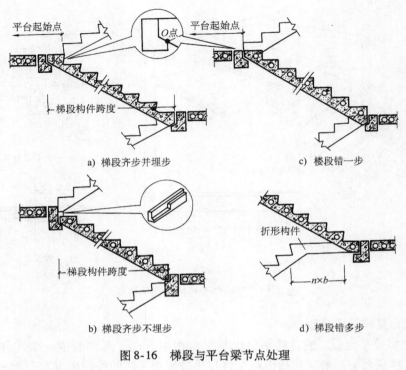

图 8-16 梯段与平台梁节点处理

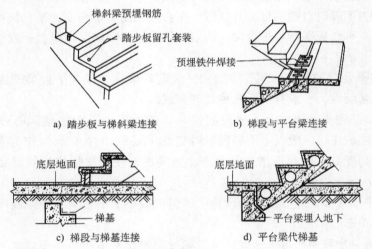

图 8-17 构件连接

3) 梯段与梯基的连接。首层第一个踏步下应有基础支撑。梯基常用砖或混凝土（见图 8-17c），基础与踏步之间应设平台梁，梁长应等于基础长（见图 8-17d）。

3. 大型构件装配式楼梯

预制大型构件装配式楼梯则往往以整个楼梯间或平台的形式进行预制加工，构件较重、尺度较大，对运输和吊装均有一定要求。

根据结构形式不同分板式、梁式楼梯两种。梁式楼梯又有单梁式和双梁式两类。

8.2.3 楼梯的细部构造

1. 踏步面层及防滑构造

踏步由踢面和踏面所构成。踏步要求坚固、耐磨、便于清洁、防滑。面层装修标准应高于或至少不低于楼地面装修标准,使其在建筑中具有醒目的效果而引导人流。

当踏面尺寸较小时,可适当放宽 20mm 做成踏口或将踢面做成倾斜。

踏步表面考虑上下行走安全应在踏步口处嵌填防滑条或防滑包口材料,有的直接在踏步面上铺上地毯或橡胶贴面。水泥砂浆抹面的踏步一般用金刚砂做防滑条,也可不做防滑处理。水磨石面层一般采用水泥加金刚砂做成防滑条,也有做金属防滑条的。

2. 栏杆、栏板及扶手

在楼梯和平台的单侧或双侧,需要设置扶手及栏杆或栏板来帮助克服高差、便于行进以及防止坠落。栏杆以空花栏杆最为常见,还有一种混合式栏杆,以栏板做挡板,用栏杆与扶手连接(见图 8-18、图 8-19、图 8-20)。竖向栏杆之间间距不大于 110mm。

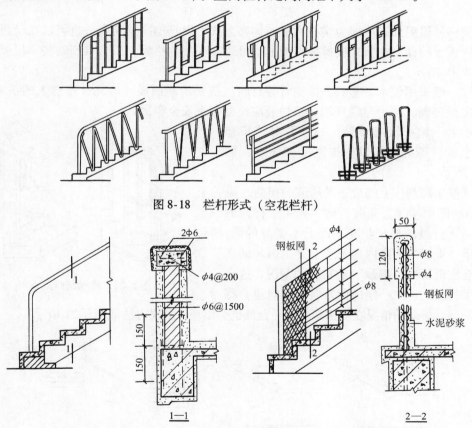

图 8-18 栏杆形式(空花栏杆)

图 8-19 栏板形式

栏杆和栏板作为上下楼梯的安全围护设施,也是建筑中装饰性较强的构件,选用材料必须具有一定的强度和抗水平推力。

楼梯栏杆一般是由立杆、横杆或栏板组成的。立杆是主要的支撑构件,它通常垂直于楼梯踏面或垂直于梯段设置。栏板的材料主要是混凝土、砌体或钢丝网、玻璃等。暗步的梁式

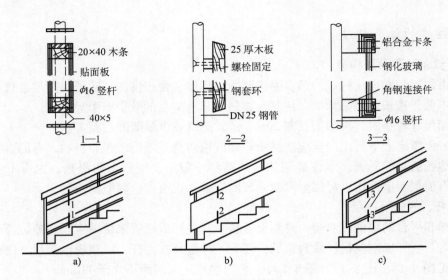

图 8-20 混合式栏杆

混凝土楼梯梯段梁加高后即为实心栏板，加高方式可以是加高梁断面，也可以在梁面上安装预制的栏板。同样，在板式楼梯梯段板上也可以做现浇的栏板，或安装预制楼梯栏板，其做法如图 8-19 所示。

扶手一般采用硬木、塑料、圆钢管等材料。扶手的断面设计应充分考虑人的手掌尺寸、手感及造型美观。扶手与栏杆的连接构造应充分考虑安全牢固。

底层第一跑梯段起步处，一般要对踏步和栏杆扶手做特殊处理，以增加刚度和美观，如图 8-21 所示。

楼梯扶手在制作上的难题是局部的扭曲（见图 8-22），图中楼梯直角转折时，如果上行段的起始步与下行段的最末步在平面上不错开的话，由于扶手在很短的距离内一下子上升了两步的高度，就会出现所谓"鹤颈"的扭曲的情况，这会给木扶手的加工造成一定的困难，使用时也会感

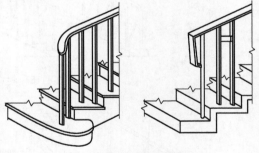

图 8-21 楼梯起步处理

觉不够平顺。类似的情况在双跑楼梯的平台处也会出现，解决方法如图 8-21 所示。

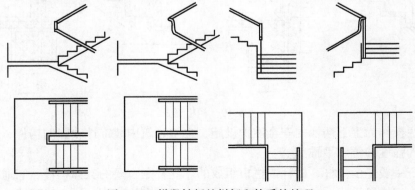

图 8-22 梯段转折处栏杆和扶手的处理

8.3 台阶、坡道和无障碍设计

8.3.1 台阶和坡道

在建筑物出入口（如住宅、宿舍楼梯间内）需设置台阶或坡道，联系不同标高的室内外地坪或楼层不同标高处（如公共建筑的门厅与走廊间）。

台阶踏步尺寸可略宽于楼梯。踏步高度常用 100 ~ 150mm，宽度常用 300 ~ 400mm，台阶长度应大于门宽，每边应比门宽 500mm 左右。大型公共建筑还常将可行汽车的坡道与踏步结合，形成壮观的大台阶，台阶有多种形式，如图 8-23 所示。

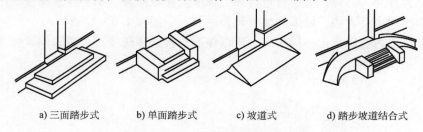

a) 三面踏步式　　b) 单面踏步式　　c) 坡道式　　d) 踏步坡道结合式

图 8-23　台阶与坡道的形式

在人流密集场所，当台阶高度超过 1000mm 时应设有护栏设施。

台阶由踏步或坡段与平台两部分组成。平台的表面应比底层室内地面的标高略低，泛水方向应背向入口，以防雨水流入室内。

台阶与坡道一般不需要特别的基础，实铺的要挖去一层浮土，用道砟或三合土夯实，再浇一层素混凝土就可以了，如图 8-24 所示。如有大体量台阶或行车需要，也可以视情况配筋；架空的多为将预制板搁置在梁上，坡度由梁形成。

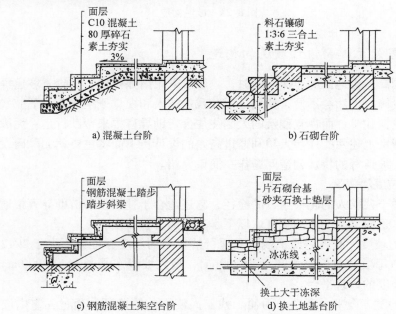

a) 混凝土台阶　　b) 石砌台阶

c) 钢筋混凝土架空台阶　　d) 换土地基台阶

图 8-24　台阶构造示例

台阶构造与地面相似，也有垫层和面层。面层采用地面面层材料，如水泥砂浆、水磨石。垫层常采用混凝土。台阶，特别是公共建筑主要出入口处的台阶，每级高度一般不超过150mm；踏面宽度最好选择在300mm左右，也可以更宽。一些医院及运输的台阶常选择100mm左右的步高和400mm左右的步宽，以方便病人及负重的旅客行走。

台阶与坡道在构造上的要点是对变形的处理。由于房屋主体沉降、热胀冷缩、冰冻等因素，都有可能造成台阶或坡道的变形。常见的情况有平台向房屋主体方向倾斜，造成倒泛水；台阶与坡道的某些部位开裂等。解决方法无外乎加强房屋主体与台阶及坡道之间的联系，以形成整体沉降；或索性将二者完全断开，加强节点处理。

坡度较缓的坡道安全省力，便于病弱者行走，且在遭受灾害或人流众多时便于通行，对于货物搬运更为有利。另外，坡道行走自如，视线变化也缓慢，不必注意高度大小。但其长度较长，平面占地也要大些。坡道的坡度较为平缓，一般在 1/6 ~ 1/12。

台阶与坡道因为在雨天也一样使用，所以面层材料必须防滑，坡道表面常做成锯齿防滑条，如图 8-25 所示。

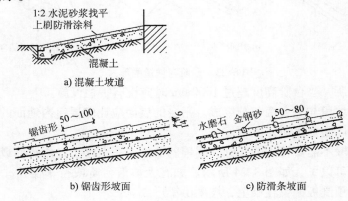

a) 混凝土坡道

b) 锯齿形坡面　　　　c) 防滑条坡面

图 8-25　坡道构造

8.3.2　有高差处无障碍设计坡道的构造

在解决不同高差楼地面的连接问题时，一般可采用诸如楼梯、台阶、坡道等设施，但残疾人使用这些设施时仍然会不便，特别是下肢残疾的人和视觉残疾的人。下肢残疾的人往往会借助拐杖和轮椅代步，而视觉残疾的人则往往会借助导盲棍来帮助行走。无障碍设计中有一部分就是指帮助上述两类残疾人顺利通过高差的设计。下面将主要就无障碍设计中一些有关楼梯、台阶、坡道等的特殊构造问题作一简单介绍。

1. 坡道的坡度和宽度

坡道是最适于残疾人的轮椅通过的途径，它还适合于挂拐杖和借助导盲棍通过，因而坡度须较为平缓，还应具有一定的宽度。以下是有关的一些规定。

（1）坡道的坡度　我国对便于残疾人通行的坡道的坡度标准为不大于 1/12，同时还规定与之相匹配的每段坡道的最大高度为 750mm，最大坡段水平长度为 9000mm，如超过此限，应设一定长度的休息平台。

（2）坡道的宽度及平台宽度　为便于残疾人使用的轮椅顺利通过，室内坡道的最小宽度应不小于 900mm，室外坡道的最小宽度应不小于 1500mm。

2. 楼梯形式及无障碍设计扶手栏杆

（1）楼梯形式及相关尺度 供挂拐者及视力残疾者使用的楼梯，应采用直跑楼梯、对折的双跑楼梯或成直角折行的楼梯等，以方便行走。不宜采用弧形梯段或在半平台上设置扇形踏步。楼梯的坡度应尽量平缓，其坡度角宜在35°以下，踢面高不宜大于170mm，且踏步高度不应有变化。楼梯的梯段宽度不宜小于1200mm。

（2）踏步设计注意事项 供挂拐者及视力残疾者使用的楼梯踏步应选用合理的构造形式及饰面材料，注意无直角突沿，以防发生勾绊行人或其助行工具的意外事故；注意表面防滑，不得积水，防滑条不得高出踏面5mm以上。

（3）楼梯、坡道扶手栏杆 楼梯、坡道的扶手栏杆应坚固适用，且应在两侧都设有扶手。公共楼梯可设上下双层扶手。在楼梯的梯段（或坡道的坡段）的起始及终结处，扶手前缘应设有盲文标示，且宜向前伸出300mm以上（见图8-26a）。两个相邻梯段的扶手应该连通；扶手末端应向下或伸向墙面，扶手的断面形式应便于抓握（见图8-26b）。

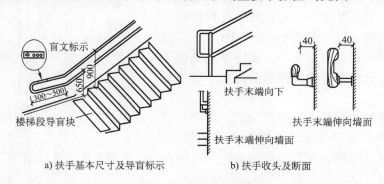

a) 扶手基本尺寸及导盲标示　　　　b) 扶手收头及断面

图 8-26　无障碍扶手构造要求

3. 导盲块的设置

在有障碍物、需要转折、存在高差等场所，一般需设导盲块。导盲块又称地面提示块，是利用其表面上的特殊构造形式，向视力残疾者提供触摸信息，提示该停步或需改变行进方向等，如图8-27所示。

4. 构件边缘处理

为安全起见，凡凌空的构件边缘都应该向上翻起，包括楼梯端部、楼梯和坡道的凌

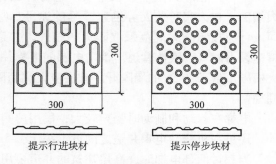

提示行进块材　　　　　提示停步块材

图 8-27　地面提示块（导盲块）

空一面、室内外平台的凌空边缘等，这样可防止拐杖或导盲棍等工具向外滑出，也使轮椅行进安全得到保障。

8.4 | 电梯和自动扶梯

8.4.1　电梯

在多、高层民用建筑中，电梯是一种快捷便利的垂直交通设施。在高层建筑中和某些工

厂、医院中的使用频率超过楼梯。

电梯分客梯、货梯两大类型，此外还有观光梯，医院的送食梯、病床梯等种类。高层建筑中还要配备消防电梯。消防电梯在平面布置中宜靠近底层出入口布置。电梯不应计作安全出口。设有电梯的建筑物仍应按防火规定的安全检查疏散距离设置疏散楼梯。

电梯设备主要包括轿厢、平衡重、垂直轨道、提升机械和其他一些相关的设施（见图8-28）。它们对土建的要求主要包括电梯井道、机房、地坑三大部分。

1. 电梯井道

电梯井道是电梯运行的通道。一般高层建筑的井道都采取整体现浇工艺，与其他交通枢纽一起形成交通内核。

井道上部设有机房（液压式电梯也可设在下部），内有吊缆设备，使电梯轿厢在电梯井道中运行，电梯井道上下都需要一定的空间。电梯停靠顶层必须有一定的层高，一般需要在4.50m以上；电梯停靠底层以下也需留有空间，一般需设有不低于1.40m的地坑。地坑中轿厢位置和平衡重下部均应设减振器。

有一类电梯的井道是不完全围合的，目的是使乘客可以透过轿厢玻璃在运行中观赏周围的景色，这类电梯叫作观光电梯。观光电梯的轿厢可以设在电梯井道内，也可以设在电梯井道外。

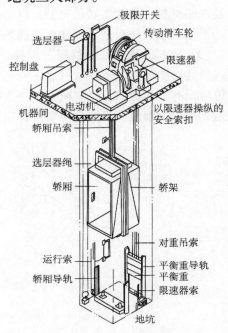

图 8-28 电梯的构成

电梯井道防火及隔声很重要。电梯井道像一根大烟囱，在火灾时是火势迅速蔓延的途径。除了平面设计应按照防火规范采取防火措施外，井道内严禁铺设可燃气、液体管道。消防电梯的电梯井道及机房与相邻的电梯井道及机房之间应用耐火极限不低于2.5h的墙隔开。首层应设有消防专用按钮。电梯门应采用金属门，不应采用栅栏门。

电梯在起动和制动时噪声较大，民用房间宜避开机房设置。除了在机房设备下设减振垫外，还可在机房与电梯井道之间设不小于1.5m的隔声层。

当超过两部电梯时，高层建筑的井道要用墙壁隔开。在普通电梯和消防电梯之间，井道和机房也应用墙隔开。当机房内分隔有困难时可用防火卷帘加以分隔。

2. 电梯机房

电梯机房一般设在电梯井道的顶部，是用来放置起重设备和控制系统的场所，用卷扬机作为起重设备。其平面尺寸根据设备尺寸及平面布置、使用维修所需空间而定，一般沿井道平面任意两个相邻方向伸出。其高度一般为2.5～3.0m，防火要求同井道。

有一些层数不多、对电梯速度要求不高的建筑，可以采用液压式的电梯。其设备特点是顶升器件安放在轿厢底下。机房的布置有自由性，有利于建筑外观造型。

3. 厅门、牛腿门套

厅门指电梯井壁在每层楼面留出的专用门。其装修与电梯墙面一致。牛腿位于电梯门洞下缘，即乘梯人进入轿厢的踏板处。牛腿一般为钢筋混凝土或预制构件。在电梯开门处均制作门套，结合召唤按钮及层数提示器等一同设计。

8.4.2　自动扶梯

自动扶梯又称滚梯，是层间连续运输效率最高的载客设备，适用于车站、码头、空港、商场等人流量大的场所。自动扶梯构造如图8-29所示。

自动扶梯的机械装置悬在楼板下面，楼层下做装饰外壳处理，梯底则做地坑。为便于检修，机房上部自动扶梯口应做活动地板。

自动扶梯有水平运行、向上运行和向下运行三种方式。向上或向下的倾斜角度为30°左右。

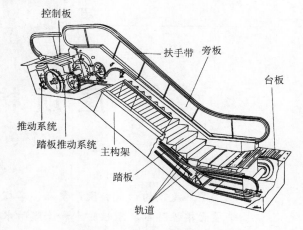

图8-29　自动扶梯构造示意

在建筑物中设置自动扶梯时，应满足防火分区要求，并应符合防火规范的有关规定。其上下层的面积总和超过要求时，应设防火隔断或复合式防火卷帘。

复习思考题

1. 楼梯的净空高度有哪些规定？为什么？
2. 比较异同：
（1）板式楼梯和梁板式楼梯。
（2）梁板式、梁承式楼梯。
3. 预制踏步板的形式有哪几种，各对应哪种截面的梁？减轻自重的方法有哪些？
4. 现有一高度3.0m的住宅楼梯，要求底层中间平台下过人，如何解决其净高问题？
5. 名词解释：明步、暗步。
6. 简述电梯的组成及其对建筑物的要求。
7. 平行双跑式楼梯的栏杆扶手在平台转弯处如何处理？
8. 说明常见楼梯形式的特点及适用情况，简略画出其平、立、剖示意图。
9. 楼梯坡度如何确定？与楼梯踏步有何关系？确定楼梯踏步尺寸的经验公式如何使用？
10. 如何对楼梯踏面及坡道进行防滑处理？
11. 有高差处无障碍设计有哪些构造要求？
12. 怎样对电梯机房进行隔震、隔声处理？
13. 装配式梯段与平台梁的节点怎样处理？
14. 现浇楼梯有哪几种形式，各有什么特点？

第 9 章

屋 顶 构 造

学习目标

　　了解屋顶的形式和设计要求，掌握屋面的排水方式和坡度的形成方式。掌握平屋面柔性防水、刚性防水和涂膜防水及泛水的构造做法。熟悉瓦屋面的组成和构造做法。掌握屋顶保温和隔热的构造做法。

9.1 | 概述

9.1.1 屋顶的作用及形式

1. 屋顶的作用

　　屋顶是房屋最上层的水平构件，主要有围护和承重两个方面的作用，同时也有造型的功能。

　　屋顶要防御自然界的风、雨、雪、太阳辐射和冬季低温等气候影响，是建筑中重要的围护构件。因此要求它具有防水、保温、隔热、隔声和防火等作用。

　　屋顶也是重要的承重构件，承受作用于屋顶上的风载、雪载和屋顶自重。因此要求有一定的强度和刚度。

　　另外，屋顶在建筑造型中素有"第五立面"的称谓，屋顶的设计应符合美学要求。

2. 屋顶形式

　　屋顶形式与建筑的使用功能、屋顶面材料、结构类型以及建筑造型要求等有关。根据支承结构的不同（平面结构和空间结构），屋顶可有多种形式，如图 9-1 所示。

　　平屋顶一般是指坡度在 10% 以下的钢筋混凝土屋顶。在工程上，将坡度小于 1∶10 的屋顶称为平屋顶。大量性民用建筑屋顶结构与楼板一样多采用矩形钢筋混凝土板，因此形成平屋顶。平屋顶较为经济合理，是采用最广泛的一种屋顶。

　　坡屋顶是中国传统的屋顶形式，坡度在 10% 以上，常用于民居建筑中，现代某些公共建筑考虑景观环境和建筑风格的要求也常采用传统坡屋顶，并以木构架为主。屋顶防水材料多为瓦材，有小青瓦、平瓦、波形瓦等类别。

　　按坡面数目可分为单坡、双坡顶和四坡顶。当建筑宽度不大时采用单坡顶。双坡顶有硬山和悬山。歇山顶、庑殿顶为四坡顶。另外还有圆形或多角形攒尖屋顶。

　　空间结构的曲面屋顶则主要出现在大型性民用建筑中，有悬索、薄壳、折板、网架等多

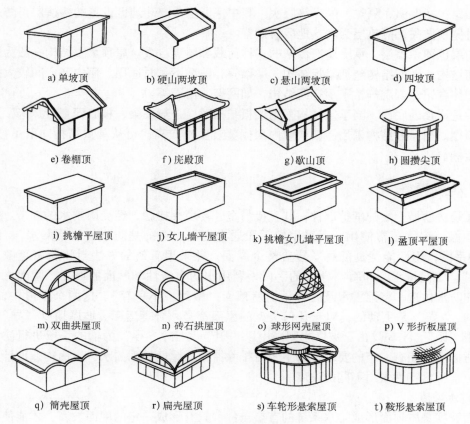

a) 单坡顶　　b) 硬山两坡顶　　c) 悬山两坡顶　　d) 四坡顶

e) 卷棚顶　　f) 庑殿顶　　g) 歇山顶　　h) 圆攒尖顶

i) 挑檐平屋顶　　j) 女儿墙平屋顶　　k) 挑檐女儿墙平屋顶　　l) 盝顶平屋顶

m) 双曲拱屋顶　　n) 砖石拱屋顶　　o) 球形网壳屋顶　　p) V 形折板屋顶

q) 筒壳屋顶　　r) 扁壳屋顶　　s) 车轮形悬索屋顶　　t) 鞍形悬索屋顶

图 9-1　屋顶类型

a)~h) 坡屋顶　i)~l) 平屋顶　m)~t) 曲面屋顶

种形式。曲面屋顶受力合理，能充分发挥材料的力学性能，节约材料，且能提供较为高敞的使用空间，创造丰富的外观形象。但其施工复杂、造价高。

9.1.2　屋顶的组成

屋顶由面层、结构层、附加层、顶棚等部分组成（见图9-2）。

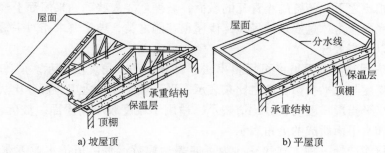

a) 坡屋顶　　b) 平屋顶

图 9-2　屋顶的组成

屋顶面层暴露在大气中，直接承受自然界各种因素的长期影响，因此面层材料应有足够的防水、耐久性能。

附加层包括保温、隔热、隔声等层次。其中保温层是寒冷地区设置的构造层，防止冬季热量透过屋顶散失，隔热层为炎热地区所设置。

结构层也即承重层，承受屋面传来的多种荷载和屋顶自重。屋顶承重结构一般为平面结构和空间结构。平面结构包括梁板结构、屋架等，跨度不大时适用。而内部空间较大的大型性建筑如体育馆、剧院等常采用空间结构，如网架、薄壳等。

顶棚是屋顶的底面。当承重结构采用梁板结构时，一般在梁、板底面直接抹灰，形成直接抹灰顶棚。当承重结构采用屋架或室内顶棚美观要求较高，可从承重结构向下吊挂顶棚，形成吊顶棚。

9.1.3 屋面排水

屋面是房屋最上层的围护部件，其直接与室外环境相接触，经受雨雪水的冲击。为了防止渗漏，保证房屋正常使用，所采用的手段通常有两个：一是防水，"不漏水"，即采用"阻"的手段，用性能优良的材料覆盖整个屋面，并采用有效的方法封闭所有缝隙，做到"不漏水"。二是排水，即用"导"的手段，利用水的自流性和屋面的坡度、屋面材料的不透水性和防水构造，将雨雪水及时地排出屋顶面，做到"不积存"。这两个手段中，"阻"是被动的，"导"是主动的，对于任何类型的屋面都必须合理运用。坡屋顶以"导"为主，适当采用"阻"，平屋顶由于坡度小则采用以"阻"为主、"导"为辅的手段进行防水。因此对其防排水性能有一定的要求。为了及时排除滞留在屋面的雨雪水，屋面构造设计应针对不同的防水材料特性做出不同的坡度。

1. 排水坡度

屋面坡度是屋顶面形成排水系统的首要条件。只有形成一定的屋面坡度，才能使屋面上的雨雪水按设计意图流向一定的处所而达到排水的目的。

（1）坡度的确定　屋面坡度是综合各方面的因素决定的。这些因素包括气候条件、当地降雨雪量、屋面防水材料的性能、屋面结构形式及造型要求、经济条件、防水构造方案以及使用方面的要求等。

寒冷地区的屋面坡度较陡，可以避免冬季积雪过厚而形成过量的雪荷载。经常有暴雨天气的地区，屋面坡度也较陡，可以尽快地将雨水排除而避免渗漏。对屋面防水材料防水性能较好，接缝处理较合理而且单块面积较大、接缝较少，如水泥波型瓦、防水卷材等，屋面坡度可以较小。相比之下，传统的小青瓦的屋面，坡度就要大些。如果屋面上经常要有人走动的，例如利用屋面作为休息娱乐的场地，像屋顶花园之类，坡度要求相对平缓；不经常上人的，坡度就可以适当大些。

（2）坡度表示法　屋面坡度可用斜率法、百分比法、角度法表示。斜率法是以屋顶斜面的垂直投影高度与水平投影长度之比来表示，平、坡屋顶面适用。百分比法是以斜面的垂直投影高度与水平投影长度的百分比值表示，适用于坡度较小的屋面。坡度较大可用角度，即以倾斜屋面和水平面所成的夹角表示。

屋面坡度只能选择一种方式表达，为了使表达规范，平屋顶排水坡度统一用百分比表示。例如，上人屋面为 2% ~3%，不上人屋面为 3% ~5% 等。为了有利于屋面排水，有些地方的规范将平屋顶屋面坡度规定为不小于 5%。在工程上，将坡度小于 1:10 的屋面称之为平屋顶面，大于这个坡度的屋面称之为坡屋顶面。坡屋顶面的坡度一般用矢高和半个跨度的比来标注，例如 1:2（1/2），1:3（1/3）等。常用屋面坡度范围如图 9-3 所示。

（3）坡度的形成　形成屋顶面坡度的方法一般有垫置坡度和搁置坡度两种。前者称为建筑找坡，又称材料找坡，简称填坡、垫坡，它是指屋面板水平搁置，用某些建筑材料在平整的基层上堆出坡度来；后者称为结构找坡，简称撑坡，它是指用结构构件构成坡度后，再在上面构筑屋顶面。

平屋顶面的坡度形成方法可以根据屋顶平面情况选择两种找坡方式中的一种或综合使用，坡屋顶面的坡度则由结构找坡形成。

在建筑找坡的情况下，建筑顶层室内的顶部界面平整，由于屋顶面上有找坡材料作为垫层，因此保温情况较为良好，但建筑找坡材料会增加屋面的荷载，坡度不宜过大，否则耗费材料、不经济。因此适用于较小坡度（5% 以内）或北方有保温要求的建筑屋面，一般层高不高的民用建筑及屋顶形式复杂的平屋顶最好选用垫坡方式。平屋顶垫坡构成如图 9-4 所示。

结构找坡屋面板以上厚度不发生变化。不需另

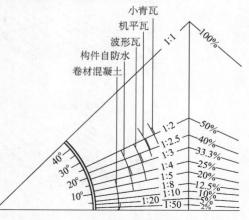

图 9-3　常用屋面坡度范围

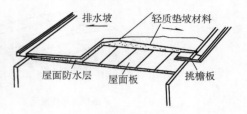

图 9-4　平屋顶垫置坡度构成

做找平层，节省材料、施工简单、造价低。但室内的顶部界面倾斜，会给视觉造成不快，也会给装修带来麻烦，且构造复杂。在一般民用建筑中采用不多，较适用于南方地区建筑。另外，空间高大的工业厂房，不考虑隔热保温或考虑采用吊顶的某些民用建筑，则往往选用搁置坡度来形成屋面坡度。图 9-5 所示为屋顶搁置坡度的形式。

可以用来形成屋面坡度的结构构件通常有山墙、屋架、橡架、斜梁、刚架、悬索等，可以用来垫置坡度的材料主要是一些轻混凝土如煤屑混凝土、蛭石混凝土等以及一些高分子合成材料如聚苯乙烯板材等。找坡层一般设在承重屋面板与保温层之间。

2. 排水方式

平屋顶坡度较小，要把屋面上的雨雪水尽快排除，应合理组织好屋面的排水系统，选择合理的排水方式。屋面排水设计首先将屋面划分成若干排水区，然后通过适宜的排水坡和排水沟分别将雨水引向各自的雨水管再排至地面。排水设计的原则是通畅简洁、雨水口负荷均匀。屋面排水方式可分为无组织排水和有组织排水两大类，如图 9-6 所示。

无组织排水指雨水直接从檐口滴至地面，又称自由落水。这种排水方式不需设置天沟、雨水管进行导流，简单、方便、经济，为防雨水溅湿墙身、勒脚、冲刷墙面，要求屋面有伸出外墙面的挑檐。无组织排水适用于少雨地区（年降雨量 900mm 以下）及一般低层建筑（檐口高度不超过 8m）。

有组织排水指通过组织屋面坡度和合理的出水口以及排水管网，迅速有效地将屋面雨水排到城市排水系统中去，同时可避免屋面雨水直接泻落在建筑物周围，对建筑外墙面造成不良影响。

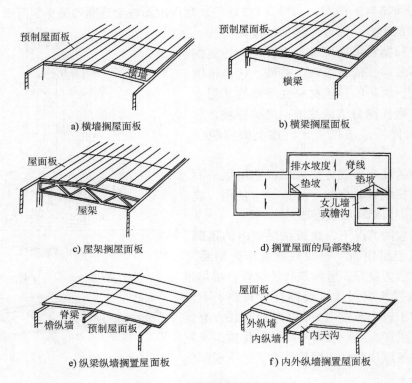

图 9-5 平屋顶搁置坡度形式

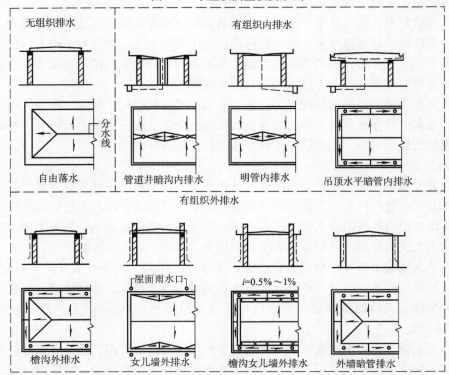

图 9-6 屋面排水方式

排水流线一般为：排水区—檐沟—雨水口—雨水斗—雨水管—明沟（散水）—城市地下有组织排水系统。有组织排水构造较为复杂，造价高，但能保护墙体。适用于各类建筑，尤其是下列情况。

1）满足表9-1要求的建筑。

表 9-1　屋面有组织排水要求

地　区	檐口离地/m	天窗跨度/m	相 邻 屋 面
年降雨量≤900mm	8～10	9～12	高差≥4m 的高处檐口
年降雨量>900mm	5～8	6～9	高差≥3m 的高处檐口

2）高标准低层建筑。标准较高的低层建筑为保护墙身和墙基也要采用有组织排水。

3）临街建筑。使用有组织排水以免屋面排水影响行人及车辆，或妨碍市容。

4）严寒地区的建筑。一般采用内排水，防止雨水凝结导致排水不畅。此外，湿陷性黄土地区的建筑也宜采用有组织排水。

一般屋面的排集水（分水）面积以不超过200m²为宜。雨水管间距根据雨水管直径和排集水面积确定。民用建筑常用12～16m，一般不宜超过18m，工业建筑可放宽要求，一般为18～24m。

有组织排水又可分为外排水和内排水。外排水雨水管在墙外，是建筑中优先考虑的一种排水方式，有檐沟外排水、女儿墙外排水、女儿墙檐沟外排水等多种形式。檐沟纵向排水坡度不小于0.5%～1%。

内排水是在大面积多跨屋面、高层建筑以及有特殊需要时采用的一种排水方式，使雨水经雨水口流入室内雨水管，再由地下管道将雨水排至室外排水系统。有管道井暗沟内排水、明管内排水、吊顶水平暗管内排水等形式。因雨水管在室内，构造复杂、易渗漏且维修不便。

采用有组织排水方式时，应使屋面排水线路短捷，檐沟或天沟排水通畅，雨水口负荷适当、布置均匀。

单坡排水的屋顶面宽度不大于12m，矩形天沟净宽不宜小于200mm，天沟分水线处最小深度大于120mm，雨水口负荷适当且不小于120mm，水落管直径不小于75mm。

9.2 平屋顶构造

9.2.1 平屋顶防水

1. 防水方法和要求

平屋顶屋面所采取的防水方式主要是材料防水，采用防水材料覆盖整个屋面以达到防渗漏的目的。

一般来说，根据所选防水材料及做法的不同，平屋顶屋面防水构造方案可以分为柔性材料防水、刚性材料防水、涂膜防水等几种基本方法，它们各有优缺点，适用范围也有所不同。然而，无论采用哪种防水，由于屋面常年暴露在日夜交替、温度周期变化的环境之中，热胀冷缩的运动周而复始，再加上屋顶结构的变形也有可能殃及表面防水层，因此，能适应变形是所有防水方案对材料及构造做法的首要要求。否则，防水材料一旦开裂，屋面渗漏将不可避免。

此外，由于防水材料大都成整体设置，不易于局部更换，因而对平屋顶屋面防水材料的耐久性和耐气候性也有一定的要求。在构造上往往设保护层来加以保护。

2. 平屋顶防水构造方案选择

选择屋面防水构造方案的依据是房屋的防水等级、气候的影响、屋面的使用情况、屋面坡度、经济条件及施工条件等。

（1）防水等级　防水等级较低的房屋只要做一道防水层便可，且防水材料选择范围较宽。而防水等级较高的房屋则要求多道设防，并要求屋面防水层的耐久性较好，应选取如高分子化合物等性能较好的材料，见表9-2。我国幅员辽阔，南北气候差别大，各地在长期的实践过程中，形成了相对固定的屋面防水构造做法，值得借鉴。

表9-2　屋面防水等级和设防要求

防水等级	建筑类别	设防要求
I 级	重要建筑和高层建筑	两道设防
II 级	一般建筑	一道设防

（2）屋面的使用情况　屋面的使用情况主要考虑是否上人。上人的屋面不能选用油毡防水层这样易于鼓泡开裂的材料，而应首选刚性防水。在条件允许及多道防水的情况下，可以选用材料性能好的高分子材料做防水层，然后再在上面铺设隔离层并用适合行走使用的材料例如细混凝土等铺面，或者再在高分子材料上做刚性防水层，然后做饰面处理。

（3）屋面坡度　受屋面坡度限制较大的是粉状材料防水方案。因为粉状防水材料不牢固，在坡度大的屋面易被冲刷，这点将在后面章节中详述。

（4）经济条件　选取屋面防水构造方案时也不得不认真考虑经济条件。现在已经有一些新的防水材料，材料性能好，施工较方便，且价格便宜。传统的防水构造做法一般都经过长时期的实践考验，虽然有一些材料的性能并不十分理想，但构造方法合理，价格也较低廉。

（5）施工条件　施工条件势必影响到各种防水方案的施工方法及防水材料的选择。在工程中主要考虑基底的实际情况，例如，某些潮湿的基底上就需考虑使用能使其较好结合的防水涂料。

总之，影响到屋面防水方案选择的因素相当多，应综合考虑决定取舍。另外，建材业的发展也给防水方案的选择带来新的可能性，在实践中应予以密切关注。下面就各种材料防水方案来进行论述。

9.2.2　柔性防水屋面

柔性防水（卷材防水）是指用防水卷材与黏结剂结合在一起形成连续致密的构造层以达到防水目的。防水层具有一定的延伸性和适应变形（温度、振动、不均匀沉陷）的能力故称柔性防水。

1. 防水材料

柔性防水材料本身不透水，又有一定的延展性和弹性，可以在一定范围内适应屋面的微小变形。它们一般是卷材，可供铺设。防水卷材有高聚物改性沥青卷材和高分子卷材。

（1）高聚物改性沥青防水卷材　常用的有 SBS 改性沥青油毡、再生胶改性沥青聚酯油毡、铝箔塑胶聚酯油毡、丁苯橡胶改性沥青油毡等。

（2）高分子类卷材　常见的有三元乙丙橡胶防水卷材、氯化聚乙烯防水卷材、聚氯乙烯防水卷材、氯丁橡胶防水卷材、再生胶防水卷材、聚乙烯胶防水卷材、丙烯酸树脂卷材等。

2. 构造层次和做法

柔性防水屋面由防水层、结合层、找平层、结构层等组成。

（1）结构层　多为钢筋混凝土板，可现浇也可预制。

（2）找坡层　一般为轻质材料，如厚度不小于 30mm 的 1：8 水泥焦砟。

（3）找平层　卷材防水层要铺在坚固而平整的基层上，以防止卷材凹陷或断裂。因而在松软材料上应设找平层，在施工中铺设屋面板难以保证平整，所以在屋面板上也要设找平层，无论用哪种方法形成屋面坡度，只要表面不平整，都必须先做找平层，再做柔性防水层。找平层一般采用 20mm 厚 1：3 水泥砂浆，也可用 1：8 沥青砂浆等。

（4）结合层　为了使卷材与基层胶结牢固，在基层与卷材黏结剂间形成一层胶质薄膜。沥青类卷材常用冷底子油，改性沥青卷材常用改性沥青黏结剂。

（5）防水层　防水卷材二至三层。

（6）保护层　为了保护柔性防水层少受气候变化的影响，提高其耐久性，往往在其表面上再做一层保护层。例如，在传统的油毡防水屋面上撒一层粗砂（俗称"绿豆砂"），由于其表面颜色较浅，可以反射部分阳光，达到降温的效果，还可以保护防水层表面的沥青，使其不至于在高温下流淌、破坏。通常用作保护层的材料还有铝箔、云母、硅石、水泥砂浆、细石混凝土以及各种块材。

上人屋面在防水层上另加面层做保护层。一般浇筑 30 ~ 40mm 厚的细石混凝土面层，也可用水泥砂浆铺预制混凝土块或大阶砖，还可将预制板或大阶预制板或大阶砖架空铺设以利通风。采用块体材料做保护层时，宜设分隔缝，其纵横间距不宜大于 10m，分隔缝宽度宜为 20mm，并应用密封材料嵌填。采用细石混凝土做保护层时，表面应抹平压光，并应设分隔缝，其纵横间距不宜大于 6m，分隔缝宽度宜为 10 ~ 20mm，并应用密封材料嵌填。

（7）隔离层　在柔性防水层与水泥砂浆、细石混凝土等保护层之间还需要设置隔离层，以便防水层检修与更新之用。隔离层的材料可选用干铺卷材、纸筋石灰等。图 9-7 所示是比较典型的柔性防水屋面的做法。

3. 卷材铺设

柔性防水材料在施工过程中是铺设的。为了使卷材之间搭接的接缝中不至于渗水，同时防止卷材在风力作用下移动或被破坏，柔性防水材料一般都采用与其化学性能接近的材料粘贴在屋面上。一般习惯用沥青来粘贴油毡，称为"几毡几油"。这种做法是热施工，施工条件差，沥青又容易在高温的气候中产生流淌的现象，弊病多。高分子化合物的防水卷材则可以进行冷施工，例如三元乙丙防水卷材用合成橡胶类的黏结剂（像 CX—404、BNZ 之类）来粘贴，不必对黏结剂进行加热。

由于在施工过程中不能保证基底完全干燥后再施之以柔性防水层，而且在进行室内粉刷及用户使用的过程中都可能产生水汽，这些水汽如果在防水层之下某处积聚，柔性防水层就

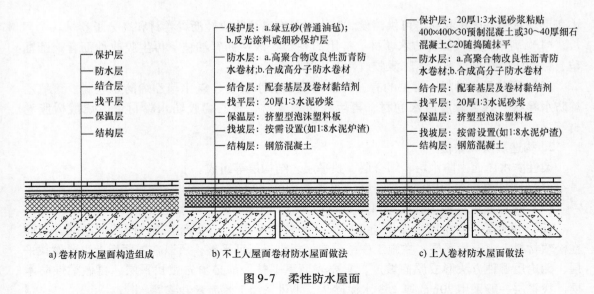

图 9-7 柔性防水屋面

有可能在该处鼓泡,这种泡一旦在外力作用下破裂,防水机制就会受到破坏。因此,现在的施工方法是将满涂黏结剂的办法改为条粘法或点粘法,使得水汽不在一处积聚。有些柔性防水卷材特地生产出带波状的规格用在防水层的底层。图 9-8 所示为卷材铺设方式。

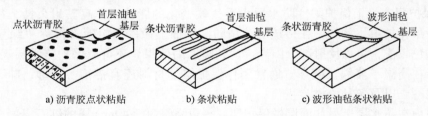

图 9-8 卷材的条粘法或点粘法

屋面坡度小于 3% 时取材平行屋脊铺贴,当屋面坡度在 3% ~ 15% 时卷材平行或垂直屋脊铺贴,屋面坡度大于 15% 或屋面受振动时沥青防水卷材垂直屋脊铺贴,高聚物改性沥青防水卷材和合成高分子防水卷材可平行或垂直铺贴。使用卷材的屋面坡度不宜超过 25%。上下层卷材不得相互垂直铺贴,卷材之间应有一定的搭接宽度,并在搭接处用材料性能相近的密封材料封严实。

9.2.3 刚性防水屋面

刚性防水屋面是指用细石混凝土做防水层的屋顶面,因混凝土属脆性材料,抗拉强度较低,故称刚性防水屋面。

刚性防水屋面施工简单方便,但易开裂,对气温变化和屋面基层变形的适应性较差。故适用于无保温要求屋面(要求基层变形小),不宜用于高温、有振动和基础有较大不均匀沉降的建筑。

1. 防水材料

刚性防水材料主要是指防水砂浆和防水混凝土。砂浆和混凝土本来的材性就比较密实,但因在结硬过程中水分流失会留下孔隙而形成毛细管,于防水不利,因此在用作防水层时最好加入添加剂。添加剂的作用有的是减少施工时水泥砂浆和混凝土的用水量，并提高它们的凝结速度，以进一步改善其材料的密实性；有的是引起混凝土结硬时的微膨胀以抵消其原有的收缩，从而达到提高其抗裂性能的目的；还有一些添加剂为憎水性的材料，例如某些有机硅、水玻璃、氯化物金属盐、无机非金属矿物质及金属皂类等，它们混合在水泥砂浆和混凝土中可以堵塞孔隙，防止水渗漏。加入添加剂的防水砂浆和防水混凝土具有比一般砂浆和混凝土更好的防水性能。在工程中整体现浇的屋面上可以做防水砂浆，而铺设预制屋面板的屋面大多采用防水混凝土作为防水层。砂浆中水泥的含量必须较高，配比一般为 1:2；混凝土一般采用 C20 细石混凝土，厚度不小于 40mm。

2. 构造层次及做法

刚性防水屋面由防水层、隔离层、找平层、结构层组成。

（1）防水层 刚性防水屋面最严重的问题是防水层在施工完成后出现裂缝而渗漏。为了防止防水层变形，常会在细石混凝土中配置钢筋来加以弥补。一般用不低于 C20 的细石混凝土整体现浇而成，厚度不小于 40mm，内配 $\phi4@100 \sim 200mm$ 双向钢筋网片。配筋位置应接近混凝土的上表面，一般只要留有 15mm 厚的保护层即可。采取掺外加剂和提高砂浆混凝土的密实性来提高防水层抗裂和抗渗性能。

（2）隔离层（浮筑层） 刚性防水层按理说可以直接做在屋面结构层上面或做在屋面找坡层上面，不用先找平。但为了抵御因热胀冷缩及建筑结构变形所造成的刚性防水层开裂，除了在细石混凝土中配筋之外，还有设置浮筑层和设置分仓缝等常用方法，分仓缝的设置将在后面详述。浮筑层设置在防水层与结构层之间。主要有两方面的作用。

1）减少结构变形对防水层的不利影响。将刚性防水层与结构部分脱离，使它们之间具有相对位移的可能。这样防水层可以在温度作用下自由伸缩而不受结构部分的牵制。

2）防水层在温度作用下可自由伸缩。将刚性防水层与结构部分脱离，建筑结构变形给防水层带来的影响也可以减至最小。

在工程中能用作浮筑层的材料很多，各地习惯的做法也不尽相同，废机油、石灰砂浆、纸筋石灰等都可用来当浮筑层，近年来使用广泛的建筑拒水粉也可以设置在这里发挥防水和隔离的双重作用。为了使上述的相对位移易于实现，必须给浮筑层提供一个平整的基底。因此，在做浮筑层之前，往往需要先做找平层。

（3）找平层 作用和做法见柔性防水屋面，屋面为整体现浇混凝土可不设。图 9-9 所示是较典型的刚性防水屋顶面的做法。

3. 刚性防水屋面的变形及防止

为了抵御因热胀冷缩及建筑结构变形所造成的刚性防水层开裂，除了在细石混凝土中配筋、设置浮筑层之外还有设置分仓缝和滑动支座等常用方法。

（1）分仓缝的设置 分仓缝又称分格缝，是设置在刚性防水层中的变形缝。如同外墙面粉刷时预留引条线一样，可起到分散变形应力的效果，其作用具体表现在以下两方面：

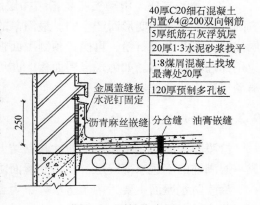

图 9-9 刚性防水屋面

1）将单块混凝土防水层的面积减少，从而减少其伸缩变形，防止和限制裂缝产生。

2）支承端部位预留分格缝可避免防水层开裂。

刚性材料本身存在着抗拉伸能力差的缺陷，分仓缝纵横间距不宜大于6m，缝宽20～40mm。位置应设在结构变形敏感的部位，如不同方向搁置的预制屋面板的支座轴线处、预制板和现浇板的交接处、屋面转折处、防水层与突出屋面的结构交接处，尤其是屋面檐口处等，如图9-10所示。

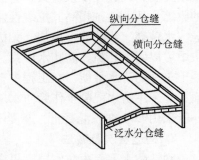

图 9-10　分仓缝的划分

刚性防水屋面防水层内钢筋在分格缝处需断开，板缝内填入具有弹性的材料，如塑胶条或沥青麻丝等，之后再用防水油膏嵌缝。为避免缝中积水，可以在横向支座处的分仓缝两侧将混凝土翻上30～40mm，形成凸缝来挡水，如图9-11b所示。

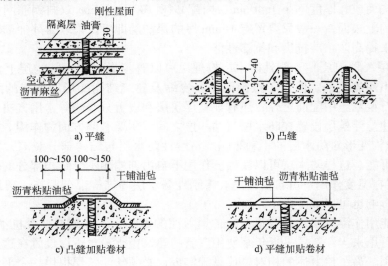

a) 平缝　　　　　　　　　b) 凸缝

c) 凸缝加贴卷材　　　　　d) 平缝加贴卷材

图 9-11　分仓缝做法

（2）滑动支座　滑动支座是指结构层屋面板与墙或梁的连接处的构造处理，是为了适应刚性防水屋面的变形而产生的。最简单的做法是，在墙或梁上先用水泥砂浆找平，干铺两层油毡，中间夹滑石粉，再搁置预制屋面板。屋顶面板顶端之间或与女儿墙壁之间的端缝都应用弹性材料嵌填。如为现浇屋面板，亦可在支座处做滑动支座。图9-12为刚性屋面设置滑动支座构造示例。

9.2.4　涂膜防水屋面

涂膜防水屋面，系指用可塑性和黏结力较强的高分子涂料，直接涂刷在屋面基层上，形成一层满铺的不透水薄膜层，以达到屋面防水的目的。

涂膜防水屋面主要适用于防水等级为Ⅰ级的屋面防水中的一道防水和防水等级为Ⅱ级的屋面防水。

1. 防水材料

涂膜防水屋顶面的防水材料主要有各种涂料和胎体增强材料两大类。

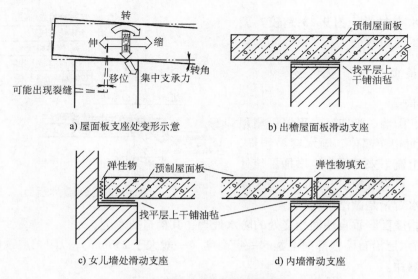

a) 屋面板支座处变形示意　　　　b) 出檐屋面板滑动支座

c) 女儿墙处滑动支座　　　　d) 内墙滑动支座

图 9-12 刚性防水屋顶面设置滑动支座构造

防水涂料主要有水泥基涂料、合成高分子防水涂料和高聚物改性沥青防水涂料等。其防水机理：其一是靠涂料本身或与基底表面发生化学反应所生成的不溶性物质来封闭基层表层的孔隙；其二是生成不透水的薄膜，附着在基底表面。因此，要求防水涂料与基底有良好的结合性，形成的涂膜坚固、耐久，并且具有一定的弹性以适应屋面的变形。防水涂料的一大优点是它可以用来填补某些细小的缝隙，可以用在某些难以铺设卷材防水材料的地方，例如管道出口等。有一些防水涂料可以附着在潮湿的表面上，不受某些施工条件限制。

胎体增强材料可配合某些防水涂料来增强涂层的贴附覆盖能力和抗变形能力，如纤维网格布或中碱玻璃布、聚酯无纺布等。

2. 施工方法和构造层次

防水涂料可以在与卷材防水屋面相同的构造层次上施工，也可以附加在刚性防水层上，加强防水效果。有一些涂料在施工时加入一层纤维性的增强材料来加固，例如所谓的"一布四油"，是在一层无纺化纤布上施工，加上若干涂层。这种方法也用于某些易于产生裂缝的地方。对防水涂层，凡遇有基底分仓缝的地方，为了适应变形，防止生成的防水涂膜被拉裂，都应用单边粘贴的方法空铺一条加筋布或防水卷材。氯丁胶乳沥青防水涂料屋面的构造层次如下：

（1）找坡层　20mm 厚 1:8 煤屑混凝土。

（2）找平层　1:2.5～1:3 水泥砂浆。

（3）涂层　涂层分底涂层和中涂层。底涂层为稀释涂料干后刷 2～3 遍涂料。中涂层为加胎体材料的涂层，有干铺和湿铺两种施工方法：干铺法是在已干的底涂层上铺纤维网格布，展开后加以点粘固定，当铺过两个纵向搭接缝以后依次涂刷防水涂料 2～3 遍，待干后，再铺网格布，再涂刷 1～2 遍涂料，干后再刷涂增强涂料。湿铺法是在已干的底涂层上刷防水涂料同时铺网格布，干后再刷涂料。

（4）保护层　涂料防水层的表面应设置保护层，材料为粗砂、蛭石、云母、水泥砂浆、各种块材等。如采用上述后两类材料作为保护层，则保护层与防水层之间仍需加设隔离层，做法如同防水卷材类。图 9-13 是较典型的涂料防水屋面的做法。

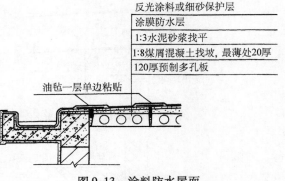

右侧标注：
反光涂料或细砂保护层
涂膜防水层
1:3水泥砂浆找平
1:8煤屑混凝土找坡，最薄处20厚
120厚预制多孔板

油毡一层单边粘贴

图 9-13 涂料防水屋面

9.2.5 平屋顶防水节点构造

1. 泛水构造

女儿墙、山墙、烟囱、变形缝等屋顶面与垂直墙面相交部位，雨水容易积聚，直墙内表面上流下来的雨水也增加了该处的水流量。一旦直墙檐口开裂，将造成渗漏现象，防水对策是做泛水处理。

泛水是指屋面与垂直墙面相交处的防水处理，其构造要求为：

1）将防水层沿直墙根部向上翻起一定高度（一般大于 250mm）以阻挡屋顶面方向来的水向裂缝中灌注。

2）在屋面与垂直女儿墙的交接缝处，砂浆找平层应抹成圆弧形或 45°斜面，使卷材铺贴牢，避免卷材架空或折断。

3）做好泛水上口的收头处理，在垂直墙中凿出通长凹槽，将卷材收头压入凹槽内，用防水压条钉压后再用密封材料嵌填封严，外抹水泥砂浆保护。凹槽上部的垂直墙体也要做好防水处理。泛水的形式及构造，如图 9-14、图 9-15 所示。

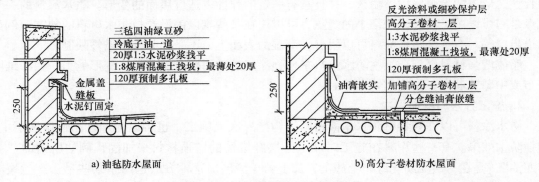

a) 油毡防水屋面 标注：
三毡四油绿豆砂
冷底子油一道
20厚1:3水泥砂浆找平
1:8煤屑混凝土找坡，最薄处20厚
120厚预制多孔板
金属盖缝板
水泥钉固定
250

b) 高分子卷材防水屋面 标注：
反光涂料或细砂保护层
高分子卷材一层
1:3水泥砂浆找平
1:8煤屑混凝土找坡，最薄处20厚
120厚预制多孔板
加铺高分子卷材一层
分仓缝油膏嵌缝
油膏嵌实
250

图 9-14 柔性防水屋面泛水的构造

2. 檐口构造

平屋面檐口部位和内落水的排水口附近，处在屋面坡度走向最低处，雨雪水容易在此积聚。且檐口为屋面自由端，温度应力在附近最为集中，变形最为显著。同时，受自然影响的热胀冷缩总是从屋面的外表面开始逐渐向内部传递的，在不同的时刻屋面的各个层次之间温度的差异情况各不相同，受温度应力的影响的情况也各不相同。另外，房屋的不均匀沉降往往会造成结构构件之间的相互错动，这种错动也在屋面尤其是檐口附近表现得格外明显，并会直接传递到依附在它表面的屋面防水构造层次上去，造成它的局部破坏。因此，屋面檐口部分是容易变形开裂的要害部位，又是水最集中的部位，必须作为防水的重点来处理。檐口排水形式如图 9-16 所示。

（1）自由落水挑檐檐口 挑檐较短时，防水层可直接挑出形成挑檐口。挑檐较长时，采用与屋面圈梁连为一体的悬挑板形成挑檐。在挑檐板与屋面板上做找平层和隔离层后浇筑

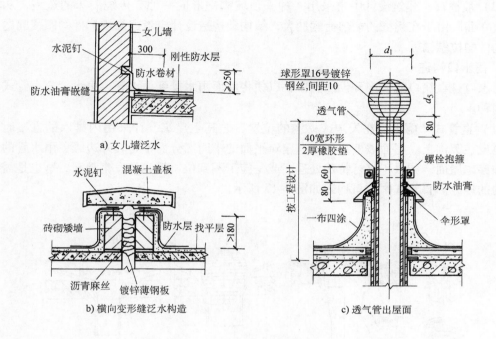

图 9-15 泛水的形式及构造

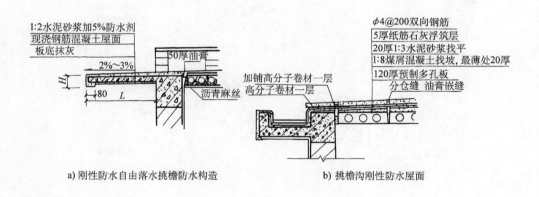

图 9-16 檐口排水形式

混凝土防水层,檐口处应做滴水。

(2)挑檐沟檐口 平屋顶面采用挑檐沟排水时,挑檐沟最好能与顶层圈梁或框架梁整浇在一起。因为挑檐沟在温度变化作用下,往往产生翘曲变形,特别是它的转角部分,变形尤为严重。整浇可以防止檐沟在与墙身连接处开裂。挑檐沟时檐口如果产生裂缝渗漏,水的主要来源是屋面的雨水。因此,挑檐沟的檐口防水构造的主要内容是将防水层一直延伸至挑檐沟外,并在挑檐沟处加强。鉴于屋面挑檐沟需要有一定的容积,因此做刚性防水层的屋面一般在挑檐沟处借助其他防水材料来处理。另外,挑檐沟也需有一定的排水坡度来引水至排水口处。该坡度一般不小于5‰。

（3）坡檐口　建筑设计中常采用一种平顶坡檐来形成一种有传统韵味的造型，从而丰富建筑立面。由于在挑檐的端部荷载加大，结构和构造设计应考虑悬挑构件的倾覆问题，处理好构件的拉结锚固。

3. 雨水口构造

雨水口是在檐口或檐沟开设的洞口，以便将屋面雨水排到雨水管。雨水管分直管式和弯管式两种。

（1）直管式　雨水口在天沟或檐沟的位置，尤其是建筑设计采用内排水的方案时，雨水口也设在天沟上。屋面坡度往往走向建筑平面的中间部分而不是其外边缘，雨水管的雨水口必须穿越屋面，如果不进行特殊处理，或是施工不到位，就容易发生渗漏，这也是需要加以关注的地方。直管式雨水口构造如图9-17所示。

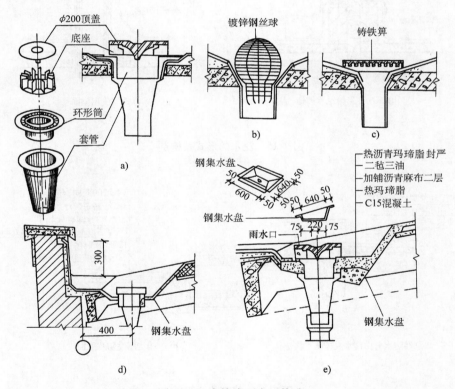

图9-17　直管式雨水口构造

（2）弯管式　弯管式雨水口多用于女儿墙外排水，如图9-18所示。

在女儿墙上的预留孔洞中安装雨水口构件，使屋面雨水穿过女儿墙排至墙外的雨水斗中。为防止雨水口与屋面交接处发生渗漏，需将卷材铺入雨水口内100mm，雨水口上还应安装铁箅，以防杂物堵塞管道。雨水口弯头可用铸铁或塑料制成。

4. 屋面出入口的防水构造

无楼梯通达屋面时，一般设有垂直检修口，应做好其防水处理。有楼梯通达屋面时，因室内外存在高差，也应做好屋面水平出入口的防水处理。屋面出入口的防水构造如图9-19所示。

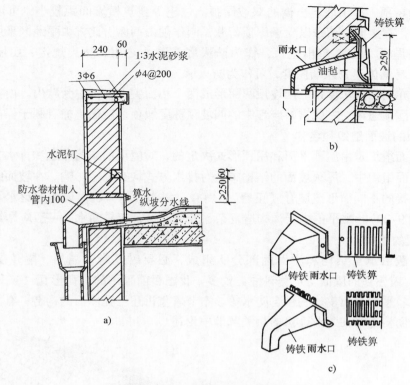

图 9-18 弯管式雨水口构造

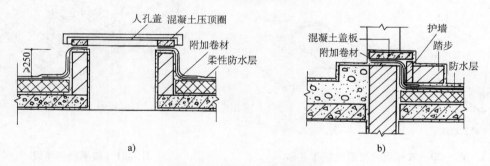

图 9-19 屋面出入口构造

9.3 坡屋顶构造

9.3.1 坡屋顶的形式与组成

1. 坡屋顶的形式

坡屋顶根据坡面组织的不同，主要有单坡顶、双坡顶，四坡顶及其他形式。房屋进深较大时，选用双坡顶为多。双坡顶，由于檐口和山墙处理的不同又可分为以下几种。

（1）悬山屋顶　即山墙挑檐的双坡屋顶。挑檐可保护墙身，有利于排水，并有一定遮阳作用，常用于南方多雨地区。

（2）硬山屋顶　即山墙不出檐的双坡屋顶。住宅等建筑横墙间距较小，可以把横墙上部砌成三角形，直接搁置檩条以支承屋顶荷载，叫作硬山搁檩。北方少雨地区采用较广。

（3）出山屋顶　山墙超出屋顶，作为防火墙或装饰之用。防火规定，山墙超出屋顶500mm以上，易燃体不砌入墙内者，可作为防火墙。

四坡顶，亦叫四落水屋顶。四坡顶两面形成两个小山尖，古代称为歇山。山尖处可设百叶窗，有利于屋顶通风。古代宫殿庙寺中的四坡顶称庑殿顶。四面挑檐有利于保护墙身。

2. 坡屋顶的坡面组织和名称

屋顶的坡面组织是由屋顶平面和屋顶形式决定的，对屋顶的结构布置和排水方式均有一定影响。在坡面组织中，屋顶坡面的结构布置对排水方式均有一定影响。在坡面组织中，由于屋顶坡面交接的不同而形成屋脊（正脊）、斜脊、斜沟、檐口、内天沟和泛水等不同部位和名称（见图9-20）。水平的内天沟构造复杂，处理不慎，容易漏水，一般应尽量避免。

3. 坡屋顶的组成

坡屋顶一般由承重结构和屋面两部分所组成，必要时还有保温层、隔热层及顶棚等（见图9-21），坡屋顶的屋面防水盖料种类较多，我国目前采用的有弧形瓦（或称小青瓦）、平瓦、波形瓦、平板金属皮、构件自防水等。本节着重讲述平瓦屋面的构造；有关波形瓦及构件自防水屋面构造将在工业建筑的相关章节中论述。

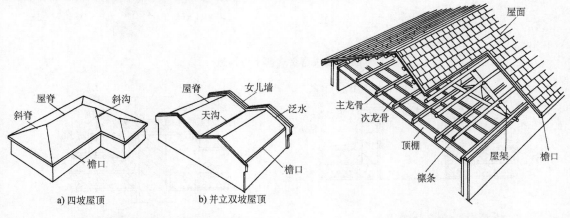

a) 四坡屋顶　　　b) 并立双坡屋顶

图9-20　坡屋顶的坡面组织和名称　　　图9-21　坡屋顶的组成

9.3.2　坡屋顶的结构系统

坡屋顶支承结构大体上可分为三类：一类为檩式；一类为椽式；一类为板式。本节以檩式为主，适当介绍一些椽式和板式的内容。

1. 檩式屋顶结构

檩式屋顶结构是以檩条作为屋面主要支承结构的结构系统。檩条亦称桁条，是房屋纵向搁置在屋架或山墙上的屋面支承梁。它的上面一般用屋面板或椽子作为屋面的承重基层，也可以用苇箔、芦席等地方材料来代替屋面板。

（1）檩条的类型

檩条一般用圆木或方木。为了节约木材，也采用预制钢筋混凝土檩条或轻钢檩条。檩条的用料尺寸应按计算决定，特别要防止过大的挠曲。通常当檩条为 3～4m 时，圆木檩条的直径约 100～120mm；方木檩条的尺寸约为（75～100）mm×（200～250）mm。

采用预制钢筋混凝土檩条时，各地都有产品规格可查。常见的有矩形、L 形和 T 形等截面。为了在钢筋混凝土檩条上钉屋面板常在面上设置木条，木条断面呈梯形，尺寸约为40～50mm 左右。

采用木檩条时要做好搁置处的防腐处理。一般在端头涂以沥青，并在搁置点下设有混凝土垫块，以利荷载的分布。

采用轻钢檩条多为冷轧薄壁型钢或小型角钢与钢筋焊接的平面或空间桁架式檩条。

（2）檩式屋顶的支承体系

檩式层顶承重结构体系包括屋架支承、山墙支承、梁架支承三种形式。

1）屋架支承。一般建筑常采用的三角形屋架，用来架设檩条以支承屋面荷载（见图9-22）。通常，屋架搁置在房屋纵向外墙或柱墩上，使建筑有一较大的使用空间。屋架一般按照房屋的开间为相等间距排列，房屋开间的选择与建筑平面以及立面设计都有关系，大量性民用建筑通常采用 3～4.5m 较多，大跨度建筑可达 6m 或更多。

2）山墙支承。山墙常指房屋的外横墙，利用山墙砌成尖顶形状直接搁置檩条以承受屋顶重量，这种结构形式叫"山墙承重"或"硬山搁檩"（见图9-23）。山墙到顶直接搁檩的做法简单经济，一般适合于多数相同开间并列的房屋，如宿舍、办公室之类。

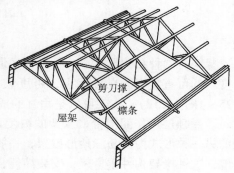

图 9-22 屋架支承

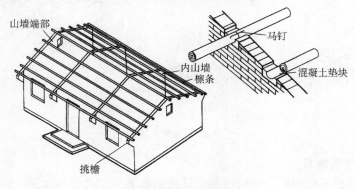

图 9-23 硬山搁檩

3）梁架支承。我国传统屋顶的结构形式，以柱和梁形成梁架来支承檩条，每隔两根或三根檩条立一柱，并利用檩条及连系梁（枋），把整个房屋形成一个整体的骨架（见图9-24）。墙只起围护和分隔作用，不承重，因此这种结构形式有"墙倒，屋不塌"之称。

2. 椽式屋顶结构体系

椽式是以椽架为主、小间距布置的屋面承重方式。椽架的间距一般为 400～1200mm，椽架的间距较小，用料亦小，有利于各种不同尺度房间的灵活排列，并适合于有阁楼的

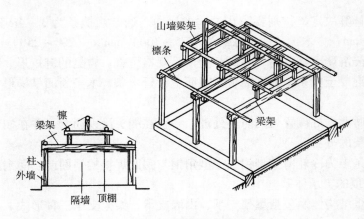

图 9-24 梁架支承

房子。

　　椽架有两种结构形式。一种是人字形椽子和一道横木（拉杆）组成（见图 9-25a、b）。跨度小的可直接支承在外墙上，跨度较大的还要架设檩条或纵向支架来支承椽架（见图 9-25c、图 9-25d）。支架可以是垂直的或斜撑式的；当跨度较大时，还可用桁架（见图 9-25e）。屋顶层用作阁楼者，椽架的坡度可稍大些，有时它的下弦木可用作阁楼的搁栅。椽架的另一种形式为简易三角形屋架，一般用小尺寸的木料，用钉合方法拼装而成，直接支于外墙，这种椽架构件重量轻，安装简便、快速，常用于屋面坡度不大的屋顶，有起吊能力的工地，还可采用整批组装后吊装。

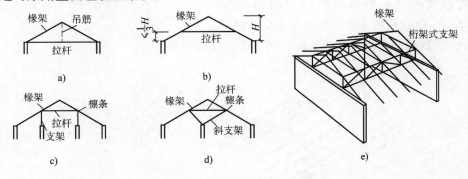

图 9-25 椽架式屋顶

3. 板式结构屋顶体系

　　以预制钢筋混凝土屋面板为屋顶面基层结构的体系，又称无檩体系。将屋面板直接搁在山墙、屋架或屋面梁上。这种构造方式近年来常见于民用住宅或风景园林建筑的屋顶。在板式结构屋顶体系中，瓦主要起造型和装饰作用。

9.3.3　坡屋顶的屋面构造

　　坡屋顶的屋面防水材料种类较多，我国目前采用的有平瓦、小青瓦（又称弧形瓦）、波瓦、平板金属皮等。在此着重介绍平瓦屋面的构造。

9.3.3.1　平瓦屋面

　　平瓦，又称机平瓦，是根据防水和排水需要用黏土模压制成凹凸楞纹后焙烧而成的瓦片，瓦宽240mm，长380～420mm，厚50mm，瓦的四边有榫，俗称爪和沟槽。铺压时瓦上下左右利用榫、槽相互搭接密合，防止雨水渗入。

1. 平瓦屋面的基层构造

（1）冷摊瓦屋面　冷摊瓦屋面是平瓦屋面最简单的做法，即在椽子上钉挂瓦条后直接挂瓦。挂瓦条尺寸视椽子间距而定，间距400mm时挂瓦条可用20mm×25mm立放；再大则要适当加大。冷摊瓦屋面简单、经济，但往往雨雪容易飘入，通常用于标准不高的建筑，如图9-26a所示。

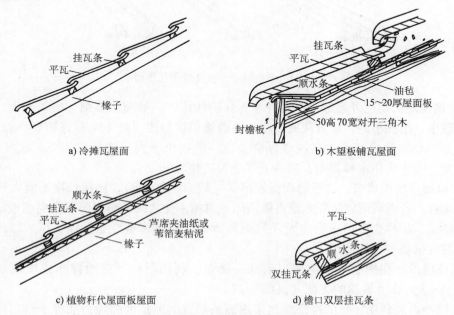

a) 冷摊瓦屋面

b) 木望板铺瓦屋面

c) 植物秆代屋面板屋面

d) 檐口双层挂瓦条

图 9-26　平瓦屋顶屋面基层形式

（2）**木望板平瓦屋面**　木望板平瓦屋面是一种用油毡结合瓦材来防水的平瓦屋面。其油毡可平行屋脊方向铺设，从椽口铺到屋脊，搭接不小于80mm，用压毡条（又称顺水条）钉牢。板条方向与椽口垂直，上面再钉挂瓦条，这样使挂瓦条与油毡之间留有空隙，以利排水。一般屋面板厚15～20mm，对于清水屋面（底面露明的）要求密铺并在底面刨光；混水屋面（不露明的）则可稀铺，间隙≤25mm，如图9-26b所示。

为了节约木材和油毡，可用杆状植物（如苇席、苇箔、高粱、荆笆等）或它们的编织物来代替木板，上面铺上油纸或油毡，或用麦秸泥直接贴瓦，不但节约屋面板、挂瓦条等，冬天还可用作保温层，如图9-26c所示。

（3）**钢筋混凝土挂瓦板平瓦屋面**　挂瓦板是一种根部留有泄水孔的钢筋混凝土构件，基本形式有双肋板、单肋板和F形三种（见图9-27）。板肋用来挂瓦，肋距同挂瓦条间距，肋高按跨度计算决定。挂瓦板与山墙或屋架的固定，可坐浆或用钢筋套接。挂瓦板平瓦屋面实际上是一种无檩体系屋面，挂瓦板综合了檩条、屋面板、挂瓦条和斜顶棚的功能，构造简单、造价经济，但防水效果不够理想。不能用于防水要求较高的屋面。

2. 平瓦屋顶的细部构造

（1）**纵墙檐口**　坡屋顶的檐口一般有挑檐和包檐两种。

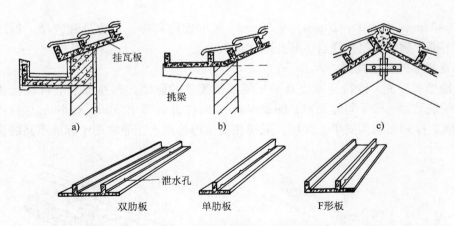

图 9-27 钢筋混凝土挂瓦板平瓦屋面

1）挑檐是屋面挑出外墙部分，对外墙起保护作用。一般南方多雨，出挑较大；北方少雨，出挑较小。出挑小的，较方便的方法是用砖挑檐，每皮出挑 1/4 砖宽约 60mm，高每次两皮砖约 120mm，挑出若干皮砖与墙厚有关，一般挑出不大于墙厚的 1/2（见图 9-28a）。出挑较大者，通常采用木料挑檐，基本上可分为三种情况。

① 用屋面板出挑檐口。由于屋面板较薄（一般 15～20mm），出挑长度不宜大于 300mm（见图 9-28b）。若能利用屋架托木或由横墙砌入挑檐木使之端头与屋面板及封檐板结合，则挑檐可较硬朗，出挑长度可适当加大（见图 9-28c）。挑檐木要注意防腐，压入墙内要大于出挑长度的两倍。

② 挑檩檐口。在檐墙外面的檐口下加一檩条，利用屋架下弦的撑木或横墙加一檩木（或混凝土挑梁）作为檐檩的支托（见图 9-28d）。

③ 挑椽檐口。利用已有的椽子或在采用檩条承重的屋顶的檐边另加椽子挑出作为檐口的支托（见图 9-28e）。具体尺寸可视椽子尺寸计算确定。

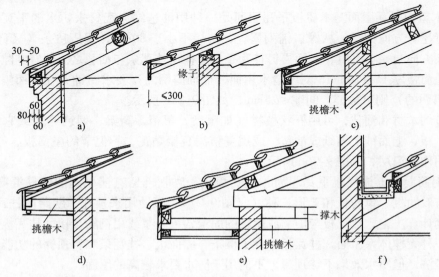

图 9-28 平瓦屋面纵墙檐口构造

2）包檐檐口是在檐口外墙上部用砖砌出屋檐的压檐墙（女儿墙）将檐口包住（见图9-28f）。在包檐内应很好地解决排水问题，一般均须做水平天沟式的檐沟，最常用的做法是用镀锌薄钢板放在木底板上，薄钢板天沟一边应伸入油毡层下，一边在靠墙处做泛水（见图9-29）。女儿墙高度不大的情况下，可把外墙缩小到半砖厚，檐沟做在墙出挑处，并在女儿墙上做混凝土压顶。

包檐檐口很容易损坏，薄钢板须经常油漆防锈，木材也须防腐处理，维护不当将造成漏水。地震区女儿墙易坍落，故非特殊需要不宜采用。

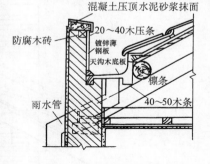

图9-29　平瓦屋面包檐檐口构造

（2）山墙檐口　山墙檐口可分为山墙挑檐和山墙封檐两种，山墙挑檐又名悬山，山墙封檐包括硬山和出山。

1）山墙封檐。硬山做法是屋面和山墙齐平，或挑出一二皮砖，用水泥砂浆抹压边瓦出线。出山做法是将山墙砌出屋面，在山墙与屋面交接处做泛水，泛水高度不小于180mm。

2）山墙挑檐一般用檩条出挑。椽架式可另加挑檐木出挑，然后铺屋面砖。在檩条或挑椽端头用木板封檐。

3. 天沟、斜沟构造

等高跨或高低跨屋面相交处及包檐口处形成天沟，倾斜屋面垂直相交处设斜沟，做法如图9-30所示。

天沟与斜沟断面积应满足一定要求，其上口宽度应大于300～400mm。斜沟一般用镀锌薄钢板制成，两边包钉在木条上，并伸入瓦片不少于150mm，木条高度要保证搁在上面的瓦片与其他瓦片平行，同时防止渗漏。在斜沟两侧的瓦片要锯成一条与斜沟平行的直线，挑出木条的长度在40mm以上。

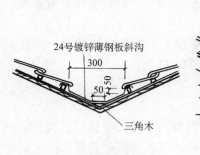
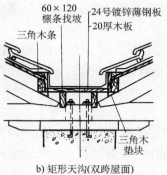
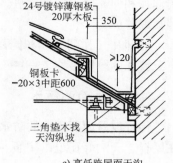

a) 三角形天沟(双跨屋面)　　　b) 矩形天沟(双跨屋面)　　　c) 高低跨屋面天沟

图9-30　天沟、斜沟的构造

4. 烟囱泛水

烟囱突出屋面带来的是防水和防火的构造问题。屋面与烟囱交接处四周均须做泛水，一般做薄钢板泛水。为了节约薄钢板，亦可用挑砖、水泥石灰纸筋砂浆抹灰做烟囱泛水，其上方既要在上面的瓦下，又要使其承受的雨水流至两侧即下侧的瓦上。按防火规定，烟囱四周离烟囱内壁370mm或外墙50mm内不能有易燃材料。因此，烟囱两侧须在上下檩条间做挡木，上面平铺砖块以搁置泛水。烟囱上方两侧同一般泛水处理（见图9-31）。

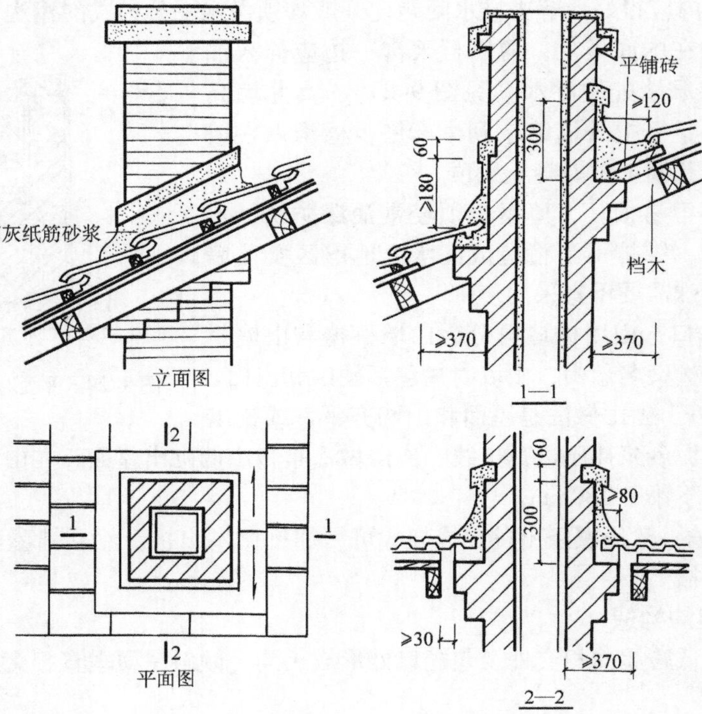

水泥石灰纸筋砂浆

平铺砖
>120

300

60

>180

档木

>370   >370

立面图

1—1

平面图

300

60

>80

>30

>370

2—2

图9-31　烟囱出屋面构造

9.3.3.2　小青瓦屋面

小青瓦屋面在民居建筑中应用广泛。一般采用木望板、望砖、荆笆、苇箔等做基层。有俯仰瓦和仰瓦屋面两种做法。俯仰瓦屋面指俯瓦和仰瓦间隔成行铺盖，仰瓦屋面则只有成行仰瓦铺盖。

铺仰瓦（瓦朝上）和俯瓦（瓦朝下）时，上下瓦间应搭盖2/3小青瓦长度，且搭接处有三波瓦的厚度俗称"一搭三"。小青瓦屋面的细部构造如图9-32所示。

9.3.4　坡屋面的防水

传统坡屋面所采取的防水方式主要是构造防水。防水的关键在于瓦的布置以及搭接。而在屋脊、天沟等瓦难以按照一般顺序搭接的部位，以及山墙出山等瓦和其他构件相交汇的地方，必须重点处理。

传统坡屋面的屋面瓦防水构造设计周密合理，比较不同国家生产的平瓦，可以发现都设计有排水沟和挂瓦钩，而且其整体形状有利于上、下、左、右互相搭接，屋面可以直接做成冷摊瓦的形式，依靠瓦片自身良好的防水构造。如果要防止因风力形成负压使屋面瓦上鼓而破坏屋面防水系统，可以采用木望板屋面基层，上铺一层油毡后，再钉上顺水条和挂瓦条，这样挂上去的瓦不易被破坏，而且万一有水渗入瓦片之间，也可以从顺水条的空隙间沿油毡流至檐口，防水性能好。

除了上述的平瓦外，传统的坡屋面还有使用小青瓦、水泥或玻璃钢波形瓦等。挂瓦的构

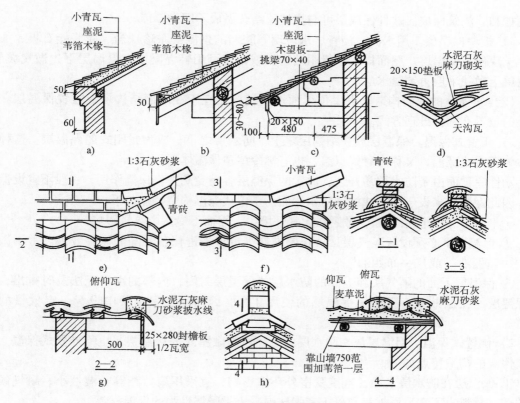

图9-32 小青瓦屋面构造

件也可结合屋面板做成倒T形挂瓦板、倒F形挂瓦板等形式。坡屋面的平屋脊部分以及斜屋面相交形成的斜屋脊和斜天沟部分，还有山墙高出屋面与斜屋面的交汇处，都是屋面瓦的防水优势难以发挥的地方，需做特殊处理。其构造做法在前面已介绍，在此不再详述。

9.4 屋顶的保温和隔热

9.4.1 屋顶的保温

寒冷地区建筑或装有空调设备的建筑屋顶，为了防止热量散失过多、过快，要做保温构造。保温层的构造方案和材料做法是根据使用要求、气候条件、屋顶的结构形式、防水处理方法、施工条件等综合考虑确定的。

1. 平屋顶的保温

（1）保温材料 保温材料一般选用轻质、疏松多孔或纤维的密度不大于 $10kg/m^3$ 的材料。分散料、现浇式、板块料三大类。

1）散料保温层。如炉渣、矿渣之类工业废料。在散料保温层上做卷材防水层时，找平层制作困难。一般先做过渡层，即用石灰、水泥等胶结料成轻混凝土面层，再在其上抹找平层。

2）现浇式保温层。一般在结构层上用轻骨料（矿渣、陶粒、蛭石、珍珠岩等）与石灰水泥拌和，浇筑而成。这种保温层可与找坡层结合做成不同的厚度。

3）板块保温层。用水泥、沥青、水玻璃等胶结的预制膨胀珍珠岩、膨胀蛭石板、加气混凝土块做成保温层。屋面排水一般用结构找坡，也可用轻混凝土在保温层下先做找坡层。保温层上做找平层再铺防水层。

（2）平屋顶的保温构造　平屋顶屋面坡度较缓，宜于在屋面结构层上放置保温层。保温层的位置有两种处理方式。

1）正置式保温。保温层放在结构层之上，防水层之下，成为封闭式的保温层。这种做法称为正置式保温，又称内置式保温，也有称冷屋顶保温体系。

刚性屋顶面由于防水层易开裂，内置的保温层容易受潮失去保温作用，一般不宜设保温层，因此保温层多设于卷材或涂膜防水屋面。正置式保温构造特点如下：

① 防水层在保温层上面，敞露在大气环境中，因而不受室内热量影响。

② 保温层下必须设置隔气层，防止屋内热气流渗透进保温层降低保温效果。常用做法是"一毡两油"或"一布四油"。

③ 保温层下面的隔气层和上面的防水层使保温层封闭，内部的水汽无法及时排出，影响保温层的保温效果，且缩短保温层的使用年限，因而须在保温层中设置一定数量的排气道。

2）倒置式保温。保温层放在防水层之上，成为敞露式的保温层，也称外置式保温。倒置式保温的构造特点如下：

① 保温层在防水层上面，直接受室外环境影响，宜采用聚氨酯等吸湿性小、耐气候性强的憎水材料。不宜采用加气混凝土和泡沫混凝土类吸湿性强的保温材料。

② 为防止保温层表面破损和延缓其老化过程，保温层上应铺设保护层。宜采用大粒径的石子（20～30mm）或混凝土板，不能采用绿豆砂。以免保温层在遇大雨时漂浮起来。

③ 由于保温材料的局限，且比正置式保温更为厚重，故倒置式保温造价较高，适用于高标准建筑。

2. 坡屋顶的保温

不设吊顶棚的坡屋顶的保温层有三种做法，即保温层设在屋面层中、设在檩条之间和设在檩条之上。草屋面、麦秸泥青灰顶等可在屋面层中做保温层或兼做面层，保温效果较好，且利用了地方材料，节能经济。这种做法使屋顶直接受到室内升温的影响，又称为"热顶层保温体系"；还可以把保温层放在檩条之间，或在檩条之下钉保温板材，室内采暖热量对防水层无直接影响，又称冷屋顶保温体系。

有吊顶的坡屋顶中，保温层常铺设在顶棚上面，这样做也有隔热的作用。

9.4.2 屋顶的隔热

炎热的夏季，屋顶直接承受太阳辐射，吸收大量热量，影响屋顶下面的室内环境，因此需做隔热构造以减少直接作用在屋顶表面的太阳辐射热量。常见的隔热做法有通风隔热屋面、蓄水隔热屋面、反射降温隔热屋面及种植隔热屋面等。

1. 平屋顶的隔热

（1）通风隔热屋面　在屋顶设置架空通风间层，使其上表面遮挡阳光，同时利用风压和热压将间层中热空气不断带走。使通过屋面板传入室内的热量不断减少，以达到隔热降温的目的。

1）架空通风隔热间层。架空通风隔热间层设于防水层上；架空层内空气可自由流通，从而达到一方面利用架空面层遮挡直射阳光，一方面架空层内热空气与室外冷空气产生对流将层内热量源源不断排走，从而降低室内的温度。

① 架空层净空高度随屋面高度和坡度大小变化，不宜超过 360mm，以 180～240mm 为宜。

② 架空层周边应留设通风孔以保证通风层内空气流通。通风孔宜考虑风向和架空层的位置，一般设在迎着风向的女儿墙上。如在女儿墙上开孔有碍立面造型，可在离女儿墙 500mm 宽度范围内铺架空板或设镂空板，使其排风通畅（见图 9-33a）。

③ 隔热板支承物可砌成砖垄墙式，也可做成砖墩式。前者在朝向夏季主导风向时通风效果好（见图 9-33b）。

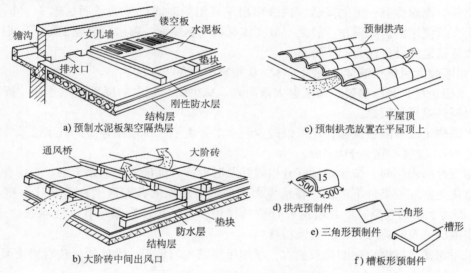

图 9-33 架空通风隔热

2）顶棚通风隔热。顶棚通风隔热是利用顶棚与屋面的间隙来达到与通风隔热屋面类似的通风效果（见图 9-34）。其主要要求和做法是：

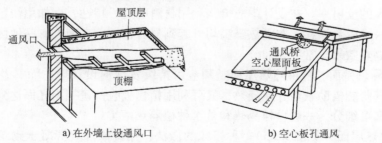

图 9-34 平屋顶顶棚通风隔热

① 设置一定数量的通风孔，使顶棚内的空气能迅速对流。平屋顶的通风孔开在外墙上，孔口设有混凝土花格或其他装饰构件。进气孔可根据具体情况设在顶棚或外墙上。有的地区

常在屋顶上设置双层屋面板，从而形成通风隔热层，其中上层屋面板为屋面面层，下层屋面板用作通风顶棚，通风层的四周仍需设通风孔。

② 顶棚通风层应有足够的净空高度，一般为500mm左右。如结构、设备高度较大，可综合考虑确定。

③ 通风孔应注意解决好飘雨问题。

④ 解决好屋面防水层的保护问题。防水层直接暴露在大气中，缺少了架空层的遮挡，刚性防水层易变形开裂，甚至出现碳化现象，使内部钢筋锈蚀；而卷材防水屋面过热，油毡则易老化脱落。因此，炎热地区的刚性屋面防水层上应涂上浅色涂料，卷材防水屋面则应做好保护层。

(2) 蓄水隔热屋面　蓄水隔热屋面是利用平屋顶蓄积的水层达到隔热目的。这是一种实体材料隔热屋顶，类似于堆土屋面和砾石屋面等，在太阳辐射下，实体材料隔热屋顶内表面温度比外表面温度有一定的降低，内表面出现高温的时间比普通屋面延迟3～5h。因而，不适用于夜间使用的房间屋顶。较之一般实体材料隔热屋面，蓄水隔热屋面除了利用水的蓄热性能和热稳定性外，还有以下特点：

1) 水吸收大量热由液体蒸发为气体，从而减少屋顶吸收的热能。

2) 水面色浅且光滑如镜，可反射大量阳光，减少阳光辐射对屋面的热作用。因而当水层较深时隔热效果较明显。

蓄水隔热屋面可隔热保温，还可以减少防水层开裂延长其使用寿命。其水层适宜深度为150～200mm，坡度不宜大于0.5%。

采用刚性防水层时，按规定做好分格缝并及时养护，保证蓄水不致干涸。采用卷材防水层应注意避免在潮湿条件下施工。蓄水屋面与一般平屋面的典型区别在于其"一壁三孔"。"一壁"即蓄水池的仓壁，女儿墙也有仓壁的作用，"三孔"即溢水孔、泄水孔、过人孔，使多余水溢出并及时排除，便于上人检修。

若采用深蓄水屋面，屋面荷载加大，增加屋面结构的负担，因此须单独对屋顶面结构进行验算，以确保安全受力。

(3) 反射降温隔热屋面　屋面受到太阳辐射后，一部分辐射热量为屋面材料所吸收，另一部分被反射出去，反射出的辐射热与入射的热量之比称为屋面材料的反射率，用百分比表示。反射率大小取决于屋面表面材料的颜色和粗糙程度，色浅而光滑的表面比色深而粗糙的表面具有更大的反射率。在设计中应恰当利用材料的这一特性，例如用浅色砾石铺面，或在屋面上涂刷一层白色涂料，对隔热降温均可起到显著作用。在南方有些地区用铝箔作屋顶表面材料，其隔热效果非常明显。

(4) 种植隔热屋面　种植隔热屋面是顺应可持续发展的设计理念而日益广泛应用的一种构造做法，其既能借助栽培介质隔热，又可利用植物吸收并遮挡阳光而达到降温隔热的目的。种植隔热又可细分为一般种植隔热和蓄水种植隔热两类。

1) 种植隔热屋面（见图9-35）。种植床的做法：用砖或加气混凝土砌筑床埂，形成种植床，又称"苗床"。床埂宜在下部承重结构上，且根部设不少于两个泄水孔，以防植物烂根。

种植屋面的排水坡度一般为1%～3%。在靠屋面低侧的种植床与女儿墙间留300～400mm的距离形成天沟，屋面排水口处宜设挡水槛，以便沉积水中的泥砂。种植屋面采用多道防水，最上面一道应为刚性防水层。防水层上的裂缝可用一布四涂盖缝，分格缝嵌缝用油膏应选用耐腐蚀性能好的。屋顶宜种植浅根、对防水层无侵蚀作用的植物，如松柏等。种植屋面为上人屋面，因而屋顶四周应设女儿墙等作为护栏以利安全。

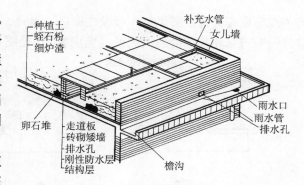

图9-35 种植隔热屋面剖面内视

2）蓄水种植隔热屋面。将一般种植隔热与蓄水隔热屋面结合起来，进一步完善其构造后所形成蓄水种植隔热屋面。其构造层次和要求如下：

① 防水层：由于有蓄水层，为确保防水质量，设置涂膜防水层和配筋细石混凝土防水层的复合做法。

② 蓄水层：轻质多孔粗骨料，粗骨料粒径不应小于25mm，水层深度不小于60mm。

③ 滤水层：为保护蓄水层的畅通，在蓄水层上面铺60～80mm厚的轻细骨料做滤水层，按5～20mm粒径级配，下粗上细地铺填。

④ 种植层：栽培介质堆积密度不宜大于10kg/m³，以减轻屋面板荷载。

⑤ 种植床埂：蓄水种植屋面应根据屋顶设计分区，每区面积不宜大于100m²。床埂宜高于种植层60mm左右，床埂每隔1200～1500mm设一个溢水孔。溢水孔处应铺设粗骨料或设置滤网以防止细骨料流失。

⑥ 人行架空通道板：设在蓄水层上，种植床之间，通常以床埂作支承，供人在屋面活动和操作管理之用，也给屋面非种植覆盖部分增加一隔热层的功效。

蓄水种植隔热屋面在降温隔热方面的效果优于其他隔热屋面，且对净化空气、改善生态环境、提高建筑综合效益等有极为重要的作用，值得推广。

2. 坡屋顶的隔热

坡屋顶的隔热除了采用实体的材料层外，较有效的措施是设置通风空气间层，有以下几种做法。

（1）通风隔热屋面 屋面做成双层，由檐部进风至屋脊排风，利用空气流动带走间层中的一部分热量，以降低屋顶底面的温度，其构造如图9-36所示。

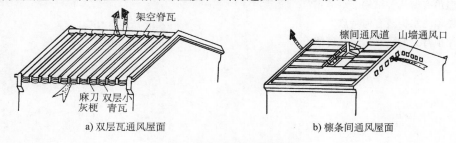

a) 双层瓦通风屋面   b) 檩条间通风屋面

图9-36 通风隔热坡屋顶

（2）吊顶棚隔热通风 吊顶棚与屋面之间空隙较大，如能妥善组织通风，其降温效果远较双层屋面为佳。通风口一般设在檐口、屋脊、山墙等处。当屋顶面积较大时，在屋面上应开设兼有采光作用的通风气窗（老虎窗）（见图9-37）。

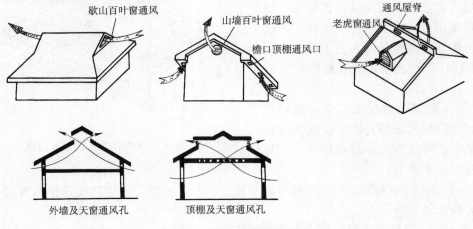

图9-37 顶棚通风隔热坡屋顶

复习思考题

1. 屋顶是由哪几个部分组成的？它们的作用是什么？
2. 在有组织排水方式中，雨水管的间距如何确定？为什么有时不能按理论间距设置雨水管？
3. 刚性防水屋面防水材料的性能如何改进？为什么要设分仓缝？
4. 什么叫柔性防水？什么叫刚性防水？"刚性""柔性"有何意义？
5. 柔性防水、刚性防水各有哪些构造层次？画出图例，标出做法。
6. 平屋顶的坡度是如何形成的，怎样表示坡度？
7. 试简单叙述通风隔热的原理。
8. 怎样防止刚性防水屋面的变形？
9. 简述浮筑层的作用及做法。
10. 比较刚柔性屋面的泛水构造，画出典型图例。
11. 平屋顶的隔热构造处理有哪些做法？试画出一例你所在地区的保温或隔热构造图例。
12. 用作保温的屋面也可兼作夏季隔热用，这种说法对吗？为什么？
13. 坡屋顶有哪几种结构支承体系？
14. 坡屋顶防水构造有何特点？
15. 坡屋顶常见的隔热做法有哪些？

第 10 章

门窗和遮阳

学习目标

了解门窗的作用和类型，掌握门窗的尺寸的确定方法。掌握平开木门窗的组成和构造要求。熟悉遮阳板的类型和应用。

10.1 概述

10.1.1 门窗的作用与要求

1. 门窗的作用

门和窗是建筑的重要组成部分，是建筑物不可缺少的围护构件或分隔构件。

门主要是为室内外和房间之间的交通联系而设，兼顾通风、采光和通行。窗主要是为了采光、通风和观望而设。门和窗又是建筑造型重要的组成部分，它的形状、尺寸、比例、排列等极大地影响了建筑内外造型，所以常被作为重要的装饰构件处理。

南方气候炎热，窗的面积要求大，甚至采用空透型窗口（只做挡雨设施、不做窗扇）。北方气候偏冷，可开启的窗扇应适当减少。

总之，门窗的作用是多方面的，其大小、形式、材料和构造要兼顾各个方面，以取得最佳整体效果。

2. 门窗的设计要求

为保障门窗作为交通联系和采光通风配件及装饰构件的功能作用，对门窗尺寸、形状、材料和构造做法有一些基本要求，如窗的面积满足房间窗地比规定，高宽符合模数要求，材料要坚固耐久，排列组合符合美学要求，构造上要保证开启灵活等。

门窗作为围护结构的组成部分，要求有一定的隔声能力。窗是噪声传入室内的主要途径，一般单层窗的隔声量仅为16dB，普通门则为20dB，略低于居住建筑的隔声要求。

寒冷地区的建筑门窗还要有一定的保温能力。寒冷地区在采暖期内，由门窗缝隙渗透而损失的热量约占全部采暖耗热量的25%，门窗的密闭要求是北方门窗保温节能极其重要的内容。为改善窗的保温性，要合理控制窗墙面积比。北向不大于0.20，南向不大于0.35，提高窗的气密性和窗框的保温性能，增加玻璃部分的保温能力，也可通过增加玻璃层数达到保温效果。

此外，在构造上，门窗还要有一定的保温、防雨、防火、防风沙的能力，以及便于擦洗、关闭紧密、安全防盗等方面的要求。

10.1.2　门和窗的类型

1. 按材料分类

门窗按制造材料分有木、钢、铝合金、塑料以及玻璃钢、塑钢、铝塑等复合材料制作的门窗。

木门窗加工方便、价格低廉，但木材耗量大、不防火，所以受到一定的限制。开发以用途较少的硬杂木等木材制造门窗，是节约优质材料的重要途径。在国外，经过技术处理的硬杂木是高级门窗的主要材料。

钢门窗体形小、挡光少、强度高、能防火。在厂房侧窗中使用较多，但钢门窗易生锈、热导率高，在严寒地区易结露，成本高。而铝材在各行业中用量很大，产量受限。按国家现行政策，铝合金门窗尚不能在大量一般性建筑中采用。

塑料门窗是近几十年发展起来的新品种，保温效果近似木门窗，形式类同铝合金门窗，美观精致，但塑料门窗成本较高，产品刚度问题有待改善。

复合材料是门窗取其不同材料之长，避其短处制成的新型门窗，很有发展前途。塑钢复合窗也已经研制成功，其他各种复合材料窗尚待继续研制和开发。

2. 按开启方式分类

（1）窗按开启方式分类　窗按开启方式可分为固定窗、平开窗、推拉窗、悬窗、立转窗、百叶窗等类型，如图 10-1 所示。窗的开启方式通常在立面图上表示。

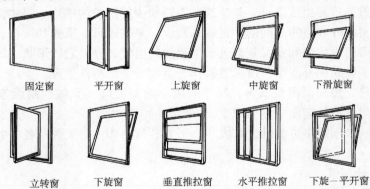

| 固定窗 | 平开窗 | 上旋窗 | 中旋窗 | 下滑旋窗 |

| 立转窗 | 下旋窗 | 垂直推拉窗 | 水平推拉窗 | 下旋－平开窗 |

图 10-1　窗的开启方式

1）固定窗。不能开关但必要时可以卸下，仅作采光和观望用。

2）平开窗。窗扇用铰链固定在窗樘侧边，通风面积较大，构造简单，开关、制作和安装方便，所以应用最为广泛。

内开窗的玻璃扇开向室内。其优点是便于安装、修理、擦洗，在风雨侵袭时不易损坏。缺点是纱窗在外，容易锈蚀，不易挂窗帘，并且占用室内部分空间。这种做法适用于墙体较厚或在某些要求内开（如中小学）的建筑中。

外开窗的玻璃窗扇开向室外。其优点是不占室内空间。但安装、修理、擦洗都很不便，且抗风能力弱，易碰坏，在高层建筑中应尽量少用或不用。

3）悬窗。按横轴的位置不同，有上悬、中悬、下悬之分。外开的上悬和中悬窗便于防雨，多用于外墙。下悬窗不利于挡雨，在民用建筑使用不多。另一种形式的下滑悬窗，是在窗口边框中安设复杂的金属配件，可根据使用者的需要，随手改换开关方式，由于部件复杂，其制作成本较高，使用较少。图 10-2a 所示为中悬窗的构造。

4）立转窗。竖轴可以转动。竖轴设于窗扇中心，或略偏于窗扇的一侧。通风效果好，但不够严密，防雨防寒性能差。

5）推拉窗。分水平推拉窗和垂直推拉窗两种形式，水平推拉窗须上下设轨槽。垂直推拉窗需设滑轮和平衡锤。水平推拉窗受力均匀，所以窗扇尺寸可以大些，但五金件较贵。推拉窗开关时不占室内空间，但不能同时全部开启，可开启面积最大不超过 1/2 的窗面积，如图 10-2b 所示。

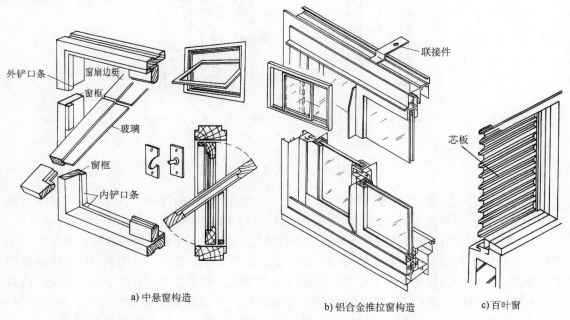

a) 中悬窗构造　　　　　　b) 铝合金推拉窗构造　　　　c) 百叶窗

图 10-2　不同开启方式窗的构造

6）百叶窗。这是一种以通风为主要目的的窗。由斜木片或金属片组成。多用于有特殊要求的部位。如南方一些城市住宅将遮蔽空调用的百叶与飘窗结合起来增加立面的装饰效果，如图 10-2c 所示。

此外，还有卷帘窗、折叠窗等新型门窗，在欧洲和中国台湾等地有售。前者外观豪华，可代替室内窗帘，有效调节室内光线强度，后者开启方便，不占空间，质轻。

（2）门按开启方式分类　门按开启方式可分为平开门、弹簧门、推拉门、折叠门、转门等（见图 10-3）。门的开启方式通常在平面图上表示。

1）平开门。平开门有内开和外开两种。构造简单，制造方便，用量最多。

2）弹簧门。弹簧门的形式类似于平开门，区别在于用弹簧合页和地弹簧代替普通合页，能够自动启闭。单向弹簧门的合页设在门的侧面，常用于有自动关闭要求的房间中，如公共卫生间等。双向弹簧门选用内外双向弹动的弹簧合页或采用设于地面上的地弹簧，多用

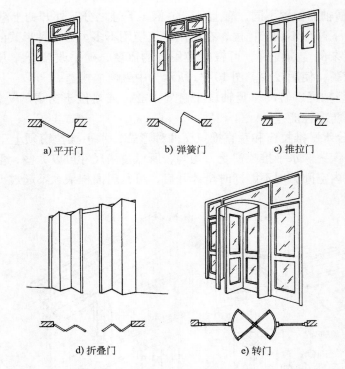

a) 平开门　　　　　　　b) 弹簧门　　　　　　　c) 推拉门

d) 折叠门　　　　　　　　　e) 转门

图 10-3　门的开启方式

于出入人流较大和需要自动关闭的公共场所，如公共建筑门厅的门等。双向弹簧门必须安装透明的大玻璃，便于出入的人们互相察觉和礼让，纱门也常用弹簧门（见图 10-4a）。

　　3）推拉门。其门扇开关沿着水平轨道左右滑行。通常为单扇和双扇两种，单扇多用于内门，双扇用于人流大的公共建筑外门，如宾馆、饭店、办公楼等，也用于内门。滑动的门扇或靠在墙的内外，或藏于夹层墙内。推拉门不占空间、受力合理、不易变形。因此，门扇可以大些，但关闭不够严密。门内外两侧的地面等高，不设任何障碍性的配件，行走方便。用于公共建筑的推拉门多采用玻璃门，并设有电动控制开关。通常是在门扇内、外的正上方安置光电管或触动式设施进行控制。

　　按轨道位置，推拉门可分上挂和下滑式，上挂式的滑轮装在上部，在门扇高小于 4m 时适用；门扇高大于 4m 时，采用下滑式，在下部安装滑轮和导向装置（见图 10-4b）。推拉门的配件较多，较平开门复杂，造价较高，因而在民用建筑中，一般采用轻便推拉门分隔内部空间，如图 10-4c 所示。

　　4）折叠门。当两个房间相连的洞口较大，或大房间需要临时分隔两个小房间，可用多扇折叠式门，可折叠推移到洞口一侧或两侧。但每侧均为双扇折叠门时，在两个门扇侧边用合页连接在一起，开关可同普通平开门一样。两侧均为多扇折叠门时，除在相邻各扇的侧面装合页之外，还需要在门顶和门底装滑轮和导轨及可转动的五金配件。每侧折叠三扇或更多的门扇时，虽然仍可称为门，实际上已成为折叠或移动式隔墙了。

　　5）转门。在两个弧形门套之间，窗扇由同一竖轴组成三扇或四扇夹角相等的、可水平旋转的门扇。

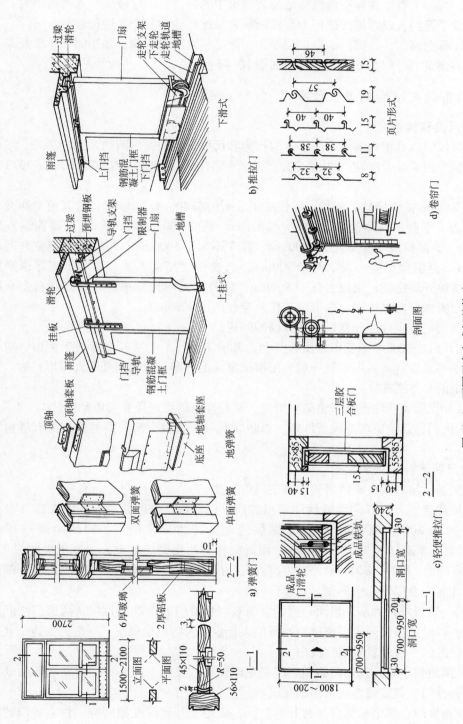

图 10-4　不同开启方式门的构造

转门对减弱和防止内外空气对流有一定的作用，开关时各门扇之间形成封闭空间，效果类似于门斗，可作为有采暖和空调设备的公共建筑中的外门。门厅较大，人流集中时，常在转门旁边另设平开门，以缓解疏散压力。转门装置与配件较为复杂，造价较高。

此外，还有上翻门、升降门、卷帘门等，一般需较大活动空间，如车间、车库及某些工业建筑或公共建筑的外门。卷帘门的构造如图 10-4d 所示。

10.1.3 门窗的尺度和构造设计要求

1. 窗的尺度和构造设计

窗的自身尺寸以及窗台高度取决于人的行为和尺度，要根据房间的采光、通风、结构形式及建筑造型等因素综合决定，并应符合《建筑模数协调标准》（GB/T 50002—2013）的规定。

窗洞是 300mm 扩大模数的倍数，居住建筑层高仍以 100mm 为级差，故其窗宽高允许以 100mm 为级差。平开木窗扇高度为 800～1200mm，宽度 400～600mm；上下旋窗扇高度为 300～600mm，中旋窗扇高度不大于 1200mm，宽度不大于 1000mm；推拉窗窗扇宽和高均不宜大于 1500mm。窗台高度一般不低于 900mm。当窗台过高或上部开启时，要考虑开启方便，必要时增设开闭措施；当窗台低于 800mm，窗外又无阳台或平台时，必须有安全防护措施。外窗台要做好防水构造，内窗台应比外窗台高出 20mm。

窗的选型与构造设计应注意以下几方面的问题。

1）窗的开启形式要考虑使用方便、安全、易于清洁。单扇平开窗为便于擦窗，应选用长脚铰链或平移式铰链。高层建筑一般选用推拉窗或上悬窗，当选用外平开窗形式时，要有牢固连接窗扇的具体措施。

2）底层开设的窗户均要有安全防护措施，居住建筑的窗户还要考虑私密性。

3）一般民用建筑均应考虑设置纱窗，以防蚊蝇进入室内，窗框料的选型应有纱窗安装的位置。

2. 门的尺度与构造设计要求

应根据交通运输和安全疏散等要求确定门的尺度。

一般民用建筑供人们日常生活活动进出的门，门高在 2100mm 左右；腰头窗（也称亮子）高度一般为 300～600mm；体育场馆供运动员经常出入的门，门扇净高不得低于 2200mm。门宽：单扇门为 900～1000mm；根据扇数和使用要求来定，辅助用房的门 700～800mm；双扇门为 1200～1800mm。公共建筑和工业建筑的门可根据需要适当提高。门的选用与构造设计应注意以下几个问题。

1）外门一般以外开为多，里面一道门宜为双向弹簧门或电动推拉门，两道门之间应保持一定间距，以避免门扇开启引起碰撞妨碍他人行走。为防风或保温，一般公共建筑经常出入的西北方向的门，常设置双道门或门斗。

2）幼儿园建筑中不宜选用弹簧门，以避免碰撞事故发生。此外，在公共场所和幼托建筑中选用的各种门，其玻璃均应采用钢化玻璃。

3）平面布置时，两个相邻并经常开启的门，应避免开启时互相碰撞。住宅内门的位置和开启方向要考虑家具搬运和布置。

4）经常出入的外门宜设置雨篷，注意雨篷下设灯具并应防止门扇开启碰坏灯具。

5）旋转门、电动门和尺度较大的门，在其附近应另设普通门。推拉门应有防脱轨安全措施；作为外门还应考虑防盗。

6）变形缝处不得利用门框盖缝，而且门扇开启时不得跨缝。

3. 门窗的开启和层数

门窗的开启方向关系到建筑物的使用功能和安全、通风等问题的组织和内在质量，在建筑设计的过程中必须注重解决并交代清楚。

各地的气候和环境不同，门窗扇的扇数和层数也不同。一般情况下，单层单扇的门和窗已可满足使用要求，采光要求较高时，门窗扇数相应增加。而夏季蚊蝇多的地区，常在门、窗扇的一侧增加一层纱，成为一玻一纱的双层门和窗。寒冷地区和严寒地区，根据保温和节能的需要，必须设双层窗和门，且双层窗在扇数较多时要设固定扇。

10.2 门窗的构造

10.2.1 木门窗构造

木门窗制作简易，适于手工加工，是一直以来被广泛采用的传统门窗形式。为节约木材，木门窗的使用近年来受到限制，但在很多场合，如装修要求较高的建筑中，仍然使用较多。

1. 木门窗的组成

门窗主要由门窗框、门窗扇组成，门窗框又称门窗樘。在门窗框和门窗扇间装置五金零件，用以启闭和临时固定门窗。木门窗的组成如图 10-5 和图 10-6 所示。

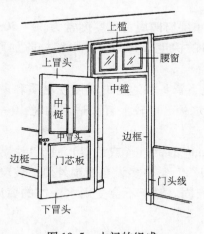

图 10-5 木门的组成

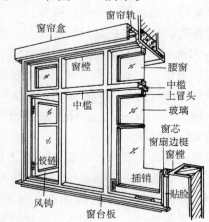

图 10-6 木窗的组成

1）门窗框由上框、中框、下框、边框、中横框、中竖框等全榫接而成。

2）门窗扇由边、上冒头、中冒头、下冒头及边梃（窗棂）、门芯板（玻璃）组成。

3）门窗五金的种类繁多，分启闭时转动、启闭时定位和推拉执手三类。主要包括铰链、风钩、插销、拉手、导轨、转轴、滑轮、门掣、开窗器、锁等。铰链又称合页，是平开门窗的转动五金件。为了方便门窗的拆卸，可采用抽心铰链或铁摇梗（见图 10-7b、图

10-7c），为便于擦玻璃及开启后能贴平墙身，常采用方铰链、长脚铰链或平移式铰链。

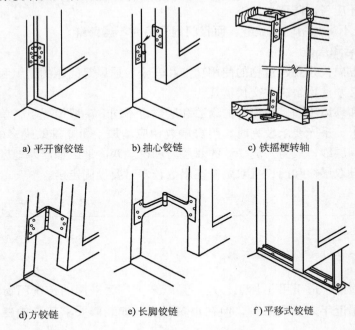

a) 平开窗铰链　　　b) 抽心铰链　　　c) 铁摇梗转轴

d)方铰链　　　e) 长脚铰链　　　f)平移式铰链

图 10-7　平开木窗铰链形式

2. 木门窗的断面形状和尺寸

木门框的断面形状和尺寸主要应考虑横竖框接榫和受力的需要，框与墙、扇结合封闭的需要，防变形和最小厚度处的劈裂等。

各地都有标准详图供设计时选用，一般尺度的单层窗四周窗樘厚度常为 30 ~ 50mm，宽度为 70 ~ 95mm，中竖梃双面窗扇需加厚一个铲口的深度（10mm），中横挡除加厚 10mm 外，若要做披水，一般还要加宽 20mm 左右。

木窗扇的厚度为 35 ~ 42mm，一般为 40mm。上下冒头和边梃的宽度视材质和窗扇大小而定，一般为 50 ~ 60mm。下冒头加做滴水槽或披水板，可较上冒头适当加宽 10 ~ 25mm。窗棂宽约 27 ~ 40mm。

为镶嵌玻璃，在冒头、边梃和窗棂上做 8 ~ 12mm 的铲口（或裁口），铲口深度视玻璃厚度而定，一般为 12 ~ 15mm，不超过窗扇厚度的 1/3。铲口多设在窗扇外侧，玻璃的安装一般先用小钉将玻璃卡牢，再用油灰（桐油灰）嵌固。对于不会受雨水侵蚀的窗扇玻璃，也可用小木压条嵌固。以利防水、抗风和美观。

3. 木门窗的安装

（1）门窗框的安装　即门窗樘与墙的连接，根据施工方式分立口和塞口两种。

立口（又称立樘子）是墙砌至窗台标高时，把门窗框立在相应位置而后砌墙。框墙结合紧密，但工序交叉，施工不便。

塞口（又称塞樘子）是先留洞口（洞宽比门窗框大 30 ~ 50mm，洞高比门窗框大 10 ~ 20mm），再将门窗框塞入洞口中。门洞两侧砖墙上每隔 500 ~ 600mm 预埋木砖或预留缺口，以便用圆钉或水泥砂浆将门框固定。框与墙之间的缝隙用沥青麻丝嵌填。

门窗框在墙洞中的位置有外平、内平、立中、内外平四种方式。一般以外平为多，以便开启。尺寸较大时，为安装牢固，多居中设置。门框与墙体的连接及构造做法，视墙体材料而定。

（2）门扇的安装　即窗樘与窗扇、窗玻璃的安装。窗扇用铰链、转轴或滑轮固定在樘上。玻璃一般用油灰嵌固。为使玻璃牢固地装于窗扇上，应先用小钉将玻璃卡牢，再用油灰嵌固。

4. 木窗防水构造

门窗作为围护构件，常与外部环境接触，特别是在雨天，风往往使雨水形成一定角度并带有一定的压力冲击门窗，造成门窗缝积水或渗漏。针对渗漏的原因，木窗主要采取以下措施加以解决。

（1）盖缝并选择镶嵌材料加以密封　两扇窗接缝处为防止透风雨，一般做高低缝的盖口，为加强密闭性，可在一面或两面加钉盖缝条（见图 10-8）。

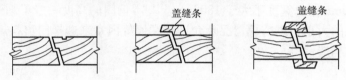

图 10-8　窗扇交缝盖口

窗框与窗扇的缝隙处理，可作披水板。窗框与墙的盖缝处理如下。

1）外侧用砂浆填缝，缝内填油毡、玻璃棉。

2）窗框与内墙平齐时，可做贴脸板，窗框居中时可做筒子板。

（2）疏导窗缝中积水　为了尽量疏导积存在门窗缝中的雨水，一般在门窗框下槛处做排水孔，并做出向外倾斜的坡度，以利排水。此外，回风槽、滴水槽、积水槽等的设置均有利于疏导窗缝中的积水，如图 10-9 所示。

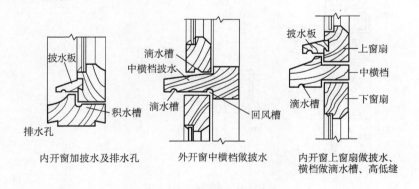

图 10-9　木窗防水构造

（3）减少风压影响　金属门窗常利用型材的组合搭接形成空腔，在空腔后部设密封条防止渗水。木门窗为减少风压影响宜适当提高铲口深度，也可在窗框间留槽，形成回风槽，减弱风压影响。或在铲口处钉镶密封条，密封条的材料有氯丁橡胶、PVC 和三元乙丙橡胶等。

10.2.2 钢门窗

钢门窗在强度、刚度、防火、密闭等性能方面，比木门窗更为优越，且符合工业化、定型化与标准化的要求。但易锈蚀，且重量大、造价高，所以使用受到限制。

1. 钢门窗的种类

普通钢门窗分实腹型钢和空腹薄壁型钢两种形式。

（1）实腹基本钢门窗　常用的实腹钢钢门窗有25mm、32mm和40mm三种规格，其中25mm规格的钢门窗，因存在质量等方面的问题现已趋于淘汰。由住房和城乡建设部等四部委联合下发的文件《关于在住宅建设中淘汰落后产品的通知》中规定：自2000年12月起，在大中城市新建住宅中，禁止使用不符合建筑节能的32系列实腹钢窗和25系列、32系列空腹钢窗。

为避免基本钢门窗产生过大变形而影响使用，每扇窗的高宽不宜过大。一般高度不大于1200mm，宽度为400～600mm。为运输方便起见，每一基本窗单元的总高度不宜过大，通常总高度不大于2100mm，总宽度不大于1800mm。基本钢门的高度一般不超过2400mm。具体设计时应根据面积的大小、风荷载情况及允许挠度值等因素来选择门窗料规格。图10-10所示为实腹钢门窗的构造示例。

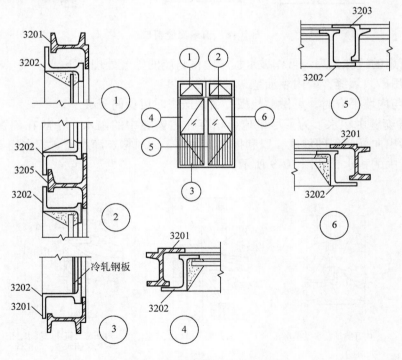

图10-10　实腹钢门窗构造

（2）空腹基本钢门窗　空腹钢门窗的形式及构造原理与实腹钢门窗一样，只是空腹钢门窗料的刚度更大，因此门窗扇尺寸可以适当加大。图10-11所示为空腹钢门窗构造示例。

空腹薄壁钢门窗的型钢，由于壁薄而轻，节约钢材，故需注意保养和维护，以防内部锈蚀。目前仅限于一些标准不高的建筑使用。

（3）组合式钢门窗构造　当钢门窗的高宽超过基本钢门窗的尺寸时，用拼料将门窗组合起来，形成组合式钢门窗。拼料起横梁与立柱的作用，承受门窗的水平荷载。

2. 钢门窗的安装

在一些特殊建筑或寒冷地区使用的双层钢窗要考虑开启、关闭及擦洗玻璃、更换配件的方便，因此双层门窗之间应留出一定的间隙，且要在门窗框四周与外墙砌体之间的空隙填塞保温材料。

普通钢门窗与墙、梁、柱的连接一般采用铆、焊两种方式。通常在钢门窗四周每隔 500 ～700mm 装燕尾形铁脚，一端用螺栓与门窗框拧紧，另一端用水泥砂浆嵌固，在预先凿好的两侧墙中部改用预制混凝土块实心砖砌螺栓等固定。钢门窗的安装采用塞樘子方式。在钢门窗上安装玻璃，一般采用钢丝卡或钢夹将玻璃卡住，再嵌油灰（见图 10-12）。

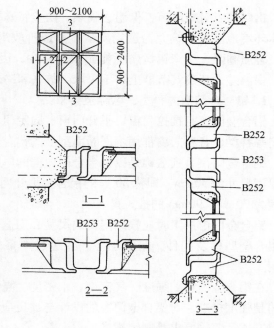

图 10-11　空腹式钢门窗构造

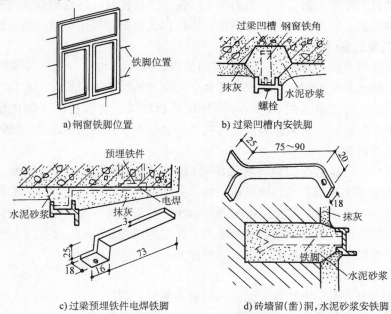

图 10-12　钢窗安装节点构造

10.2.3　铝合金门窗

铝合金门窗是用铝合金型材制成的门窗。经阳极氧化和封孔处理后的铝合金型材呈银白色金属光泽，不需要涂漆，不褪色，不需要经常维护。还可以通过表面着色和涂膜处理获得多种不同色彩和花纹，具有良好的装饰效果，具有良好的气密性和水密性，其耐蚀性也优于木、钢门窗。对有隔声、保温、隔热、防尘特殊要求的建筑以及多风沙、多暴雨、多腐蚀性气体环境地区的建筑尤为适用。虽然其造价较钢、木门窗昂贵，但由于其造型美观、寿命长、轻质高强，生产铝材所耗能源较钢材少，因而应用日益广泛。但因铝的热导率比钢更高，保温差，从建筑节能上讲不可取，故在寒冷地区较少采用。

1. 铝合金门窗的种类、名称及要求

铝合金门窗有推拉门窗、平开门窗、固定门窗、滑撑窗、悬挂窗、百叶窗、弹簧门、卷帘门等种类，各种门窗都用不同断面型号的铝合金型材和配套零件及密封件加工制成。

铝合金门窗系列名称是以铝合金门窗框的厚度来区别各种铝合金门窗的称谓。平开门门框厚度尺寸为 50mm，即称 50 系列铝合金平开门，70 系列、90 系列铝合金推拉窗是指窗框厚度为 70mm、90mm 的推拉窗。

铝合金门窗加工时应根据门窗的尺度、用途、开启方式和环境条件选择不同形式和系列的铝合金型材及配件，精密加工，并经过严格的检验，达到规定的性能指标后才能安装使用。

在铝合金门窗的强度、气密度、水密度、隔声性、防水性等诸项标准中，对型材影响最大的是强度标准。对铝合金门窗的设计与加工应综合各地基本风载和建筑物的体型、高度、开启方式及使用要求等制定标准。

目前，我国各大城市，铝合金门窗的加工和使用已较普及，各地铝合金门窗加工厂都有系列标准产品供选用，需特殊制作时一般也只需提供立面图和使用要求，委托加工即可。

2. 铝合金门窗的安装

铝合金门窗窗樘外侧用螺钉固定着钢质锚固件，安装时与墙、柱中的预埋件焊接或铆固，最后填入砂浆或其他密封材料封固。铝合金门窗玻璃视玻璃面积大小和抗风等强度要求及隔声、遮光、热工等要求选用 3～8mm 厚度的平板玻璃、镀膜玻璃、钢化玻璃或中空玻璃，用橡胶压条密封固定。活动窗扇四周都有橡胶或尼龙密封条与固定框保持密封，并避免金属框料之间相互碰撞。

门窗固定好后，门窗框与门窗洞四周的缝隙一般采用软质保温材料填塞，如泡沫塑料条、泡沫聚氨酯条、矿棉毡条和玻璃丝毡条等，分层填实，外表留 5～8mm 深的槽口用密封膏密封。这种做法主要是为了防止门窗框四周形成冷热交换区产生结露，影响防寒、防风的正常功能和墙体的寿命，也影响建筑物的隔声、保温等功能。同时，避免了门窗框直接与混凝土、水泥砂浆接触，消除了碱对门窗框的腐蚀。

3. 铝合金门窗的构造

铝合金门窗以平开窗、推拉窗、地弹簧门最为常见。

铝合金平开窗的安装质量受合页影响较大，必须按规范选用。

铝合金推拉窗有沿水平方向左右推拉和垂直方向上下推拉两种，后者不常用。推拉窗可用拼樘料（组合插件）组合成其他形式的窗或门联窗。也可装配成各种形式的内外纱窗，纱窗可拆卸也可固定。推拉窗在下框或中横框两端铣切 10mm，或在中间开设其他形式的排水孔，使雨水及时排除。70 系列铝合金推拉窗的构造如图 10-13 所示。

铝合金材料热导率大，为改善铝合金门窗的热工性能，已有一种作夹层的塑料绝缘复合材料生产，可以大大改善铝合金门窗的热工性能。

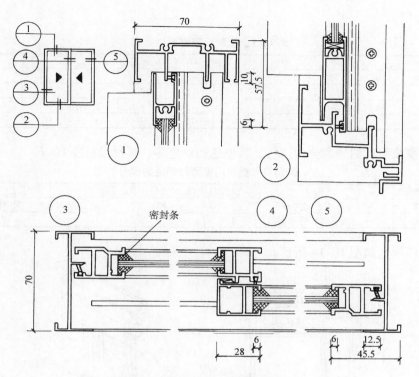

图 10-13　70 系列铝合金推拉窗构造

10. 2. 4　塑料门窗

塑料门窗是采用添加多种耐候耐腐蚀等添加剂的塑料，经挤压成型的型材组装制成的门窗。

1. 塑料门窗的特性

塑料门窗具有耐水、耐腐蚀、阻燃、抗冲击、不需表面涂装等优点，保温隔热性能比钢和铝合金门窗好。

现代的塑料门窗均是改性混合体系的塑料制品，具有良好的耐候性，使用寿命可达 30 年以上，从而很好地解决了塑料门窗的老化问题。

采用双色挤出工艺生产出来的塑料门窗型材，可将耐老化性能好的聚丙烯酸酯类材料与 PVC 共挤成型，室外一侧为彩色的聚丙烯层，室内为白色的 PVC 层，从而获得既美观又耐老化的新型塑料门窗。

普通塑料门窗的抗弯曲变形能力较差。因此，尺寸较大的塑料门窗或用于风压较大部位时，需在塑料型材中衬加强筋来提高门窗的刚度。加强筋可用金属型材，也可用硬质塑料型材，增强型材的长度应比门窗型材长度略短，以不妨碍门窗型材端部的连接。当增强型材与门窗型材材质不同时，应使增强型材较宽松地插在塑料型材中，以适应不同材质温度变形的需要。

2. 塑料门窗尺寸及类型

塑料门窗按开启方式可分为固定门窗、平开门窗、推拉门窗三大类。平开窗又可分为内开窗、外开窗及滑轴平开窗。根据塑料门窗的厚度不同，可按其厚度基本尺寸系列分类

（见表 10-1）。

表 10-1　塑料门窗框厚度系列

门窗类别	门窗框厚度基本尺寸系列/mm								
平开门	50	55	60						
推拉门				60	75	80	85	90	95	100
平开窗	45	50	55	60						
推拉窗				60	75	80	85	90	95	100

塑料门窗按型材的颜色分为白色、其他色和双色等，其代号见表 10-2。

表 10-2　塑料门窗型材颜色的代号

型材颜色	代号	附注	型材颜色	代号	附注
白色	W	可用于室内外	双色	WO	淡色面朝向室外，深色面在室内
其他色	O	宜用于非阳光直射处			

塑料窗的构造如图 10-14 所示。

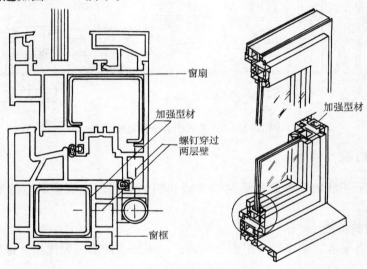

图 10-14　塑料窗的构造

3. 塑料门窗的安装

由于塑料门窗变形较大，传统的用水泥砂浆等刚性材料封填墙与樘框空隙的做法不宜采用，最好采用矿棉或泡沫塑料等软质材料，再用密封胶封缝，以提高塑料门窗的密封和绝缘性能，并避免塑料门窗变形造成的开裂。

塑料门窗玻璃的安装与铝合金门窗相似，先在窗扇异型材一侧凹槽内嵌入密封条，并在玻璃四周安放塑料垫块或底座，待玻璃安装到位后，再将已镶好密封条的塑料压玻条嵌装固定压紧。塑料门窗框与墙体预留洞口的间隙可视墙体饰面材料而定（见表 10-3）。

表 10-3　墙体洞口与门窗框间隙

墙体饰面材料	洞口与窗框间隙/mm
清水墙	10
墙体外饰面抹水泥砂浆或贴陶瓷锦砖	15 ~ 20
墙体外饰面贴釉面瓷砖	20 ~ 25
墙体外饰面贴大理石或花岗石板	40 ~ 50

塑料门窗与墙体固定应采用金属固定片，固定片的位置应距窗角、中竖框、中横框 150～200mm，固定片之间的距离应小于或等于 600mm。塑料门窗型材系中空多腔，壁薄材质较脆，因此应先钻孔后旋入自攻螺钉。

不同的墙体材料，门窗安装固定的方法也不完全一样。混凝土墙洞口应采用射钉或塑料膨胀螺栓固定，图 10-15 所示砖墙洞口应采用塑料膨胀螺栓或水泥钉固定，且不得固定在砖缝处。当采用预埋木砖的方法与墙体连接时，木砖应进行防腐处理；加气混凝土洞口应先预埋胶粘圆木，然后用木螺钉将金属固定片固定于胶粘圆木之上；设有预埋件的洞口，应采用焊接的方式固定，也可在预埋件上按紧固件规格打基孔，然后用紧固件固定。

门窗框与洞口之间的伸缩缝内腔应采用闭孔泡沫塑料、发泡聚苯乙烯等弹性材料分层填塞，填塞不宜

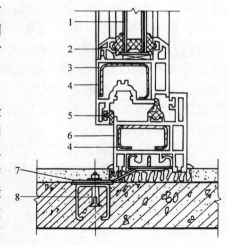

图 10-15　塑料门窗与窗台连接
1—玻璃　2—玻璃压条　3—内扇　4—内衬板
5—密封条　6—外封板　7—地脚　8—膨胀螺栓

过紧，以保证塑料门窗安装后可自由胀缩。对于保温、隔声等级要求较高的工程，应采用相应的隔热、隔声材料填塞。在门窗四周内外侧与窗框之间用水泥砂浆或麻刀白灰填实、抹平，然后用嵌缝膏进行密封处理。

对塑料门窗与墙体直接接触的五金件、紧固件、密封条、玻璃垫块（硬橡胶塑料）、嵌缝膏等材料，其性能应与先用的塑料门窗材料具有相容性。

10.2.5　塑钢门窗

塑钢门窗是以改性硬质聚氯乙烯（简称 UPVC）为原料，经挤出机挤出成型为各种断面的中空异型材，定长切割后，在其内腔衬入钢质型材加强筋，再用热熔焊接机焊接组装成门窗框、扇，装配上玻璃、五金配件、密封条等构成门窗成品。塑料型材内腔以型钢增强，形成塑钢结构，故称为塑钢门窗。在塑料型材的竖框或拼樘料等主要受力杆件加入钢、铝等增强型材，使其更轻、刚度更好。在安装五金配件时，宜在相应位置的塑料门窗型材内增设 3mm 厚的金属衬板。至于型材内衬加强筋的长度应按各生产产品相应规定。塑钢门窗的特性如下：

（1）强度佳、耐冲击　UPVC 塑料异型材采用特殊耐冲击配方和精心设计的型材断面，在 -10℃、1m 高、1kg 落锤冲击试验下不破裂。所制成的门窗能耐风压 1500～3500Pa，适用于各类建筑物使用。

（2）耐候性佳　塑钢门窗配方中添加了改性剂、光热稳定剂和紫外线吸收剂等各种助剂，使塑钢门窗具有很好的耐候性、抗老化性能，可在 -40～70℃ 各种气候条件下长期使用，经受烈日、暴雨、风雪、干燥、潮湿之侵袭而不脆化、不变质。实验证明，硬质 UPVC 老化过程是一个十分缓慢的过程，UPVC 窗框型材长期户外暴晒，其老化降解系在一个薄层内进行，老化层渗透深度仅在表面层 0.1～0.2mm 范围。这对壁厚 2.5mm 以上的窗框型材性能不会造成明显影响。据专家们预测，正常环境条件下 UPVC 塑钢门窗可使用 50 年以上。

采用相关配方之塑钢门窗，在欧洲地区已有40余年的实践证明。

（3）隔热保温性佳、节约能源 硬UPVC材质的热导率较低，为0.16W/（m·K），仅为铝材的1/1250，钢材的1/3600，又因为塑钢门窗用异型材为中空多腔室结构，内部被分隔成若干密闭小空间，使热导率相应地降低，具有优良的隔声性和隔热保温性。其隔热保温性能在同等条件下，与钢、铝合金门窗相比，冬季室内温度可提高5℃左右，可节省采暖或制冷能源消耗30%左右，若安装双层玻璃效果更佳。因此，UPVC是现代建筑中防止热量损失的最佳门窗材料。

（4）气密性、水密性佳 塑钢门窗框扇间采用搭接装配，各缝隙处均装有耐久性的弹性密封条或阻风板，防空气渗透、雨水渗漏性极佳。

10.2.6 彩板门窗

1. 特性

彩板钢门窗是以彩色镀锌钢板，经机械加工而成的门窗。它具有重量轻、硬度高、采光面积大、防尘、隔声、保温密封性好、造型美观、色彩绚丽、耐腐蚀等特点。

彩板门窗断面形式复杂，种类较多。通常在出厂前就已将玻璃装好，在施工现场进行成品安装。

2. 种类

彩板门窗目前有两种类型，即带副框和不带副框的两种。当外墙面为花岗石、大理石等贴面材料时，常采用带副框的门窗。安装时，先用自制螺钉将连接件固定在副框上。将副框连接件与墙体内预埋件焊牢。待室内外粉刷工程完工后，再将彩板门窗固定在副框上，并用密封胶将洞口与副框及副框与窗樘之间的缝隙进行密封。当外墙装修为普通粉刷时，常用不带副框的做法，即直接用膨胀螺栓将门窗樘子固定在墙上（见图10-16）。

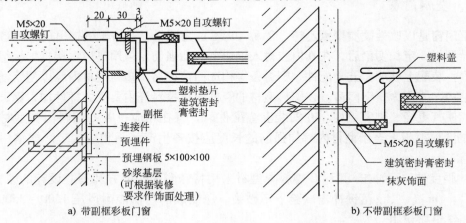

a）带副框彩板门窗　　　　　　　　　　　　　b）不带副框彩板门窗

图10-16　带副框彩板门窗

10.2.7 特种门窗

1. 保温门窗

对于处于严寒、寒冷地区建筑的门窗，以及冷库等特殊建筑的门窗，都应该考虑安装使用保温门窗，以达到节能的目的。

对于保温门窗来讲，最基本的要求是关闭严密。因此，在门窗选型上，以固定门窗为佳。当确有开启的需要时，可以考虑采用平开门窗，但一般不宜选用旋转门窗。从提高保温隔热效果的角度讲，中空玻璃当然是保温门窗玻璃材料的最佳选择。此外，吸热玻璃、反射玻璃也提高窗扇保温性能。如采用普通玻璃可通过增加窗扇和玻璃层数来获得好的保温效果，当采用双层窗时，两窗扇间的净距一般为 50 ~ 100mm，最大应小于 150mm。这种双层窗做法不仅适用于木窗，也适用于钢窗、塑钢窗等各种门窗。保温木窗的构造如图 10-17 所示。

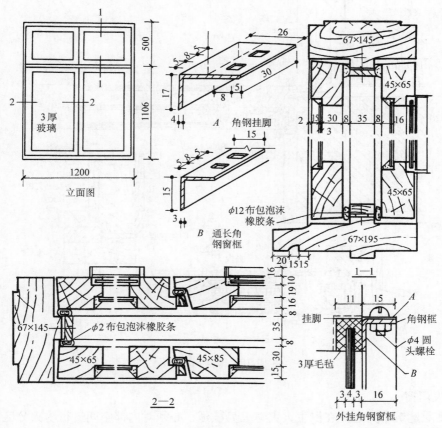

图 10-17 保温木窗的构造

2. 隔声门窗

隔声门窗常被用于室内允许噪声级较低的房间中，例如播音室、录音室等。在其他需要保证一定的音质，或希望没有过多噪声干扰的房间，也常常使用隔声门窗，如办公室、会议室、医院的治疗室等。

一般建筑构件（包括门窗）的隔声能力与材料的表观密度、构件的构造形式、声波的频率等因素有关。在声波频率方面，一般低频的声波较高频的声波容易透入。在材料、构造方面，必须要认识到，门窗的隔声能力是与门窗构造形式、材料和密闭程度密不可分的。

普通木门（门芯板 15mm 厚）的隔声能力在 19 ~ 25dB；一般钢门的隔声能力为 35dB；双道木门，间距 50mm 安装时，隔声能力可以增强至 30 ~ 34dB；而有隔声和密闭措施的单扇门的隔声能力可达35~43dB。一般窗的隔声能力为20~30dB（玻璃厚3mm或6mm）；双层窗的隔声能力为25~35dB；多层玻璃窗的隔声能力35~40dB；单层或双层玻璃窗有隔声和密闭措施的情况下，隔声能力可增至32~52dB。

隔声门窗的构造设计，除了要符合隔声要求之外，还须考虑防止共振、减少反射、吸声。图10-18是一例隔声门的构造图。

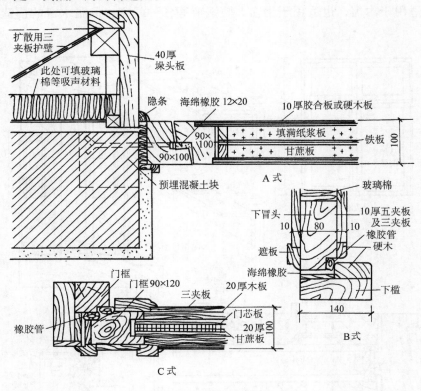

图 10-18　隔声门构造

3. 防火门窗

在多高层建筑中为避免在发生火灾时火势蔓延，必须对内部空间进行防火分区，设置一定数量的防火门。防火门分为甲、乙、丙三级，其耐火极限甲级应为1~2h，乙级应为0.9h，丙级应为0.6h，应根据设计要求选用。根据开启方式，防火门可以分为一般防火门和自动防火门两种。

一般防火门包括平开式和推拉式两种。平开式防火门，多用于民用建筑。而推拉式防火门，则多用于工厂、仓库。在构造上，一般防火门通常不设门框，直接安装在墙上。门扇用多层木板，交叉拼钉，外包石棉板及26号镀锌薄钢板，镀锌薄钢板须折叠咬口衔接，不得漏缝。门的厚度则视所需耐火极限而定。此外，因木材受高温，会发生气体膨胀，所以必须设置泄气孔，泄气孔平时用易熔材料焊盖。用于疏散楼梯间的防火门，应采用单向弹簧门，并应向疏散方向开启。

自动防火门通常用于仓库或工业车间，一般不会独立设置，而应同时另设一道推拉门，以备平时关闭之用。在构造上，自动防火门常悬挂于倾斜的铁轨上，门宽应较门洞每边大出至少 100mm，门旁另设平衡锤，用钢缆将门拉开。钢缆另一端装置易熔性合金片，以易熔性材料焊接于门梃边上。易熔材料是一种含有铋、铅、锡、镉等的合金，熔点极低，一般在70℃以上时即熔化。当起火温度上升时合金片熔断，门就沿倾斜铁轨滑下，自动关闭。

防火窗一般应首选钢窗，在窗用玻璃方面，宜选用铅丝玻璃，以免玻璃破裂后掉下，其目的是防止火焰蹿入室内，也防止火焰蹿出窗外，从而向上蔓延。装置一层铅丝玻璃防火窗，耐火极限为 0.7 ~0.9h；双层为 1.2h；如用钢化玻璃则仅为 0.25h。防火窗也装置自动关闭设备，这种自动防火窗大多装于仓库及有需要的民用建筑中。

10.3 遮阳

如有阳光直接射入建筑内，会使室内温度过高，且当阳光直接照射到工作面上时，常常会产生强烈的眩光，这种眩光不仅刺激眼睛，对于健康也是不利的。设置遮阳，可以减少辐射热对室内的影响，防止眩光。

遮阳的意义不限于此，太阳光中含有红外线和紫外线，特别是红外线，产生很大的热量，照射长久会使纸张、陈列品变色、发脆，以至损坏。所以橱窗、陈列室、书房等房间和部位应该有遮阳设计。特别是名贵的藏书库，应有长期的遮阳措施。

此外，太阳光直接射入室内会增高室温，产生室内气流流动，从而增加空调设备的使用费用。

遮阳对建筑物立面的造型影响极大，常被作为房屋立面设计的重要构件。加以美化的遮阳处理，也是炎热地区建筑的形象特征之一。

10.3.1　设置遮阳应考虑的因素

在建筑中设置遮阳，必须注意三种因素。

1. 地理气候问题

因太阳对地球直射和斜射的关系，纬度越低（越小），天气就越热；纬度越高，天气就越冷。我国地域宽广，在建筑设计中，必须结合当地的纬度来考虑遮阳的设置。在低纬度地区，由于夏天较长而冬天较短，也就是气温较高的时候长，因此一般需要适当遮阳。中纬度地区，由于其气候特征是夏天短而冬天较长，所以只在一些特殊情况下，如因建筑的朝向不佳或建筑在使用功能方面有特殊要求等，才考虑设置遮阳。而高纬度的地方，则完全不必考虑设置遮阳设施的问题。

2. 窗口朝向问题

太阳光进入室内的深度和时间长短随建筑的窗口朝向而变化，太阳辐射进入室内的热量也随着不同。一般东、西窗传进的热量要比南窗高出近一倍。而通过东窗进入的热量及其引起室温增高的程度，一般较西窗（射进时间为下午 3 ~4 时）为低。因为当太阳辐射进入东窗时（射进时间为上午 7 ~9 时），室外气温比较低，而室内气温经过一夜时间的消散，聚热不多，所以也比较低。而太阳辐射进入西窗时，则不论室内外气温高低均较东窗为高，因此，对室内温度的影响也就要比东窗大。所以，在西窗设置遮阳，是较为理想和必要的。

3. 建筑物房间性质问题

设置遮阳，尤其是固定式遮阳，必定要增加建筑投资。因此，应充分考虑建筑的使用性质，从而决定设置遮阳与否。设计时可参考下列条件。

1）凡是不允许太阳射入的房间，如书库、生产性车间，可考虑全年遮阳。

2）公共建筑，为了防止辐射热过高可考虑季节性遮阳设施，或在某些朝向设置遮阳。

3）居住建筑，除西向辐射热度较高者外，一般可以不考虑设置遮阳。

下列各项条件，也可以作为建筑是否需要设置遮阳的参考标准：

1）室内气温在29℃左右或以上时。

2）太阳辐射强度大于240kcal/(m^2·h)。

3）阳光射进室内深度（内墙面起算）大于500mm时。

4）阳光射进室内时间超过1h左右时。

10.3.2　遮阳种类

遮阳分为绿化遮阳、简易活动遮阳、建筑构造遮阳（见图10-19）。

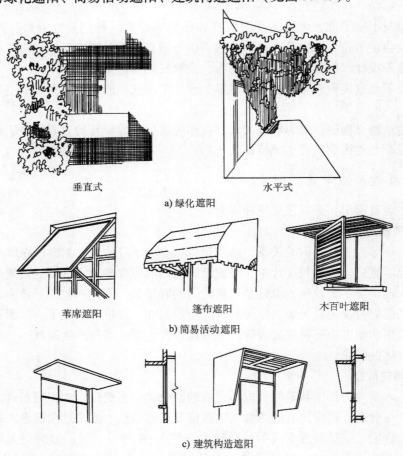

图 10-19　遮阳的种类

绿化遮阳是利用房前树木和攀援植物覆盖墙面形成的阴影区，遮挡窗前射来的阳光。绿化遮阳要求与建筑设计配合完成，是房屋竖向绿化设计的一部分，但不属于建筑构配件。

简易活动遮阳用竹、木、布、苇等制作，经济易行，灵活、可拆卸，对房屋的通风采光有利，但耐久性差。

建筑构造遮阳是加设专用的构件或配件或调整原有建筑物构、配件的位置和状态，而取得遮阳的效果。建筑遮阳应综合考虑和解决遮阳、通风、隔热和采光等各种需要。

10.3.3　遮阳的基本形式

遮阳的基本形式，大概可分为四种：水平式、垂直式、综合式、挡板式。

（1）水平式遮阳　主要遮挡高度较大的阳光，适用于南向或南稍偏东、南稍偏西方向的房间。可以设计为单层或多层。在北回归线以南低纬度的地区，特别是在夏至前后几个月中，北向或接近该方向的窗口，有时也可以采用水平式遮阳。固定式水平遮阳板可以是实心板、栅形板、百叶板，设于窗的上侧，有利于室内通风和外墙的散热。实心板多为钢筋混凝土预制件，现场安装，也可以做成钢板（丝）网水泥砂浆轻型板。栅形板和百叶板可以为钢板、型钢、铝合板型材等现场装配。

（2）垂直式遮阳　适宜用来遮挡从窗户侧向射来的阳光，也就是适宜遮挡高度角较小的太阳光。常常用在北回归线以南的低纬度地区的北向或接近该方向的窗户。根据光线的角度和具体处理方法的不同，垂直式遮阳板可以是垂直于墙面，或倾斜于墙面。垂直式遮阳板所用材料和板型，基本上与水平板相似。

（3）综合式遮阳　是将水平式遮阳和垂直式遮阳两种方式组合起来形成的一种遮阳形式。这种遮阳可以每个窗户设置，称为个体式；也可以整个墙面做成整片，称为综合式。可以遮挡从顶部和侧面射来的太阳，也就是说，可以遮挡太阳高度角由高变到低过程中的阳光。适宜用于东向、西向或东南向、西南向窗户，也适于北回归线以南低纬度地区北向窗口遮阳。

（4）挡板式遮阳　这种遮阳特别用来遮挡平射过来的阳光，适用于东向、西向或接近该朝向的窗户。挡板式遮阳板如同离开窗口的外表面一定距离的垂直挂帘，可以是格式挡板、板式挡板或百叶式挡板。主要适用于东、西向，太阳高度角较低，阳光正射窗口的情况。有利于通风，但影响视线。

以上遮阳形式均有固定式和活动式两种。后者可以调节日照、采光、通风，而且可用各种材料制作。在遮阳板做法上，也有实心板和百叶板等不同的形式。遮阳基本形式又可以组合演变成各式各样的外观形式，如图 10-20 所示。

此外，在建筑立面上采用各种大面积花格作为遮阳，也是一种非常常见的方法。花格的形式有八角套方、六角菱角、长方形等。整个花格墙仿佛墙洞、漏窗一般，因此具有很好的装饰作用和遮阳效果。但是，这种花格墙对采光、通风有一定的影响，还有不易清洁的缺点。

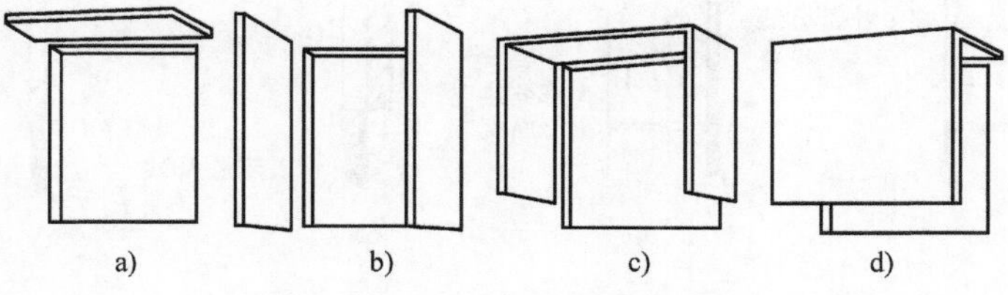

图 10-20　遮阳板基本形式

10.3.4 遮阳构造设计注意事项

1）水平遮阳板出挑深度，应注意窗扇外开时的尺寸。

2）水平遮阳板里口应与墙面离开少许，但是不得使太阳射入。同时，板底应略高于窗顶（约150～200mm）。因为阳光照射后产生辐射热量，常在室外风压作用下吹向室内。

3）对于水平遮阳板，百叶板使热流上升散失效果比实心板好。但百叶板板面须与太阳射线垂直，不使阳光由板隙射入。

4）各种遮阳设施因构造方式、材料、装置位置，甚至色泽不同，对太阳辐射热透过系数亦不相同。遮阳板的太阳辐射透过系数 E 值越小则隔热效果越佳（见表10-4）。

表 10-4

遮阳形式	朝向	构造说明	颜色	E 值
木百叶窗	西	双木开窗	白	0.07
铝合金软百叶	西	挂在窗口，百叶成45°时	浅绿	0.08
木百叶挡板	西	装在窗外500mm处，顶部有水平百叶板	白	0.12
垂直活动木百叶窗	西	装在窗外，百叶板面成45°	白	0.11
水平活动木百叶窗	西	装在窗口，百叶板面成45°	白	0.14
竹帘	西	装在窗外，竹条较密	乳白	0.21
嵌磨砂玻璃的垂直转窗或磨砂玻璃百叶	西	装在窗口	米黄	0.35
外廊加百叶挂帘	西	垂檐为木百叶	白	0.45
综合式遮阳	西南	木或钢筋混凝土的水平百叶加垂直挡板	白	0.26
折叠式帆布篷	东南	铁条支架装帆布篷全放下	浅色	0.25
水平遮阳板	南	木或钢筋混凝土百叶，百叶面成45°	白	0.38

5）悬挂在室内的各种活动软百叶，材料有木板、布、合金铝板（铝片反射力强，吸热量小）等。活动软百叶多悬于窗的内侧。当活动软百叶悬于窗外时，只有30%的辐射热量流入室内，而当活动软百叶悬于室内时，流入室内的辐射热量可达到60%左右。

6）实心水平遮阳板的里口与墙面连接处，为了防水应同雨篷一样高出板顶面至少一皮砖，防其渗水入墙。

7）所有水平或垂直遮阳板，必须考虑垂直荷载和风力作用的影响，以防损坏。

总之，遮阳板既要减少太阳辐射热进入室内，又须注意坚固，更不能忽视遮阳对于立面的影响。遮阳设施的安装位置如图10-21所示。

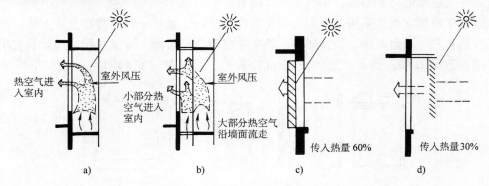

图 10-21 遮阳设施的安装位置

复 习 思 考 题

1. 窗有哪些开启方式？为什么平开窗最常用？
2. 绘图说明平开木门、木窗的构造组成。
3. 为什么房屋要遮阳？有哪几种遮阳设施？各适用于什么（朝向）情况？
4. 名词解释：铲口、立口、塞口。
5. 名词解释：披水条、回风槽、冒头、贴脸、筒子板、羊角。
6. 门有哪些类型（主要按开启方式分）？它们的优缺点和适用范围是什么？
7. 试比较木门窗、铝合金门窗、钢门窗、塑钢窗的特点和安装要求。
8. 用哪些构造措施满足木窗的防雨要求？画图说明。
9. 设置遮阳应考虑哪些因素？
10. 简述门窗的作用与要求。
11. 简述保温窗的构造要求。
12. 简述防火门的构造要求。

第 11 章

变 形 缝

学习目标

　　了解变形缝的概念、作用及设置原理，熟悉变形缝的分类及变形缝的构造处理。掌握三种变形缝的共同点和不同点。

11.1 变形缝的类型、作用及要求

　　建筑物由于受温度变化、地基不均匀沉降以及地震等因素的影响，建筑物内部将产生附加应力和变形，如不采取措施或措施不当，会使建筑物产生裂缝甚至破坏，影响使用与安全。为避免这种状况的发生，可以采取两种处理措施。一是加强建筑物的整体性，使之具有足够的强度和刚度来克服这些破坏应力，而不致破坏；二是在可能引起建筑物变形的敏感部位或其他必要的部位预先设置缝隙，将整个建筑物沿全高断开，使分开来的各部分成为独立的单元，缝隙须有足够的宽度以适应各独立单元自由变形，不造成建筑物的破坏。后者比较经济，常被采用，但在构造上必须对缝隙加以处理，满足建筑物使用和美观要求。这种将建筑物垂直分开来的预设缝隙称为变形缝。变形缝按设置原因分为三种：伸缩缝、沉降缝和防震缝。

11.1.1 伸缩缝

　　建筑物处于温度变化之中，在昼夜温度循环和较长的冬夏季节循环作用下，其形状和尺寸因热胀冷缩而发生变化。当建筑物长度超过一定限度时，建筑平面变化较多或同一建筑物平面中结构类型变化较大时，建筑物会因热胀冷缩变形较大而产生裂缝。为避免这种现象，通常沿建筑物长度方向每隔一段距离或建筑平面中结构变化较大处预设缝隙，将建筑物断开。这种为适应温度变化而设置的缝隙称为伸缩缝，也称温度缝。

　　伸缩缝要求沿建筑物竖向将建筑物的墙体、楼板层、屋顶等基础以上部分全部断开，基础部分因埋入土体受温度变化影响较小，不需断开。

　　伸缩缝的设置间距，即建筑物的允许连续长度因建筑结构类型、屋盖类型等有不同规定。规范对各类型建筑物中伸缩缝最大间距做了规定。

　　《砌体结构设计规范》（GB 50003—2011）对砌体房屋伸缩缝最大间距所做的规定见表11-1。

表 11-1　砌体房屋伸缩缝的最大间距　　（单位：m）

屋盖或楼盖类别		间距
整体式或装配整体式钢筋混凝土结构	有保温层或隔热层的屋盖、楼盖	50
	无保温层或隔热层的屋盖	40
装配式无檩体系钢筋混凝土结构	有保温层或隔热层的屋盖、楼盖	60
	无保温层或隔热层的屋盖	50
装配式有檩体系钢筋混凝土结构	有保温层或隔热层的屋盖	75
	无保温层或隔热层的屋盖	60
瓦材屋盖、木屋盖或楼盖、轻钢屋盖		100

注：1. 对烧结普通砖、烧结多孔砖、配筋砌块砌体房屋，取表中数值；对石砌体、蒸压灰砂普通砖、蒸压粉煤灰普通砖、混凝土砌块、混凝土普通砖和混凝土多孔砖房屋，取表中数值乘以 0.8 的系数，当墙体有可靠外保温措施时，其间距可取表中数值。

　　2. 在钢筋混凝土屋面上挂瓦的屋盖应按钢筋混凝土屋盖采用。

　　3. 层高大于 5m 的烧结普通砖、烧结多孔砖，配筋砌块砌体结构单层房屋，其伸缩缝间距可按表中数值乘以 1.3。

　　4. 温差较大且变化频繁地区和严寒地区不采暖的房屋及构筑物墙体的伸缩缝的最大间距，应按表中数值予以适当减小。

　　5. 墙体的伸缩缝应与结构的其他变形缝相重合，缝宽度应满足各种变形缝的变形要求；在进行立面处理时，必须保证缝隙的伸缩作用。

《混凝土结构设计规范》（2015 年版，GB 50010—2010）对钢筋混凝土结构伸缩缝最大间距所做的规定见表 11-2。

表 11-2　钢筋混凝土结构伸缩缝最大间距　　（单位：m）

结构类型		室内或土中	露天
排架结构	装配式	100	70
框架结构	装配式	75	50
	现浇式	55	35
剪力墙结构	装配式	65	40
	现浇式	45	30
挡土墙、地下室墙壁等类结构	装配式	40	30
	现浇式	30	20

注：1. 装配整体式结构的伸缩缝间距，可根据结构的具体情况取表中装配式结构与现浇式结构之间的数值。

　　2. 框架 - 剪力墙结构或框架 - 核心筒结构房屋的伸缩缝间距，可根据结构的具体情况取表中框架结构与剪力墙结构之间的数值。

　　3. 当屋面无保温或隔热措施时，框架结构、剪力墙结构的伸缩缝间距宜按表中露天栏的数值取用。

　　4. 现浇挑檐、雨罩等外露结构的局部伸缩缝间距不宜大于 12m。

对下列情况，表 11-2 中的伸缩缝最大间距宜适当减小：

1）柱高（从基础顶面算起）低于 8m 的排架结构。

2）屋面无保温、隔热措施的排架结构。

3）位于气候干燥地区、夏季炎热且暴雨频繁地区的结构或经常处于高温作用下的结构。

4）采用滑模类工艺施工的各类墙体结构。

5）混凝土材料收缩较大，施工期外露时间较长的结构。

如有充分依据对下列情况，表11-2中的伸缩缝最大间距可适当增大：

1）采取减小混凝土收缩或温度变化的措施。

2）采用专门的预加应力或增配构造钢筋的措施。

3）采用低收缩混凝土材料，采取跳仓浇筑、后浇带、控制缝等施工方法，并加强施工养护。

当伸缩缝间距增大较多时，尚应考虑温度变化和混凝土收缩对结构的影响。

《高层建筑混凝土结构技术规程》（JGJ 3—2010）对高层建筑结构伸缩缝最大间距所做的规定见表11-3。

表11-3　高层建筑结构伸缩缝的最大间距

结构体系	施工方法	最大间距/m
框架结构	现浇	55
剪力墙结构	现浇	45

注：1. 框架-剪力墙的伸缩缝间距可根据结构的具体布置情况取表中框架结构与剪力墙结构之间的数值。

　　2. 当屋面无保温或隔热措施、混凝土的收缩较大或室内结构因施工外露时间较长时，伸缩缝间距应适当减小。

　　3. 位于气候干燥地区、夏季炎热且暴雨频繁地区的结构，伸缩缝的间距适当减小。

11.1.2　沉降缝

由于地基的不均匀沉降，使建筑物某些薄弱部位发生竖向错动而开裂，沉降缝就是为了避免这种状态的产生而设置的缝隙。因此，针对有可能造成地基不均匀沉降的因素，《建筑地基基础设计规范》（GB 50007—2011）中规定，建筑物的下列部位宜设置沉降缝。

1）建筑平面的转折部位。

2）高度差异或荷载差异处。

3）长高比过大的砌体承重结构或钢筋混凝土框架结构的适当部位。

4）地基土的压缩性有显著差异处。

5）建筑结构或基础类型不同处。

6）分期建造房屋的交界处。

沉降缝与伸缩缝的作用不同，所以在构造上有所区别。沉降缝要求从基础到屋顶所有构件必须设缝分开，使沉降缝两侧建筑物成为独立的单元，各单元在竖向能自由沉降。

《建筑地基基础设计规范》（GB 50007—2011）中还规定沉降缝应有足够的宽度，缝宽可按表11-4选用。

表11-4　房屋沉降缝的宽度

房屋层数	沉降缝宽度/mm
二~三	50~80
四~五	80~120
五层以上	不小于120

沉降缝一般与伸缩缝合并设置，兼起伸缩缝的作用，在构造设计时应满足伸缩和沉降双重要求。

还需指出的是，沉降缝构造复杂，给建筑、结构设计和施工都带来一定的难度。因此，在工程设计时，应尽可能通过合理地选址、地基处理、建筑体型的优化、结构选型和计算方法的调整，以及施工程序上的配合（如高层建筑与裙房之间采用后浇带的办法）来避免或克服不均匀沉降给结构带来的不利影响，从而达到不设或少设缝的目的，应根据不同情况区别对待。

11.1.3 防震缝

在地震烈度为 7~9 度的地区，当建筑物体型较复杂或建筑物各部分的结构刚度、高度以及重量相差悬殊时，应在结构变形敏感部位设缝，将建筑物分割成若干规整的结构单元；每个单元的体型规则、平面规整、结构体系单一，防止在地震波作用下相互挤压、拉伸，造成变形和破坏，这种缝隙称为防震缝。

《建筑抗震设计规范》（GB 50011—2010）规定：体型复杂的建筑并不一概提倡设置防震缝。由于是否设置防震缝各有利弊，历来有不同的观点，总体倾向是：

1）可设缝、可不设缝时，不设缝。设置防震缝可使结构抗震分析模型较为简单，容易估计其地震作用和采取抗震措施，但需考虑扭转地震效应，并按本规范各章的规定确定缝宽，使防震缝两侧在预期的地震（如中震）下不发生碰撞或减轻碰撞引起的局部损坏。

2）当不设置防震缝时，结构分析模型复杂，连接处局部应力集中需要加强，而且需仔细估计地震扭转效应等可能导致的不利影响。

多层砌体房屋和底部框架砌体房屋有下列情况之一时宜设置防震缝，缝两侧均应设置墙体，缝宽应根据烈度和房屋高度确定，可采用 70~100mm：

① 房屋立面高差在 6m 以上。

② 房屋有错层，且楼板高差大于层高的 1/4。

③ 各部分结构刚度、重量截然不同。

④ 楼梯间不宜设置在房屋的尽端或转角处。

⑤ 不应在房屋转角处设置转角窗。

⑥ 横墙较少、跨度较大的房屋，宜采用现浇钢筋混凝土楼、屋盖。

钢筋混凝土房屋需要设置防震缝时，应符合下列规定：

1. 防震缝宽度的要求

1）框架结构（包括设置少量抗震墙的框架结构）房屋的防震缝宽度，当高度不超过 15m 时不应小于 100mm；高度超过 15m 时，6 度、7 度、8 度和 9 度分别每增加高度 5m、4m、3m 和 2m，宜加宽 20mm。

2）框架 – 抗震墙结构房屋的防震缝宽度不应小于上述第 1）项规定数值的 70%，抗震墙结构房屋的防震缝宽度不应小于上述第 1）项规定数值的 50%；且均不宜小于 100mm。

3）防震缝两侧结构类型不同时，宜按需要较宽防震缝的结构类型和较低房屋高度确定缝宽。

4）伸缩缝、沉降缝的宽度同防震缝。

2. 防震缝的设置

防震缝应沿建筑物全高设置，缝的两侧应布置墙或柱，形成双墙、双柱或一墙一柱（见图 11-1），使各部分结构封闭，提高刚度。防震缝应同伸缩缝、沉降缝尽量结合布置。

一般情况下，防震缝基础可不分开，但与沉降缝合并设置时，基础也需分开。

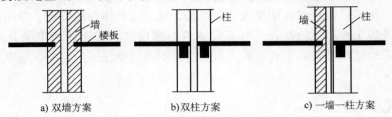

a) 双墙方案　　　　　b) 双柱方案　　　　　c) 一墙一柱方案

图 11-1　防震缝两侧结构布置

11.2 变形缝构造

为防止风、雨、冷热空气和灰沙等侵入室内，影响建筑使用和耐久性，也为了美观，构造上对缝隙须予以覆盖和装修。这些覆盖和装修同时必须保证变形缝能充分发挥其功能，使缝隙两侧结构单元的水平或竖向相对位移不受阻碍。

11.2.1 墙体变形缝

（1）伸缩缝　根据墙的厚度，伸缩缝可做成平缝、错口缝和企口缝等形式（见图11-2）。

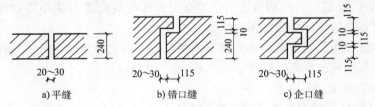

a) 平缝　　　　　　b) 错口缝　　　　　c) 企口缝

图 11-2　伸缩缝形式

为避免外界自然因素对室内的影响，外墙外侧缝口应填塞或覆盖具有防水、保温和防腐蚀性能的弹性材料，如沥青麻丝、泡沫塑料条、橡胶条、油膏等。当缝口较宽时，还应用铝片等金属调节片覆盖。如墙面做抹灰处理，为防止抹灰脱落，可在金属片上加钉钢丝网后再抹灰。填缝或盖缝材料和构造应保证在水平方向的自由伸缩。考虑到缝隙对建筑立面的影响，通常将缝隙布置在外墙转折部位或利用雨水管将缝隙挡住，做隐蔽处理（见图11-3、图11-4）。

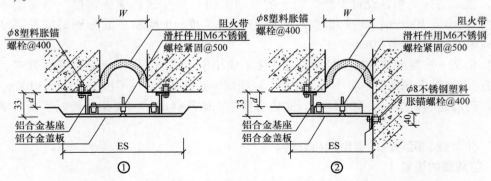

图 11-3　内墙面、顶棚伸缩缝构造

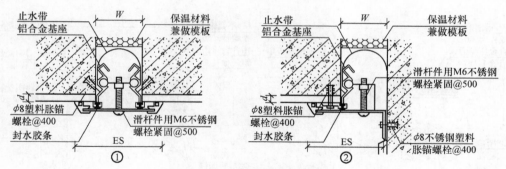

图 11-4　外墙伸缩缝构造

（2）沉降缝　沉降缝一般兼起伸缩缝的作用。墙体沉降缝构造与伸缩缝构造基本相同，只是调节片或盖缝板在构造上能保证两侧结构在竖向的相对位移不受约束（见图 11-5）。

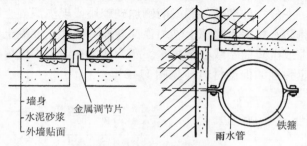

图 11-5　墙体沉降缝构造

（3）防震缝　墙体防震缝构造与伸缩缝、沉降缝构造基本相同，只是防震缝一般较宽，通常采取覆盖做法。缝隙口常用铝片覆盖，寒冷地区的外缝口还需用具有弹性的软质聚氯乙烯泡沫塑料、聚苯乙烯泡沫塑料等保温材料填实（见图 11-6）。

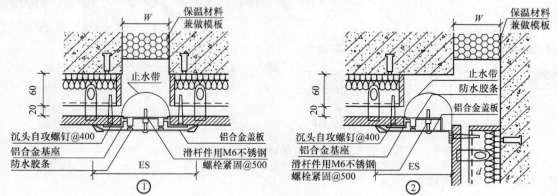

图 11-6　墙体防震缝构造

11.2.2　楼地层变形缝

楼地层变形缝的位置与缝宽应与墙体变形缝一致。变形缝内也常以金属调节片材料做盖缝处理。卫生间等有水房间中的变形缝还应做好防水处理（见图 11-7）。

11.2.3　屋顶变形缝

屋顶变形缝的位置与缝宽应与墙体、楼地层的变形缝一致。缝内用沥青麻丝、金属调节

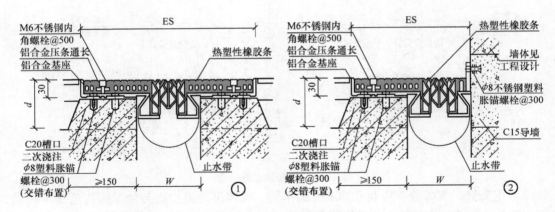

图 11-7　楼面变形缝构造

片等材料填缝或盖缝。一般在伸缩缝一侧或两侧加砌砌块或现浇混凝土矮墙，矮墙两侧按屋面泛水构造要求做，将防水材料沿矮墙上卷，顶部缝隙用铝片、混凝土板或瓦片等覆盖，并允许两侧结构自由伸缩或沉降而不致渗漏雨水。寒冷地区在缝隙中应填以岩棉、泡沫塑料板或沥青麻丝等具有一定弹性的保温材料（见图 11-8）。

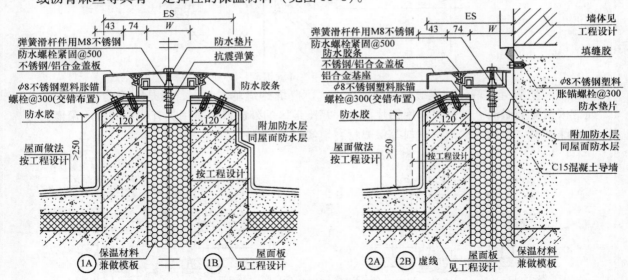

图 11-8　屋顶变形缝构造（摘自 14J936《变形缝建筑构造》P39）

11.2.4　基础变形缝

沉降缝两侧的基础也需断开并应避免因不均匀沉降造成的相互干扰。常见的砖墙条形基础处理方法有三种。

（1）双墙偏心基础　建筑物沉降缝两侧各设有承重墙，墙下有各自的基础（见图 11-9a）。这样，每个结构单元都有连续封闭的基础和纵横墙，结构的整体刚度大，但基础偏心受力，并在沉降时相互影响。采用双墙交叉的基础方案，地基受力将有所改进。

（2）交叉式基础　沉降缝两侧的基础交叉设置，在各自的基础上支撑基础梁，墙体砌在基础梁上（见图 11-9b）。

（3）悬挑基础　为使缝隙两侧结构单元能自由沉降又互不影响，经常在缝的一侧做成挑梁基础（见图 11-9c）。缝侧如需设置双墙，则在挑梁端部增设横梁，将墙支承其上。当缝隙两侧基础埋深相差较大以及新建筑与原有建筑毗连时，多采用挑梁基础方案。

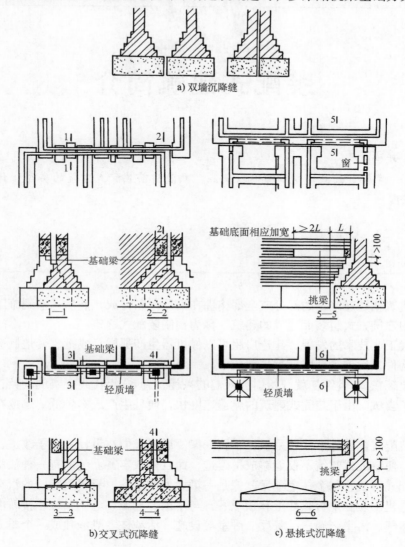

a) 双墙沉降缝

b) 交叉式沉降缝　　　　c) 悬挑式沉降缝

图 11-9　沉降缝两侧基础处理

复习思考题

1. 变形缝的作用是什么？它有哪几种基本类型？
2. 什么情况下需设伸缩缝？伸缩缝的宽度一般为多少？
3. 什么情况下需设沉降缝？沉降缝的宽度由什么因素确定？
4. 什么情况下需设防震缝？确定防震缝宽度的主要依据是什么？
5. 伸缩缝、沉降缝、防震缝各有什么特点？

第12章

装配式建筑简介

学习目标

了解装配式建筑的概念及优点。熟悉目前装配式建筑的类型、优缺点及适用范围。

12.1 基本概念

装配式建筑就是建筑物的部分或全部构件在工厂预制完成，然后运输到施工现场，将构件通过可靠的连接方式组装而建成的建筑，称为预制装配式建筑。

随着现代工业技术的发展，建造房屋可以像机器生产那样，成批成套地制造。只要把预制好的房屋构件，运到工地装配起来就成了。

装配式建筑在20世纪初就开始引起人们的兴趣，到60年代终于实现。英、法、苏联等国率先进行了尝试。由于装配式建筑的建造速度快，而且生产成本较低，迅速在世界各地推广开来。

早期的装配式建筑外形比较呆板，千篇一律。后来人们在设计上做了改进，增加了灵活性和多样性，使装配式建筑不仅能够成批建造，而且样式丰富。美国有一种活动住宅，是比较先进的装配式建筑，每个住宅单元就像是一辆大型的拖车，只要用特殊的汽车把它拉到现场，再由起重机吊装到地板垫块上和预埋好，与水道、电源、电话系统相接就能使用。活动住宅内部有暖气、浴室、厨房、餐厅、卧室等设施。活动住宅既能独成一个单元，也能互相连接起来。

装配式建筑的特点是：

1）大量的建筑部品由车间生产加工完成，构件种类主要有：外墙板、内墙板、叠合板、阳台、空调板、楼梯、预制梁、预制柱等。

2）现场大量的装配作业比原始现浇作业大大减少。

3）采用建筑、装修一体化设计、施工，理想状态是装修可随主体施工同步进行。

4）设计的标准化和管理的信息化，构件越标准，生产效率越高，相应的构件成本就会下降，配合工厂的数字化管理，整个装配式建筑的性价比会越来越高。

5）符合绿色建筑的要求。

发展装配式建筑是建造方式的重大变革，是推进供给侧结构性改革和新型城镇化发展的重要举措，有利于节约资源和能源、减少施工污染、提升劳动生产效率和质量安全水平，有利于促进建筑业与信息化和工业化深度融合、培育新产业和新动能、推动化解过剩产能。

装配式建筑类型可按结构类型和施工工艺进行划分。结构类型主要包括框架结构、框架 – 剪力墙结构和剪力墙结构等。施工工艺主要按混凝土工程来划分，诸如预制装配（全装配）、工具式模板机械化现浇（全现浇）或预制与现浇相结合等。通常按结构类型与施工工艺的综合特征将装配式建筑划分为以下类型：砌块建筑、大板建筑、框架板材建筑、大模板建筑、滑模建筑、升板建筑和盒子建筑等（见图 12-1）。

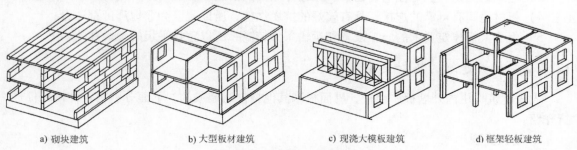

a) 砌块建筑　　　　b) 大型板材建筑　　　　c) 现浇大模板建筑　　　　d) 框架轻板建筑

图 12-1　几种装配式建筑

下面对大板建筑、大模板建筑、框架板材建筑进行简单介绍。

12.2 | 大板建筑

12.2.1　大板建筑的优缺点和适用范围

大板建筑是大型板材装配式建筑的简称，是一种全装配体系。大板是指大墙板、大楼板、大型屋面板（见图 12-2）。内墙板的主要功能是承重和隔声，常用混凝土制作。外墙板除承重和隔声外还要求保温、隔热于外装修，常用复合墙板。楼板常用整间钢筋混凝土楼板。大板建筑的其他构件重量应尽可能与墙板、楼板大体接近。构件连接主要采用现浇接头，形成圈梁和构造柱，保证房屋的整体性。外墙板的接缝可采用材料防水和构造防水。板材的连接和接缝应符合标准化与互换通用的原则。

大板建筑的主要优点是：

1）装配化程度高，建设速度快，可缩短工期，提高劳动生产率；

2）施工现场湿作业少，施工较少受天气和季节的影响，大部分工作移入工厂进行，改善了工人的劳动条件；

3）板材的承载能力比砖混结构高，可减少墙厚和结构自重，对抗震有利，并扩大了使用面积。

大板建筑也存在一些缺点：

1）一次性投资较大，需要先投入一笔资金修建大板工厂；

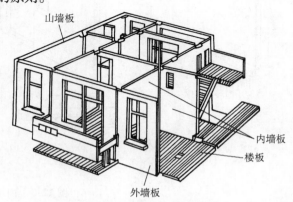

图 12-2　装配式大板建筑

山墙板

内墙板

楼板

外墙板

2）需要有大型的吊装运输设备，而且运输比较困难；

3）钢材和水泥用量比砖混结构大，房屋造价也比砖混结构高。

大板建筑的适用范围：

1）大板建筑建设数量较稳定的地区才能提高效益，降低造价；

2）施工现场宜成街成坊建造，否则，每平方米摊销的机械台班费就会很高，因而会增加建筑造价；

3）建筑的类型只能是住宅、宿舍、旅馆等小开间的建筑；

4）板材之间有可靠的连接，具有较好的抗震性能，所以震区和非地震区都适合；

5）由于大板建筑要求的施工设备和运输条件较高，所以宜在平坦的地段建造。

12.2.2 大板建筑的板材类型

大板建筑是用内外墙板、楼板、屋面板和其他构件组装成的，下面分别对各种构配件进行介绍。

1. 墙板类型

墙板按其安装的位置分为内墙板和外墙板；按其材料分为振动砖墙板、混凝土墙板、工业废渣墙板；按其构造形式分为单一材料墙板和复合墙板。

（1）内墙板　内墙板通常既是受力构件又是分隔构件，应具有足够的强度和刚度，还须有隔声、防火能力。为了减少墙板的规格，从底层到顶层均采用同一厚度。多层建筑内墙板厚为 140～160mm，高层时为 180～240mm。由于内墙板不需要考虑保温与隔热，多采用单一材料制作，常见的构造形式有实心墙板、空心墙板和振动砖墙板（见图 12-3）。当在墙板端部开设门洞时，可以做成异形板。

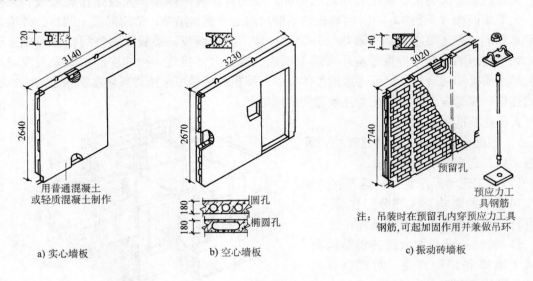

a) 实心墙板　　　　　　b) 空心墙板　　　　　　c) 振动砖墙板

图 12-3　内墙板

（2）外墙板　外墙板主要应满足围护结构方面的要求；如防风遮雨、保温隔热及便于外装修等。因热工要求较高，外墙板常采用两种以上材料的复合板，如图 12-4 所示。

　　复合材料外墙板是用两种或两种以上功能不同的材料结合而成的多层墙板，其主要层次有：结构层、保温层、饰面层、防水层等。通常采用混凝土作受力层，以轻质材料作保温隔热层。层数较少的大板建筑，也可采用轻质混凝土做成单一材料的外墙板，如矿渣混凝土、陶粒混凝土、加气混凝土等墙板。

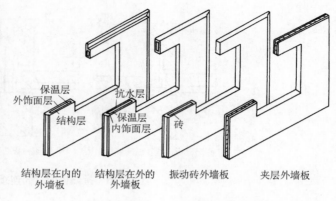

图 12-4　复合式外墙板

2. 楼板和屋面板

　　为了加强房屋的整体刚度，宜采用整间式预应力钢筋混凝土大楼板和屋面板。当吊装运输设备不允许时，也可每间由两块板拼接起来。钢筋混凝土楼板形式可用空心楼板、实心楼板、肋形楼板，如图 12-5 所示。为了便于板材间的连接，楼板、屋面板的四边应预留缺口，并甩出连接用的钢筋。

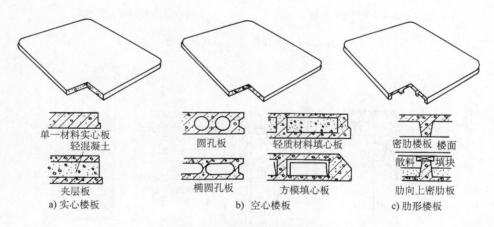

图 12-5　钢筋混凝土楼板形式

3. 其他构件

　　大板建筑的其他构件包括阳台构件、楼梯构件、挑檐板、女儿墙板等。

　　（1）挑阳台板　挑阳台板可以与楼板合为一块整板，也可以单独预制，前一种方法楼板尺寸过大而不便运输，所以一般都倾向于后一种做法。应注意的是，应当将阳台板与楼板锚固成整体，确保阳台不致倾覆，如图 12-6 所示。

　　（2）楼梯构件　楼梯可按梯段板、平台板分开预制，也可将梯段与平台连成一体预制，分开预制比较方便，故采用较多。平台板与楼梯间两侧墙板的连接，一是将平台板直接支承在侧墙板的钢牛腿上；二是将平台板做成出肋板，支承在侧墙板的预留孔内（见图 12-7）。

　　（3）挑檐板和女儿墙板　挑檐板可与屋面板连成一体预制，也可以单独预制，搁置于屋面板上。女儿墙板是非承重构件，可用轻质混凝土制作，其厚度通常与主体墙板一致，以便连接。由于女儿墙板悬于屋面上空，应与屋面板有可靠连接，如图 12-8 所示。

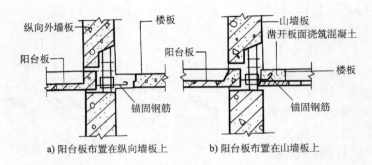

a) 阳台板布置在纵向墙板上　　b) 阳台板布置在山墙板上

图 12-6　挑阳台的锚固连接

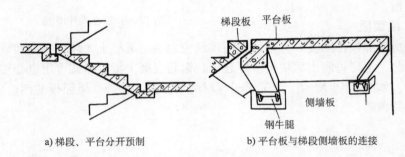

a) 梯段、平台分开预制　　b) 平台板与梯段侧墙板的连接

图 12-7　楼梯平台板的连接构造

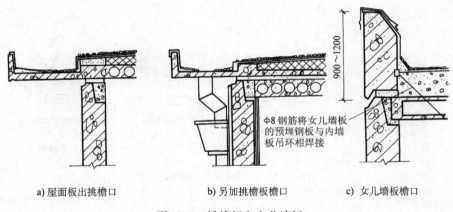

a) 屋面板出挑檐口　　b) 另加挑檐板檐口　　c) 女儿墙板檐口

图 12-8　挑檐板和女儿墙板

12.2.3　大板建筑的节点构造

大板建筑的节点构造包括板材间的连接和外墙板接缝防水处理。

1. 板材连接

板材连接是大板建筑至为关键的构造措施，板材只有通过相互间牢固地连接，才能把墙板、楼板连成一体，使房屋的强度、刚度得以保证。板材连接有干法与湿法两种。

（1）干法连接　干法连接是借助于预埋在板材边缘的铁件通过焊接或螺栓将板材连成一体。其优点是施工简便，施工速度快。缺点是耗钢量较大，连接件易锈蚀，故这种连接方法的使用受到限制。

（2）湿法连接　湿法连接是在板材边缘预留钢筋（称为甩筋），安装时将这些甩筋相互绑扎或焊接，然后在板缝中浇灌混凝土，从而形成类似的圈梁和构造柱，使大板建筑的整体刚度增强（见图 12-9）。

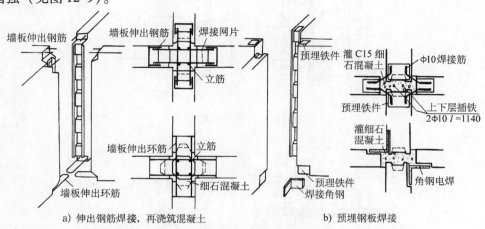

a）伸出钢筋焊接，再浇筑混凝土　　　　　　　b）预埋钢板焊接

图 12-9　板材连接构造

湿法连接的优点是房屋结构整体性好、刚度大，连接钢筋被混凝土包住，不易锈蚀。但湿法连接必须有一定养护时间，使接头混凝土达到一定强度后才能继续进行上层板安装。

2. 外墙板的接缝防水构造

外墙板之间的接缝是最易产生渗漏的地方。引起渗漏的原因主要是墙板间的灌缝混凝土和砂浆开裂，使雨水得以渗入室内。裂缝的产生多因温湿度变化或地基不均匀沉陷，灌缝材料干缩变形或灌缝不密实。

防止接缝漏水的措施有两种，即材料防水和构造防水。

（1）材料防水法　材料防水是在外墙板接缝镶嵌密封材料，阻止雨水渗入室内。嵌缝材料应具有弹性好、黏结力强、耐老化等性能。常用聚氯乙烯胶泥（俗称塑料油膏），如图 12-10 所示。材料防水的优点是墙板边缘形状简单，制作方便，我国南方地区用得较多。

（2）构造防水　构造防水是将外墙板边缘做成特殊形状，以阻止雨水渗透。

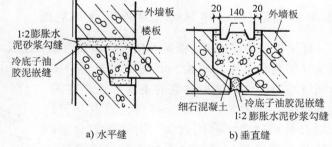

a）水平缝　　　　　　b）垂直缝

图 12-10　材料防水构造

1）水平缝。水平缝是上下两块墙板间的接缝，为了有效地防止雨水渗透，通常做成企口缝或高低缝（见图 12-11）。

2）垂直缝。垂直缝是左右两墙板之间的接缝，缝内常留有空腔。空腔有单空腔和双空腔两种做法，如图 12-12 所示。雨水一旦渗入缝中，便会顺空腔流下，然后在适当位置用排水管将其排至室外。双空腔做法的防水效果好于单空腔。

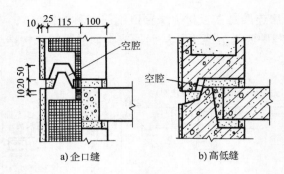

图 12-11 水平缝构造

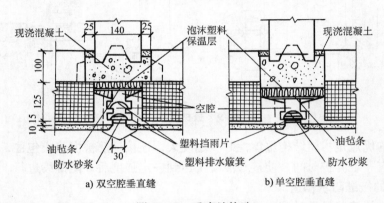

图 12-12 垂直缝构造

12.3 框架板材建筑

12.3.1 框架板材建筑的优缺点和适用范围

框架板材建筑是指由框架和楼板、墙板组成的建筑，如图 12-13 所示。其结构特征是由框架（柱梁和楼板）承重，墙板仅作为围护和分隔空间的构件。这种建筑的主要优点是空间划分灵活，自重轻，有利于抗震，节省材料；其缺点是钢材和水泥用量大，构件的数量多。框架板材建筑适用于要求有较大空间的多层、高层民用建筑，地基较软弱的建筑和地震区建筑。

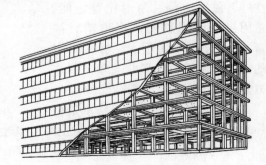

图 12-13 框架板材建筑

12.3.2 框架结构类型

框架按所用材料分为钢框架和钢筋混凝土框架。通常 20 层以下的建筑可采用钢筋混凝土框架，更高的建筑才采用钢框架。

钢筋混凝土框架按施工方法不同，分为全现浇、全装配和装配整体式。全现浇框架的现场湿作业多，寒冷地区冬期施工还要采取保温措施，故采用后两种施工方法更有利。

按构件组成不同分为板柱框架、梁板柱框架和剪力墙框架，如图 12-14 所示。其中板柱框架由楼板和柱子组成框架，楼板可用梁板合一的肋形楼板，也可用实心大楼板。梁板柱框架由梁、楼板、柱子构成框架。剪力墙框架则是在以上两种框架中增设一些剪力墙，其刚度较纯框架大得多。剪力墙主要承担水平荷载，框架主要承受垂直荷载，故框架的节点构造大为简化，适合在高层建筑中采用。钢筋混凝土框架一般不宜超过 10 层，框架 – 剪力墙结构多用于 10 ~ 20 层的建筑。

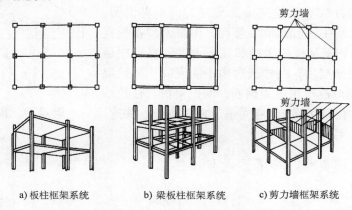

a) 板柱框架系统　　　b) 梁板柱框架系统　　　c) 剪力墙框架系统

图 12-14　框架结构类型

12.3.3　装配式钢筋混凝土框架的构件连接

框架的构件连接主要有梁与柱、梁与板、板与柱的连接。

1. 梁与柱的连接

梁与柱通常在柱顶进行连接，最常用的是叠合梁现浇连接，其次是浆锚叠压连接，如图 12-15 所示。其中图 12-15a 为叠合梁现浇连接构造，叠合方法是把上下柱、纵横梁的钢筋都伸入节点，加配箍筋后浇灌混凝土成型。其优点是节点刚度大，故较为常用。图 12-15b 为浆锚叠压连接，将纵横梁置于柱顶，上下柱的竖向钢筋插入梁上的预留孔，灌入高强砂浆将柱筋锚固，使梁柱连接成整体。

2. 楼板与梁的连接

为了使楼板与梁整体连接，常采用楼板与叠合梁现浇连接，如图 12-16 所示。叠合梁由预制

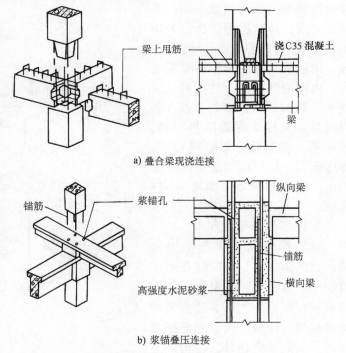

a) 叠合梁现浇连接

b) 浆锚叠压连接

图 12-15　梁与柱连接

和现浇两部分组成。在预制梁上部留出箍筋，预制楼板安放在梁侧，放置纵向架立钢筋后浇筑混凝土，将梁和楼板连成整体。这种连接方式的优点是整体性强，并可减少梁板的结构构造高度，提高了室内净高。

3. 楼板与柱的连接

在板柱框架中，楼板直接支承在柱上，其连接方法可用现浇连接、浆锚叠压连接和后张预应力连接，如图12-17所示。前两种连接方法与梁柱连接是相同的，不再说明。后张预应力连接法是在柱上预留穿筋孔，预制大型楼板安装就位后，预应力钢筋从楼板边槽和柱子上的穿筋孔中通过，对预应力钢筋张拉后，在楼板边槽中灌混凝土，待混凝土强度达到70%时放松预应力钢筋，便把楼板与柱拉结成整体。这种方法构造简单，连接可靠，施工方便、快速，在我国各地均有采用。

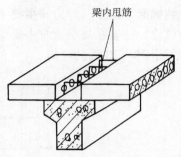

图 12-16　楼板与梁连接

12.3.4　外墙板的类型、布置方式与连接

1. 墙板类型

按所使用的材料，外墙板可分为三类，即单一材料墙板、复合材料墙板、玻璃幕墙。单一材料墙板用轻质混凝土材料制作，如加气混凝土、陶粒混凝土等。复合板通常由三层组成，即内外壁和夹层。外壁选用耐久性和防水性较好的材料，如石棉水泥板、钢丝网水泥、轻骨料混凝土等。内壁应选用防火性能好，又便于装修的材料，如石膏板、塑料板等。夹层为保温隔热材料，如矿棉、玻璃棉、膨胀珍珠岩、膨胀蛭石、加气混凝土、泡沫混凝土、泡沫塑料等，如图 12-18所示。

2. 外墙板的布置方式

外墙板可以布置在框架外侧，或框架之间，或安装在附加墙架上，如图 12-19 所示。外墙板安装在框架外侧时，对房屋的保温有利。外墙板安装在框架之间时，框架暴露在外，在构造上

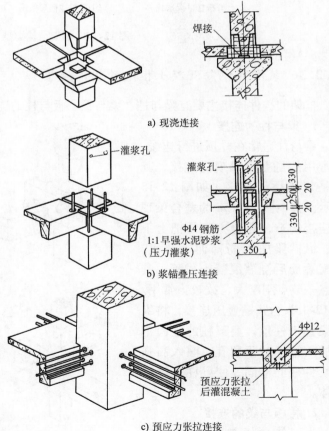

a) 现浇连接

b) 浆锚叠压连接

c) 预应力张拉连接

图 12-17　楼板与柱的连接

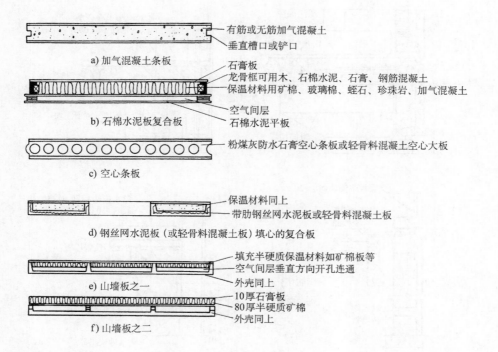

图 12-18　外墙板类型

需对框架柱做保温处理，防止外露的框架柱和楼板形成"冷桥"。轻型墙板通常需安装在附加墙架上，使外墙板具有足够的刚度，保证其在风力或地震力的作用下不会变形。

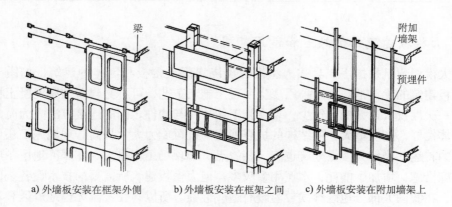

a) 外墙板安装在框架外侧 　　b) 外墙板安装在框架之间 　　c) 外墙板安装在附加墙架上

图 12-19　外墙板的布置方式

3. 外墙板与框架的连接

外墙板可以采用上挂或下承两种方式支承于框架柱、梁或楼板上。图 12-20 为各种外墙板与框架的连接构造。根据不同的板材类型和板材的布置方式，可采取焊接法、螺栓连接法、插筋锚固法等进行连接。无论采用何种方法，均应注意以下构造要点：①外墙板与框架连接应安全可靠；②不应出现"冷桥"现象，防止结露；③构造简单，施工方便。

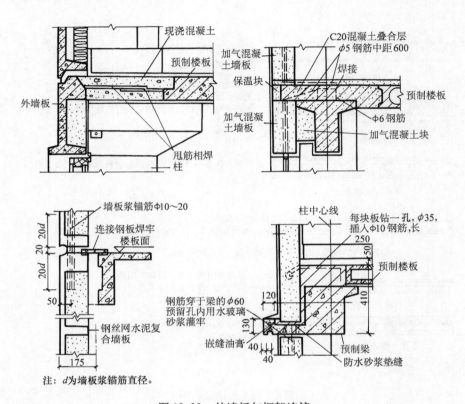

注：d为墙板浆锚筋直径。

图12-20 外墙板与框架连接

12.4 大模板建筑

12.4.1 大模板建筑的优缺点和适用范围

所谓大模板建筑是指用工具式大型模板现浇混凝土楼板和墙体的建筑，如图12-21所示。大模板建筑的优点是：由于采用现浇混凝土施工工艺，可不必建造预制混凝土板材的大板厂，故一次性投资比大板建筑少；现浇施工使构件与构件之间的连接方法大为简化，而且结构的整体性好，刚度增大，使结构的抗震能力与抗风能力大大提高；现浇施工还可以减少建筑材料的转运。当然大模板建筑也有一些缺点，如现场工作量大，在寒冷地区冬期施工需要采用冬施措施，增加了能耗，水泥用量较多。但大模板建筑所需要的技术设备条件比大板建筑的低，在我国大部分地区气候较温暖时适应性强。所以，在我国无论地震区和非地震区的多层和高层建筑均有采用。

12.4.2 大模板建筑的类型

大模板建筑分为全现浇、现浇与预制装配结合两种类型。全现浇式大模板建筑的墙体和楼板均采取现浇方式，一般用台模或隧道模进行施工，技术装备条件较高，生产周期较长，但其整体性好，在地震区采用这种类型特别有利。现浇与预制装配相结合的大模板建筑采用预制式整间大楼板，墙体采用大模板现浇，甚至还可内墙现浇而外墙板预制。现浇与预制相

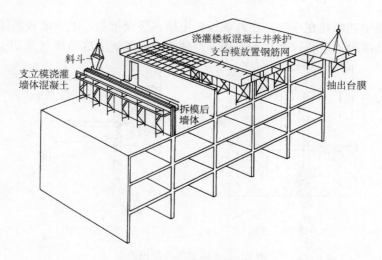

图 12-21　大模板建筑

结合的大模板建筑又分为以下三种类型。

（1）内外墙全现浇　即内外墙全部为现浇混凝土，楼板采用预制大楼板。其优点是内外墙之间为整体连接，房屋的空间刚度增强，但外墙的支模较复杂，装修工作量也较大。一般多用于多层建筑或地震区的高层建筑。

（2）内墙现浇外墙挂板　即内墙用大模板现浇混凝土墙体，预制外墙板悬挂在现浇内墙上，楼板则用预制大楼板。这种类型简称为内浇外挂。其优点是外墙的装修可以在工厂完成，缩短了工期。同时，其保温问题较前一种方式更易解决。整个内墙之间为整体浇筑，房屋的空间刚度仍可以得到保证。所以这种类型兼有大模板与大板两种建筑的优点，目前在我国高层大模板建筑中应用最为普遍。

（3）内墙现浇外墙砌砖　即内墙采用大模板现浇，外墙用砌块来砌筑，楼板则用预制大楼板，简称为内浇外砌。采用砖砌外墙比混凝土外墙的保温性能好，而且又便宜，故在多层大模板建筑中运用较多。但是砖墙自重大，现场砌筑工作量大、工期长，所以在高层大模板建筑中很少采用。

12.4.3　大模板建筑的墙体材料与节点构造

我国大模板建筑目前多用于住宅建筑，内墙一般采用 C20 普通混凝土或轻质混凝土。内横墙厚度应满足楼板搁置长度的需要，内纵墙厚度应满足房屋刚度的要求，两者厚度最好统一。当大模板建筑体系只用于多层住宅时，一般内墙厚度为 140～160mm，若用于多层和高层住宅时，应采用 160～200mm。外墙厚度视材料和地区气候而定。当采用内外墙全现浇混凝土时，宜用轻质混凝土，厚度根据结构计算和热工计算确定。当采用内浇外挂时，外墙板宜用复合板。当采用内浇外砌时，外墙厚度和当地砖砌体结构的外墙厚度相同。

大模板建筑的节点构造是指墙体与墙体的连接、墙体与楼板的连接。墙体与墙体的连接主要反映在现浇内墙与外挂墙板、现浇内墙与外砌砖墙的连接上。

1. 现浇内墙与外挂墙板的连接

在内浇外挂的大模板建筑中，外墙板是在现浇内墙板之前先安装就位，并将预制外墙板端的甩筋与内墙钢筋绑扎在一起，在外墙板缝中插入竖向钢筋，上下墙板的甩筋也相互搭接焊牢，浇筑内墙混凝土后，这些接头连接钢筋便将内外墙锚固成整体（见图12-22）。

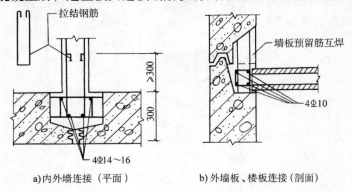

a)内外墙连接（平面）   b)外墙板、楼板连接（剖面）

图 12-22   内墙与外挂板连接

2. 现浇内墙与外砌砖墙的连接

在"内浇外砌"的大模板建筑中，砖砌外墙必须与现浇内墙相互拉结才能保证结构的整体性，如图12-23所示。施工时，先砌砖外墙，在与内墙交接处将砖墙砌成凹槽，并放置锚拉钢筋，内墙钢筋与这些拉筋绑扎在一起，浇筑内墙混凝土后，砖墙的预留凹槽便形成混凝土构造柱，将内外墙牢固地连接在一起。山墙转角处则应专门现浇钢筋混凝土构造柱。

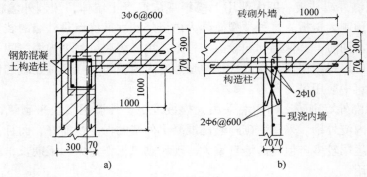

a)   b)

图 12-23   现浇内墙与砖外墙连接

3. 现浇内墙与预制楼板的连接

楼板与墙体应有可靠的连接。安装楼板时，可将钢筋混凝土楼板伸进现浇墙内 35～45mm，相邻两楼板之间至少有 70～90mm 的空隙作为浇筑混凝土的位置。楼板端头甩筋与墙体竖向钢筋以及水平附加钢筋相互搭接，浇筑墙体后，在楼板之间形成一条钢筋混凝土现浇带，便将楼板与墙板连接成整体。若外墙采用砖砌筑时，应在砌墙内的楼板部位设钢筋混凝土圈梁。

12.5 | 其他类型的工业化建筑

用工业化生产方式建造房屋的主要类型除上述几种以外，还有滑模建筑、升板建筑、盒子建筑等，也都属于工业化建筑的范畴。

12.5.1　滑模建筑

所谓滑模建筑是指用滑升模板来现浇墙体的一种建筑。滑模现浇墙体的工作原理是利用墙体内的竖向钢筋作支承杆，将模板系统支承其上，用液压千斤顶系统带动模板系统沿支承杆慢慢向上滑移，边升模板边浇筑混凝土墙体，直至顶层墙体后才将模板系统卸下，如图 12-24 所示。

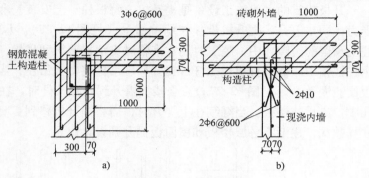

图 12-24　滑模施工示意

滑模建筑的主要优点是结构的整体性好，抗震能力强，机械化程度高，施工速度快，模板的数量少，且利用率高，施工时所需的场地小。但用这种方式建造房屋，操作精度要求高，墙体垂直度的偏差不能超出允许范围，否则将酿成事故。滑模建筑适宜用于外形简单整齐、上下壁厚相同的建筑物和构筑物，如多层和高层建筑、水塔、烟囱、筒仓等。我国深圳国际贸易中心大厦高 53 层的主楼部分，便是采用滑模施工的。

滑模建筑通常有三种类型：①第一种是内外墙全部用滑模现浇混凝土（见图 12-25a）；②第二种是内墙用滑模现浇混凝土，外墙用预制墙板（见图 12-25b），有利于外墙的保温和装修；③第三种是滑模浇筑楼梯间、电梯间等构成的筒体结构，其余部分用框架或大板结构（见图 12-25c），这种类型多见于高层建筑。

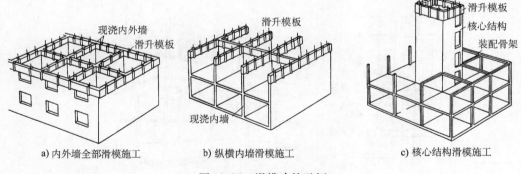

a) 内外墙全部滑模施工　　　　　b) 纵横内墙滑模施工　　　　　c) 核心结构滑模施工

图 12-25　滑模建筑示例

12.5.2　升板建筑

所谓升板建筑是指利用房屋自身的柱子做导杆，将预制楼板和屋面板提升就位的一种建筑。用升板法建造房屋的过程与常规的建造方法不同，如图 12-26 所示。第一步是做基础，即在平整好的场地开挖基槽，浇筑柱基础；第二步是在基础上立柱子，大多采用预制柱；第三步是打地坪。先作地坪的目的是在其上面预制楼板等。第四步是叠层预制楼板和屋面板，板与板之间用隔离剂分隔开，注意柱子是套在楼板和屋面板中由上而下逐渐提升。为了避免在提升过程中柱子失去稳定而使房屋倒塌，楼屋面板不能一次就提升到设计位置，而是分若干次进行，要防止上重下轻。第六步是逐层就位，即从底到顶逐层将楼板和屋面板分别固定在各自的设计位置上。

升板建筑的主要施工设备是提升机，每根柱子上安装一台，以使楼板在提升过程中均匀受力，同步上升，提升机悬挂在承重销上（见图12-27）。承重销是钢制的，可以临时穿入柱上预留的间隙孔中，施工时用它来临时支承提升机和楼板，提升完毕后承重销便永久地固定在柱帽中。提升机通过螺杆、提升架、吊杆将楼板吊住，当提升机开动时，螺杆转动，楼板便慢慢上升（见图12-27a）。当楼板提升到间隙孔处时，在楼板下将承重销穿入柱子间歇孔中，支承住楼板。当继续往上提升时，需将提升机移到更高位置，并悬挂在柱子上，如此往复数次，逐渐将各层楼板和屋面板提升到设计位置。

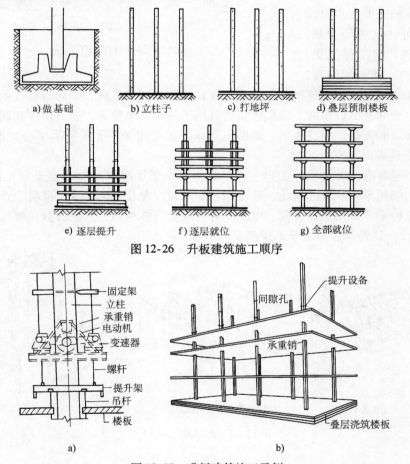

a) 做基础　　b) 立柱子　　c) 打地坪　　d) 叠层预制楼板

e) 逐层提升　　f) 逐层就位　　g) 全部就位

图12-26　升板建筑施工顺序

图12-27　升板建筑施工示例

升板建筑的优越性是很明显的，由于是在建筑物的地坪上叠层预制楼板，不需要底模，可以大大节约模板；把许多高空作业转移到地面上进行，可以提高效率，加快进度；预制楼板是在建筑物本身平面范围内进行的，不需要占用太多的施工场地。根据这些优点，升板建筑主要适用于隔墙少、楼面荷载大的多层建筑，如商场、书库、车库和其他仓储建筑，特别适合于施工场地狭小的地段建造房屋。

12.5.3　盒子建筑

盒子建筑是从板材建筑的基础上发展起来的一种装配式建筑，指在工厂预制成整间的空间盒子结构，运到工地进行组装的建筑（见图 12-28）。一般在工厂不但完成盒子的结构部分和围护部分，而且内部的装修也在工厂做好，甚至连家具、地毯、窗帘等也已布置好，只要安装完成，接通管线，即可交付使用。

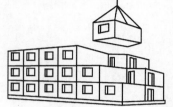

图 12-28　盒子建筑示例

盒式建筑的装配形式有：

1）全盒式，完全由承重盒子重叠组成建筑。

2）板材盒式，将小开间的厨房、卫生间或楼梯间等做成承重盒子，再与墙板和楼板等组成建筑。

3）核心体盒式，以承重的卫生间盒子作为核心体，四周再用楼板、墙板或骨架组成建筑。

4）骨架盒式，用轻质材料制成的许多住宅单元或单间式盒子，支承在承重骨架上形成建筑。也有用轻质材料制成包括设备和管道的卫生间盒子，安置在用其他结构形式的建筑内。

盒子建筑的主要优点在于：这种建筑工厂化的程度很高，现场施工安装速度快，生产效率高。房屋修建的大部分工作，包括水、暖、电、卫等设备安装和房屋装修都移到工厂完成，施工现场只余下构件吊装、节点处理，接通管线就能使用；混凝土盒子构件是一种空间薄壁结构，自重很轻，与砖混建筑相比，可减轻结构自重一半以上。

但是盒子建筑的投资大，运输不便，且需用重型吊装设备，因此，发展受到一定限制。

复习思考题

1. 什么叫建筑工业化？建筑工业化的特征有哪些？
2. 什么叫工业化建筑体系？什么叫专用体系与通用体系？
3. 有哪些类型的工业化建筑？我国主要发展哪些工业化建筑？
4. 大板建筑的优缺点和适用范围是什么？
5. 大板建筑由哪些构件组成？内外墙板在构造上有何区别？何谓复合墙板？
6. 大板建筑板材之间如何连接？注意构造图示。
7. 什么叫材料防水和构造防水？材料防水和构造防水在防水原理上有何不同？注意构造图示。
8. 框架板材建筑的优缺点和适用范围是什么？
9. 装配式钢筋混凝土框架的构件连接有哪些方式？注意其特点和图示。
10. 框架建筑外墙有哪几种构造形式？外墙板有几种布置方式？与框架如何连接？
11. 大模板建筑的优缺点和适用范围是什么？
12. 大模板建筑有哪些类型？各适用于何种情况？
13. 大模板建筑的连接构造是怎样的？
14. 什么叫滑模建筑？其优缺点和适用范围如何？
15. 什么叫升板建筑？其优缺点和适用范围是什么？
16. 盒子建筑的优缺点和适用范围是什么？

第3篇
工业建筑设计原理及构造

第 13 章

工业建筑概述

学习目标

了解工业建筑的特点、分类和设计要求，熟悉工业建筑内部的起重运输设备，掌握工业厂房的组成及主要构造特点。

13.1 工业建筑的特点、分类和设计要求

13.1.1 工业建筑的特点

工业建筑是指为各类工业生产使用而建造的建筑物和构筑物，如从事各类工业生产及直接为生产服务的房屋：主要生产厂房、辅助生产建筑和为生产服务的水塔、氧气站等一些构筑物。这些从事生产所用的厂房和所需要的辅助建筑及设施构筑物等有机地组织在一起，就构成了一个完整的工厂。

工业建筑与民用建筑相比，在设计原则、建筑技术及建筑材料等方面有许多相同之处，但在各设计工种配合、建筑平面及空间布局、剖面形式、建筑构造及承重骨架用材等方面，工业建筑又有其自身特点。

1) 厂房的建筑设计是在工艺设计人员提出的工艺设计图的基础上进行的，建筑设计应首先适应生产工艺的要求，并为工人创造良好的生产环境，使厂房满足适用、安全、经济和美观的要求。

2) 由于厂房中的生产设备多，体量大，各种生产联系密切，并有多种起重运输设备通行，致使厂房内部具有较大的敞开空间。

3) 当厂房宽度较大时，特别是多跨厂房，为满足室内采光、通风的需要，屋顶上往往设置天窗；为了满足屋面防水、排水的需要，设置屋面排水系统。这些设施使屋顶构造复杂，且厂房大多都不设顶棚，屋顶承重结构袒露于室内。

4) 在单层厂房中，由于跨度大，屋顶及吊车荷载较重，多采用钢筋混凝土排架结构承重；在多层厂房中，由于楼面荷载较大，广泛采用钢筋混凝土骨架承重。对于特别高大的厂房，或有重型吊车的厂房，或高温厂房，或地震烈度较高地区的厂房，常采用钢骨架承重。

5) 某些生产过程中产生粉尘、有害气体、高温、易燃易爆的车间，需要采取通风、降尘、空气过滤、防爆等构造措施。

13.1.2　工业建筑的分类

随着科学技术及生产力的发展，工业生产的种类越来越多，生产工艺也更为先进、复杂，技术要求也更高，相应地对建筑设计提出的要求也更为严格，从而出现各种类型的工业建筑。为了掌握建筑物的特征和标准，便于进行设计和研究，工业建筑可归纳为如下几种类型。

1. 按用途划分

（1）主要生产厂房　指各类工厂中的主要产品从原材料至成品加工装配过程中的各个车间。如，机械制造厂中的铸铁车间、铸钢车间、锻造车间、冲压车间、铆焊车间、热处理车间、机械加工及装配车间等，这些车间都属于主要生产厂房。

（2）辅助生产厂房　指间接从事工业生产，为主要生产厂房服务的厂房。如：机械制造厂中的机器修理车间、电修车间、木工车间、工具车间等。

（3）动力用厂房　指为生产提供能源的厂房。能源有电、蒸汽、煤气、乙炔、氧气、压缩空气等，其相应的建筑是发电厂、锅炉房、煤气发生站、乙炔站、氧气站和压缩空气站等。这些厂房的生产常有一定的危险性和散发出烟尘等有害物，所以这类厂房必须具有足够的坚固耐久性，有妥善的安全设施和良好的使用质量。

（4）储存用厂房　指为生产储备各种原料、材料、半成品、成品的房屋，即仓库。这类厂房应根据所储物质的不同，满足相应的防火、防潮、防爆、防腐蚀、防变质等要求。设计时应按有关规范及标准合理确定其面积、层数以及防护、防火和安全措施等。

（5）运输用厂房　指管理、停放、检修交通运输工具的房屋。如机车库、汽车库、电瓶车库、消防车库等。

（6）其他　如水泵房、污水处理站等。

2. 按车间内部状况划分

（1）热加工车间　生产过程中散发大量热量，有时伴随烟雾、灰尘、有害气体的车间。如热工车间、锻工车间等。

（2）冷加工车间　生产操作是在常温下进行的车间。如机械加工车间、装配车间等。

（3）恒温恒湿车间　为保证产品质量，内部要求稳定的温湿度条件的车间如精密机械车间、纺织车间等。这类车间除装有空调设备外，厂房也要采取相应的措施，以减少室外气象对室内温湿度的影响。

（4）洁净车间　为保证产品质量，防止大气中灰尘和细菌的污染，要求保持内部高度洁净的车间。如精密仪表的微型零件的加工及装配车间、集成电路车间等。这类车间除对室内空气进行净化处理，将空气中的含尘量控制在允许的范围以内，还要求厂房围护结构保证严密，以免大气灰尘的侵入。

（5）其他特种状况的车间　如有爆炸可能性、有大量腐蚀物、有放射性散发物的车间，以及有防微振、高度隔声、防电磁波干扰等要求的车间。

3. 按厂房层数划分

（1）单层厂房　单层工业厂房是指层数仅为一层的工业厂房，单层厂房广泛地应用于各种工业企业，它对于具有大型生产设备、振动设备、地沟、地坑或重型起重运输设备的生产有较大的适应性（见图13-1），如冶金、机械制造等工业部门。单层厂房便于水平方向组织生产工艺流程，布置生产设备，也便于工艺改革。但占地面积大，围护结构面积多，道路和技术管网较长。

（2）多层厂房　多层工业厂房是指层数在二层及以上的厂房，多层厂房对于垂直方向组织生产及工艺流程的生产企业和设备，以及产品较轻的企业具有较大的适应性。多层厂房多用于轻工、食品、电子、仪表等工业部门（见图 13-2）。

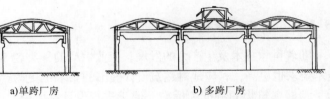

a)单跨厂房　　　　　b) 多跨厂房

图 13-1　单层厂房

（3）层次混合的厂房　即同一厂房中既有单层跨又有多层跨（见图 13-3）。图 13-3a 所示为某热电厂主厂房，汽轮发电机设在单层跨内，其他为多层。图 13-3b 所示为某化工车间，高大的生产设备位于中间的单层跨内，边跨为多层。

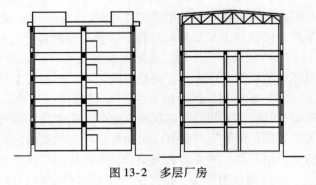

图 13-2　多层厂房

13.1.3　工业建筑的设计要求

1. 满足生产工艺的要求

生产工艺是工业建筑设计的主要依据，生产工艺对建筑提出的要求就是该建筑使用上的要求。因此，建筑设计在建筑面积、平面形状、柱距、跨度、剖面形式、厂房高度以及结构方案和构造

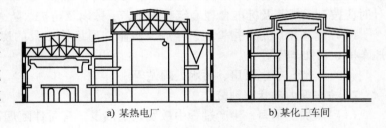

a) 某热电厂　　　　　b) 某化工车间

图 13-3　层次混合的厂房

措施等方面，必须满足生产工艺的要求。同时，建筑设计还要满足厂房所需机械设备的安装、操作、运转、检修等方面的要求。

2. 满足建筑技术的要求

1）工业建筑的坚固性及耐久性应符合建筑的使用年限。由于厂房静荷载和活荷载比较大，建筑设计应为结构设计的经济合理性创造条件，使结构设计更利于满足坚固和耐久的要求。

2）建筑设计应使厂房具有较大的通用性和改建扩建的可能性，以适应由于科技发展日新月异、生产工艺不断更新、生产规模不断扩大的需要。

3）应严格遵守《厂房建筑模数协调标准》（GB/T 50006—2010）及《建筑模数协调标准》（GB/T 50002—2013）的规定，合理选择厂房建筑参数（柱距、跨度、柱顶标高等），以便采取标准的、通用的结构构件，使设计标准化、生产工厂化、施工机械化，从而提高厂房建筑工业化水平。

3. 满足建筑经济的要求

1）在不影响卫生、防火及室内环境要求的条件下，将若干个车间合并成联合厂房，对现代化连续生产极为有利。因为联合厂房占地较少，外墙面积相应较少，缩短了管网线路，使用灵活，能满足工艺更新的要求。

2）建筑层数是影响建筑经济性的重要因素。因此，应根据工艺要求、技术条件等，确定采用单层或多层厂房。

3）在满足生产要求的前提下，设法缩小建筑体积，充分利用建筑空间。合理减少结构面积，提高使用面积。

4）在不影响厂房的坚固、耐久、生产操作、使用要求和施工速度的前提下，应尽量降低材料的消耗，从而减轻构件的自重和降低建筑造价。

5）设计方案应便于采取先进的、配套的结构体系及工业化施工方法。但是，必须结合当地的材料供应情况，施工机械的规格和类型，以及施工人员的技能来选择施工方案。

4. 满足卫生及安全要求

1）满足与厂房所需采光等级相适应的采光条件，以保证厂房内部工作面上的照度；应有与室内生产状况及气候条件相适应的通风措施。

2）排除生产余热、废气，提供正常的卫生、工作环境。

3）对散发出的有害气体、有害辐射及产生的严重噪声等应采取净化、隔离、消声、隔声等措施。

4）美化室内外环境，注意厂房内部的水平绿化、垂直绿化及色彩处理。

13.2　单层厂房的组成

我国单层工业厂房承重结构主要采用排架结构，是将厂房承重柱的柱顶与屋架或屋面梁进行铰接连接，而柱下端则嵌固于基础中，构成平面排架，各平面排架再经纵向结构构件连接组成一个空间结构。这种厂房多数跨度大、高度较高，起重机吨位大且结构受力合理，建筑设计灵活，施工方便，工业化程度较高。图 13-4 所示是典型的装配式钢筋混凝土排架结构的单层厂房，它由以下两大部分组成。

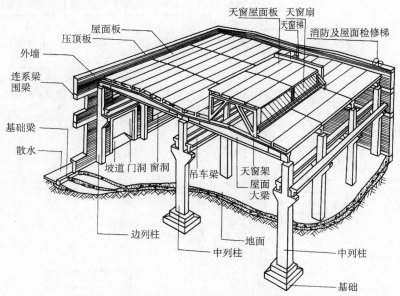

图 13-4　装配式钢筋混凝土排架结构单层厂房的构件组成

13.2.1 承重结构

1）横向排架由基础、柱、屋架（或屋面梁）组成。

2）纵向联系构件由基础梁、连系梁（圈梁）、吊车梁等组成。它与横向排架构成骨架，保证厂房的整体性和稳定性，纵向构件承受作用在山墙上的风荷载及吊车纵向制动力，并将它传递给柱子。

3）为了保证厂房的刚度，还设置屋架支撑、柱间支撑等支撑系统。

13.2.2 围护结构

单层厂房的外围护结构包括外墙、屋顶、地面、门窗、天窗等。

13.2.3 单层工业厂房排架结构主要荷载的传递路线

单层工业厂房排架结构的主要荷载，一是竖向荷载，包括屋面荷载、墙体自重和吊车竖向荷载，并分别通过屋架、墙梁、吊车梁等构件传递到柱身；二是水平荷载，包括纵横外墙风荷载和吊车纵横向冲击荷载，并分别通过墙、墙梁、抗风柱、屋盖、柱间支撑、吊车梁等构件传到柱身。所有上述荷载均由柱身传到基础。另外，基础梁的竖向荷载不通过柱身直接传到基础上。基础承受的全部荷载传给地基。

由此可见，梁、柱、基础是单层厂房和一切建筑物的主要承重构件，特别是柱子，更是承受并传递荷载的关键构件。因此，在设计、施工和使用等各方面均应予以极大的重视。图13-5 所示为单层工业厂房排架结构主要荷载的传递路线。

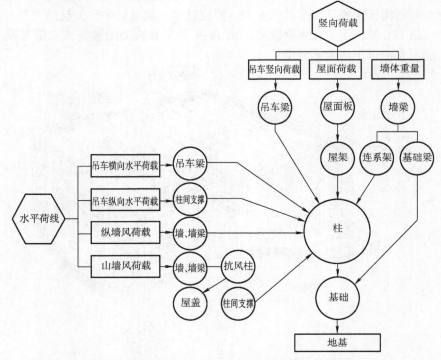

图 13-5 单层工业厂房排架结构主要荷载的传递路线

13.3 工业建筑内部的起重运输设备

每种工业产品都有一定的生产工艺流程，许多产品生产是在流动中完成的。因此，在工业厂房内应根据原材料和产品的数量、重量等布置相应的起重运输设备。常用的有单轨悬挂式起重机、梁式起重机、桥式起重机、悬臂移动式起重机、固定转臂式起重机等。

13.3.1 单轨悬挂式起重机

它由电动葫芦和工字钢轨道组成（见图13-6）。电动葫芦以工字钢为轨道，可沿直线、曲线或分岔往返运行。工字钢轨道可悬挂在屋架或屋面梁的下弦，因此对屋架或屋面梁的结构强度要求较高，其起重量一般在 2t 左右，特殊情况下可以达到 5t。单轨悬挂式起重机构造简单，造价低廉，但是它不能横向运行，须借助人力和车辆辅助运输，所以适用于小型或辅助车间。

13.3.2 梁式起重机

它由梁架、工字钢轨道和电动葫芦组成。梁架的安装有悬挂式和支承式两种方法。悬挂式是在屋顶承重结构下悬挂钢轨，钢轨布置为平行直线，在两行轨梁上设可滑行的梁架（见图13-7a）；支承式是在排架柱上设牛腿，牛腿上设吊车梁，吊车梁上安装钢轨，钢轨上设可滑行的梁架（见图13-7b）。梁式起重机可以纵横双向运行，使用方便。起重量有 1t、2t、3t、5t 四种。

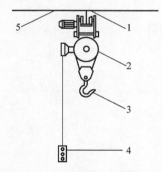

图 13-6 单轨悬挂式起重机
1—钢轨 2—电动葫芦 3—吊钩
4—操纵开关 5—屋架或屋面大梁下表面

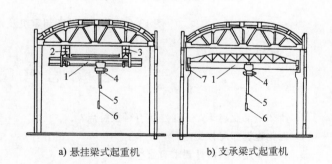

a) 悬挂梁式起重机   b) 支承梁式起重机

图 13-7 梁式起重机
1—钢梁 2—运行装置 3—轨道 4—提升装置
5—吊钩 6—操纵开关 7—吊车梁和轨道

13.3.3 桥式起重机

它是由桥架和起重行车组成。桥架行驶在吊车梁的轨道上（沿厂房纵向运行），起重机行驶在桥架的轨道上（沿厂房横向运行），吊车轨道铺设在柱子支承的吊车梁上，如图13-8所示。桥式起重机的起重量较大，5～500t 不等。

13.3.4 其他起重运输设备

在厂房中，还有可沿柱列运行的悬臂式起重机和固定在柱上可旋转的转臂式起重机

（见图 13-9a，图 13-9b）。这两种起重机的起重能力和工作范围都有一定限度，只可作为辅助起重设备。还有一种龙门式起重机（见图 13-9c）。因为桥式起重机所需净空高度大，本身又很重，对厂房结构不利。有人建议用落地龙门起重机代替桥式起重机，龙门起重机直接支承在地面上，大大减轻了承重结构的负担，便于扩大柱距及适应工艺流程的改革。但龙门起重机行驶速度缓慢，且多占厂房使用面积，所以目前还不能完全取代桥式起重机。

厂房内部根据生产特点的不同还有火车、汽车、吊链、传送带等运输设备。

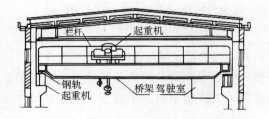

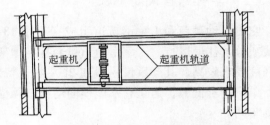

图 13-8　桥式起重机立面及平面示意图

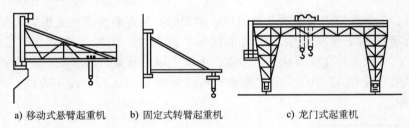

a) 移动式悬臂起重机　　b) 固定式转臂起重机　　c) 龙门式起重机

图 13-9　悬臂、转臂起重机及龙门式起重机

复习思考题

1. 什么是工业建筑？工业建筑有哪些特点？
2. 工业建筑如何分类？
3. 对工业建筑的设计要求有哪些？
4. 装配式钢筋混凝土排架结构厂房的主要结构构件有哪些？各承担哪些荷载？
5. 单层工业厂房常用的起重运输设备有哪几种？

第14章 单层厂房设计

学习目标

了解单层厂房的总平面设计要求，熟悉单层厂房的平面、立面、剖面设计原则，掌握单层厂房定位轴线的确定方式，掌握单层厂房采光和通风的设计方法。

14.1 工厂总平面设计

14.1.1 工厂总平面设计的要求

一个工厂由许多建筑物和构筑物组成。一般由四个部分组成：①生产工段，是加工产品的主体部分；②辅助工段，是为生产工段服务的部分；③库房部分，是存放原料、材料、半成品、成品的地方；④行政办公及生活用房。进行工厂总平面设计应满足如下条件：

1）根据全厂的生产工艺流程、交通运输、卫生、防火、风向、地形、地质以及建筑群体艺术等条件确定建筑物、构筑物的相对位置。

2）合理地组织人流和货流，避免交叉和迂回。

3）布置地上和地下的各种工程管线，进行厂区竖向布置及美化、绿化厂区等。

工厂总平面图包括生产区和厂前区两部分（见图14-1），在生产区布置主要生产厂房和辅助建筑、动力建筑、露天和半露天的原料堆场、产品仓库、水塔、泵房等；在厂前区布置行政办公楼、传达室、门卫等。

14.1.2 影响总平面布置的因素

（1）厂区人流、货流的影响　一个厂房不是孤立存在的，而是工厂总平面图中的有机组成部分，并在生产中和周围其他厂房有着密切的联系。其具体表现为原材料、成品和半成品的运输及人流进出厂路线的组织。因此，厂房人流主要出入口及生活间的位置应面向厂区主要干道，方便职工上下班；物流出入口除面向厂区道路外并和相邻厂房出入口位置相对应，以使运输路线短捷。设计时尽可能减少人流和物流的交叉迂回，运行路线通畅、短捷。在图14-1中，生活区的位置紧靠厂区主干道，人、货流路线分工明确。

（2）地形的影响　地形坡度的大小对厂房的平面形状有直接影响。特别是山区建厂，为减少土石方工程和投资，加快施工进度，厂房平面形式，在工艺条件许可的情况下就要适应地形，而不应像在平坦地形上那样强调简单、规整。图14-2a为原工艺方案，这种平面形式在这样地形的条件下就要挖大量土石方，增加施工费用，拖延工期。通过与工艺设计人员共同研究，将原平面做了调整，将矩形单跨的平面形式改成两跨长短不一的平面形状（见图14-2b）。虽平面形式不规整，但适应了地形，减少了投资，加快了施工进度，总体来说还是经济合理的。

（3）气候条件的影响　厂址所在地区的气象条件对厂房朝向影响很大。其主要影响因素有两个：一是日照，二是风向。厂房对朝向的要求，随地区气候条件而异。在我国广大温带和亚热带地区，理想的朝向应该是：夏季室内既不受阳光照射，又要易于进风，有良好的自然通风条件。为此，厂房宽度不宜过大，最好平面采用长条形，朝向接近南北向，厂房长轴与夏季主导风向垂直或大于45°。Ⅱ形、Ⅲ形平面的开口应朝向迎风面，并在侧墙上开设窗子和大门，大门在形成穿堂风中有良好作用。寒冷地区，厂房的长边应平行于冬季主导风向，并在迎风面的墙面上少开或不开门窗，避免寒风对室内气温的影响。

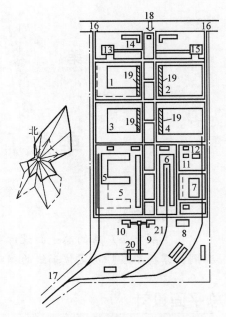

图14-1　某机械厂总平面布置图

1—辅助车间　2—装配车间　3—机械加工车间　4—冲压车间
5—铸工车间　6—锻工车间　7—总仓库　8—木工车间
9—锅炉房　10—煤气发生站　11—氧气站　12—压缩空气站
13—食堂　14—厂部办公室　15—车库　16—汽车货运出入口
17—火车货运出入口　18—厂区大门人流出入口
19—车间生活间　20—露天堆场　21—烟囱

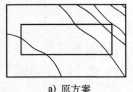
　　　a) 原方案

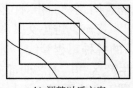
　　　b) 调整以后方案

图14-2　地形对厂房平面形式的影响

14.2　单层厂房平面设计

单层厂房平面设计主要研究以下几方面的问题。

1）平面设计与生产工艺的关系。

2）单层厂房常用平面形式。

3）柱网选择。

4）厂房通道及有害工段的布置。

14.2.1　平面设计与生产工艺的关系

民用建筑的平面及空间组合设计，主要是根据建筑物使用功能的要求进行的，而单层工业厂房平面及空间组合设计，是在工艺设计及工艺布置的基础上进行的。所以说，生产工艺是工业建筑设计的重要依据之一。

一个完整的工艺平面图，主要包括下面五个内容：①根据生产的规模、性质、产品规格等确定的生产工艺流程；②选择和布置生产设备和起重运输设备；③划分车间内部各生产工段及其所占面积；④初步拟订厂房的开间数、跨度和长度；⑤提出生产对建筑设计的要求，如采光、通风、防尘、抗震、防振、防辐射等。平面设计受生产工艺的影响表现在以下几个方面。

1. 生产工艺流程的影响

生产工艺流程是指某一产品的加工制作过程，即由原材料按生产要求的程序，逐步通过生产设备及技术手段进行加工生产，并制成半成品或成品的全过程。不同类型的厂房，由于其产品规格、型号等不同，生产工艺流程也不同。单层工业厂房，工艺流程基本是通过水平生产、运输来实现的。平面设计必须满足工艺流程及布置要求，使生产路线短捷，不交叉，少迂回，并具有变更布置的灵活性。

图 14-3 是机械加工装配车间的生产工艺流程图。机械加工所用的原材料由铸工车间或仓库运来，一部分堆放在车间的堆场或仓库里，一部分可直接进入机械加工工段，经车、钻、铣、刨、镗等机床进行机械加工。加工后的半成品送入装配车间进行总装

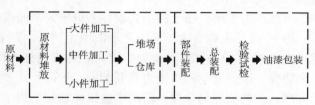

图 14-3　机械加工装配车间的生产工艺流程图

配，装配完毕后进行试验或检验，合格产品进行油漆、包装，最后运至成品库。

图 14-4 是根据图 14-3 的生产工艺流程图而设计的机械加工装配车间建筑平面图。该平面是三个平行跨的厂房，原材料由①轴线上的三个大门进入车间，厂房内部按直线方式布置机械加工部和装配工部，并设有堆场，产品由⑲轴线的大门运出。厂房柱距为 6m，三个跨度分别为 18m、18m、24m，三个跨间内均可通行汽车和局部通行火车。各跨分别设有两台

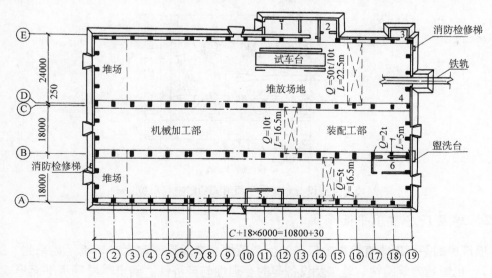

图 14-4　机械加工装配车间建筑平面图

吊车，Ⓑ轴与⑬轴交汇处设转臂吊车，室外沿外墙每200m设有消防检修梯，共计两台。纵墙上有平开门，两山墙处有推拉门。

2. 生产状况的影响

不同性质的厂房，在生产操作时会出现不同的生产状况。如机械加工装配车间，生产是在正常的温湿度条件下进行的，产生的噪声较小，室内无大量余热及有害气体散发。但是，该车间对采光有一定的要求（详见《建筑采光设计标准》（GB 50033—2013）），应根据它所在地区的气象条件来满足采光和通风的要求。又如铸工车间，生产时车间内部产生大量生产余热，空气温度高，落砂清理工段有大量灰尘。因此，对建筑设计要求加强室内通风，迅速补充冷空气，排除室内热空气，从而在平面设计中影响到门窗的位置和大小，墙体是采用封闭式还是开敞式等。

3. 生产设备布置的影响

生产设备的大小和布置方式直接影响到厂房的平面布局、跨度大小和跨间数，同时也影响到大门尺寸和柱距尺寸。为了搞好配合，建筑设计人员必须深入实际，调查研究，对生产工艺有相应的了解，便于和工艺设计人员研究平面布置方案，提高设计水平。

图14-5是某铁合金厂原工艺平面图，炉子单列布置，厂房平面形式为长条形，长短边比很大（约1:6），围护结构面积较大。建筑设计人员深入实际，调查研究之后与工艺设计人员协商，改炉子单列布置为双列布置，平面形式大为改观，改长条形为近于方形。修改后的方案，工艺流程仍合理，而减少建筑体积达15%，面积达34%，周长达43%，柱子数量减少44%。

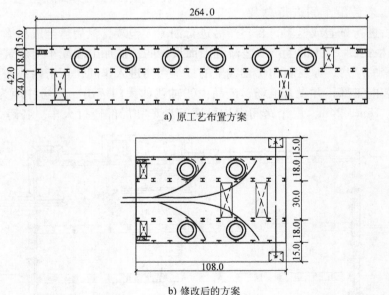

a) 原工艺布置方案

b) 修改后的方案

图14-5　生产设备布置对平面形式的影响（单位：m）

14.2.2　单层厂房常用平面形式

单层厂房的平面形式直接影响厂房的生产条件、交通运输和生产环境（如采光、通风、日照等），也影响建筑结构、施工及设备等的合理性与经济性。确定单层厂房平面形式的因素很多,主要有:生产规模大小、生产性质、生产特征、工艺流程布置、交通运输方式以及土建技术条件等。

单层厂房平面形式概括起来可分为一般和特殊两种类型。一般的平面形式是以矩形为主(见图 14-6a ~ 图 14-6e)。特殊的平面形式有 L、Ⅱ、Ⅲ形平面(见图 14-6f ~ 图 14-6j)。

1. 矩形平面

矩形平面中,最简单的是由单跨组成。它是构成其他平面形式的基本单位。当生产规模较大,厂房面积较多时,常采用平行多跨组合平面,组合方式多随工艺流程而异。

平行多跨组合的平面,适用于直线式的生产工艺流程,即原料由厂房一端进入,产品由另一端运出(见图 14-6a)。同样,也适用于往复式的生产工艺流程(见图 14-6b 和图 14-6c)。这种平面形式的优点是运输路线简捷、工艺联系紧密、工厂管线较短、形式规整、占地面积小。如整个厂房为等高等跨且轨顶标高相同时,则结构、构造简单,可取得施工快、造价低的效果。

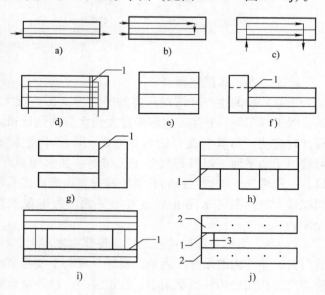

图 14-6　厂房平面形式
1—伸缩缝　2—标准单元　3—连接体

跨度相互垂直布置的平面,适用于垂直式的生产工艺流程,即原料由厂房一端进入,经过加工,最后由与原料进入该跨相垂直的装配跨运出(见图 14-6d)。它的优点是工艺流程紧凑,零部件加工到总装配的运输路线简捷。缺点是跨度垂直相交处结构、构造处理较复杂,施工麻烦。

当矩形平面纵横边长相等或接近,就形成正方形或近似正方形平面,从经济角度分析,此种平面形式较优越。图 14-7 是几种平面形式的经济比较。从图中可见,正方形、矩形与 L 形平面相比,在面积相同的情况下,矩形、L 形平面外围结构的周长比正方形平面约长 25%。正方形平面与 L 形平面相比,在周长相同的情况下,L 形平面的面积少 1/4 左右。同时,方形平面的造价也较矩形、长条形低 6% ~ 20%(见表 14-1)。这些优点对冬季寒冷地区和夏季炎热地区更是有利。由于外墙面积少,冬季可以减少通过外墙的热量损失,夏季可以减少室外气温及太阳辐射热对室内的影响,对防暑降温也有好处,有利于节能。从防震角度来看,方形或近于方形也是有利的。

表 14-1　平面形式不同厂房造价比

结构名称	平面形式		
	方形 1:1	矩形 1:2	长条形 1:9
外围结构	100	128	189
柱	100	106	125
基础	100	110	140
总造价	100	106	120

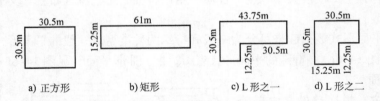

图 14-7　几种不同平面形式的比较

2. L、Ⅱ、Ⅲ形平面

工业厂房的生产特征对厂房的平面形式影响很大。有些热加工车间如炼钢、铸钢、铸铁、锻工等车间，在生产过程中散发出大量的热量和烟尘，使生产环境恶化。此时，在平面设计时应使厂房具有良好的自然通风，厂房不宜太宽。当厂房宽度不大（三跨以下）时，可选用矩形平面。但当跨数多于三跨时，如仍用矩形平面则必将影响厂房的自然通风，所以，一般将其一跨或二跨和其他跨相垂直布置形成L形。当产量较大、产品品种较多、厂房面积很大时，则可采用Ⅱ形或Ⅲ形平面。为避免浪费，可利用两翼间的室外地段做露天仓库。

L、Ⅱ、Ⅲ形平面的特点是厂房各部宽度不大，厂房周长较长，可以在较长的外墙上设置门窗，使室内的采光通风条件良好，有利于改善室内劳动条件。但这种形式平面都有纵横跨相交，相交处构件类型增多，构造复杂，且外墙长度较长，室内各种工程管线也较长，造价及维修费用均较高。此外，由于平面形式复杂，地震时易引起结构破坏。

14.2.3　柱网的选择

在厂房中，为支承屋顶和吊车需设柱子。为确定柱子的位置，在平面图上布置定位轴线，在定位轴线相交处设置柱子。由确定承重柱子位置的纵横定位轴线在平面上排列所形成的网格称为柱网。纵向定位轴线间距称为跨度，横向定位轴线间距称为柱距。柱网的选择实质上是选择厂房的柱距和跨度。

1. 柱网尺寸的确定

选择柱网时，应满足生产工艺要求，并综合建筑材料、结构形式、施工技术水平、基地状况、经济性以及有利于建筑工业化等因素来确定。

（1）跨度尺寸的确定　主要根据下列因素确定（见图 14-8）。

1）生产工艺中生产设备的大小及布置方式。

2）车间内部通道的宽度。不同类型的水平运输设备，所需通道的宽度也不同，也影响跨度的尺寸。

3）满足《厂房建筑模数协调标准》（GB/T 50006—2010）的要求，根据1）、2）项所得的尺寸，最终调整符合模数制的要求。

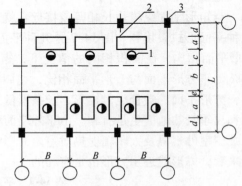

图 14-8　跨度尺寸与工艺布置的关系
1—操作位置　2—生产设备　3—柱子
a—设备宽度或长度　b—通道宽度
c—操作宽度　d—设备与轴线间距
e—安全间隙　L—跨度　B—柱距

在钢筋混凝土平面结构中，厂房的跨度尺寸和屋顶承重结构（屋架等）的跨度是统一的。柱距尺寸和屋面板、吊车梁跨度尺寸是统一的。因此，柱网尺寸不仅在平面上规定着厂房的跨度、柱距大小，而且还规定着屋架（屋面梁）、屋面板、吊车梁、基础梁的尺寸。为了提高厂房建设的工业化水平，必须符合《厂房建筑模数协调标准》的规定。

当屋架跨度≤18m时，采用扩大模数 $30M_0$ 的数列，即跨度尺寸是 18m、15m、12m、9m 及 6m；当屋架跨度 >18m 时，采用扩大模数 $60M_0$ 的数列，即跨度尺寸是 18m、24m、30m、36m 等。

（2）柱距尺寸的确定 柱距采用 $60M_0$ 数列，即 6m、12m。根据柱距尺寸和工业建筑全国通用构件的标准图集（如 G410，G325 等）选用相应的结构构件，如基础梁、吊车梁、连系梁、屋面板和横向墙板等。

柱距尺寸还受到材料的影响，当采用砖混结构的砖柱时，其柱距宜小于4m，可为3.9m、3.6m、3.3m 等。厂房山墙处抗风柱柱距宜采用扩大模数 $15M_0$ 数列。

2. 扩大柱网尺寸及其优越性

为了使厂房适应生产工艺、生产设备、运输设备的不断变化、更新，厂房应有相应的灵活性和通用性，即厂房不仅满足现在生产的需要，而且还能适应将来生产的需要。所以宜采用扩大柱网，即扩大厂房的柱距和跨度。常见的扩大柱网（跨度×柱距）有：12m×12m、15m×12m、18m×12m、24m×12m、18m×18m、24m×24m 等。

（1）扩大柱网的优点

1）可以提高厂房面积的利用率。小柱网柱子多，柱子本身所占面积就多。同时，为使设备基础与柱基础不致相碰撞，需在柱周围留出一定的空隙（见图14-9）。在6m柱距的厂房中，每一柱距内只能布置一台机床，若将柱距提高到12m，则每一柱距内可布置三台机床，扩大了生产面积。在机械工业中，柱网由 12m×6m 扩大至 18m×12m 时，使用面积可扩大 9%，在纺织工业中柱网由 12m×9m 扩大至 24m×12m 时，使用面积可扩大 10%，相应地也降低了建筑造价。

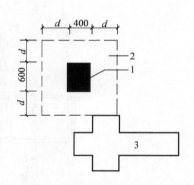

图 14-9　设备距柱的最小距离
1—柱子　2—柱基础轮廓　3—设备位置

2）有利于大型设备的布置和产品的运输。柱网越大，越能满足生产设备的布置要求以及产品的装配和运输。

3）厂房面积的适应性强。能适应生产工艺变更及生产设备更新的要求。

4）能加快建设速度。扩大柱网后减少了构件数量，在施工条件允许的情况下将显著加快施工进度。

5）能提高起重机的服务范围。在有桥式起重机的厂房中扩大了厂房跨度，可增加起重机服务范围。因起重机起重量越大其吊钩的极限位置到墙内表面的距离就越远（见图14-10），起重机的服务范围就越小，出现所谓"死角"。如起重机起重量为75/15t 时，其活动面积在跨度为 12m 时为 52%，18m 时为 68%，24m 时为 76%。

（2）承重方案 扩大柱网以后，带来屋顶承重问题，以12m柱距为例，其屋顶承重方案有两种。

1）有托架方案。即在两相邻柱间设托架（也称托梁）用以支承屋架，如图14-11a 所示。此时，屋架间距仍保持6m，屋面板、墙板都是6m。有托架方案中，除柱与基础外，其余构件与6m柱距系统一致，比较符合我国目前的施工水平和材料供应情况，建设起来易于实现。

2）无托架方案。指屋面板采用12m跨度，直接支承于已有屋架上，如图14-11b所示。这种方案使厂房的结构形式简单，施工吊装方便，构件数量、类型减少，有利于建筑工业化。

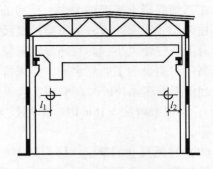

图14-10　桥式起重机吊钩极限位置示意图

此外，在扩大柱网中还有正方形或趋于正方形柱网，如图14-12所示。其优点是纵横向都能布置生产线。当工艺上需要进行技术改造、更新设备和重新布置生产线时十分灵活，完全不受柱距的限制，使厂房具有更大的通用性。这种柱网的屋顶结构可以采用平面结构，也可采用空间结构。

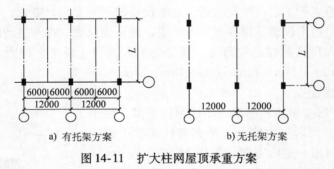

a) 有托架方案　　　　　b) 无托架方案

图14-11　扩大柱网屋顶承重方案

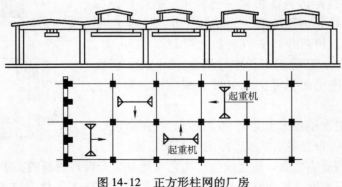

图14-12　正方形柱网的厂房

14.2.4　厂房通道及有害工段的布置

为运送原材料、成品、半成品和工人在厂房内走动及上下班通行，厂房内要设通道。其位置、宽度和数量，工艺设计人员在做工艺设计时都会有所考虑，建筑设计人员应从防火、卫生和人流疏散等方面考虑工艺布置图上所设计的通道是否合适。

为保证人流疏散安全、迅速，厂房内应布置必要数量的纵横贯通的通道，并与疏散门连通。通道宽度应根据车间生产性质、人流量和运输工具行车宽度等确定，一般不低于2m。厂房内由最远点至疏散门的允许距离按有关防火规定的要求确定。

在进行厂房平面设计时，应将有生产余热、有害气体、爆炸和火灾危险的工段布置在靠外墙处，以便利用外墙的窗洞进行通风和爆炸时泄压；要求有空调的工段不宜靠外墙布置，而应布置在厂房的中部，避免外界气象的影响；将有噪声的工段或房间尽可能地布置在厂房的一角，并用封墙将此工段和其他工段隔开；潮湿房间不宜靠外墙布置，避免外墙内表面出现凝结水和构造复杂。

14.3 单层厂房剖面设计

厂房剖面设计是厂房设计的一个重要组成部分。剖面设计是在平面设计的基础上进行的。平面设计主要从平面形式、柱网选择、平面组合等方面解决生产对厂房提出的要求。剖面设计则是从厂房的建筑空间处理上满足生产对厂房提出的各种要求。如生产设备的体型、工艺流程、生产特点、操作要求、被加工件的大小和重量、起重运输设备的类型及起重量、其他运输工具的要求等，都影响着剖面形式。在其影响因素中起决定性作用的是生产工艺，最根本因素是设备情况。

厂房剖面设计的具体任务是：确定厂房高度，选择厂房承重结构和围护结构方案，选择合理的采光方式。

厂房剖面设计应满足以下要求：①适应生产需要的足够空间；②良好的采光和通风条件；③屋面排水和满足室内保温隔热的围护结构；④经济合理的结构方案；⑤为提高建筑工业化水平创造条件。

14.3.1 厂房高度的确定

单层厂房的高度是指厂房室内地坪到屋顶承重结构下表面（倾斜屋盖最低点或下沉式屋架下弦底面）之间的垂直距离。在剖面设计中常将室内地坪的相对标高定为 ±0.000。一般情况屋架下表面的高度就是柱顶与地面之间的高度，所以，单层厂房高度也可指地面到柱顶的高度。

1. 柱顶高度的确定

（1）无起重机厂房　在无起重机厂房中，柱顶标高通常是按最大生产设备及其使用、安装、检修时所需的净空高度来确定的。同时，必须考虑采光和通风的要求，一般不低于4m。根据《厂房建筑模数协调标准》的要求，柱顶标高应符合 300mm 的倍数；若为砖石结构承重，柱顶高度应为 100mm 的倍数。

（2）有起重机厂房　在有起重机的厂房中，不同的起重机对厂房高度的影响各不相同。对于采用梁式或桥式起重机的厂房来说，柱顶高度由以下七项组成，如图 14-13 所示。

柱顶标高　$H = H_1 + H_2$

轨顶标高　$H_1 = h_1 + h_2 + h_3 + h_4 + h_5$

轨顶至柱顶高度　$H_2 = h_6 + h_7$

式中　h_1——需跨越的最大设备高度；

　　　h_2——起吊物与跨越物间的安全距离，一般为 400 ~

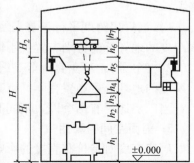

图 14-13　影响厂房高度的因素

500mm;

h_3——起吊的最大物件高度;

h_4——吊索最小高度,根据起吊物件的大小和起吊方式决定,一般 >1m;

h_5——吊钩至轨顶面的距离,由起重机规格表中查得;

h_6——轨顶至起重机小车顶面的距离,由起重机规格表中查得;

h_7——小车顶面至屋架下弦底面之间的安全距离,应考虑到屋架的挠度,厂房可能不均匀沉陷等因素,最小尺寸为 220mm,湿陷性黄土地区一般不小于 300mm。如果屋架下弦悬挂有管线等其他设施时,还需另加必要的尺寸。

根据《厂房建筑模数协调标准》的规定,钢筋混凝土结构的柱顶标高应符合 300mm 的倍数,轨顶的标志高度 H_1 应符合 600mm 的倍数,牛腿顶面标高应符合 300mm 的倍数。

在平行多跨厂房中,由于各跨设备和起重机不同,厂房高低不齐,在高低错落处需增设墙梁、女儿墙、泛水等(见图 14-14),使构件类型增多,剖面形式、结构和构造复杂,施工麻烦,且提高造价。所以,当生产上要求的厂房高度相差不大时,将低跨抬高与高跨平齐较设成高低跨更经济合理,并有利于统一厂房结构,加快施工进度,为工艺灵活变动创造条件。

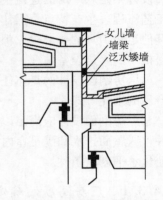

图 14-14　高低跨处构造处理

《厂房建筑模数协调标准》中规定:在采暖和不采暖的多跨厂房中,当高差值等于或小于 1.2m 时不宜设高差。在不采暖的厂房中,当高跨一侧仅有一个低跨,且高差值等于或小于 1.8m 时,也不宜设高差。在剖面设计时尽量采用平行等高跨。

当厂房各跨平行布置并设有高差时,宜尽量将同高跨集中布置,形成高低跨组,避免高低跨间隔布置形成凹凸形的屋顶形式,使构造复杂,低跨处易积雪和积尘。

2. 室内地坪标高的确定

单层厂房室内地坪标高,由厂区总平面设计决定,其相对标高定为 ±0.000。

一般单层厂房室内外需设置一定的高差,以防雨水进入室内,同时为便于运输车辆出入及减少室内回填土方量,这个高差不宜太大,一般取 150mm,且常用坡道连接。

在地形较平坦的情况下,为便于工艺布置和生产运输,整个厂房地坪取一个标高。但在山区建厂时,则应结合地形,因地制宜,尽量减少土方量,选择厂房地坪标高,常有两种情况。

1)当厂房跨度平行于等高线布置,地形坡度又较大时,若工艺条件许可,可将厂房不同跨度的地坪标高分别布置在不同的台阶上,以节省土方量及基础工程量。

2)当厂房跨度垂直于等高线布置,地形坡度又较大时,若工艺条件许可,可将厂房同一跨度的地坪分别布置在不同标高的台阶上,也可将局部做成两层。

当厂房地坪有两个以上不同高度的地坪面时,定主要地坪面的标高为 ±0.000。

3. 剖面空间的利用

厂房高度对造价有直接的影响。在确定厂房的高度时,应在不影响生产要求的前提下,充分发掘空间潜力,节约并利用空间,使柱顶标高降低,从而降低建筑造价。

(1)利用屋架之间的空间　图 14-15 是铸铁车间砂处理工段纵剖面图,混砂设备高度为 11.8m，在不影响起重机运行的前提下，把高大的设备布置在两榀屋架之间，充分利用屋架空间，起到缩短柱子长度的作用。

（2）利用地下空间　图 14-16 是某变压器修理车间剖面图。修理大型变压器芯子时，需将芯子从变压器外壳中抽出，如把需要修理的变压器放在低于室内地坪的地坑内，既满足了修理操作的需要，也起到缩短柱子长度的作用。

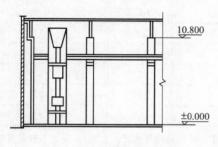

图 14-15　某铸铁车间剖面

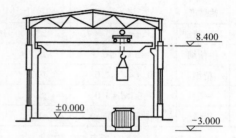

图 14-16　某变压器修理车间剖面

14.3.2　天然采光

白天，室内通过窗口取得天然光线进行照明的方式称为天然采光。由于天然光线质量好，又不耗费电能，因此，单层厂房大多数采用天然采光。当天然采光不能满足要求时，才辅以人工照明。

厂房采光的效果直接关系到生产效率、产品质量以及工人的劳动卫生条件，它是衡量厂房建筑质量标准的一个重要因素。必须根据生产性质对采光的不同要求，进行采光设计。合理确定窗的大小、选择窗的形式、进行窗的布置，是使室内获得良好采光的条件。

1. 天然采光的基本要求

（1）满足采光系数最低值的要求
室内工作面上应满足一定的照度。由于室外天然光线因季节、天气等不同，一年之内，一日之内随时都在变化着，室

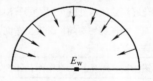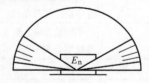

图 14-17　确定采光系数示意

内工作面上的照度也随之变化。在天然采光设计中不能用这个变化不定的照度值作为采光设计的依据，而是用在全阴天情况下，室内工作面上某一点的照度与同时刻室外露天地平面上照度（见图 14-17）的百分比表示，这个比值称为采光系数，用 C 表示。

用公式表示为

$$C = \frac{E_n}{E_w} \times 100\%$$

式中　E_n——室内工作面上某点的照度；

　　　E_w——同时刻室外露天地平面上的天空扩散光照射下的照度。

为使采光系数具有代表性，C 值是假定全阴天空，即 10 级云量看不见太阳位置的天空。这样一来，不管室外照度如何变化，室内某点的采光系数是不变的。根据我国光气候特征和视觉试验，以及对实际情况的调查，将我国工业生产的视觉工作分为 I～V 级（见表 14-2），提出了各级视觉工作要求的室内天然光照度最低值，并规定出各级采光系数最低值。

在天然采光设计中，生产车间工作面上的采光系数最低值不应低于表14-3所规定的数值，以保证车间内良好的视觉条件。

表14-2 作业场所工作面上的采光系数标准值

采光等级	视觉作用分类		侧面采光		顶部采光	
	作用精确度	识别对象的最小尺寸 d/mm	室内天然光照度/lx	采光系数 C（%）	室内天然光照度/lx	采光系数 C（%）
I	特别精细	$d \leq 0.15$	250	5	350	7
II	很精细	$0.15 < d \leq 0.3$	150	3	250	5
III	精细	$0.3 < d \leq 1.0$	100	2	150	3
IV	一般	$1.0 < d \leq 5.0$	50	1	100	2
V	粗糙	$d > 5.0$	25	0.5	50	1

注：1. 表中所列采光系数值适用于我国III类光气候区指我国西北部呼和浩特等地区，下同），采光系数值是根据室外临界照度5000lx制定的。

2. 亮度对比小的 II、III 级视觉作业，其采光等级可提高一级。

表14-3 生产车间和作业场所的采光等级举例

采光等级	生产车间和作业场所名称
I	①精密机电成品检验车间；②精密仪表加工和装配车间；③手表及照相机装配车间；④工艺美术工厂雕刻、绘画车间；⑤毛纺厂选毛车间
II	①精密机械加工和装配车间；②精密理化实验室和计量室；③工具车间；④主控制室；⑤电视机、收录机、录像机装配车间；⑥印刷厂排字、印刷车间；⑦针织厂针织车间；⑧制药厂制剂车间；⑨木模画线、加工车间
III	①机械加工和装配车间；②机电装配车间；③自行车整车装配与检验车间；④一般控制室；⑤木工车间；⑥印刷厂装订车间；⑦化纤厂短丝后处理车间；⑧石油化工厂聚合后处理车间；⑨电镀车间；⑩油漆车间
IV	①焊接车间、钣金车间、冲压剪切车间；②锻工车间、热处理车间；③配、变电所；④日用化工厂肥皂、洗涤剂合成车间；⑤炼铁、炼钢车间
V	①发电厂主厂房；②锅炉房、泵房；③汽车库；④大、中件储藏室

图14-18是各种类型采光窗的采光曲线，反映不同厂房的剖面中的光照情况。

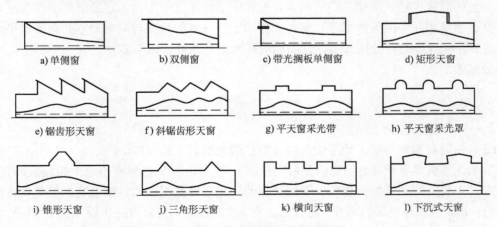

a) 单侧窗   b) 双侧窗   c) 带光搁板单侧窗   d) 矩形天窗

e) 锯齿形天窗   f) 斜锯齿形天窗   g) 平天窗采光带   h) 平天窗采光罩

i) 锥形天窗   j) 三角形天窗   k) 横向天窗   l) 下沉式天窗

图14-18 各类型采光窗采光曲线

（2）满足采光均匀度的要求　若工作面上照度差别大，视力反复适应，容易产生视觉疲劳，影响工人操作，降低劳动生产率。为防止视觉疲劳，工作面上的光线要均匀。《建筑采光设计标准》中规定了采光均匀度。采光均匀度是指假定工作面上的采光系数最低值与平均值的比值。《建筑采光设计标准》中规定：当为顶部采光时，Ⅰ～Ⅳ级的采光等级的采光均匀度不宜小于 0.7。为保证采光均匀度不宜小于 0.7 的规定，相邻两天窗中线间的距离不宜大于工作面至天窗下沿高度的 2 倍。当为侧窗采光时，由于照度变化大，不可能均匀，所以未做规定。

（3）避免在工作区产生眩光　视野内出现比周围环境突出明亮而刺眼的光叫眩光，它使人的眼睛感到不舒适或无法适应，影响视力，所以应避免在工作区产生眩光。控制侧窗眩光的细部处理有以下几种方法。

1）窗台做成斜面。

2）采用高反射率的顶棚，并利用室外反射提高顶棚亮度，减小对比。

3）采用半透明百叶减小高天空亮度区域。

4）利用人工照明照亮窗周围的墙面，以减小对比，减弱眩光。

2. 采光面积的确定

在实际工作中，采光面积的确定，经常根据厂房的采光、通风、立面处理等综合因素，先大致确定窗面积，然后根据厂房的采光的要求进行校核，验证其是否符合采光标准值。由于一般厂房的采光要求不很精确，可按《建筑采光设计标准》推荐的方法——用窗地面积比（见表 14-4）估算窗面积。

表 14-4　窗地面积比

采光等级	单侧窗	双侧窗	矩形天窗	锯齿形天窗	平天窗
Ⅰ	1/2.5	1/2.0	1/3	1/3	1/5
Ⅱ	1/3	1/2.5	1/3.5	1/3.5	1/6
Ⅲ	1/4	1/3.5	1/4.5	1/5	1/8
Ⅳ	1/6	1/5	1/8	1/10	1/15
Ⅴ	1/10	1/7	1/15	1/15	1/25

注：计算条件：Ⅲ类光气候区，单层普通玻璃钢窗。

3. 采光方式

为了取得天然光线，在建筑物围护结构上开设各种形式的洞口，并安装玻璃等透光材料，形成采光口。根据采光口所在的位置不同，有侧面采光、顶部采光以及侧面和顶部结合的混合采光三种方式（见图 14-19）。

（1）侧面采光　将采光窗布置在外墙上的为侧面采光。分为单侧采光和双侧采光。当房间很窄时，可采用单侧采光。但单侧采光光线不均匀，衰减幅度大，工作面上近窗点光线强，远窗点光线弱，距侧窗上高度 2 倍（2H）处点的 C 值仅为近窗点的 1/20 左右（见图 14-20）。单侧采光的有效进深（当生产为中等精密程度）约为侧窗口上沿至工作面高度 H 的 2 倍，即 B=2.0H。侧窗上沿至工作面高度 H 越大，离窗较远点的光线将有所提高，如房间进深更大，超越单侧采光所能解决的范围时，需采用双侧采光或人工照明等方式。由于侧面采光的方向性强，在布置侧窗时，要避免可能产生的遮挡。

有桥式吊车的厂房中，吊车梁处没有必要开设侧窗，将外墙上的侧窗分为上下两段，形

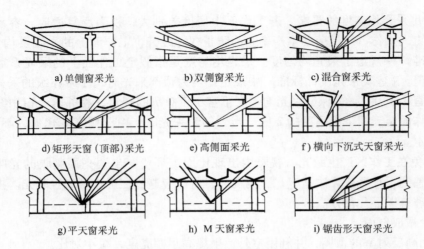

a) 单侧窗采光　　　b) 双侧窗采光　　　c) 混合窗采光

d) 矩形天窗（顶部）采光　　　e) 高侧面采光　　　f) 横向下沉式天窗采光

g) 平天窗采光　　　h) M 天窗采光　　　i) 锯齿形天窗采光

图 14-19　单层厂房天然采光方式

成高低侧窗（见图 14-21）。高侧窗投光远，光线均匀，能提高远窗点的采光效果；低侧窗投光近，对近窗点采光有利。所以，这种高低侧窗结合布置，充分利用了各自特点，较好地解决较高较宽厂房采光问题。侧窗造价较天窗便宜，构造简单，施工方便，能减少屋顶承重结构的集中荷载。因此，在设计中，只要工艺条件合适，应尽量利用高低侧窗结合布置解决多跨厂房的采光问题。

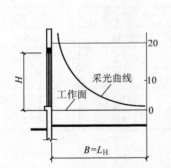

图 14-20　单侧采光光线衰减示意图

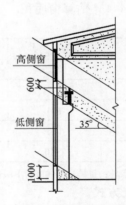

图 14-21　吊车梁遮挡光线侧窗的关系与高低

为方便工作（如检修吊车轨等）和不使吊车梁遮挡光线，高侧窗下沿距吊车梁顶面不宜过高或过低，一般取 600mm 为宜（见图 14-21）。低侧窗下沿（窗台）一般应略高于工作面的高度，工作面高一般取 1.0m 左右。靠近侧窗工作面纵向光线均匀性与窗和窗间墙的宽度有关。窗间墙越宽，光线越明暗不均，因而窗间墙不宜设得太宽，一般以等于或小于窗宽为宜。如沿墙工作面上要求光线均匀，可减少窗间墙的宽度和取消窗间墙做成带形窗。

（2）顶部采光　厂房是连续多跨时，中间跨无法从侧窗满足工作面上的照度要求时，或侧墙上由于某种原因不能开窗采光时，可在屋顶设置天窗。目前，使用平天窗（即采光板）的形式日趋增多，但需考虑防眩光构造。顶部采光易使室内获得较均匀的照度，采光率也比侧窗高。但它的结构和构造复杂，造价也比侧窗采光高。采光天窗形状及布置如图

14-22 所示。

（3）混合采光　指在多跨厂房中，边跨利用侧窗采光，中间跨利用天窗采光的综合方法。

4. 采光天窗的形式和布置

（1）采光天窗的形式　采光天窗有多种形式，常见的有矩形、梯形、三角形、M 形、锯齿形以及横向平天窗和纵向平天窗等（见图 14-22）。

1）矩形天窗。矩形天窗是沿跨间纵向升起局部屋顶、在高低屋面的垂直面上开设采光窗而形成的。其采光特点与侧面采光类似，具有中等照度；若天窗扇朝向南北，室内光线均匀，可减少直射阳光进入室内；窗关闭时，积尘少，且易于防水；窗扇开启时，可兼起通风作

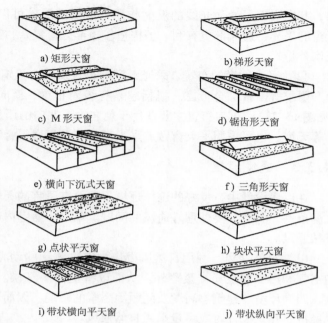

a) 矩形天窗　　　　　b) 梯形天窗

c) M 形天窗　　　　　d) 锯齿形天窗

e) 横向下沉式天窗　　　f) 三角形天窗

g) 点状平天窗　　　　h) 块状平天窗

i) 带状横向平天窗　　　j) 带状纵向平天窗

图 14-22　采光天窗形状及布置

用。它的缺点是组成构件类型多，结构复杂，自重大，造价高，抗震性能差。

为了获得良好的采光效果，合适的天窗宽度等于厂房跨度的 1/2 ~ 1/3，且两天窗的边缘距离 l 应大于相邻天窗高度的 1.5 倍。天窗本身的高宽比宜为 0.3 左右，不宜大于 0.45，因为天窗过高会降低工作面上的照度。

2）锯齿形天窗。锯齿形天窗是将厂房屋盖做成锯齿形，在两齿之间的垂直面上设窗扇，构成单面顶部采光。这种窗口常采用北向或接近北向，无直射阳光进入室内，室内光线均匀稳定，同时倾斜顶棚的反射光线增加了室内的照度，因此采光效率比矩形天窗高。窗扇开启时，能兼起通风的作用。锯齿形天窗多适用于要调节温湿度的厂房，如纺织厂、印染厂、精密车间等。

3）横向下沉式天窗。横向下沉式天窗是将相邻柱距的屋面板上下交错布置在屋架的上下弦上，通过屋面板位置的高差做采光口形成天窗。该天窗的特点是：①布置灵活；②降低建筑高度，简化结构，造价约为矩形天窗的 62%，而采光效率与纵向矩形天窗相近；③窗扇形式受屋架限制，构造复杂，厂房纵向刚度差。它多适用于东西向的冷加工车间。同时，它的排气路线短捷，可开设较大面积的通风口，通风量较大，所以也适用于对采光、通风都有要求的热加工车间。

4）平天窗。在屋面板上设置接近水平的采光口而形成天窗。它可以成点、成块或成带布置。它的特点是：①由于平天窗的玻璃接近水平面，故采光效率高，在采光面积相同的条件下，平天窗的照度约为矩形天窗的 2 ~ 3 倍；②平天窗构造简单、布置灵活、施工方便、造价低；③由于玻璃的热阻小，寒冷地区易结露，形成水滴下落，影响使用；④玻璃表面易积尘或积雪，玻璃破碎易伤人；⑤平天窗对于太阳光直射车间易产生眩光；⑥平天窗一般不起通风作用。

5）M 形天窗。M 形天窗是将矩形天窗的屋盖由两侧向内倾斜而成天窗。由于屋盖的倾

斜，其内表面可增强光线的反射作用，倾斜的屋盖可以引导气流。所以，M 形天窗较矩形天窗的采光、通风都更有利。但构造较矩形天窗复杂，天窗屋面需设置内排水或形成纵向长天沟外排水。

（2）采光天窗的布置　采光天窗的布置须结合天窗形式、屋盖结构和构造、厂房朝向、生产要求等因素综合考虑。概括起来有纵向布置、横向布置、点状或块状布置等几种形式（见图 14-22），纵向布置主要适用于朝向为南北向的厂房，多采用矩形、M 形、梯形、锯齿形等天窗，也可采用平天窗做成采光带，并沿厂房屋脊纵向布置。

14.3.3　通风原理

在厂房设计中，良好的工作环境不仅要有适宜的天然光线，还应有清洁的空气和正常的气温条件，为此，要处理好通风的问题。单层厂房室内通风换气方式有两种，即自然通风和机械通风。

（1）自然通风　利用自然风力作为空气流动的动力将新鲜空气引入室内，把较高温度的空气和污浊的空气排至室外，从而改善室内小气候。不过自然通风的效果常受到地区气候、四周环境、建筑物高度及间距等因素的影响，因而通风效果不稳定。但是，因为自然通风经济，建筑设计时应尽量采用自然通风。

（2）机械通风　采用专门的机械设备作为动力来形成厂房内部空气流动，达到通风、降温的目的。机械通风稳定有效，但需消耗大量的电能，不经济。在某些情况下，为保证人或生产所需的空气环境，不仅要求对房间进行换气，而且需要对送入房间的空气进行净化、加热、加湿、冷却、干燥等处理，使室内空气环境在温度、湿度、清洁度等方面控制在预定范围内。建筑设计应根据厂房生产要求及投资多少确定是否采用机械通风。

1. 自然通风的基本原理

自然通风是利用室内外温差造成的热压和风吹向建筑物而在不同表面上造成的压力差来实现通风换气的。

（1）热压作用下的通风　当厂房内部各种热源，使室内空气温度提高、体积膨胀、密度变小而自然上升，室外冷空气温度相对较低、密度较大，从围护结构外墙的下部门窗洞口进入室内。进入室内的冷空气又被热源加热，变轻上升，自然从上部窗口排出，如此循环形成空气对流与交换，达到通风的目的。这种由于热源作用，造成室内外温差而产生空气压力差进行通风的方式称为热压通风。热压越大，通风效果越好。图 14-23 是设矩形天窗的单层工业厂房热压通风示意图。

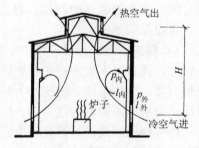

图 14-23　热压通风原理示意图

热压大小按下式计算

$$\Delta p = H(p_外 - p_内)$$

式中　　Δp——热压（kN/m²）；

　　　　H——进风口中心线至排风口中心线的垂直距离（m）；

　　　　$p_外$——室外空气重度（kN/m³）；

　　　　$p_内$——室内空气重度（kN/m³）。

从该式看出：热压值的大小与上、下进排风口中心线的垂直距离和室内外空气密度差成正比。因此，在无天窗的厂房中，应尽可能提高高侧窗的位置，降低低侧窗的位置，以增加进排风口的高差，进行热压通风，而中侧窗可采用固定窗或便于开关的中悬窗。

（2）风压作用下的通风　当风吹向房屋迎风面墙壁时，由于气流受阻，速度变慢，迎风面的空气压力增大，超过大气压力，此区域的风压称正风压。背风面的空气压力小于大气压力，叫负风压（见图14-24）。所以，在厂房的正风压区设进风口，而在负风压区设置排风口，使室内外空气进行交换。这种由于风压作用而产生的空气压力差进行通风的方式称为风压通风。

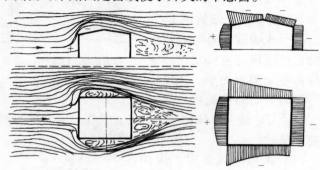

图14-24　风绕房屋流动状况及风压分布

在剖面设计中，应根据自然通风的热压原理和风压原理，正确布置进风口和排风口的位置。

2. 厂房的自然通风

（1）冷加工车间的自然通风　冷加工车间室内无大的热源，室内余热量较小，所以室内外温差较小。一般按采光要求设置的窗，其上有适当数量的开启扇和为交通运输设置的门就能满足车间通风换气的要求，故在剖面设计中，着重在天然采光的设计上。对于自然通风的处理应使厂房纵向的与夏季主导风向垂直或倾角不小于45°，并限制厂房宽度。在侧墙上设窗，在纵横贯通的端部或在横向贯通的侧墙上设置大门以及室内少设或不设隔墙，使其有利于"穿堂风"的形成。为避免气流分散，影响穿堂风的流速，冷加工车间不宜设置通风天窗，但为了排除积聚在屋盖下部的热空气，可以设置通风屋脊。有的厂房将排气扇置于屋脊上，迫使室内空气流动，也是冷加工车间的有效通风方式之一（见图14-25）。

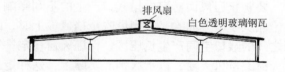

图14-25　排风扇设于屋脊上的通风示例

（2）热加工车间的自然通风　热工车间是指在生产中散热强度大于$83.8kJ/(h \cdot m^3)$的车间，如冶金工业的炼钢、轧钢，机械工业的铸工、锻工，玻璃工业的熔炼车间等。这些车间散发出大量的余热、有害气体和烟尘，影响正常的工作。因此，在剖面设计中，要求充分利用热压原理，合理设置进排气口，有效地组织好自然通风，改善通风效果。

我国幅员辽阔，南北方气候差异较大，建造地区不同，热工车间进排气口布置和构造形式也不一样。南方炎热地区，常将外墙下部设计成开敞式或设置窗洞口窗台高度低至0.4～0.6m，屋顶设通风天窗，开敞部分需设挡雨片。北方寒冷地区将作为进气口的低侧窗分成上下两段（见图14-26），上段窗口下沿距室内地坪高不小于4.0m，均需设可开启的窗扇。夏季通风时，关闭上段，开启下段以提高热压，加大通风。冬季则相反，打开上段窗，关闭下段窗，以防冷气直接吹到工人身上，影响健康。

3. 通风天窗的类型

以通风为主要用途的天窗称为通风天窗。通风天窗作为热加工车间自然通风的排气口，其形式的选择对组织好厂房的自然通风有重要地位。应选择那些局部阻力小、排风量大、防雨好、结构简单、省材

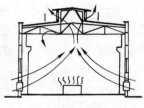 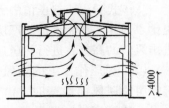

a) 夏季使用时侧窗开启位置　　　b) 冬季使用时侧窗开启位置

图 14-26　寒冷地区低侧窗进风口位置

料、造价低、施工方便的通风天窗。我国目前常用的通风天窗有矩形通风天窗和下沉式通风天窗两种。

（1）矩形通风天窗　采用的矩形采光天窗能起一定的通风作用，但很不稳定。窗扇开启角度有限是原因之一，更主要的原因是室外风压的影响。因为热工车间的自然通风是在热压和风压的共同作用下进行的。天窗迎风面窗口处会出现以下三种不同状态（见图 14-27）。

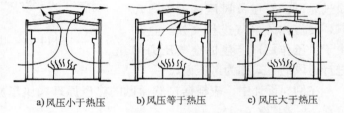

a) 风压小于热压　　b) 风压等于热压　　c) 风压大于热压

图 14-27　热压风压共同作用下的气流状况示意图

1）当风压小于热压时，迎风面和背风面排气口均可排气，但由于迎风面受风压的影响，排气量减小。

2）当风压等于热压时，迎风面排气口停止排气，但背风面排气口仍可排气。

3）当风压大于热压时，尤其当风压较热压大得多时，迎风面排气口不但不能排气，反而出现热气流倒灌现象，严重阻碍厂房的热压通风。

要防止迎风面对室内排气口产生的不利影响，最有效的措施是在天窗侧面设置挡风板，无论风从哪个方向吹来，当风吹至挡风板上时，因风受阻而产生气流飞跃，必在天窗与挡风板之间的喉口空间产生负压区，保证天窗稳定排气。将这种带挡风板的矩形天窗称为矩形通风天窗或避风天窗，以示区别。实际上，这种矩形通风天窗在热工车间的通风中应用是较为广泛的。使用这种避风天窗，室外无风时，仅靠热压通风便可满足要求；有风时，风速越大，负压值也越大，排风量较无风时更大。

挡风板与窗口的距离影响天窗的通风效果。通常挡风板至矩形天窗的距离 L 等于排风口高度 h 的 $1.1 \sim 1.5$ 倍（见图 14-28）。当厂房的剖面形式为平行等高跨时，两跨的矩形天窗排风口之间的水平间距 l 小于或等于天窗高度 h 的 5 倍时，两天窗互起挡风板的作用，则可不设挡风板（见图 14-29），该区域的风压始终为负压。

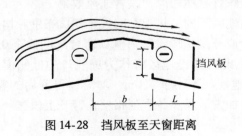 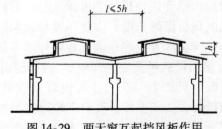

图 14-28　挡风板至天窗距离　　　　图 14-29　两天窗互起挡风板作用

（2）下沉式通风天窗　如上所述，矩形通风天窗是在采光天窗的基础上改造而成的。下沉式天窗的凹下槽口（或井口）内，在任何风向下均处于负压区。它与矩形通风天窗相比，构件减少，荷载减小，降低了厂房高度，且对抗震有利；但它使屋架上下弦受扭，屋面排水处理复杂。下沉式通风天窗，根据下沉部位的不同有以下几种形式。

1）井式通风天窗。每隔一个或几个柱距将部分屋面板设置在屋架下弦上，使屋面上形成一个个"井"式天窗。处在屋顶中部的称为中井式天窗，设在边部的称为边井式天窗（见图 14-30）。这类天窗由于井口有三面或四面可以通风，排气量大，所以通风效果优于矩形通风天窗。

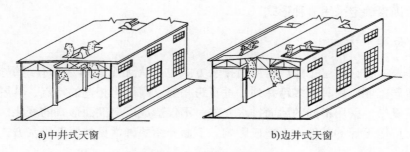

a)中井式天窗　　　　　　　　b)边井式天窗

图 14-30　井式通风天窗

2）纵向下沉式通风天窗。纵向下沉式通风天窗是将跨间一部分屋面板沿厂房整个纵向（两端宜留一个柱距）设置在屋架下弦上，根据屋面板下沉位置的不同，分为两侧下沉、中间下沉两种（见图 14-31）。纵向下沉式天窗通风效果良好，适用于散热量大的高温车间。

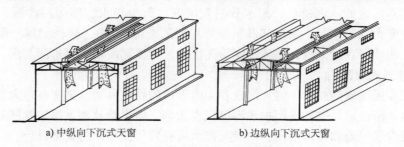

a) 中纵向下沉式天窗　　　　　b) 边纵向下沉式天窗

图 14-31　纵向下沉式通风天窗

3）横向下沉式通风天窗。横向下沉式通风天窗是将相邻一个或几个柱距的整跨屋面板全部搁置在屋架下弦上所形成的天窗（见图 14-32）。其采光均匀，排气路线短，通气量大，适用于对采光与通风均有要求的热加工车间和朝向是东西向的冷加工车间。

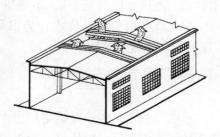

图 14-32　横向下沉式通风天窗

4. 开敞式厂房的设计选择

炎热地区的热加工车间，为了利用穿堂风促进厂房通风与换气，除采用通风天窗以外，外墙不设窗扇而采用挡雨板，形成开敞式厂房。这种形式的厂房通风量大、气流阻力小、散热快、构造简单、施工方便，但防寒、防雨、防风沙的能力差，尤其是风速大时，通风不稳定。它适用于只要求防雨而不要求保温的一些热加工车间，如冶金工业的脱锭车间等。开敞式厂房按开敞部位不同，可分为四种形式。

1）全开敞式厂房。开敞面积大，通风、散热、排烟快。

2）上开敞式厂房。可避免冬天冷空气直接吹向工作面，但风速大时，出现倒灌现象。

3）下开敞式厂房。排气量大且稳定，可避免倒灌，但冬天冷空气吹向工作面，影响工人操作。

4）单侧开敞式厂房。有一定的通风和排烟效果。

在设计开敞式厂房时，应根据厂房的生产特点、设备布置、当地风速、夏季主导风向、设计挡雨角等因素确定采用哪种形式。

14.3.4　屋面排水方式

与民用建筑一样，单层工业厂房屋面排水方式也分为无组织排水和有组织排水两大类。但不同的是单层工业厂房具有多跨并列、垂直跨相交、高低跨相连的特点，其屋面排水方式远较民用建筑复杂。采用不同的屋面排水方式，不仅造成厂房剖面形式的变化，而且还会因构造的不同对厂房设计的其他方面造成影响。下面介绍两种常见的屋面排水方式，供设计时参考。

1. 多脊双坡形式排水屋面

长期以来，我国单层工业厂房多采用标准化的装配式钢筋混凝土排架结构体系，在多跨厂房中，为排除雨水和考虑屋顶结构的受力特点大都把屋面做成有内天沟的多脊双坡形式，坡度一般在 1/5～1/12 之间。其优点是屋顶承重构件受力合理，材料耗用量少；但是这种形式的屋顶有其不足之处：水落斗、雨水管易被堵塞；天沟积水、屋面易渗漏，夏季炎热地区，因屋面坡度大（特别是拱形屋架和折线形屋架的端部），施工操作困难，屋面施工质量不易保证，油毡或绿豆砂下滑，油毡屋面耐久性差，屋面和屋架空间不便利用。

2. 缓长坡形式屋面

将多脊双坡屋面改造成较少内天沟或者无内天沟的长坡屋面，这样在很大程度上避免多脊双坡屋面的堵漏缺陷。这种屋面排水不仅减少天沟、雨水管及地下排水管网的数量，也简化了构造，减少了投资和维修费用，而且其排水可有效保证生产的正常进行。

缓长坡屋面若仍用惯用的 1/5～1/12 的坡度时，易增大厂房的体积，当使用新型高效防水材料，坡度可以降至5%，或者更小些，故称为缓长坡屋面。

缓长坡多用于要求排水、防水可靠，不允许有漏水可能的车间，如大型热加工车间（炼钢厂、轧钢厂等）。

14.4 | 单层厂房定位轴线

单层厂房定位轴线是确定厂房主要承重构件位置及其标志尺寸的基准线，同时也是厂房施工放线和设备定位的依据。为了使厂房建筑主要构配件的几何尺寸达到标准化和系列化，减少构件类型，增加构件的互换性和通用性，厂房设计应执行《厂房建筑模数协调标准》（GB/T 50006—2010）的有关规定。

定位轴线的划分是在柱网布置的基础上进行的。通常把垂直于厂房长度方向（即平行于屋架）的定位轴线称为横向定位轴线，厂房横向定位轴线之间的距离是柱距。平行于厂房长度方向（即垂直于屋架）的定位轴线称为纵向定位轴线，厂房纵向定位轴线之间的距离是跨度。轴线的标注以建筑平面图为准，从左至右按 1、2、…顺序进行编号；由下而上按 A、B、…顺序进行编号。编号时不用 I、O、Z 三个字母，以免与阿拉伯数字 1、0、2 相混淆（见图 14-33）。对于非承重和次要构件的定位轴线编号（如抗风柱、隔墙等）应使用分轴线编号。当设有变形缝时，相邻定位轴线的距离称为插入距。

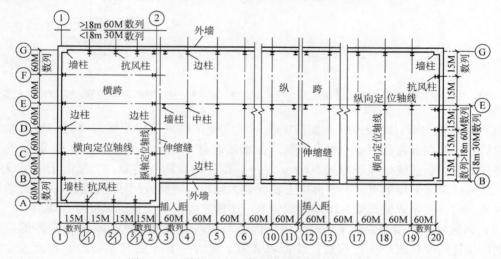

图 14-33　单层工业厂房定位轴线与柱网布置图

14.4.1　横向定位轴线

单层厂房的横向定位轴线主要是用来标注厂房纵向构件，如屋面板、吊车梁、连系梁、基础梁及外墙板长度的标志尺寸，以及其与屋架（或屋面梁）之间的相互关系。

1. 中间柱与横向定位轴线的联系

除横向变形缝两侧及厂房端部排架柱外的柱称为中间柱。中间柱的截面中心线与横向定位轴线重合，如图 14-34 所示。横向定位轴线间距也就是屋面板、吊车梁、连系梁、基础梁等构件长度方向的标志尺寸。

2. 横向伸缩缝及厂房端部柱与横向定位轴线的联系

横向伸缩缝、防震缝处一般采用双柱处理，这样可使各柱有各自的基础杯口，便于柱的吊装就位和固定。为保证缝宽的要求，并便于建筑工业化，不增加构件类型，此处应设两条定位轴线。各轴线均由吊车梁和屋面板标志尺寸端部通过，两轴线间的距离即插入距为伸缩缝或防震缝的缝宽。两侧柱中心线应从轴线向缝的两侧后退 600mm（见图 14-35）。这样标定，屋面板等纵向联系构件的标志尺寸规格不变，与其他柱距处的尺寸规格一样，不增加补充构件，只是此处柱与屋架的连接处的预埋件位置变化，各自后退 600mm。变形缝两侧柱间的实际距离较其他处的柱距减少 600mm，但柱距的标志尺寸仍为 6000mm。

3. 山墙与横向定位轴线的联系

单层工业厂房的山墙按受力情况分为非承重墙和承重墙，两种情况下横向定位轴线的确定是不同的。

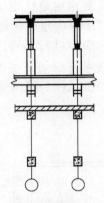
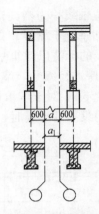

图 14-34 中间柱与横向定位轴线的联系　　　图 14-35 变形缝两侧柱与横向定位轴线的联系

（1）非承重山墙　山墙内缘与横向定位轴线重合，可保证屋面板端部与山墙内缘之间不出现缝隙，而端部柱截面中心线自横向定位轴线内移 600mm（见图 14-36），其目的一是与横向伸缩缝、防震缝处柱子内移 600mm 统一，以便减少构件类型，二是由于山墙设有抗风柱，抗风柱需通至屋架上弦或屋面梁上翼缘处，柱顶与屋架或屋面梁相连接，以传递风荷载。因此，端部屋架或屋面梁与山墙间应留有一定的空隙，以保证抗风柱得以通上。

（2）承重墙　当山墙为承重墙时，山墙内缘与横向定位轴线的距离应按砌体的块材类别分别取块材的半块或半块的倍数，或者取墙体厚度的一半（见图 14-37）。作此规定，是考虑目前有些厂房仍然采用砌筑外墙做承重墙时，应保证满足结构支承长度的要求。

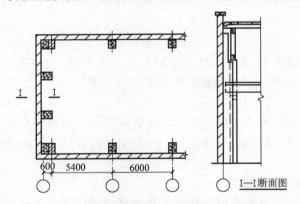
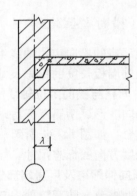

图 14-36 非承重山墙端部柱与横向定位轴线的联系　　　图 14-37 承重山墙与横向定位轴线的联系

14.4.2 纵向定位轴线

单层厂房的纵向定位轴线主要用来标注厂房横向构件如屋架（或屋面梁）长度的标志尺寸和确定屋架（或屋面梁）、排架柱等构件间的相互关系。纵向定位轴线的具体位置应使厂房结构和起重机的规格协调，保证起重机与柱之间留有足够的安全距离，必要时，还应设置检修起重机的安全走道板。

1. 外墙、边柱与纵向定位轴线的联系

在有起重机的厂房中，《厂房建筑模数协调标准》（GB/T 50006—2010）对起重机规格

与厂房跨度做了如下协调要求

$$L = L_{K} + 2e$$

式中　L——厂房跨度（也是屋架跨度），即相邻纵向定位轴线间距；

　　　L_{K}——起重机跨度，即同一跨内两条起重机轨道中心线的距离；

　　　e——起重机轨道中心线至纵向定位轴线之间的距离，一般取 750mm，当起重机为重级工作制而需要设安全走道板或起重机起重量大于 50t 时，可采用 1000mm。根据图 14-38 可知

$$e = h + K + B$$

式中　h——纵向定位轴线至上柱边缘的距离；

　　　K——起重机端部外缘至上柱内缘的安全距离（K 值主要考虑起重机和柱子的安装误差以及起重机运行中的变形而应预留的安全空隙。当起重机起重量 ≤20t 时，$K \geqslant 80mm$；起重机起重量 ≥75t 时，$K \geqslant 100mm$）；

　　　B——轨道中心线至起重机端部外缘的距离，查起重机规格资料。

　　由于起重机起重量、柱距、跨度、是否有安全走道板等因素的影响，边柱外缘与纵向定位轴线的联系有两种情况：

　　（1）封闭式结合的纵向定位轴线　即边柱外缘（通常也是外墙内缘）与纵向定位轴线重合。在无起重机或只有悬挂式起重机，以及在柱距为 6m，桥式起重机起重量 ≤20t 条件下的厂房中，都采用封闭式结合的纵向定位轴线。因为当起重机起重量 ≤20t 时，查现行起重机规格，得 $B \leqslant 260mm$，$K \geqslant 80mm$，在一般情况下，上柱截面高度 $h = 400mm$，则 $K = e - (h + B) = 90mm$，能满足起重机运行所需安全空隙 ≥80mm 的要求。

　　在封闭结合中，封闭的含义在于：当采用此类定位轴线，屋架和屋面板均可用定型化标准构件，按常规布板，屋架和屋面板与外墙内缘闭合，没有间隙，具有构造简单、施工方便、造价经济等优点。

　　（2）非封闭式结合的纵向定位轴线　所谓非封闭式结合的纵向定位轴线，是指该纵向定位轴线与柱子外缘有一定的距离。因屋面板只能铺至定位轴线处，与外墙内缘出现一条构造间隙，不能闭合，故称为非封闭结合（见图 14-39）。

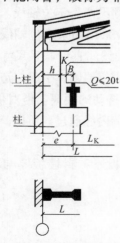

图 14-38　外墙、边柱与纵向定位轴线的联系

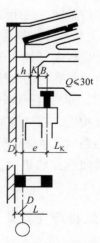

图 14-39　非封闭结合的纵向定位轴线

在柱距为 6m，起重机起重量 ≥ 30t 的厂房中，由起重机规格查得 $B = 300\text{mm}$，$K \geq 100\text{mm}$，若纵向定位轴线至上柱边缘的距离仍为 400mm，则 $K = e - (h + B) = 750\text{mm} - (400 + 300)\ \text{mm} = 50\text{mm}$，不能满足起重机运行所需安全空隙 ≥ 100mm 的要求。解决的办法是将纵向定位轴线自边柱外缘向内移动一定距离，这个距离称为联系尺寸，用 D 表示。为减少构件类型，D 值须取 300mm 或其倍数。当墙为砌体时可用 50mm 或其倍数。在设计中应根据起重机起重量及其相应的 h、K、B 三个数值来确定联系尺寸的数值。当因构造需要或起重机起重量较大时（大于 50t），e 值宜采用 1000mm。

2. 中柱与纵向定位轴线的联系

在多跨厂房中，中柱有平行等高跨和平行不等高跨（习惯称高低跨）两种形式。

（1）等高跨中柱与纵向定位轴线的联系　当厂房为等高跨时，等高跨中柱通常设置单柱和一条定位轴线，柱截面中心线与纵向定位轴线重合，如图 14-40a 所示。纵向定位轴线通过相邻两跨屋架的标志尺寸端部，上柱截面高度一般取 600mm，以保证两侧屋架应有的支承长度，制作简便。

当等高跨两侧或一侧的起重机起重量≥30t、厂房柱距 >6m 或构造要求等原因，纵向定位轴线需采用非封闭式结合才能满

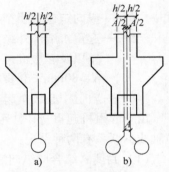

图 14-40　等高跨与纵向
定位轴线的联系

足起重机安全运行的要求时，中柱仍然可以采用单柱，但需设两条定位轴线（见图 14-40b）。两条定位轴线的距离称为插入距，用 A 表示，采用 $3M$ 数列。此时，柱中心线一般与插入距中心线相重合。如果因设插入距而使上柱不能满足屋架支承长度的要求时，上柱应设小牛腿。

（2）高低跨中柱与纵向定位轴线的联系　高低跨中柱与定位轴线的联系有两种不同情况：

1）当高低跨处采用单柱时，高跨上柱外缘和封墙内缘宜与纵向定位轴线相重合。此时，纵向定位轴线按封闭结合设计，不需要设联系尺寸，也无须设两条定位轴线。

2）当上柱外缘和封墙内缘与纵向定位轴线不能重合时，应采用两条定位轴线。当高跨起重机起重量较大（如大于 30t）时，其上柱外缘与纵向定位轴线间宜设联系尺寸。对于这类中柱仍可看作高跨的边柱，只不过由于高跨起重机起重量较大等原因，引起构造上需要加设联系尺寸，即相当于该柱外缘应自该跨定位轴线向低跨方向移动的距离。但对低跨来说，为简化屋面构造，在可能时，其定位轴线则应自上柱外缘、封墙内缘通过，所以，一根柱上同时存在两条定位轴线，分属于高低跨。

高低跨间设封墙板时，两条定位轴线的间距分别为封墙板厚和封墙板厚与联系尺寸之和。

14.4.3　纵横跨连接处柱与定位轴线的联系

有纵横跨厂房，由于纵跨和横跨的长度、高度、起重机起重量都可能不相同，为了简化结构和构造，设计时，常将纵跨和横跨的结构分开，并在两者之间设置变形缝，使纵横跨各

自独立。纵横跨应有各自的柱列和定位轴线。对于纵跨,相交处的处理相当于山墙处;对于横跨,相交处的处理相当于边柱和外墙处的纵向定位轴线。

两条定位轴线之间设插入距,有以下几种可能(见图 14-41)。

1)当纵跨的山墙比横跨的侧墙低,长度小于或等于侧墙,横跨又为封闭式结合轴线时,插入距 A 为砌体墙厚度 B 与变形缝宽度 C 之和(见图 14-41a)。

2)当横跨为非封闭结合时,插入距 A 为砌体墙厚度 B、变形缝宽度 C 与联系尺寸 D 之和(见图 14-41b)。

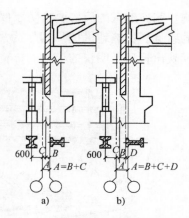

图 14-41 纵横跨连接处定位轴线

14.5 单层厂房立面设计

单层工业厂房立面设计是工业建筑设计的组成部分之一。其立面造型与生产工艺、平面形状、剖面形式及结构类型密切相关,按厂房的功能要求、技术条件及经济等因素,运用建筑构图美学原理及处理方法,使工业建筑具有简洁、朴素、新颖、大方的外观形象,创造出内容与形式统一的体型。

14.5.1 影响单层工业厂房立面设计的因素

(1)生产工艺流程的影响 厂房是为生产服务的,不同的工艺流程、生产状况、运输设备等不仅对厂房平面、剖面有着影响,对立面同样也有影响。厂房立面处理需满足适用、安全、经济的要求,具有建筑形象,能反映出建筑内容的效果。如轧钢厂、造纸厂的生产工艺流程多是直线式的,体型也多为单跨或多跨平行并列的长方形;但重型机械厂的金工车间,由于各跨加工件和设备大小相差悬殊,厂房的体型则起伏较多;而铸工车间不仅各跨高宽均有不同,又有冲出屋面的化铁炉,露天的吊车栈桥等,体型较为复杂(见图 14-42)。

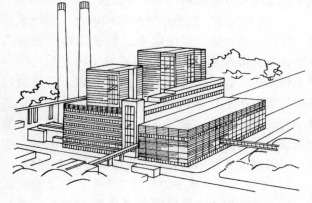

图 14-42 铸工车间厂房(体型较复杂)

(2)结构和材料的影响 不同的结构形式,不同的材料质地对厂房的体型和立面设计产生不同的影响,特别是屋顶承重结构形式在很大程度上决定厂房的体型。图 14-43 是瑞士某机床厂,生产车间和办公等服务用房之间用一倾斜顶棚的休息厅连接,既方便连接又很好地解决了生产车间的天然采光,同时,使厂房立面新颖,美观,引人入胜。

(3)气候、环境的影响 太阳辐射强度、室外空气的温度与湿度等因素对立面设计均有影响。寒冷地区的厂房要求防寒保暖，窗口面积不宜过大，空间组合集中，给人以稳重、深厚的感觉。炎热地区的厂房，为满足通风散热，常采用开敞式外墙，空间组合分散、狭长，反映出轻巧、明快的个性。

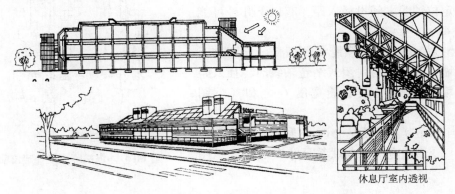

图 14-43 瑞士某机床厂

14.5.2 立面处理方法

（1）墙面划分 现代单层工业建筑大多采用平屋顶或缓坡屋顶，墙面在造型中占有显著的地位。墙面的大小、形式、色彩及门窗的大小、排列直接影响立面效果。墙面在单层工业厂房外墙中所占比例与厂房的生产性质、采光等级、室外照度等因素有关。墙面处理的关键在于墙面的划分及窗墙比例，并利用柱子、勒脚、窗台线、雨篷、遮阳板等构件，运用建筑构图原理进行有机的组合和划分，使厂房立面简洁大方、完整匀称、自然美观。在工程实践中，墙面划分常采用以下三种方法。

1）垂直划分。根据外墙的结构特点，利用承重柱、壁柱、窗间墙、竖向组合式侧窗等构成垂直凸出的线条，可改变单层厂房扁平的比例关系，使厂房显得挺拔、有力。为使墙面整齐美观，门窗洞口和窗间墙的排列，多以一个柱距为一个单元，在立面中有规律地重复，使墙面产生统一的韵律。当墙面很长时，可隔一定距离插入一个变化的单元，这样，既可避免立面单调又有节奏感（见图 14-44）。

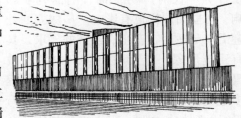

图 14-44 墙面垂直划分

2）水平划分。水平划分是在水平方向设置带形窗，利用通长的窗楣线、窗台线、遮阳板、勒脚线等构成水平横线条（见图 14-45）。采用悬挑的水平遮阳板，利用阴影的作用，使水平线条的效果更加显著，也可采用不同材料、不同色彩的外墙作为水平的窗间墙，同样使厂房立面显得明快、大方、平稳。

3）混合划分。在工程实践中，大多将水平划分和垂直划分结合运用，以其中某种划分为主，

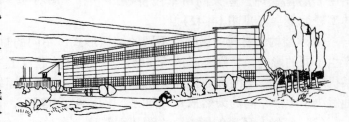

图 14-45 墙面水平划分

或两种方法混合运用，互相结合，相互
衬托，不分明显主次，从而构成水平划
分和垂直划分的有机结合。采用这种处
理手法应注意垂直与水平的关系，应该
使其达到互相渗透，混而不乱，以取得
生动和谐的效果（见图 14-46）。

图 14-46　墙面混合划分

（2）墙面的虚实处理　单层厂房立
面设计手法，除墙面划分外，正确处理好窗墙之间的比例，也能得到较好的艺术效果。在满
足采光面积与自然通风的要求下，窗与墙的比例关系有三种。

1）窗面积大于墙面积。此时，立面以虚为主，显得明快、轻巧。

2）窗面积小于墙面积。此时，立面以实为主，显得敦实、稳定。

3）窗面积等于或接近墙面积。虚实平衡，显得安静、平稳，但也显得平淡、无味，运
用较少。

设计中往往采用以实为主或以虚为主的立面处理。

上面仅对影响单层工业厂房外形的基本因素和立面处理手法进行了简要的介绍，在具体
设计时还必须深入实际，掌握情况，具体分析，灵活运用。

14.6　生活间设计

为了满足生产过程的生产卫生及工人生活、健康的需要，为保证产品质量、提高劳动效
率，除生产用房外，还需设置生产管理及生活福利用房，这些用房称为车间生活间。

14.6.1　生活间设计要点

生活间本属于民用建筑，只因其位于厂区，且主要为车间的生产及生活服务，因此，设
计要求有别于普通民用建筑。生活间设计要点为：

1）结合总图及车间平面合理选择生活间位置，尽量布置在车间主要人流出入口处，且
与生产操作地点有方便的联系，还应避免人流与厂区主要运输线路交叉。

2）应与产生有害、有毒物质的车间分开，并尽可能避免噪声及振动的影响。

3）有良好的天然采光和通风。特别对存衣室要有相应的通风措施。

4）生活间设于地下室时，须有排水、防潮、采光、通风措施。水湿房间应尽量集中
布置。

5）餐厅入口不应直接开向有污染的车间。

6）餐厅及卫生间的门窗应设防蝇装置。

7）保健站宜设于底层。

14.6.2　生活间的组成

根据车间的生产特征及其卫生要求、车间规模及地区气候等条件不同，生活间大致包括
以下四个内容：

（1）生产卫生用室　包括浴室、存衣室、盥洗室等，根据某些生产特殊需要尚可包括

洗衣房、衣服干燥室等。我国卫生部主编的《工业企业设计卫生标准》（GBZ 1—2010），将车间卫生特征分为四级，见表 14-5。

（2）生活卫生用室 包括休息室、厕所等。特殊需要时尚可设置取暖室、饮水室、倒班休息室、吸烟室等。女工较多尚应设置女工卫生室。如车间距全厂服务设施较远且车间职工人数较多时，还可设置小吃部、自行车停放室等。

（3）行政办公用室 包括办公室、会议室、学习室、值班室、计划调度室等。

（4）生产辅助用室 包括工具室、计量室、材料库等。

表 14-5　车间的卫生特征分级及其与生活用房的关系

车间卫生特征级别	生产过程的卫生特征	需设置的生产卫生用室
1 级	易经皮肤吸收引起中毒的剧毒物质（如有机磷农药、三硝基甲苯、四乙基铅等）；处理传染性材料、动物原料（如皮毛等）	应设车间淋浴室，必要时设事故淋浴室；便服及工作服应分开设存放室；洗衣房、盥洗室及厕所
2 级	易经皮肤吸收或有恶臭的物质；或高毒物质（如丙烯腈、吡啶、苯酚等）；严重污染全身或对皮肤有刺激的粉尘（如炭黑、玻璃棉等）；高温作业；井下作业	应设车间淋浴室，必要时设事故淋浴室；便服及工作服可同室分开存放的存衣室；盥洗室及厕所
3 级	其他有毒物及易挥发的有毒物质（如苯等）；一般粉尘（如棉尘等）；体力劳动强度Ⅲ级或Ⅳ级的作业	宜在车间附近或在厂区设集中淋浴室；便服及工作服可同室存放的存衣室；盥洗室及厕所；存衣室可与休息室合设
4 级	不接触有毒物质或粉尘，不污染或轻度污染身体（如仪表，金属冷加工，机械加工等）	可在厂区或居住区内设置集中淋浴室；工作服存放室（可设于车间内适当地点或与休息室合并）；盥洗室及厕所

14.6.3　主要生活间的设计

淋浴室、存衣室、盥洗室和厕所是生活间的主要组成部分，现结合实际需要，就其设计及平面布置简述如下。

（1）淋浴室 淋浴室应按卫生要求和生产污染程度选择不同的形式（参见表 14-5）。车间卫生特征 1、2 级的车间应设车间淋浴室。如有剧烈毒害生产过程的车间应设通过式淋浴室。淋浴室应考虑保温、排水、排气、防湿。当附近无厕所时，淋浴室内应设厕所。淋浴室应设更衣间，更衣间应与淋浴分开，并设存衣设备，更衣凳数量按每一个喷头两个设置。更衣间的设备尺寸应考虑通行使用方便，人浴者与浴后者无污染干扰。无特殊原因，浴室中一般不宜设置浴池。

淋浴室建筑面积可按每个淋浴器 5.0m² 估算。厂内或车间内使用淋浴室的人数可按最大班工人总数的 93% 计算。每一淋浴器可供 6~13 人使用，严寒地区取上限，炎热地区取下限。盥洗器宜按 4~6 套淋浴器配置一具确定。淋浴间与过道尺寸及淋浴间的布置如图 14-47、图 14-48 所示。

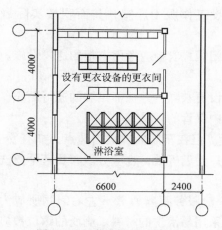

图 14-47　淋浴间及过道尺寸

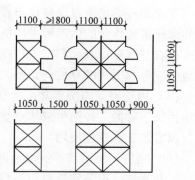

图 14-48　淋浴室布置示例

（2）存衣室　存衣室是为适应工人上下班更换和存放衣服的要求而设置的。随着人们文化生活水平的不断提高，这种要求越来越强烈。因此，存衣室已成为生活间设计的重要内容。

存衣室和存衣设备应根据生产放散毒害的程度和使用人数设置。存衣室的存衣设备有衣钩、开放式衣柜及闭锁式衣柜等形式。衣钩及开放式衣柜占地少、较经济，但需专人看管。闭锁式衣柜占地面积大，价格较高，但不需专人看管，安全、方便，是目前广为采用的存衣设备（见图 14-49）。闭锁式衣柜按在册人数每人一柜设置。

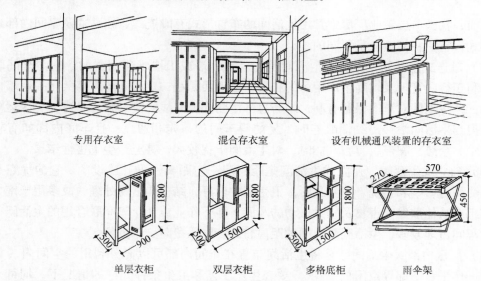

图 14-49　存衣室及存衣设备

对不散发有害气体和粉尘，只污染手臂的生产和有辐射热及对流热的生产，工作服和便服可分格存放在同一柜中。对污染全身和放散有害气体、粉尘和处理有感染危险材料的生产，以及为保证产品质量而有特殊卫生要求的生产，工作服和便服应同室分开存放或分室存放。可沾染病原体或沾染易经皮肤吸收的剧毒物质或工作服污染严重的车间，应设洗衣房。

根据生产需要（如产生湿气大的地下作业等），可设工作服干燥室，其面积按实际需要确定。

存衣柜应尽量垂直于窗口布置，以利采光通风。闭锁式衣柜应考虑衣柜的通风设施。对有异味或带菌作业的生产可采用机械通风装置。

存衣室应有更衣面积。工作服需要坐着更换时应设更衣凳，并保证足够的通行面积。多雨地区应考虑雨具的存放与设备，或在出入口处设集中保管的雨具室。

（3）盥洗室　盥洗室常与厕所、淋浴室相邻布置。但在车间内部适当地点，如有粉尘、油垢污染手臂的工作岗位或休息室、值班室及车间入口附近等处，也应分散布置若干盥洗设备，以方便工人就近使用。

（4）厕所　厕所与作业地点的距离不宜过远，一般服务距离为75m左右。厕所应为水冲式，并有洗手设备和排臭防蝇措施。地面及墙裙应采用易清洗的材料。厕所的蹲位数应按使用人数进行设计（见表14-6）。

表14-6　大便器与小便器数量　（单位：个）

车间职工人数		150 以下	150 ~ 400	400 以上	
男	大便器	2 ~ 4	4 ~ 7	7 ~ 9	
	小便器	2 ~ 4	4 ~ 7	7 ~ 9	
女	大便器	2	2 ~ 4	4 ~ 6	

14.6.4　生活间的布置

目前，我国单层工业厂房中常用生活间的布置形式有毗连式、独立式及车间内部式三种基本形式，它们在构造上是不同的。

（1）毗连式生活间　毗连式生活间是与厂房纵墙或山墙毗连而建的。它与车间联系方便，有利于行政管理及辅助生产用房的布置；占地面积小；生活间与厂房共用一道墙体，节约材料；寒冷地区对车间保温有利；易与总平面图人流路线协调一致，易避开厂区运输繁忙地带。但当生活间沿厂房纵墙毗连时，易妨碍车间的采光和通风；且车间内部如有较大振动、灰尘、余热、噪声、有害气体时，对生活间干扰较大，甚至产生危害性结果。

（2）独立式生活间　独立式生活间是距厂房一定距离，分开建设的。它的优点是：生活间不受厂房影响和干扰，布置灵活，卫生条件较好，结构构造易处理，故多用于南方和一些热加工或其他散发有害物及较大振动的车间、地下作业或几个车间联合用的生活间等。但独立式车间占地较多，生活间距车间的距离较远，联系费时、不方便。

（3）厂房内部式生活间　是将生活间布置在车间内部可以充分利用的空间内（如厂房端部、操作平台下部等空闲部位），只要在生产工艺和卫生条件允许的情况下，均可采用这种布置方式。图14-50是利用厂房端部空间布置生活间。

如图14-51所示，沿厂房内墙附近、柱间等不便安放生产设备的空闲地段，或利用起重机"死角"等处，分散布置衣柜、盥洗设备。它具有使用方便、经济合理、节约建筑面积、方便工人就近利用，也可适当改变车间内部观瞻等优点。缺点是只能将生活间的部分房间布置在车间内，以及车间的通用性受到影响。

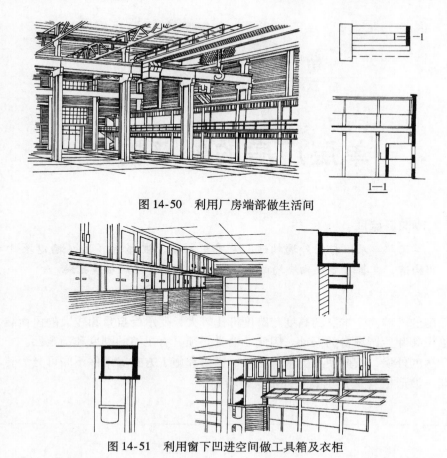

图 14-50　利用厂房端部做生活间

图 14-51　利用窗下凹进空间做工具箱及衣柜

复习思考题

1. 厂房总平面设计应满足哪些条件？影响工厂总平面布置的因素有哪些？
2. 举例简要说明影响厂房平面形式的主要因素。
3. 什么是柱网？影响柱网尺寸的因素有哪些？常用的柱网尺寸有哪些？
4. 扩大柱网尺寸有何优越性？
5. 什么是单层厂房高度？如何确定厂房高度？
6. 天然采光的基本要求是什么？如何确定采光面积？
7. 天然采光方式有几种？各有何优缺点？
8. 进行侧窗布置时应注意哪几点？常用的采光天窗及其布置方法有哪些？
9. 自然通风的原理是什么？热加工车间和冷加工车间各自如何布置自然通风？
10. 矩形采光天窗和矩形通风天窗在构造上有何区别？矩形通风天窗有哪些构造要求？下沉式通风天窗有几种形式？
11. 定位轴线的定义是什么？什么是横向和纵向定位轴线？如何编号？
12. 在单层工业厂房平面图中如何标定柱子与纵横定位轴线的关系？
13. 影响厂房立面的因素有哪些？
14. 生活间的组成包括哪些内容？生活间的布置形式有哪些？

第 **15** 章

单层厂房的外墙构造

学习目标

了解单层厂房的外墙构造,熟悉板材墙、波形板(瓦)墙以及开敞式外墙的构造,掌握砖墙及砌块墙的构造做法,掌握砖墙的抗震措施。

单层厂房的外墙由于本身的高度与跨度都比较大,要承受自重和较大的风荷载,还要受到起重运输设备和生产设备的振动。因此,墙身必须具有足够的刚度和稳定性。

单层厂房的外墙,按照使用要求、材料、构造和施工方式等条件不同可分为砖墙、块材墙、板材墙、波形板(瓦)墙以及开敞式外墙等。

15.1 砖墙

15.1.1 砖墙构造

(1) 承重砖墙 我国小型单层厂房用砖砌承重墙较多,承重墙需承受自重、屋顶吊车荷载及地震力作用,其形式可做成带壁柱的墙体,下设墙下条形基础,并在墙体适当部位设置圈梁。其特点是构造简单,施工方便,造价较低,但墙体自重大,承载能力较低,抗震性能较差,故承重砖墙仅适用于跨度小于15m、吊车吨位不超过5t、柱距不大于6m的小型厂房。

(2) 骨架结构填充砖墙 当吊车吨位大、厂房跨度较大时,采用带壁柱的承重墙,会使结构断面增大,工程量也将增加,而且砖结构对吊车等引起的振动抵抗能力也差,故一般采用钢筋混凝土骨架承重,外墙起到围护、承受自重和风荷载作用,墙下不单作条形基础,砖墙的重量通过基础梁传给基础,使承重与围护功能分开。当墙身的高度大于15m时,应加设连系梁来承托上部墙身(见图15-1)。

由于在骨架结构填充砖墙中,圈梁与连系梁不能承受垂直荷载,只承受水平风力,并传递给柱子。因而墙体、屋架端部和柱子必须有可靠的连接。一般做法是由柱子、屋架沿高度方向每隔500~620mm设置钢筋2φ6,并且伸入墙体内部不少于500mm,以保证墙体的稳定性(见图15-1)。

(3) 基础梁与基础连接 当地基承载力较大,土质均匀,仅承自重的墙下可以采用条形基础。而当基础埋深大于2m时,在墙下设置基础梁更经济。基础梁与基础连接,一般有

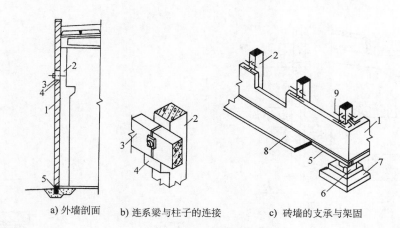

a) 外墙剖面　　　b) 连系梁与柱子的连接　　　c) 砖墙的支承与架固

图 15-1　砖墙构造

1—砖外墙　2—柱　3—连系梁　4—小牛腿　5—基础梁　6—垫块　7—杯形基础　8—散水　9—墙柱连接筋

以下几种情况（见图 15-2）。当基础埋置较浅时，基础梁可搁置在混凝土垫块或直接搁置在基础顶面上；当基础埋置较深时，则用牛腿支托或采用高杯口基础。基础梁顶面标高通常比室内地面低 50mm，以便在该顶面设置墙身防潮层（防水砂浆），勒脚抹 500~800mm 高水泥砂浆或干粘石、水刷石即可。

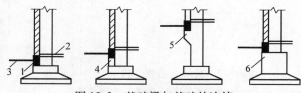

图 15-2　基础梁与基础的连接

1—基础梁　2—室内地面　3—散水　4—垫块
5—小牛腿　6—杯形基础

（4）基础梁防冻胀与保温　冬季，北方地区非采暖厂房回填土为冻胀土时，基础梁下部宜用炉渣等松散材料填充，以防土壤冻胀时对基础梁及墙身产生不利的反拱影响（见图 15-3a），冻胀严重时还可在基础梁下预留空隙（见图 15-3b）。室外气温较低时，非采暖厂房的基础梁底部应填以松散材料保温。

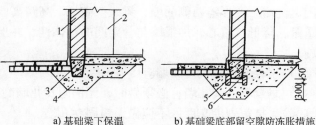

a) 基础梁下保温　　　b) 基础梁底部留空隙防冻胀措施

图 15-3　基础梁下部防冻胀保温措施

1—外墙　2—柱　3—基础梁
4—炉渣保温材料　5—立砌普通砖　6—空隙

15.1.2　砖墙的抗振及抗震措施

引起单层厂房（包括外墙）振动的原因有起重机的起停、锻锤的冲击、风力或者地震等。对于厂房的承重骨架，这些振动影响，可分别以起重机制动力、风力、地震荷载等外力作用在结构计算中加以考虑。对于砖外墙，除从柱子、屋架端部伸出钢筋砌入砖缝锚拉外，并应布置圈梁增加墙与骨架的整体性，以保证砖墙的稳定。圈梁的布置原则是：振动较大的厂房，如锻工车间、压缩机房等，沿墙高每隔 4m 左右设一道，其他厂房在柱顶及吊车梁附近设置，特别高大的厂房则应适当增设圈梁。圈梁与柱子应锚拉稳妥（见图 15-4、图 15-5）。

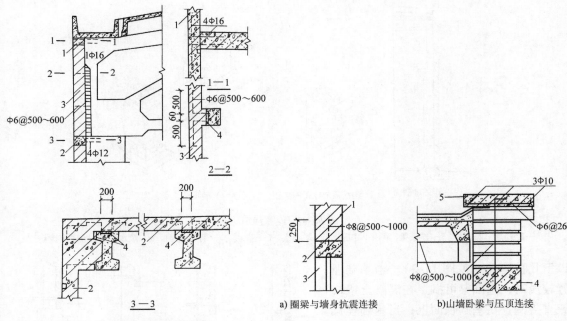

图 15-4　砖墙与屋架连接

1—檐口圈梁　2—柱顶圈梁　3—砖墙　4—预埋铁件

图 15-5　圈梁、山墙卧梁与墙身连接

1—砖墙　2—圈梁　3—高洞　4—山墙卧梁
5—钢筋混凝土压顶

砖墙的抗震措施较复杂，据震害调查，砖外墙遭受地震破坏最普遍的现象有很多：由于砖外墙与厂房骨架的连接构件在地震过程中受到冲击不同，将使女儿墙、侧墙、山墙开裂、外闪、倒塌，变形缝两侧的墙、梁碰撞破坏，高跨高墙倒塌砸坏低跨屋面等。因此，减轻墙体重量，降低其重心，加强墙与骨架间的整体性，并保证墙身的抗剪强度是砖墙抗震的主要措施。

1）用轻质板材代替砖墙。

2）尽量不做女儿墙；必须做时，无锚固女儿墙高度不应超过 500mm（自屋面覆盖屋顶面算起），抗震烈度 9 度区不应做无锚固女儿墙。

3）加强砖墙与屋架、柱子（包括抗风柱）的连接，并适当增设圈梁。当屋架端头高度较大时，应在端头上部与柱顶处各设现浇闭合圈梁一道（变形缝处仍断开）；山墙应设卧梁，除与檐口圈梁交圈连接外还应与屋面板用钢筋连接牢固。设计抗震烈度为 8 度、9 度时，应沿墙高按上密下稀的原则每隔 3～5m 增设圈梁一道。圈梁截面高度不小于 180mm，配筋不少于 4Φ12，圈梁应与柱、屋架或屋面板牢固锚拉，厂房顶部圈梁锚拉钢筋不少于 4Φ12。

4）单跨钢筋混凝土厂房，砖墙可嵌砌在柱子之间，由柱两侧出筋砌入砖缝锚拉（见图15-6），可增强柱墙整体性及厂房纵向刚度，并可承受纵向地震荷载。嵌砌墙比外包墙提高了抗震能力，但多跨时嵌砌墙则使各纵列柱刚度不匀，地震时厂房易产生不利变形，而且嵌砌墙较外包墙施工复杂，保温性能也较差（有冷桥作用），故非地震区采用较少。

5）设置防震缝。一般在纵横跨交接处、纵向高低跨交接处以及与厂房毗连贴建生活间、变电所、炉子间等附属房屋均应用防震缝分开，缝两侧应设墙或柱。平行于排架设缝时，缝宽不小于 50～90mm（车间高时取宽值），纵横交接处以及垂直于排架方向设缝时，缝宽不小于 100～150mm。伸缩缝与沉降缝的设置应与抗震缝统一考虑，只设温度缝或沉降缝时，缝宽 30～90mm 即可。图 15-7 为砖外墙抗震缝构造示例。

6）必须严格保证施工质量。

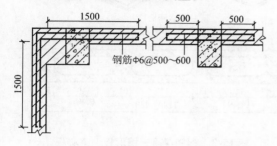

图 15-6　增嵌砌砖墙与柱子连接

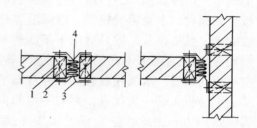

图 15-7　砖外墙抗震缝构造示例
1—防腐木砖　2—油毡　3—镀锌铁皮
4—沥青麻丝

15.1.3　砌块墙

为克服砖墙存在的缺点，砌块墙便得到了一定的发展。砌块墙一般均利用轻质材料，如加气混凝土块、轻混凝土块等制成。

砌块墙的连接与砖墙做法基本相同。首先应保证横平竖直、灰浆饱满、错缝搭接，其次用拉结钢筋来保证其稳定。砌块墙的整体性与防震性比砖墙要好。

15.1.4　墙体抹面

厂房外墙一般表面多用原浆或水泥浆勾缝，也有涂料、水刷石等做法。但通常不做内抹面，以降低建筑造价，其内表面常用石灰水喷白来增加室内照度。当车间内有腐蚀性气、雾或粉尘时，应根据腐蚀性介质的数量和特征（酸性或碱性）分别采用不同材料的抹灰层，一般有以下三种情况：

1）当有碱性介质侵袭时，宜采用混合砂浆或石灰砂浆抹灰。

2）当有少量酸性介质侵袭且室内相对湿度小于 75% 时，宜用水泥砂浆抹灰。

3）当有大量酸性介质侵袭且室内相对湿度大于 75% 时，则在水泥砂浆抹灰层之外，加罩一层耐腐蚀涂料。常用的有过氯乙烯漆、酚醛漆等。

15.2 大型板材墙

15.2.1　概述

1. 墙板的类型与规格

单层工业厂房的大型墙板类型很多。按墙板的性能不同，有保温墙板和非保温墙板；按墙板本身的形状的不同，有钢筋混凝土槽形板、烟灰膨胀矿渣混凝土平板、钢丝网水泥折板等；按墙板所在墙面位置分为檐下板、窗上板、窗框板、窗下板、一般板、山尖板、勒脚板、女儿墙板等。按照墙板的构造和组成材料可有如下分类。

（1）单一材料的墙板

1）钢筋混凝土槽形板、空心板（见图15-8）。这类板的优点是耐久性好、制造简单，可施加预应力。槽形板或称肋形板，其钢材、水泥用量较省，但保温隔热性能差，且易积灰，故只适用于某些热车间和保温隔热要求不高的车间、仓库等。空心板的钢材、水泥用量较多，但双面平整、不易积灰是一大优点，并有一定的保温隔热能力，因此，空心板虽比24砖墙热工性能稍差，但仍得到较广泛的应用。

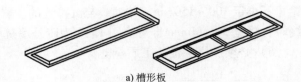

a) 槽形板

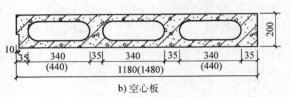

b) 空心板

图 15-8　钢筋混凝土槽形板、空心板

2）配筋轻混凝土墙板（见图15-9）。这类墙板很多，如粉煤灰硅酸盐混凝土墙板、各种加气混凝土墙板等。它们的共同优点是比普通混凝土和砖墙都轻，保温隔热性能好，配筋后可运输、吊装，并在一定叠高范围内能承受自重。缺点是吸湿性

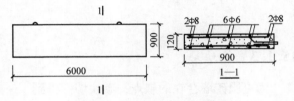

图 15-9　配筋轻混凝土墙板

较大，故一般须加水泥砂浆等防水面层，有的还有龟裂或锈蚀配筋的缺点。适用于保温或隔热要求较高以及既要保温又要隔热但湿度不很大的车间。

（2）组合墙板（复合墙板）　将高效保温材料如堆密度很轻的炉渣、蛭石、膨胀珍珠岩、陶粒、矿棉、泡沫塑料等与承重材料组合成大型墙板，最常见的是用钢筋混凝土制成外壳，内填轻质高效保温材料（见图15-10）；另一类是用石棉水泥板、塑料板、薄钢板或钢板等固定在骨架两面制成轻外壳，再在空腔内填充高效保温隔热材料构成组合墙板。

组合墙板的特点是，使材料各尽所长，即充分发挥芯层材料的高效热工性能，外壳材料的承重、耐气候等性能。这类墙板的主要缺点是制造工艺较复杂，用作保温时易产生热桥的不利影响。图15-11中，热桥感热面积 a 与组合墙板厚度 d 之比（a/d）越小，则热桥作用也越小。国外有用不锈钢片（如型钢片等）做内外壳连系构件的，以消除热桥影响，这是一种改进办法。另一种办法是做成无肋骨的叠合板材，如有一种石棉水泥泡沫塑料叠合板，即用油膏将石棉水泥板夹粘泡沫塑料而成的墙板。

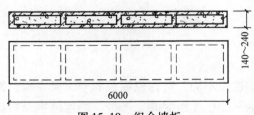

图 15-10　组合墙板

图 15-11　墙板热桥位置

2. 墙板的规格

我国现行工业建筑墙板规格中，长和高采用 300mm 为扩大模数，在实际工程中，墙板

的基本长度应与柱距一致，常用值为 6m。此外，用于山墙和为了适应 9m、15m、21m、27m 跨度的要求，增加了 4.5m 和 7.5m 两种板长。

板的高度一般在实际工程中以 1200mm 为主。为适应开窗尺寸和窗台的需要，还可以配合 900mm、1500mm 的板型，供调剂使用。

板的厚度按 1/10M 进级，常用厚度为 150～240mm，但应注意满足保温要求。

15.2.2 墙板布置

墙板在墙面上的布置方式，最广泛采用的是横向布置，其次是混合布置（见图 15-12）。横向布置时板型少，以柱距为板长，板柱相连，可省去窗过梁和连系梁，板缝处理也较易，图 15-12a 为有带形窗的横向布置，带窗板预先装好窗扇再吊装，故现场安装简便，但带窗板制作较复杂。图 15-12b 为采用通长带形窗的横向布置，采光好，无带窗板，但窗用钢材以及现场安装量均较多。图 15-12c 是混合布置，板型较多，优点是立面处理较灵活。

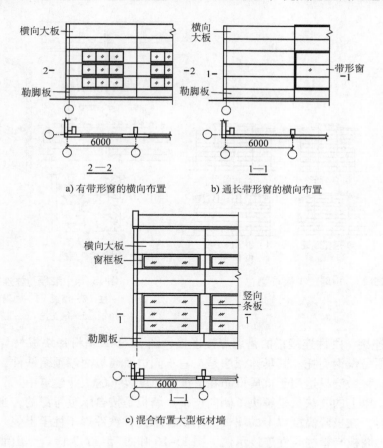

a) 有带形窗的横向布置　　　　　　b) 通长带形窗的横向布置

c) 混合布置大型板材墙

图 15-12　墙板在墙面上的布置方式

山墙墙身部位布置墙板方式与侧墙相同，山尖部位则随屋顶外形可布置成台阶形、人字形、折线形等（见图 15-13）。台阶形山尖异形墙板少，但连接用钢较多，人字形则相反，折线形介于两者之间。

15.2.3 墙板连接

把预制墙板拼成整片的墙面，必须保证墙板与排架、墙板与墙板、墙板与柱子有可靠的连接。要求连接的方法必须简单，便于施工。目前采用的连接方法有柔性连接和刚性连接两种。

（1）柔性连接　柔性连接指的是用螺栓连接或用钢连接，也可以在墙板外侧加压条，再用螺栓与柱子压紧压牢。设计抗震裂度高于7度的地区宜用此法连接墙板。这种连接方法对地基的不均匀下沉或产生较大震动的厂房也比较适宜（见图15-14）。

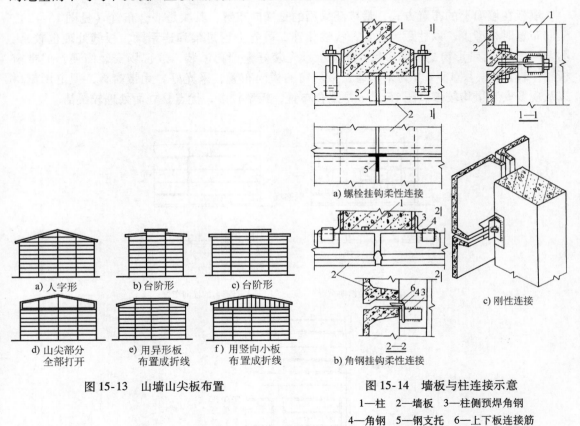

a) 人字形　　　b) 台阶形　　　c) 台阶形

d) 山尖部分　　e) 用异形板　　f) 用竖向小板
全部打开　　　布置成折线　　　布置成折线

图 15-13　山墙山尖板布置

a) 螺栓挂钩柔性连接

b) 角钢挂钩柔性连接

c) 刚性连接

图 15-14　墙板与柱连接示意
1—柱　2—墙板　3—柱侧预焊角钢
4—角钢　5—钢支托　6—上下板连接筋

（2）刚性连接　刚性连接指的是用焊接连接，图15-14c是将每块板材与柱子用型钢焊接在一起，无须另设钢支托。其具体做法是在柱子侧边及墙板两端预留铁件，然后用型钢进行焊接连接。这种做法只适用于抗震设防在7度及7度以下的工业建筑中。

必须指出，以上的办法只是解决了侧向连接。墙板是按自承重考虑的，当最下的墙板达到极限承压力时，在极限高度以上的墙板应用铁件承托，铁件焊于柱子上。

图 15-15 为墙板与管柱柔性连接示例，图 15-16 和图 15-17 为檐口、山墙、勒脚和外墙阳角等处墙板连接示例。

另外，无论柔性连接还是刚性连接，均应注意设置墙板的预埋铁件以减少制作和吊装墙板的类型，如柱宽为 400mm，预埋铁件离板端 300mm 处对称设置，则可使尽端和伸缩缝处的墙板与一般墙身处的通用。

（3）板缝处理　对板缝的处理首先要求防水，并应考虑墙板的制作及安装方便，对保温墙板安装后的板缝处理还应注意满足保温要求。板缝可以做成各种形式。水平缝有平缝、滴水缝、高低缝、外肋平缝等。垂直缝有直缝、喇叭缝、单腔缝、双腔缝等。

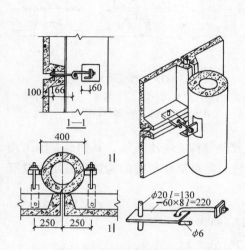

图 15-15　墙板与管柱柔性连接示例

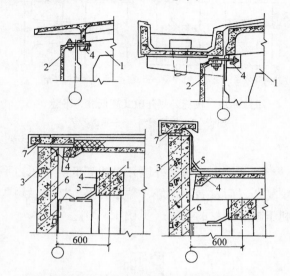

图 15-16　檐口、山墙墙板连接示例
1—屋架　2—檐沟墙板　3—墙　4—预埋铁件
5—连接铁件　6—钢筋混凝土柱　7—压顶板

1）水平缝。主要是防止沿墙面下淌水渗入内侧。水与墙体间的毛细管压力以及迎风面风压力是使水向内渗透的主要作用力。由于热胀冷缩以及内外表面温差弯曲变形等原因，靠填缝材料的密闭性很难持久地防止这种渗透。而如果用憎水性防水材料（油膏、聚氯乙烯胶泥等）填缝，将混凝土等亲水材料表面刷以防水涂料，并将外侧缝口敞开使其不能形成毛细管，就能有效地消除毛细管渗透。为阻止风压灌水或积水并考虑脱模方便，故可制成图 15-18a 所示外侧开敞式高低缝，考虑制作与安装误差，缝隙最窄处不宜小于 15mm。防水要求不严或雨水很少的地方也采用最简单的平缝或有滴水的平缝（见图 15-18b、图 15-18c）。

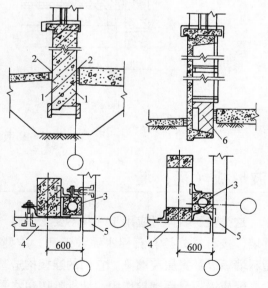

图 15-17　勒脚和外墙阳角板材连接示例
1—双面刷热沥青防潮　2—沥青砂浆填缝　3—架墙板
4—标准板　5—加长板　6—砖砌工具箱底

2）垂直缝。主要是防止风将水从侧面吹入和墙面水流入，由于垂直缝的温差胀缩变形为水平缝的 4～8 倍，故更难用单纯填缝的办法防止渗透，因此通常都配合采用其他构造措施，图 15-19 即为垂直缝示例。图 15-19a 适用雨水较多又要保温的地方；图 15-19b 是有空腔的垂直缝，适用条件同图 15-19a，由于空腔与水平缝开敞槽相通，有风时空腔内外压平衡，因而消除了气压差的吸水作用，故称这种

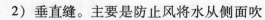

空腔为压力平衡腔；图15-19c 适用于不保温处。

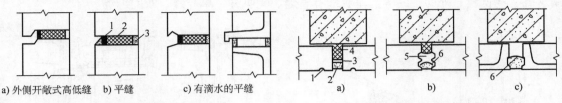

a) 外侧开敞式高低缝   b) 平缝   c) 有滴水的平缝   a)   b)   c)

图 15-18 板缝外侧开敞式高低缝、平缝   图 15-19 墙板垂直缝

1—油膏 2—保温材料 3—水泥砂浆   1—截水沟 2—水泥砂浆 3—油膏 4—保温材料

5—垂直空腔 6—塑料挡雨板

必须指出，采用外侧开敞式高低缝、压力平衡空腔缝等构造防水措施，其构造、施工均较复杂，而发展弹性好、黏结力强、憎水、耐久的填缝材料可简化板缝的构造和施工，并有利于减少板材的类型（见图15-20）。

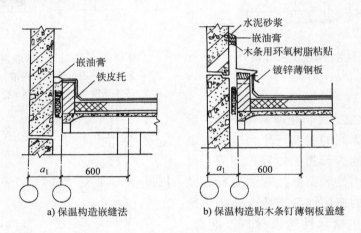

a) 保温构造嵌缝法   b) 保温构造贴木条钉薄钢板盖缝

图 15-20 高低跨处墙板构造示意

15.3 波形板（瓦）墙

这类轻质墙体可应用于一些不要求保温、隔热的热加工车间、防爆车间和仓库等建筑的外墙，按材料分类有石棉水泥波形瓦、压型薄钢（铝）板、玻璃钢波形瓦、瓦楞薄钢板、塑料墙板以及夹层玻璃等。它们的连接构造基本相同。

轻质墙板只起围护作用，墙板除传递水平风荷载外，不承受其他荷载。墙身自重也由厂房骨架来承担。

采用波形石棉水泥瓦时，为防止损坏和连接方便，一般在墙角、门洞边及窗台以下的勒脚部分，常用砖墙来配合。波形石棉水泥瓦通常悬挂在柱子之间的横梁上，横梁呈 L 形或 T 形，焊于柱子表面的埋件上（或加作钢板牛腿）。横梁间距应是板长。水泥瓦与横梁用钢卡子与螺栓夹紧，螺栓孔应在波峰处，并加作 5mm 厚毡垫，左右搭接不少于一个瓦垅（见图15-21）。

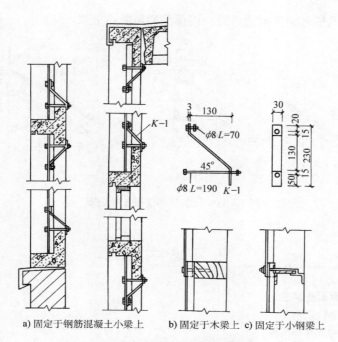

a) 固定于钢筋混凝土小梁上　　b) 固定于木梁上　c) 固定于小钢梁上

图 15-21　石棉水泥波形瓦墙板连接构造

15.4 | 开敞式外墙

在我国南方地区的热加工车间及某些化工车间，为了迅速排烟、散气、除尘，一般采用开敞式外墙或半开敞式外墙。开敞式外墙的底半部用砖砌矮墙，上部设开敞式挡雨板。故其外墙构造主要就是挡雨板的构造。

15.4.1　石棉水泥波形瓦挡雨板

这种挡雨板特点是重量轻，基本组成构件有型钢支架（或圆钢筋轻型支架）、型钢擦条、中波石棉水泥波形瓦挡雨板及防溅板。挡雨板垂直间距视车间挡雨要求与飘雨角而定（一般取雨线与水平夹角为 30°

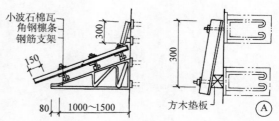

图 15-22　轻钢架和石棉水泥波形瓦挡雨板

左右）。檐下第一排挡雨板受太阳照射时间长，板温高，暴雨急来时板急冷收缩不匀，容易龟裂，屋面为自由排水时冲刷也多，故该挡雨板宜加强降温与防水处理等防范措施（见图 15-22）或采用钢筋混凝土挡雨板。

15.4.2　钢筋混凝土挡雨板

这种挡雨板基本构件组成有支架、挡雨板、防溅板。支架可由角钢制成，挡雨板和防溅板均为钢筋混凝土板（见图 15-23）。还有无支架钢筋混凝土挡雨板，此种板构件最少，但风大雨多时飘雨多。夏季进风侧的挡雨板外表面以浅色为宜，减轻太阳光对板下空气的加热作用，缓解热压与风压可能反向的矛盾，以保持通风散热效果。

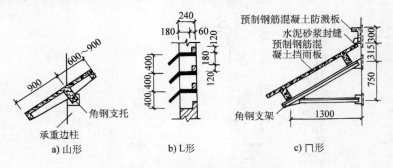

图 15-23 预制钢筋混凝土挡雨板

复习思考题

1. 单层厂房外墙有哪些类型？
2. 砖砌外墙有哪些特点？
3. 基础梁防冻胀构造有哪几种？
4. 砖墙的抗震措施有哪些？
5. 钢筋混凝土板材墙有哪些优点？如何分类？
6. 钢筋混凝土板材墙板缝如何处理？

16

单层厂房的屋面构造

　　了解单层厂房的屋面构造特点，掌握厂房屋盖的类型及组成，熟悉屋面的排水与防水，熟悉屋面的保温与隔热。

16.1 单层厂房的屋面概述

　　屋面是单层工业厂房围护结构的主要组成部分。它直接经受风雨、酷热、严寒等自然条件的影响。应满足防水、排水、保温、隔热等方面的要求。

16.1.1 单层厂房的屋面特点

　　单层厂房屋面的作用、设计要求和构造与民用建筑基本相同，在某些方面也存在一定的差异，主要表现在以下几方面。

　　1）单层厂房屋面承受的荷载较大。有吊车的厂房需承受吊车传来的冲击荷载和机械振动时的振动荷载及高温，因此屋面必须具有足够的强度和整体刚度。

　　2）厂房屋面面积大、自重大，对能源消耗及厂房结构影响较大，造价高。同时，单层厂房屋面常常设置各种形式的天窗，既增加了屋面的荷载，也使天窗与屋面的节点复杂，容易造成防水层破裂。为排除屋面上的雨雪，需设置天沟、檐沟、雨水斗及雨水管等，这导致屋面构造复杂。

　　3）厂房屋面的保温、隔热要求与民用建筑有所不同。一般柱顶标高在 8m 以上的厂房屋面可不考虑隔热，而较低厂房才做隔热处理。恒温恒湿车间，其保温、隔热要求常较一般民用建筑为高；有爆炸危险的厂房，要考虑屋面的防爆、泄压问题；有腐蚀介质的车间，屋面还要考虑防腐蚀问题。

16.1.2 厂房屋盖的类型及组成

　　单层厂房屋盖由屋盖的面层部分和基层部分组成。厂房屋盖的基层分为有檩体系和无檩体系两种（见图 16-1）。

　　（1）有檩体系　在屋架（或屋面梁）上弦搁置檩条，在檩条上铺小型屋面板（或瓦材），称为有檩体系。其特点是构件小、重量轻、吊装方便。但构件数量多，施工烦琐，工期长，故多用在施工机械起吊能力较小的施工现场。

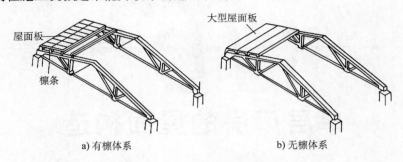

a) 有檩体系　　　　　　　　　b) 无檩体系

图 16-1　屋面的基层结构类型

（2）无檩体系　在屋架（或屋面大梁）上弦直接铺设大型屋面板。其特点是构件大、类型少、便于工业化施工，但要求有较强的施工吊装能力。屋面基层结构常用的大型屋面板及檩条如图 16-2 所示。

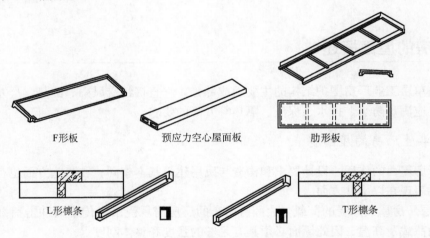

图 16-2　钢筋混凝土大型屋面板及檩条

16.2 | 屋面的排水与防水

大面积多跨厂房的屋面排水组织十分重要，排水组织解决得好，水流畅通，便不易产生渗漏，反之，屋面易渗漏。

16.2.1　屋面排水

厂房的屋面排水方式分为有组织排水和无组织外排水。有组织排水按雨水管的位置可以分为内排水和外排水，如图 16-3、图 16-4 和图 16-5 所示。

（1）无组织外排水　无组织外排水的排水路线是雨水不经雨水管和檐沟，而直接由屋面经檐口自由排落到地面，也叫自由落水。厂房排水方式的选择应根据气候条件、生产方式、屋顶面积大小等综合考虑而定。如积灰多的工业厂房（铸工、炼钢等）在生产过程中散发大量粉尘积于屋面，下雨时被冲进天沟会造成管道堵塞，故应尽量采用无组织排水。而

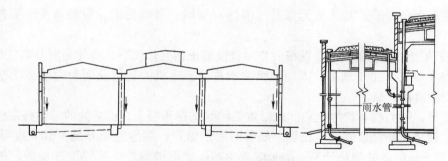

图 16-3　厂房屋面有组织内排水方式

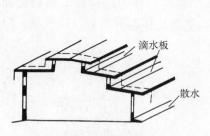

图 16-4　无组织外排水

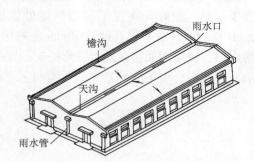

图 16-5　厂房屋面长天沟外排水

有腐蚀性介质的厂房容易使铸铁雨水装置遭受侵蚀，也应尽量采用无组织排水。同时无组织排水适用于南方地区和北方不采暖的车间，其出檐长度一般不宜少于 500mm。在我国东北等寒冷地区，因在檐口处容易结冰，拉坏檐口，故不宜采用自由落水。

（2）有组织排水　有组织排水的排水路线是将雨水汇集到天沟，经雨水斗和雨水管，将雨水排除到室外或地下雨水管道。按排水方式分为有组织内排水与有组织外排水两种。在我国北方和东北等寒冷地区需要采暖的厂房，多采用有组织的内排水方式。多跨厂房的中间天沟和沿墙天沟，一般都采用有组织的内排水方式。在靠近外墙的屋面，可采用天沟进行有组织的外排水，也可以自由落水。

（3）屋面坡度和雨水斗、雨水管　为保证排水通畅，排水天沟应有一定的排水坡度，其纵向坡度一般取 0.5% ~ 1%。雨水管的直径有 75mm、100mm、125mm、150mm、200mm 等规格。常用的规格为 100mm。雨水斗和雨水管均采用铸铁制成。

16.2.2　屋面防水

厂房防水的屋面按材料和构造形式的不同，分为卷材防水屋面、各种瓦材防水屋面及钢筋混凝土构件自防水屋面。

防水卷材有油毡、合成高分子材料卷材、合成橡胶卷材等，卷材防水屋面接缝严密，防水比较可靠，有一定的抗变形能力，对气温变化和振动也有一定的适应能力，被广泛应用于建筑平屋面。但经多年使用实践，发现以大型预制钢筋混凝土板做基层的卷材，板缝特别是横缝（屋架上弦板材对接处），不管屋面上有无保温层，均开裂相当严重。原因如下：

（1）温度变形　屋面板受外界气温及内部生产热源的影响，板面及板底产生温度差，因热胀冷缩产生角变形。尤其是无保温（隔热）层时，影响更大，板端角变形更甚，造成横缝开裂。

（2）挠曲变形 屋面板在长期荷载作用及混凝土徐变作用下，会使挠度及角变形增长。

（3）结构变形 由于地基的不均匀沉陷和重型起重机的运行及制动力的影响造成屋面晃动，促使裂缝的开展。

由于变形，屋面板会产生位移。此时若油毡紧贴在基层上，横缝处的油毡将在极小范围内被拉伸，油毡在横缝处就会被拉裂。随着时间的流逝，裂缝逐渐开展，其宽度可达 10 ～ 20mm。为防止横缝处的油毡开裂，除采取减少基层变形措施外，还要改进接缝处的油毡做法，使油毡能适应基层变形，其措施如图 16-6 和图 16-7 所示。即在大型屋面板或保温层上做找平层时，最好先将找平层沿横缝处做出分格缝，缝中用油膏填充，缝上先干铺一条 300mm 宽油毡（或一根直径为 40mm 左右的浸油草绳或油毡卷）作为缓冲层，然后再铺油毡防水层，使屋面油毡在基层变形时有一定的缓冲余地，对防止横缝开裂有一定效果。纵缝一般开裂较少，可不做分格缝和干铺油毡缓冲层。

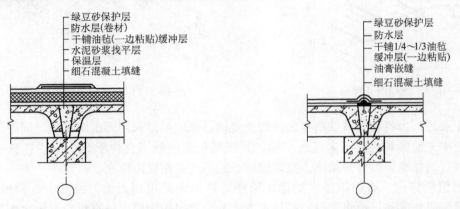

图 16-6 卷材防水屋面的横缝处理（有保温屋面） 图 16-7 卷材防水屋面的横缝处理（无保温屋面）

16.2.3 波形瓦（板）防水屋面

波形瓦（板）防水屋面按材料可分石棉水泥波形瓦、镀锌薄钢板波形瓦和压型钢板三种。

（1）石棉水泥波形瓦屋面 石棉水泥波形瓦的优点是厚度薄、重量轻、施工简便。缺点是易脆裂、耐久性及保温、隔热性差。所以在高温、高湿、振动较大、积尘较多、屋面穿管较多的车间以及炎热地区厂房高度较小的冷加工车间不宜采用。它主要用在一些仓库及对室内温度状况要求不高的厂房中。

石棉水泥波形瓦的规格有大波瓦、中波瓦和小波瓦三种。在厂房中常采用大波瓦，其规格为 2800mm ×994mm ×8mm。

石棉水泥瓦直接铺设在檩条上，檩条间距应与石棉瓦的规格相适应，一般是一块瓦跨三根檩条。在四块瓦的搭接处会出现瓦角相叠现象，这样会产生瓦面翘起，故在相邻四块瓦的搭接处，应随盖瓦方向的不同事先将斜对瓦片进行割角，对角缝隙不宜大于 5mm（见图 16-8）。石棉水泥波形瓦的铺设也可采用不割角的方法，但应将上下两排瓦的长边搭接缝错开一个波，小波瓦错开两个波。

所以，大波瓦的檩条最大间距为1300mm，中波瓦为1100mm，小波瓦为900mm。檩条有木檩条、钢筋混凝土檩条、钢檩条及轻钢檩条等。厂房中采用较多的是钢筋混凝土檩条，如图16-9所示。

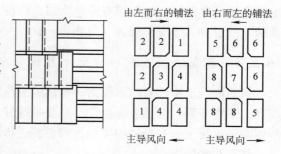

图16-8　石棉水泥波形瓦屋面的铺设及割角

（2）镀锌薄钢板波形瓦屋面　这种屋面材质轻，抗震性能好，在高烈度震区应用比大型屋面板优越，适合一般高温工业厂房和

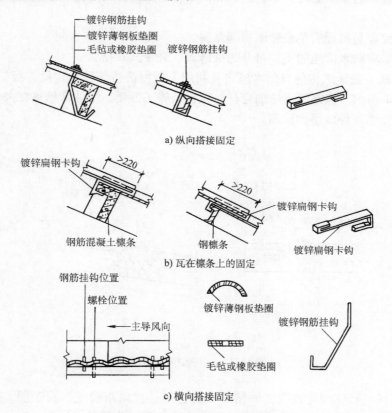

图16-9　石棉水泥瓦屋面的搭接与固定

仓库。镀锌薄钢板波形瓦的横向搭接一般为一个波，上下搭接的固定铁件及固定方法基本与石棉水泥波瓦相同，但其与檩条连接较石棉水泥波瓦紧密。屋面坡度比石棉水泥波瓦屋面小，一般为1/7。

（3）压型钢板屋面　压型钢板瓦分为单层板、多层复合板、金属夹芯板等。板的表面一般带有彩色涂层。其特点是施

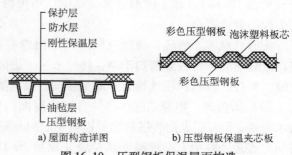

图16-10　压型钢板保温屋面构造

工速度快、重量轻、表面带有彩色涂层，防锈、耐腐、美观，根据需要也可设置保温、隔热及防结露层等，适应性较强（见图16-10）。

16.2.4 钢筋混凝土构件自防水屋面

钢筋混凝土构件自防水屋面，常用的有预应力钢筋混凝土大型屋面板或F形板，板的刚度大，不宜开裂，而且表面密实，只要处理好板的接缝，便可以满足屋面防水的要求。这种利用钢筋混凝土板本身的密实性，对板缝进行局部防水处理而形成防水的屋面就叫钢筋混凝土构件自防水屋面。

优点：比卷材防水屋面轻，节省钢材和混凝土的用量，可降低屋顶造价，施工方便，维修也容易。

缺点：板面容易出现后期裂缝而引起渗漏。

根据板缝采取防水措施的不同可分为嵌缝式、脊带式和搭盖式。

（1）嵌缝式 嵌缝式构件自防水屋面是利用大型屋面板作防水构件，板缝嵌油膏防水，做法如图16-11所示。该办法用的油膏材料较省，施工方便。但油膏暴露在大气中，极易老化开裂，失去弹性而导致屋面渗漏。

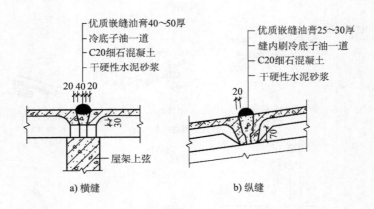

图16-11 嵌缝式防水构造

（2）脊带式 若在油膏嵌缝上面粘贴一层卷材（玻璃布较好）覆盖层，其作用是加强接缝防水和保护缝内油膏，延迟老化。这种防水方式则成为脊带式防水，防水性能较前者更好（见图16-12）。加干铺油毡条，是借以增加覆盖油毡脊带的延伸能力，可防止因板变位而引起的脊带撕裂。

板缝有纵缝、横缝、脊缝三种。其中横缝容易变形，故嵌缝时应特别注意。不论哪种缝，嵌缝前必须将板缝清扫干净，排除水分，嵌缝时要注意油膏打底粘牢，油膏嵌缝饱满无空隙。另外，嵌缝所用油膏要求质量较高，板面防水质量和耐久性也应很好。

（3）搭盖式 搭盖式防水构件自防水屋面的构造原则与瓦材相似，即用F形屋面板做防水构件，F形板纵向叠搭依靠屋面板主肋向外延伸薄板，三面板突起，其横向接缝须外加特制的盖瓦，并用1∶3水泥砂浆勾缝（见图16-13）。这种屋面安装简便，但板形复杂，不便生产，盖瓦在振动影响下易滑脱，屋面易渗漏。

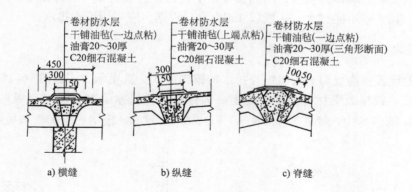

a) 横缝　　　　　b) 纵缝　　　　　c) 脊缝

图 16-12　脊带式防水构造

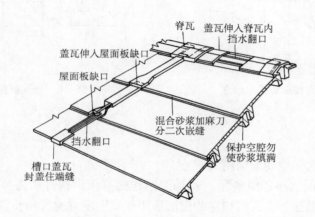

图 16-13　F 形屋面板铺设情况及节点构造

16.3 屋面的其他构造

屋面其他构造中，我们着重介绍挑檐、檐沟、天沟、泛水与变形缝的构造做法。

16.3.1 挑檐

檐口外挑一定长度，用于无组织外排水时即为挑檐。有砖挑檐、钢筋混凝土挑檐。挑长小于 600mm 时，可由屋面板直接挑出。常用的为特制檐口板挑檐。檐口支承在屋架（或屋面大梁）端部伸出的钢筋混凝土（钢）挑梁上（见图 16-14）。为避免檐口被污染，还可采用水舌排水方式，如图 16-15 所示。

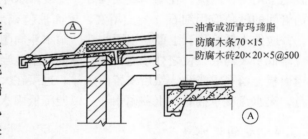

图 16-14　檐口板挑檐构造

防水卷材要处理端部的收头，用热沥青粘牢，防止卷翘。如果从挑檐落下的雨水落在低跨的屋面上，其高差不能过大，一般以4m为宜，否则，应采用檐沟排水。

16.3.2 檐沟

在檐口处设置檐沟板即为有组织外排水的檐沟形式。其支承方式如图16-16所示。支承在由屋架上弦（或屋面梁）伸出的牛腿上。为保证檐沟排水通畅，沟底设纵坡，通常用散料（炉渣等）坡向水斗，坡度为0.5%～1%。为防止漏水，檐沟内应加铺油毡防水层一道。

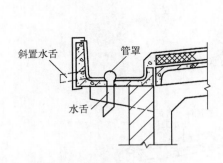

图16-15　檐沟板水舌排水示意

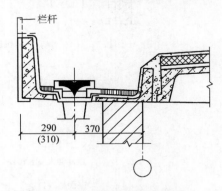

图16-16　檐沟板排水构造

16.3.3 天沟

天沟包括沿墙天沟和中间天沟两大部分。

（1）沿墙天沟与雨水斗、雨水管　沿墙天沟包括有天沟构件和去掉保温层直接在屋面板上做成天沟的两种做法。有天沟构件的做法适用于我国南方地区和北方非采暖车间。

去掉保温层在屋面板上直接做天沟的做法适用于我国北方采暖车间。这是因为内排水的天沟处不宜设与屋面等厚的保温层（可半厚或不设），使厂房内部热量可传至该处用于融雪，在冬季不致因天沟冻结而影响排水。雨水管穿透大型屋面板，从室内排走雨水。

（2）中间天沟　在等高多跨厂房的两坡屋面之间，可以采用两块槽形板或去掉屋面板上的保温层，形成中间天沟。雨水管穿透大型屋面板，将雨水从室内排走。

为保证排水通畅，排水天沟应有一定的排水坡度，其纵向坡度一般取0.5%～1%。雨水管的直径有75mm、100mm、125mm、150mm、200mm等，常用的为100mm。雨水斗和雨水管均采用铸铁制成。在檐沟或天沟处，安装雨水斗必须严密无缝。天沟板或屋面板与雨水外插管间的缝隙应用细石混凝土填实，屋面油毡或局部附加的沥青麻布要封盖插管上口周围，并应伸入插管里，上面盖以雨水斗，雨水斗周围用沥青油膏密封圈。雨水斗的进水口位置应略低于天沟底，使之处于淹没状，以便泄水。当直接在大型屋面板上做天沟时，可在大型屋面板上留孔或凿孔，然后安置雨水斗。也可在大型屋面板开口处置一个用钢板焊成的集水盘，集水盘支承插管，上盖雨水斗，以便降低雨水斗的位置。

16.3.4 屋面泛水

（1）女儿墙泛水　一般有纵墙女儿墙和山墙女儿墙。纵墙女儿墙泛水位于屋面边天沟处，通常都采用比普通屋面增加一层卷材做泛水。卷材转折处要求用混凝土或水泥砂浆做成圆弧，形成45°斜角的垫层，以免卷材转折破裂。卷材卷起的高度不得小于300mm，卷材端头用玛琋脂贴牢，然后用油毡或水泥砂浆保护。山墙女儿墙的最小高度应取500mm，屋面卷材放在压顶下面。卷材与屋面的交缝均与屋面流水方向平行，因受屋面坡度的影响，雨水侵入缝内的机会较少，其泛水可沿屋面做成。在山墙端部，为封住挑檐或檐沟，尽量多外挑，以丰富立面线条。外挑墙俗称马头墙（见图16-17）。马头墙用钢筋混凝土卧梁承托，其外表应进行装修，内侧用以固定靠山墙处油毡屋面的泛水（参见民用建筑做法）。

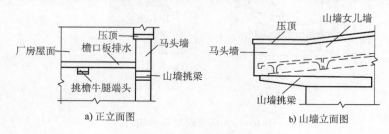

a) 正立面图　　　　　　　　　b) 山墙立面图

图 16-17　山墙女儿墙端部处理

（2）管道出屋面泛水　厂房中常有通风管及生产设备管道如需伸出屋面。管道与屋面相交缝的构造处理不当极易漏水。图16-18为管道泛水示例。所用钢材规格视管道情况决定，应保证嵌缝、盖缝、密缝质量，以确保防水质量。

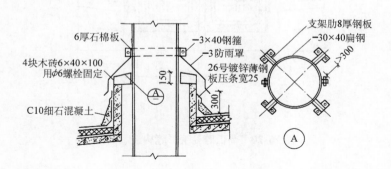

图 16-18　管道出屋面泛水

（3）高低跨处泛水　连跨厂房出现平行高低跨时，高跨的侧墙是由搁置在柱子牛腿上的墙梁承受，牛腿有一定高度，因此高跨墙与低跨屋面之间形成一段较大的空隙，高低跨泛水就是这段空隙的防水构造处理。其做法分为有天沟和无天沟两种（见图16-19）。

16.3.5　变形缝

民用建筑构造中已讲过屋面变形缝，这里补充厂房等高平行跨和高低跨处变形缝的构造。厂房中如需要在等高平行处设置纵向变形缝，须设两条天沟，其做法有两种：一种是采用双槽形天沟板；另一种是应用屋面板作天沟板，此时需要在缝的两侧屋面板上砌120mm厚矮砖墙，其上用预制钢筋混凝土活动盖板盖缝，并在缝内填沥青麻丝，也可采用镀锌薄钢板盖板（见民建构造）。图16-20为高低跨处变形缝构造示例。

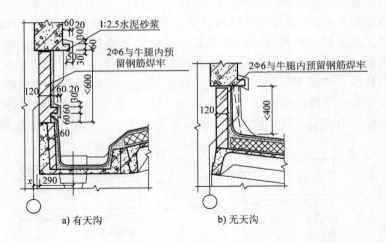

a) 有天沟   b) 无天沟

图 16-19   高低跨处泛水构造

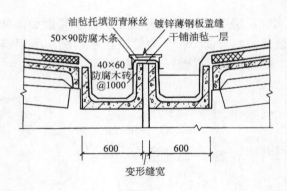

图 16-20   高低跨处变形缝构造示例

16.4 | 屋面的保温与隔热

（1）保温   屋面保温仅在我国北方地区采暖厂房中设置。屋面保温层放在屋面板上部的做法叫"上保温"；保温层放在屋面板下部的做法叫"下保温"，主要用于构件自防水屋面（见图 16-21）。

（2）隔热   除有空调的厂房外，在炎热地区的低矮厂房中，一般应做隔热处理。厂房高度在 9m 以上，可不考虑隔热处理，主要用加强通风来达到降温。厂房高度大于 6m、小于 9m 时，还应根据跨度大小来选择做法：若高度大于跨度的 1/2，不需做隔热处理；若高度小于或等于跨度的 1/2 时，应做隔热处理（见图 16-22）。隔热处理的办法详见本书民用建筑的相关章节的介绍。

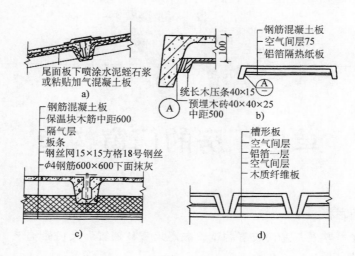

图 16-21　屋面的下保温做法

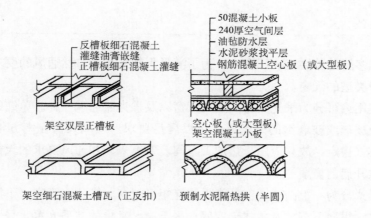

图 16-22　屋面的隔热做法

复习思考题

1. 单层厂房屋面有哪些特点？
2. 单层厂房屋面防水的类型有哪些？
3. 在寒冷地区哪种排水方式更适用？
4. 卷材防水屋面有哪些问题？
5. 波形瓦防水屋面的种类有哪些？
6. 钢筋混凝土自防水屋面的类型有哪些？

第 **17** 章

单层厂房的门窗构造

学习目标

了解单层厂房的门窗构造，熟悉天窗、侧窗和大门的构造，掌握矩形通风天窗的构造做法。

17.1 天窗分类

在大跨度和多跨的单层工业厂房中，为了满足天然采光和自然通风的要求，常在厂房的屋顶上设置各种类型的天窗。

天窗按照其用途可分为采光天窗、通风天窗以及采光兼通风三种。单纯的采光天窗一般是固定的，平板玻璃或玻璃钢的采光罩就可以满足要求。通风天窗在南方地区往往不设窗扇。通风天窗排气稳定，故只应用于热加工车间。兼有采光和通风要求的天窗，可根据不同的要求设置可供开启的窗扇。

天窗按照形式分为：上凸式天窗，常见的有矩形天窗、三角形天窗；下沉式天窗，常见的有横向下沉式、纵向下沉式及井式天窗等；平天窗，常见的有采光罩、采光屋面板等；还有锯齿形、折线形及曲线形天窗（见图 17-1）。

17.1.1 矩形天窗

1. 矩形天窗的组成

上凸式天窗是我国单层工业厂房采用最多的一种。它沿厂房纵向布置，采光、通风效果均较好。下面以矩形天窗为例，介绍上凸式天窗的构造。矩形天窗由天窗架、天窗屋面、天窗端壁、天窗侧板和天窗扇等组成（见图 17-1a）。

（1）天窗架

1）天窗架是天窗的承重结构，它直接支承在屋架上。天窗架的材料一般与屋架、屋面梁的材料一致。天窗架的跨度（矩形天窗的宽度）约占屋架、屋面梁跨度的 1/2～1/3，同时也要照顾屋面板的尺寸，并采用 3m 的倍数，如 6m 宽的天窗配合 12m、18m 跨度的厂房。天窗扇的高度取决于采光和通风的需要，一般为天窗架宽度的 1/3～1/4（见表 17-1）。

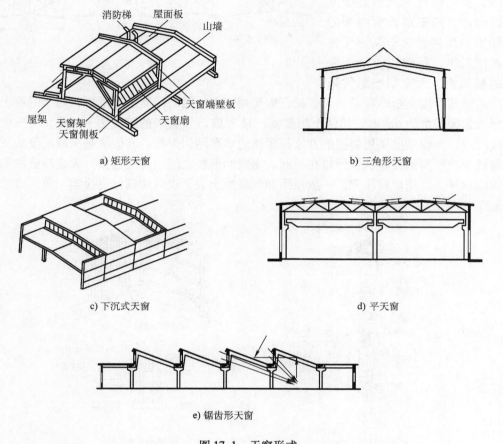

a) 矩形天窗　　　　　　　　　　　　b) 三角形天窗

c) 下沉式天窗　　　　　　　　　　　d) 平天窗

e) 锯齿形天窗

图 17-1　天窗形式

表 17-1　常见钢筋混凝土天窗架尺寸　　　　　　　　　（单位：mm）

天窗扇高度（标志尺寸）	天窗架宽度	天窗架高度
1200	6000	2070
1500	6000	2370
2×900	6000；9000	2670
2×1200	6000；9000	3270
2×1500	9000	3870

2）矩形天窗的混凝土天窗架形式有门形、W 形、Y 形（见图 17-2）。钢天窗架的形式有多压杆式和桁架式（见图 17-3）。

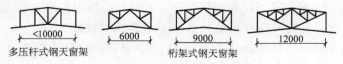

多压杆式钢天窗架　　　　　　　　　桁架式钢天窗架

图 17-2　混凝土天窗架

（2）天窗端壁 天窗端壁又叫天窗山墙，是矩形天窗两端的承重和围护构件。它不仅使天窗尽端封闭起来，同时也支承天窗上部的屋面板。天窗端壁通常采

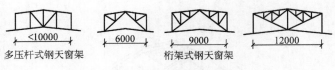

图 17-3 钢天窗架形式

用预制的钢筋混凝土肋形板或钢天窗架石棉瓦端壁板。钢筋混凝土端壁板，用于混凝土屋面板。当天窗架跨度为 6m 时，用两个端壁板拼接而成；天窗架的跨度为 9m 时，用三个端壁板拼接而成。天窗端壁采用焊接的方法与屋顶的承重结构焊接。其做法是天窗端壁的支柱下端预埋铁板与屋架的预埋铁板焊接在一起。端壁肋形板之间用螺栓连接。天窗端壁的肋间应填入保温材料，常用块材填充。一般采用加气混凝土块，表面用钢丝网拴牢，再用砂浆抹平（见图 17-4）。

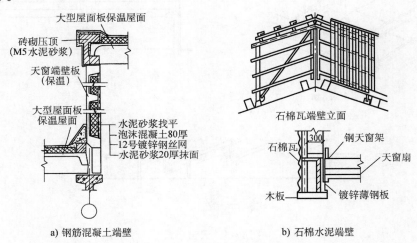

a) 钢筋混凝土端壁　　　　　　　b) 石棉水泥端壁

图 17-4 天窗端壁

（3）天窗侧板 天窗侧板是天窗窗扇下的围护结构，相当于侧窗的窗台部分，其作用是防止雨水溅入室内。天窗侧板可以做成槽形板式，其高度由天窗架的尺寸确定，一般为 400 ~ 600mm，但应注意高出屋面 300mm。侧板长为 6m。槽形板内应填充保温材料，并将屋面上的卷材用木条固定（见图 17-5）。

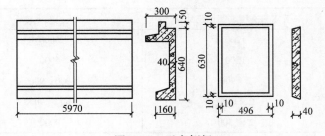

图 17-5 天窗侧板

（4）天窗窗扇 天窗窗扇可以采用钢窗扇、木窗扇、塑料窗扇。钢窗扇一般为上悬式，木窗扇一般为中悬式。上悬式钢窗扇通风效果差，防飘雨性能较好，最大开启角度为 45°，窗高有 900mm、1200mm、1500mm 三种规格。中悬式木窗扇高有 1200mm、1800mm、2400mm、3000mm 四种规格（见图 17-6 和图 17-7）。

（5）天窗屋面 天窗屋面与厂房屋面相同，檐口部分采用无组织排水，把雨水直接排

在厂房屋面上。檐口挑出尺寸为 300 ~ 500mm。挑檐下方,应铺设散水板以保护屋面防水层。在多雨地区可以采用在山墙部位做檐沟,形成有组织的内排水(见图 17-8)。

2. 矩形通风天窗

矩形通风天窗是在矩形天窗两侧加挡风板构成的,是利用风压对建筑物作用的气流情况,使天窗具有稳定排气功能所采取的一种有效措施(见图 17-9)。天窗挡风板主要用于热加工车间。

天窗挡风板的构造有两种:一种是悬挑的,一种是立柱式的。悬挑的挡风板支架是钢的,焊挂在天窗架的预埋钢板上。支柱式挡风板的支架有立柱支承,立柱焊在屋架上弦上,并用支撑与屋架焊接。挡风板采用石棉板,并用特制的螺钉将石棉板固定于立柱的水平檩条上(见图 17-10)。

矩形天窗的挡风板不宜高过天窗檐口的高度。挡风板与屋面板之间应留出 50 ~ 100mm 的空隙,以利于排水又使风不容易倒灌。挡风板的端部应封闭,并留出供清除积灰和检修时通行的小门(见图 17-9)。

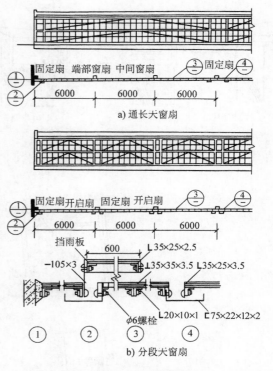

图 17-6　上悬式钢窗扇

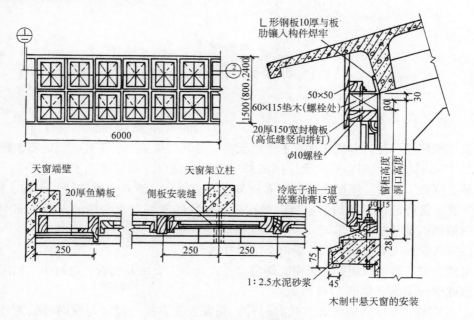

图 17-7　中悬式木窗扇

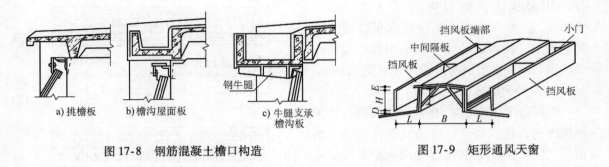

a) 挑檐板　　b) 檐沟屋面板　　c) 牛腿支承檐沟板

图 17-8　钢筋混凝土檐口构造

图 17-9　矩形通风天窗

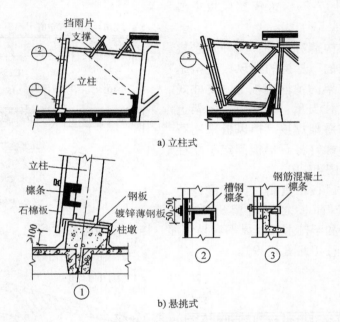

a) 立柱式

b) 悬挑式

图 17-10　天窗挡风板的形式和构造

17.1.2　下沉式天窗

下沉式天窗是一种具有较多优点的新型天窗，是利用屋架上、下弦之间的高差形成的天窗（见图 17-1c）。利用高差形成负压区的排气口和采光口，从而降低了厂房高度、减轻自重和风载，降低了造价。但屋面板类型多，节点构造复杂，清灰扫雪麻烦。天沟、排水斗、水落管等排水设施较多。目前，主要应用在南方地区的散发大量余热的高温车间中，如炼钢、玻璃熔制以及某些铸工车间。

下沉式天窗形式有横向下沉、纵向下沉及井式天窗。

下沉式天窗构造可以用井式天窗来阐明。井式天窗主要由井底板、空格板、挡风侧墙及挡雨设施四部分组成（见图 17-11）。

（1）井底板　井底板的布置方式有两种：搁置方法有横向铺放与纵向铺放两种。横向铺放是井底板平行于屋架摆放。铺板前应先在屋架下弦上搁置檩条，并应有一定的排水坡度。若采用标准屋面板时，其最大长度为 6m。纵向铺板是把井底板直接放在屋架下弦上，

可省去檩条，增加天窗垂直口净空高度。但屋面有时
受到屋架下弦节点的影响，故采用非标准板较好。

（2）挡雨措施　井式天窗的挡雨设施有五种：井
口作挑檐、井口设挡雨片、垂直口设挡雨板、垂直口
设窗扇、水平口设窗扇。井口挑檐，由相邻屋面直接
挑出悬臂板，挑檐板的长度不宜过大。井上口应设挡
雨片，在井上口先铺设空格板，挡雨片固定在空格板
上。挡雨片的角度采用 30°～60°，材料可用石棉瓦、
钢丝网水泥板、钢板等。

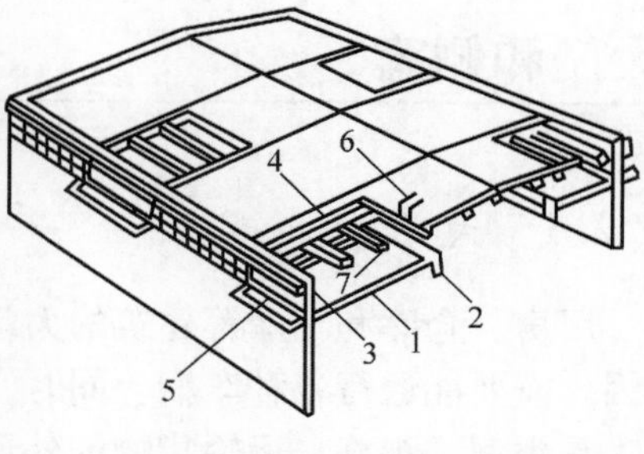

（3）排水设施　井式天窗有上下两层屋面，排水
比较复杂。其具体做法可以采用无组织排水、上层通长天沟排水、下层通长天沟排水和双层
天沟排水等（见图 17-12）。

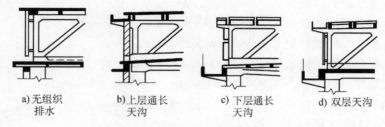

图 17-11　边井式天窗构造
1—井底板　2—檩条　3—檐沟　4—挡雨设施
5—挡风侧墙　6—铁梯　7—空格板

a) 无组织　　b) 上层通长　　c) 下层通长　　d) 双层天沟
排水　　　　天沟　　　　　天沟

图 17-12　边井式天窗外排水

17.1.3　平天窗

平天窗是与屋面基本相平的一种天窗，是在大型屋面板上预留孔洞，上盖平板玻璃而成
的屋面采光天窗形式。平天窗的类型有采光板、采光罩、采光带及三角形天窗四种类型。这
四种平天窗的共同特点是，采光效率比矩形天窗高 2～3 倍，布置灵活，采光也较均匀，构
造简单，施工方便，造价低，但易积灰。而且，由于阳光直射车间，必然会引起眩光和夏季
过热等弊病。适应于一般冷加工车间或民用建筑。

大型采光屋面板的长度为 6m，宽度为 1.5m，它可以取代一块屋面板。采光屋面板应比
屋面稍高，常做成 450mm，上面用 5mm 的玻璃固定在支承角钢上，下面铺有钢丝网作为保护
措施，以防玻璃破碎堕落伤人。在支承角钢的接缝处应该用薄钢板泛水遮挡（见图 17-13）。

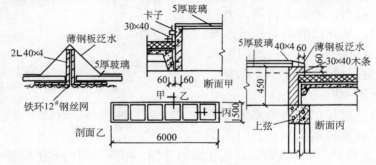

图 17-13　平天窗采光屋面板

17.2 大门和侧窗

17.2.1 大门

厂房、仓库和车库等建筑的大门，由于经常搬运原材料、成品、生产设备及进出车辆等原因，需要能通行各种车辆。同时，在紧急情况下用作疏散。因此，门的尺寸应根据所需运输工具类型、规格，运输货物的外形并考虑通行方便等因素来确定。一般门的宽度应比满载货物时的车辆宽 600~1000mm，高度应高出 400~600mm。常用厂房大门的规格尺寸如下。

1. 大门洞口的尺寸（宽×高）

1）进出 3t 矿车的洞口尺寸为 2100mm×2100mm。

2）进出电瓶车的洞口尺寸为 2100mm×2400mm。

3）进出轻型车的洞口尺寸为 3000mm×2700mm。

4）进出中型卡车的洞口尺寸为 3300mm×3000mm。

5）进出重型卡车的洞口尺寸为 3600mm×3600mm。

6）进出汽车起重机的洞口尺寸为 3900mm×4200mm。

7）进出火车的洞口尺寸为 4200mm×5100mm、4500mm×5400mm。

2. 大门的材料

制作厂房大门的材料有木、钢木、普通型钢和空腹薄壁钢等几种。门宽 1.8m 以内时采用木制的，当门的面积大于 5m² 时，为了防止门扇变形和节约木材，常采用型钢作骨架的钢木大门或钢板门。大门的开启方式有平开、推拉、折叠、升降、上翻、卷帘门等（见图 17-14）。

3. 大门类型

（1）平开门 平开门构造简单，门向外开时，门洞应设雨篷。门向内开虽免受风雨的影响，但占车间面积，也不利事故疏散，故门扇常向外开。当运输货物不多、大门不需经常开启时，可在大门扇上开设供人通行的小门。平开门的洞口尺寸一般不大于 3600mm×3600mm，当一般门的面积大于 5m² 时，宜采用钢木组合门。门框一般采用钢筋混凝土制成。

（2）推拉门 推拉门的开关是通过滑轮沿着导轨向左右推拉而实现的，门扇受

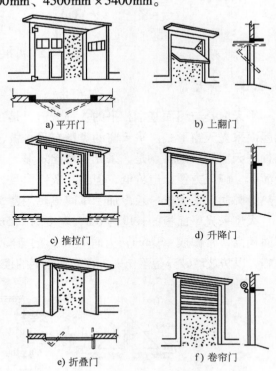

a) 平开门　　　　　b) 上翻门

c) 推拉门　　　　　d) 升降门

e) 折叠门　　　　　f) 卷帘门

图 17-14　大门的开启方式

力状态较好，构造简单，不易变形，常设在墙的外侧。雨篷沿墙的宽度最好为门宽的 2 倍。工业厂房中广泛采用推拉门，但不宜用于密闭要求高的车间。推拉门由门扇、门轨、地槽、

滑轮及门框组成。门扇有钢板门扇、空腹薄壁钢木门扇等。根据门洞的大小，平面可布置成单轨双扇、双轨双扇、多轨多扇等形式。推拉门支承的方式可分上挂式和下滑式两种，当门的高度小于 4m 时，用上挂式，即门扇通过滑轮挂在门洞上方的导轨上。当门扇高度大于 4m 时，多用下滑式，在门洞上下均设导轨，门扇沿上下导轨推拉，下面的导轨承受门扇的重量（见图 17-15）。

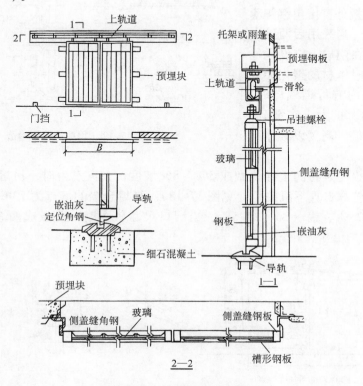

图 17-15　上挂式推拉门构造

（3）折叠门　折叠门由几个较窄的门扇相互间以铰链连接组合而成。开启时通过门扇上下滑轮沿着导轨左右移动。这种形式在开启时可使几个门扇折叠在一起，占用的空间较少，适用于较大门洞。折叠门一般可分为侧挂式、侧悬式和中悬式折叠三种（见图 17-16）。侧挂折叠门可用普通铰链，靠框的门

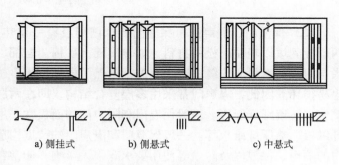

a) 侧挂式　　　　b) 侧悬式　　　　c) 中悬式

图 17-16　折叠门种类

扇如为平开门，在它侧面一般只挂一扇门，不适于较大的洞口。侧悬式和中悬式折叠门，在洞口上方设有导轨，各门扇间除下部用铰链连接外，在门扇顶部还装有带滑轮的铰链，下部装地槽滑轮，折叠门开闭时上下滑轮沿导轨移动，带动门扇折叠，它们适用于较大的洞口（见图 17-17）。

4. 特殊要求门

（1）防火门　防火门用于加工易燃品的车间或仓库。根据车间对防火门耐火等级的要求，门扇可以采用钢板、木板外贴石棉板再包以镀锌薄钢板或木板外直接包镀锌薄钢板等构造措施。当采用后两种方式做防火门时，在门扇上应设泄气孔，以考虑被烧时木材的碳化会放出大量气体。室内有可燃气体时，为防止液体流淌，扩大火灾蔓延，防火门下宜设门槛，高度以液体不流淌到门外为准。

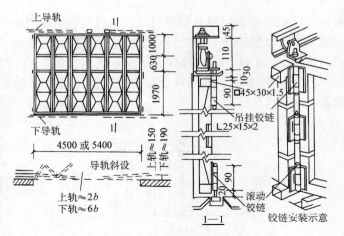

图 17-17　侧悬折叠门构造

自重下滑防火门是将门上导轨做成 5% ～8% 坡度，火灾发生时，易熔合金片熔断后，重锤落地，门扇依靠自重下滑关闭（见图 17-18）。易熔合金的熔点为 70℃，含有铁（Fe）50%、铅（Pb）25%、锡（Sn）12.5%。当洞口尺寸较大时，可做成两个门扇相对下滑（见图 17-18）。

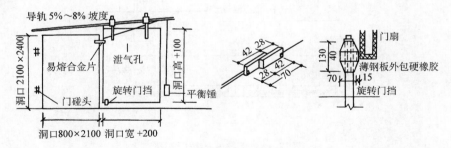

图 17-18　自重下滑防火门

（2）保温门、隔声门　保温门要求门扇具有一定热阻值和门缝密闭处理，故常在门扇两层板间填以轻质疏松的材料，如玻璃棉、矿棉、岩棉、软木、聚苯板等。隔声门的隔声效果与门扇的材料和门缝的密闭有关，虽然门扇越重隔声越好，但门扇过重开关不便，五金件也易损坏。因此，隔声门常采用多层复合结构，即在两层面板之间填吸声材料，如矿棉、玻璃棉、玻璃纤维板等。一般保温门和隔声门的面板常采用整体板材，如五层胶合板、硬质木纤维板、热压纤维板等。一般保温门和隔声门的节点构造如图 17-19 所示。门缝密闭处理对门的隔声、保温以及防尘等使用要求有很大影响，通常在门缝内粘贴填缝材料，填缝材料就具有足够的弹性和压缩性，如橡胶管、海绵橡胶条、羊毛毡条、泡沫塑料条等。

17.2.2　侧窗

在工业建筑中，设在厂房外墙上的窗户称为侧窗，侧窗不仅要满足采光和通风的要求，还要根据生产工艺的特点满足其他特殊要求。例如有爆炸危险的车间侧窗应便于泄压，要求恒温的车间侧窗应有足够的保温隔热性能，洁净车间要求侧窗防尘和密闭等。工业建筑侧窗

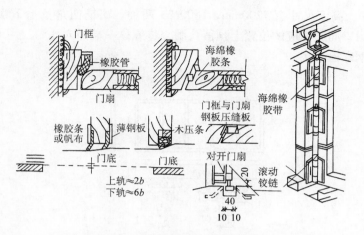

图 17-19　保温门和隔声门的门缝处理

面积较大，如果处理不当，容易产生变形损坏和开关不便，不但给生产带来不良影响，还会增加维修费用。因此，在进行侧窗构造设计时，应在坚固耐久、使用方便的前提下，尽量缩小窗口尺寸，节省材料，降低造价。

（1）侧窗的设置　一般以吊车梁为界，其上叫高侧窗，其下叫低侧窗。按照侧窗的层数，可以分为单层和双层，一般均采用单层窗。严寒地区在 4m 以下范围内或生产有特殊要求的车间（恒温、恒湿、洁净车间）等，采用双层窗或双层玻璃。

（2）侧窗的开启方式　分为中悬窗、平开窗、固定窗和垂直旋转窗（见图 17-20）。

1）中悬窗窗扇沿水平轴转动，开启角度大，有利于泄压，并便于机械开关或绳索手动开关，常用于外墙上部。中悬窗缺点是构造复杂、开关扇周边的缝隙易漏雨和不利于保温。

2）平开窗的构造简单、开关方便、通风效果好，并便于组成双层窗。多用于外墙下部，作为通风的进气口。

3）固定窗的构造简单、节省材料，多设于

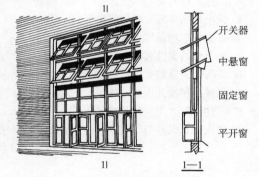

图 17-20　侧窗组合示意

外墙中部，主要用于采光。对有防尘要求的车间，其侧窗也多做成固定窗。

4）垂直旋转窗又称立转窗，窗扇沿垂直轴转动，并可根据不同的风向调节开启角度，通风效果好，多用于热加工车间的外墙下部，作为通风的进气口。

（3）侧窗按材料分类　有木侧窗、钢侧窗、塑料侧窗、钢筋混凝土侧窗等。

木侧窗、塑料侧窗与民用建筑中的构造基本相同。

钢侧窗分为空腹和实腹两种类型；按开启形式的不同，可以分为固定窗、中悬窗、平开窗等。钢窗窗框四边均安装有连接件，铁脚为 4mm × 18mm、长度为 100mm 左右的钢板冲压成型，并用 C20 混凝土灌牢。

钢筋混凝土侧窗一般采用 C30 半干硬性细石混凝土，内配低碳冷拔钢丝点焊骨架捣制而成，它适用于一般工业厂房。图 17-21 所示钢筋混凝土侧窗洞口宽度尺寸有 1800mm、

2400mm、3000mm，高度尺寸有 1200mm、1800mm 两种。窗框四角及上下横框间预埋件焊上角钢，并在窗洞口周边相应的位置上预留孔洞，将螺栓一端插入孔洞，用 1:2 水泥砂浆灌孔，另一端与角钢螺栓连接。

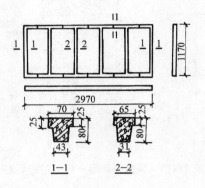

图 17-21 钢筋混凝土侧窗

复习思考题

1. 简述天窗的分类。
2. 简述矩形天窗的组成。
3. 天窗架高度和宽度如何设定？
4. 什么是矩形通风天窗，构造如何？
5. 平天窗的类型有哪些？
6. 下沉式天窗的类型？
7. 简述侧窗及其构造做法。
8. 简述厂房大门类型及其尺寸。
9. 防火门、保温门、隔声门的构造要求有哪些？

第 18 章

单层厂房的地面及其他构造

学习目标

了解单层厂房的地面及其他构造，熟悉钢梯、隔断以及地沟的做法，掌握厂房地面的构造做法。

18.1 | 单层厂房的地面

厂房的地面一般由面层、垫层和基层组成。当面层材料为块状材料或在构造上有特殊要求时，还要增加结合层、隔离层、找平层等。

（1）面层 它是地面最上的表面层。它直接承受作用于地面上的各种外来因素的影响，如碾压、摩擦、冲击、高温、冷冻、酸碱等；面层还必须满足生产工艺的特殊要求，如防水、防爆、防火等，以保证地面的适用性、坚固性和耐久性。根据面层材料和构造做法的特点，可分为单层整体地面、多层整体地面和块材或板材地面三大类。

1）单层整体地面：将面层和垫层合为一层，通常由夯实的黏土、灰土、三合土等直接铺设在基层上。这种地面可就地取材，价格低廉，施工方便，一般还耐高温，易修补，故可用于某些高温车间中。

2）多层整体地面：多层整体地面一般由面层和垫层等组成，因面层的造价高而厚度小，以便在满足使用的条件下节约面层材料，通过加大垫层厚度来满足力学要求。在某些情况下，还要设置防水层和隔离层（见图 18-1a ~ 图 18-1c）。

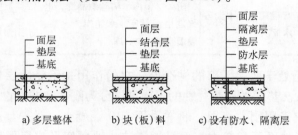

a) 多层整体   b) 块（板）料   c) 设有防水、隔离层

图 18-1 厂房地面的组成

3）块材或板材地面：这类地面系用各种天然或人工预制的板（块）料作为面层，如砖、石、混凝土预制块等材料铺设而成，其特点是承载力较大，维修方便。通常它与垫层之

间须加设结合层（见图 18-1b）。

一般车间面层的选用，可参考表 18-1。

表 18-1　一般车间地面面层选用

使用情况	适宜面层	使用举例	备　　注
一般操作通行胶轮手推车	混凝土、水泥砂浆	一般车间及附属房屋	
通行汽车、电瓶车（中等磨损）	混凝土、沥青类、碎石	车行通道	
通行铁轮车、履带车（强力磨损）	铁屑水泥块石、粗石混凝土	钢丝绳车间、履带式拖拉机的装配车间	混凝土宜铺预制块，以便维修，并采用高强度等级
坚硬重物经常冲击的地段	素土、块石、碎石	铸造、锻压、冲压、冷轧金属结构、废钢处理等车间	
高温作业地段	素土、黏土砖、废耐火砖、铸铁板	铸造车间的熔炼、浇铸工段，热处理、锻压、轧钢、热钢坯工段，玻璃熔炼工段	经常有高温熔液跌落的车间，不宜选用黏土砖地面
水和中性液体、植物油、矿物油等作用的地段	混凝土、水泥砂浆、陶瓷板	选矿车间、造纸车间、纺织厂浆纱工段、油料库、榨油车间、加油站、酒精车间等	经常沾有易滑液体的地面应采取防滑措施
有防爆要求的地段	沥青砂浆、沥青混凝土、菱苦土、木板	精苯车间，氢气车间，乙炔站，钠和钾加工车间，胶片厂，人造橡胶的聚合车间，火药库等	要求不导电的工作地段，应局部采取绝缘措施
清洁要求较高的地段	水磨石、水泥花砖、陶瓷板、木板、菱苦土	光学精密器械，仪表仪器装配车间，计量室，透平发电机间，胶片厂涂片车间等	经常用水清洗的地段不宜用木板、菱苦土
储存块料或散状材料仓库	素土、三合土、混凝土	煤库、矿石库、铁合金库等	
储存笨重材料仓库	素土、碎石	生铁块库，钢坯库，重型设备库，储木场等	
储存不能受潮物品、材料仓库	沥青混凝土、水泥砂浆、木板	耐久材料库，棉丝织品库，电气电信器材库，水泥库，火柴、卷烟仓库，电石库	生产上有较高防潮要求时，应设防潮层或采用架空地板

（2）垫层　垫层是处于面层下部的构造层。它的作用是承受面层传来的荷载，并将这些荷载分布到基层上去。垫层按照其材性的不同可以分为刚性和非刚性。当地面荷载较大且不允许面层变形时，应采用刚性垫层，通常采用 C10 混凝土，对平整度要求较高时，可采用一层钢筋混凝土；当地面荷载较大，而又无法防止地面变形或变形后简单维修又能使用时，可采用非刚性垫层，其材料可采用碎石、砂土等。垫层厚度主要取决于垫层的材料及作用在面层上的荷载。混凝土垫层应设变形缝，当混凝土垫层厚度大于 150mm 时宜设企口缝。常见垫层材料见表 18-2。

表 18-2　厂房垫层材料及其最小厚度

垫 层 材 料	强度等级	最小厚度/mm
砂、炉渣		60
碎石、卵石、炉渣		80
灰土、沥青混凝土、实黏土		100
混凝土	C15 ~ C20	50 ~ 70（适用一般生产车间）
混凝土	C7.5 ~ C10	50 ~ 60（载重 4t 汽车道）
混凝土	C10 ~ C20	80 ~ 100（直接置放车床）
混凝土	C10	80 ~ 100（载重 8t 汽车道）

（3）基层　基层是地面的最下层，是经过处理的地基，通常是素土夯实。当地基土质较弱或地面承受荷载较大时，对地面地基土应进行处理，一般做法是先铺灰土层或干铺碎石层，再碾压压实，以提高强度。当地基为淤泥、耕植土或含有大量垃圾时，应将其铲除，另换新土，厚度可达 300 ~ 500mm。

（4）结合层　结合层是连结块（板）材料面层与刚性垫层的中间层，主要起结合作用。

（5）找平层　找平层主要起找平、过渡作用。一般采用的材料是水泥砂浆或混凝土。

（6）隔离层　隔离层是为了防止有害液体在地面结构中渗透扩散或地下水由下向上的影响而设置的构造层。隔离层有隔除由于毛细管现象上升的防水层，通常设置在垫层之下；有防止酸、碱等化学腐蚀性液体下渗而腐蚀或侵蚀垫层、地基的隔离层，通常设置在垫层与面层之间。常用的隔离层有石油沥青油毡、热沥青等，如图 18-2 所示。

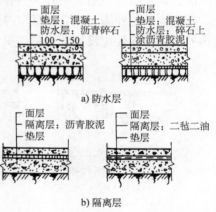

图 18-2　单层厂房地面防水层及隔离层

18.2　坡道、散水、明沟

（1）坡道　坡道的坡度常取 5% ~ 10%。室内外高差为 150mm，坡道长度可取 1000 ~ 1500mm，若大于 10% 的坡道，宜在其面层采取防滑措施。坡道的宽度应比大门两边各宽出 500mm 为宜。坡道与墙体交接处应留出 10mm 的缝隙，并用油膏嵌缝（见图 18-3）。

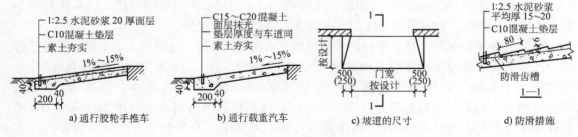

图 18-3　坡道构造

（2）散水 散水的宽度应根据土壤性质、气候条件、建筑物的高度和屋面排水形式而定，一般宽度为600~1000mm。当采用无组织排水时，散水坡宽应比挑檐宽度至少大100mm（常用200mm）。散水的坡度为3%~5%。当散水采用混凝土时，宜按长30m间距设置伸缩缝。散水与外墙之间宜设缝，缝宽可为20~30mm，缝内应填沥青类材料。

（3）明沟 在我国南方多雨地区常采用明沟做法。明沟的做法参见本书民用建筑部分的介绍。

18.3 地沟

在厂房建筑中，地沟是为了容纳各种管道如电缆、采暖、压缩空气、蒸汽等管道而设置的，如图18-4所示。地沟由底板、沟壁和盖板组成，常用的材料有砖和混凝土。砖砌沟壁一般为120~490mm，厚度一般不小于240mm，应做防潮处理。地沟的沟宽和沟深应根据敷设检修管线的需要而定。盖板一般采用钢筋混凝土或铸铁制作，盖板上应装活络拉手，以便于开启，其表面应与地面平齐。当有地下水影响时，常将地沟底板与沟壁做成现浇整体混凝土。当地沟穿过外墙时，应注意室内外管沟接头处的构造，处理不好会发生不均匀沉陷，故室内外地沟接头处应设置变形缝（见图18-4）。

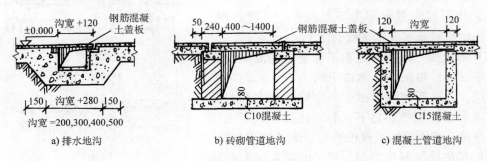

a) 排水地沟　　　　b) 砖砌管道地沟　　　　c) 混凝土管道地沟

图18-4 地沟及盖板

18.4 钢梯

单层工业厂房中常采用各种钢梯，如作业平台钢梯、吊车钢梯、消防及屋面检修用钢梯等，以解决生产之间的联系。上述钢梯的宽度一般为600~800mm，梯级每步高为300mm，其形式有直梯与斜梯两种。直梯的梯梁常用角钢，踏步用φ18圆钢；斜梯的梯梁多采用6mm厚钢板，踏步用3mm厚花纹钢板，也可以用不少于2φ18的圆钢做成。钢梯还有圆钢栏杆。钢梯易锈蚀，应先涂防锈漆，再刷油漆，并定期进行检修。

（1）作业平台钢梯 作业平台梯多采用钢梯（见图18-5），是供工人上下作业平台或跨越生产设备联动线的交通联系而设置的。其坡角有45°、59°、73°和90°。45°梯坡度较小，宽度采用800mm，其休息平台高度不大于4800mm。59°梯坡度居中，宽度为600mm、800mm两种，休息平台高度不超过5400mm。73°梯的休息平台高度不超过5400mm；90°梯的休息平台高度不超过4800mm。当作业平台高于斜梯第一个休息平台时，可用双折或多折梯。

（2）吊车梯 吊车梯是供吊车司机上下吊车而设置的，其位置应在车间的角落和不影响生产的柱间中，一般多设在端部的第二柱距的柱边。每台吊车应设有自己的专用梯。

吊车梯均为斜梯，梯段有单跑和双跑两种。为避免平台处与吊车梁碰头，吊车梯的平台应低

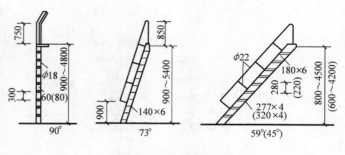

图 18-5 作业平台梯

于吊车的操纵室，再从梯平台设直梯去吊车操纵室。当梯平台的高度为 5~6m 时，梯中间还须设休息平台。当梯平台的高度在 7m 以上时，则应采用双跑楼梯，其坡角应不大于 60°。吊车梯的位置有三种（见图 18-6）：靠近边柱；在中柱处，柱的一侧有平台；在中柱处，柱的两侧有平台。

为解决吊车梁上部的通行问题，可以在吊车梁与外纵墙之间或在两个吊车梁之间架设走道板。图 18-7 所示为走道板所用材料有木板、钢板以及钢筋混凝土板。

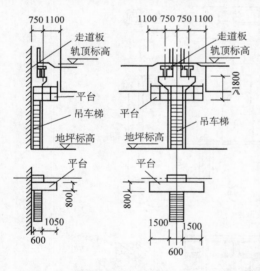

图 18-6 吊车梯

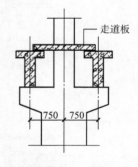

图 18-7 走道板

（3）消防、检修梯 单层工业厂房屋顶高度大于 10m 时，应有专用梯自室外地面通至屋面，以及从厂房屋面通至天窗屋面，以作为消防及检修之用。相邻厂房的高度差在 2m 以上时，也应设置消防、检修梯。

消防梯和检修梯一般均沿外墙设置，且多设在端部山墙处，其位置应按防火规范的规定位置。消防梯多采用直梯。消防、检修梯的底端应高出室外地面 1.0~1.5m，以防止儿童攀登（见图 18-8）。钢梯与外墙面之间相距应不小于 250mm。梯梁用焊接的角钢埋入墙内，墙内应预留 240mm×240mm 孔洞，深度最小为 240mm，然后用 C15 混凝土嵌固；也可以做成带角钢的预制块随墙砌筑。

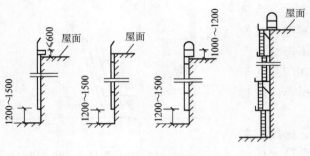

图 18-8 消防梯

18.5 隔断

在单层工业厂房中，根据生产和使用的要求，需在车间内设车间办公室、工具库、临时库房等。有时因生产状况的不同，也需要进行分隔。分隔用的隔断常采用 2100mm 高的木板、砖墙、金属网、钢筋混凝土板、混合隔断等，也可将隔断设计成可以灵活移动、利于拆卸的形式，方便使用（见图 18-9）。

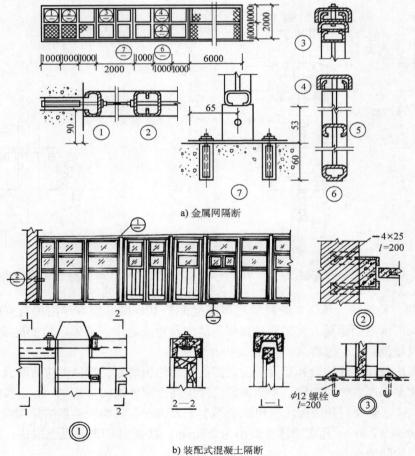

a) 金属网隔断

b) 装配式混凝土隔断

图 18-9 隔断

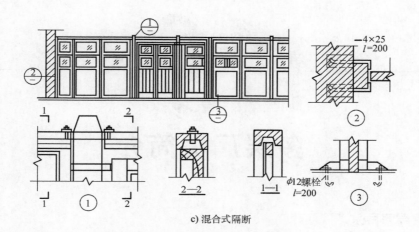

c) 混合式隔断

图 18-9　隔断（续）

复 习 思 考 题

1. 厂房地面的构造做法如何？
2. 地沟的构造做法如何？
3. 金属梯的一般宽度和形式分类如何？
4. 举例说明厂房中隔断做法。

第 **19** 章

多层厂房简介

学习目标

　　了解多层厂房的特点及适用范围，熟悉多层厂房的平面及剖面设计，掌握多层厂房确定层数和层高的主要因素。

　　随着国家工业的协调发展，中小型轻工企业大量出现。由于生产工艺的要求、城市工业用地的紧张和城市规划的需要，多层厂房建筑大量涌现。一些市区内老厂的扩建和改建，受厂区基地面积大小的限制，即使有轻型起重运输设备的车间，也多采用多层厂房。多层厂房不仅能提高城市建筑用地的效率，而且对改善城市景观也起着积极的作用。

19.1 多层厂房的特点及适用范围

19.1.1 主要特点

　　与单层厂房相比，多层厂房具有以下特点。

　　1) 生产在不同标高的楼层进行。各层之间除了水平的联系外，还有竖直方向的联系。因此，在厂房设计中，不仅要考虑同一楼层平面布置的合理性，还要解决好各楼层之间的垂直联系，安排好垂直交通。

　　2) 节约建筑用地。多层厂房占地面积少，能节约土地，降低基础和屋顶的工程量，缩短厂区道路、管线、围墙的长度，节省投资和维护管理费用。

　　3) 厂房宽度小，屋顶面积小，可利用侧窗采光。屋顶上一般不需设置天窗，屋面构造简单，雨雪排除方便，有利于保温和隔热处理。

　　4) 厂房一般为梁板柱承重，柱网尺寸较小。生产工艺的灵活性受到一定限制，厂房通用性小，梁板结构对大荷载、大设备、大振动的适应性差。

19.1.2 适用范围

　　多层厂房主要适用于轻工业、对垂直工艺流程有利的工业或利用楼层能创造较合理的生产条件的工业等，如纺织、服装、食品、印刷、无线电、半导体、轻型机械制造等。具体适用于：

　　1) 生产工艺流程上需要垂直运输的厂房，如面粉厂、啤酒厂、乳品厂、化工厂等。

2）生产上要求在不同层高操作的企业，如化工厂的大型蒸馏塔等设备，高度比较高，生产又需要在不同的层高上进行。

3）生产工艺对生产环境有特殊要求的厂房，如仪表、电子、医药、食品类厂房，采用多层厂房容易解决生产所要求的恒温恒湿、洁净、无尘无菌等问题。

4）生产设备、原料及产品较轻，运输量不大的厂房。

5）城市建设规划需要，或厂区基地受到限制的厂房。

6）仓储型厂房及设施。如设环形多层坡道的汽车停放库、冷藏库等。

19.1.3　多层厂房的结构形式

1. 混合结构

有砖墙承重和内框架承重两种形式。其中砖墙占用面积较多，影响工艺布置。相比之下内框架承重的混合结构形式使用较多。这种结构形式的特点是可以就地取材、施工方便、造价经济、保温隔热性能较好；但地质条件不好或地震区不宜选用。

2. 钢筋混凝土结构

钢筋混凝土结构是我国目前采用最广泛的一种结构。它的构件截面较小、强度大，能适应层数较多、荷载较大、跨度较大的需要。钢筋混凝土结构一般分为梁板式结构和无梁楼板结构两种。其中梁板式结构又可分为横向承重框架、纵向承重框架和纵横向承重框架三种。横向承重框架刚度较好，适用于室内要求分间比较固定的厂房，是目前经常采用的一种形式。纵向承重框架的横向刚度较差，须在横向设置抗风墙、剪力墙，但由于横向连系梁的高度较小，楼层静空较高，有利于管道的布置，一般适用于需要灵活分间的厂房。纵横向承重框架采用纵横向均为刚接的框架，厂房整体刚度好，适用于地震区及各种类型的厂房。无梁楼板结构，系由板、柱帽、柱和基础组成。它的特点是没有梁，因此楼板底面平整、室内空间可有效利用。它适用于布置大统间及需要灵活分隔布置的厂房，一般应用于荷载较大的多层厂房及冷库、仓库等类的建筑。

3. 钢结构

钢结构具有重量轻、强度高、施工方便等优点。钢结构虽然造价较贵，但它施工速度快，能使工厂早日投产。因而，可以从提前投产来补偿损失。

19.2 | 多层厂房的平面设计

多层厂房设计以生产工艺流程为主要设计依据。在平面设计中，应综合考虑工艺流程、工段组合、交通运输以及建筑、结构、采暖、通风、水电、设备等各种技术要求，合理地确定厂房的平面形式、柱网尺寸以及楼（电）梯间、生活间、门厅和辅助用房的位置。

19.2.1　生产工艺流程和平面布置

生产工艺流程的布置是厂房平面设计的主要依据。各种不同生产流程的布置，在很大程度上决定着多层厂房的平面形状和各楼层间的相互关系。按生产工艺流向的不同，多层厂房的生产工艺流程可以归纳为以下三种类型（见图 19-1）。

（1）自上而下式　这种布置的特点是把原料送到最高楼层后，按照生产工艺流程的程

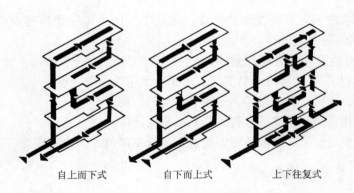

自上而下式　　　自下而上式　　　上下往复式

图 19-1　三种生产工艺流程

序自上而下地逐步进行加工，最后的成品由底层运出。这是可以利用原料的自重，减少垂直运输设备的设置。一些进行颗粒或粉状材料加工工厂常采用这种布置方式，如面粉加工厂。

（2）自下而上式　原料自底层按生产流程逐层向上加工，最后在顶层加工成成品。这种流程方式有两种情况：一是产品加工流程要求自下而上，如平板玻璃生产，底层布置熔化工段，靠垂直辊道由下而上运行，在运行中自然冷却形成平板玻璃；二是有些企业原材料及一些设备较重，或需要有起重机运输等。同时，生产流程又允许或需要将这些工段布置在底层，其他工段依次布置在以上各层，这就形成了较为合理的自下而上的工艺流程。

（3）上下往复式　这是有上也有下的一种混合布置方式。它能适应不同情况的要求，应用范围较广。由于生产流程是往复的，不可避免地会引起运输上的复杂化，但它的适应性较强，是一种经常采用的布置方式。

在进行平面设计时，厂房平面形式应力求规整，以利于减少占地面积和围护结构面积，便于结构布置、计算和施工；按生产需要，可将一些技术要求相同或相似的工段布置在一起。

19.2.2　平面布置的形式

由于企业的生产性质、生产特点和使用要求不同，平面布置形式也各不相同。一般有以下几种布置形式。

（1）内廊式　内廊式布置是厂房每层的中间为走廊，在走廊两侧布置用隔墙分隔成的各种大小不同的生产车间及办公、服务用房等。这种布置方式适用于各生产工段所需面积不大、相互间既有联系又有分割，需避免干扰的生产车间。对有恒温恒湿、防尘、防振等特殊要求的工段，可分别集中布置，以减少设备投资和降低工程造价（见图19-2）。

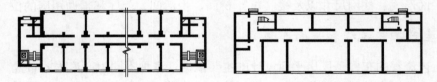

图 19-2　内廊式布置

（2）统间式　统间式布置是厂房内部为一大空间，只有承重柱，不设隔墙。适用于各生产工艺需较大面积，且相互间联系紧密，不宜用墙分开的生产车间。对生产中的少数特殊工段，可结合交通集中或分别布置在车间的端部、一侧或中间（见图 19-3）。

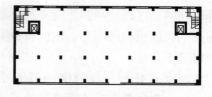

图 19-3　统间式布置

（3）大宽度式　为适应生产工段大面积、大空间和高精度的要求，常采用大宽度式布置。将交通及辅助用房布置在车间中部采光条件较差的部位，保证生产工段的采光和通风（见图 19-4a）。另外，对一些恒温恒湿、洁净等技术要求高的工段，可采用环廊式布置，各工段通过环廊联系，以满足不同的技术精度要求（见图 19-4b 和图 19-4c）。

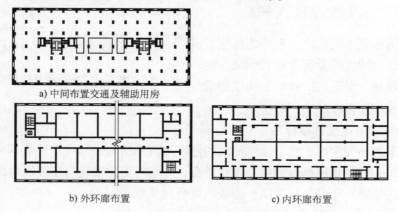

a) 中间布置交通及辅助用房

b) 外环廊布置　　　　　c) 内环廊布置

图 19-4　大宽度布置

（4）混合式　混合式一般由内廊式和统间式混合布置而成。以不同的平面空间满足不同的生产工艺要求（见图 19-5）。这种布置的灵活性大，但平面形状复杂，结构类型难统一，施工麻烦，且不利抗震。

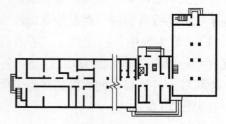

图 19-5　混合式布置

19.2.3　柱网布置

柱网的布置首先应满足生产工艺的要求，同时还应考虑厂房的平面形状、结构形式、建筑材料及其经济的合理性和施工的可行性。柱网的选择应符合《厂房建筑模数协调标准》（GB/T 50006—2010）的规定。其跨度采用扩大模数 15M，常用的有 6.0m、7.5m、9.0m、10.5m、12m，柱距采用扩大模数 6M，常用的有 6.0m、6.6m 和 7.2m。内廊式厂房的跨度可采用扩大模数 6M，常用 6.0m、6.6m 和 7.2m 等，走廊的跨度应采用扩大模数 3M，常用 2.4m、2.7m 和 3.0m。

常用的多层厂房柱网布置主要有等跨柱网、对称不等跨柱网和大跨度柱网等类型（见图 19-6）。

等跨式柱网易于形成大空间，主要用于需大面积布置生产工艺的厂房，如机械、轻工、电子、仪表等工业厂房。也可用轻质隔墙分隔成内廊式平面，适应其他的生产工艺要求。

对称不等跨柱网的特点和适用范围与等跨柱网基本相同。内廊式平面布置即典型的对称不等跨柱网。这种柱网能适应某些特定工艺的具体要求，面积利用率高。但构件种类多，不利于建筑工业化。

大跨度式柱网，其跨度一般不小于9m，中间无柱，为生产工艺的变更提供了更大的灵活性。因跨度较大，楼层常用桁架结构，桁架空间可作技术层，布置各种管道和生活辅助用房。

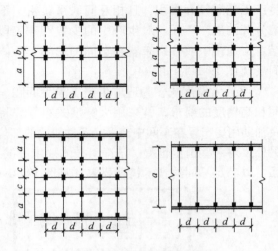

图 19-6　柱网布置的类型

19.2.4　多层厂房的定位轴线布置

厂房的结构形式不同，定位轴线的标定方法也不相同。定位轴线的标定应有利于减少构配件的类型及数量，促进构配件的互换性和通用性，并便于施工和设计工作。

1. 砌块墙承重时定位轴线标定

采用墙承重的小型多层厂房，定位轴线的标定与砖混结构的轴线定位基本相同。横向承重墙的定位轴线一般与顶层横墙的中心线相重合，外墙的定位轴线与顶层墙内缘的距离为半块块材或半块的倍数，亦可与顶层墙中心线相重合（见图19-7）。

2. 框架承重时的定位轴线标定

装配式钢筋混凝土框架承重是多层厂房常采用的结构形式，其定位轴线的标定不仅要考虑框架柱、梁板等构件，而且涉及轴线和墙柱的关系。常用的标定方法有以下两种：

（1）"横中纵中"标定法　"横中纵中"是指多层厂房的横向和纵向定位轴线均与框架柱的中心线相重合（见图19-7、图19-8）。这种标定方法具有纵向构件长度相等，有利于统一边跨和中跨框架梁的长度的优点，但墙板在转角和变形缝处的处理比较复杂，板型规格较多（见图19-9）。

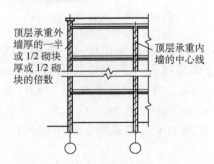

图 19-7　承重砌块墙的定位轴线

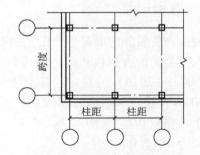

图 19-8　"横中纵中"定位轴线的标定

（2）"横中纵边"标定法　"横中纵边"是指多层厂房的横向定位轴线与柱中心线相重合，边列柱的纵向定位轴线与边柱的外缘相重合（见图19-10）。这种标定方法纵向构件的长度仍然相同，但减少了墙板规格，转角处除纵向墙板需加长外，其他墙板规格都是统一的。如使转角处墙板与横向变形缝处墙板取得一致，则墙板规格更少（见图 19-11）。当顶层为扩大柱网时，屋盖处便于选用单层厂房的相应构件。缺点是横向梁长度不一，平面形状为 L 形或 T 形时，轴线定位复杂。

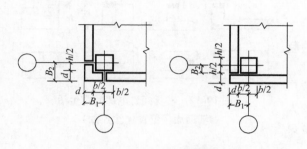

图 19-9　转角墙板处理

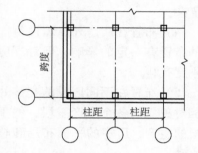

图 19-10　"横中纵边"定位轴线的标定

19.2.5　楼梯间、电梯间及生活辅助用房的布置

楼梯和电梯是多层厂房竖向交通运输的工具。一般情况下，楼梯解决人流的交通和疏散，电梯解决货物运输。通常将电梯和主要楼梯布置在一起，组成交通枢纽。为方便使用和节约建筑空间，交通枢纽又常与生活辅助用房组合在一起。它们的具体位置是平面设计中的一个重要问题。

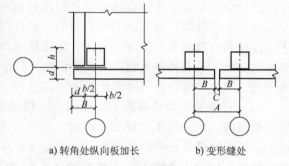

a) 转角处纵向板加长　　b) 变形缝处

图 19-11　转角及横向变形缝处

1. 布置原则

1）楼梯间、电梯间及生活辅助用房的布置应结合厂区总平面的道路、出入口统一考虑，使之方便交通运输和工作人员的上下班，并做到通顺、短捷、避免人流和货流交叉。

2）注意厂房空间的完整性，以满足生产面积的集中使用、厂房的扩建及灵活性的要求，同时应注意通风采光等生产环境要求。

3）出入口位置明显，其数量和布置要满足安全疏散及防火、卫生等要求。

4）楼梯间、电梯间前须留一定面积的过道或过厅，以利货运回转及货物的临时堆放。

5）楼梯间、电梯间及生活辅助用房的布置应为厂房的空间组合及立面造型创造条件，并注意结构和施工等技术要求。

2. 平面位置

楼梯间、电梯间及生活辅助用房在多层厂房中的布置方式，大致有以下几种，如图 19-12 所示。设计中应根据实际需要，合理选择，以适应不同的需要。

（1）布置在厂房的端部　生产工艺布置灵活，不影响厂房的采光通风，建筑结构构件统一，建筑造型易于处理。适用于平面不太长的厂房。

（2）布置在厂房内部　交通枢纽部分不靠外墙，在连续多跨、宽度较大的厂房中，能保证生产工段的通风采光。但工艺布置欠灵活，因无直接出入口，交通疏散不利。

（3）布置在厂房外纵墙外侧，或用连接体独立布置　它与厂房的生产部分分开，工艺布置灵活，结构简单，但厂房的体型组合较复杂。

（4）布置在厂房外纵墙内侧　对生产工艺的布置有一定的影响，但对厂房结构的整体刚度有利。

（5）布置在不同区段的交接处　连接厂房相对独立的各个生产工段，便于组织较大规模的生产，厂房的平面布局和整体造型灵活生动。

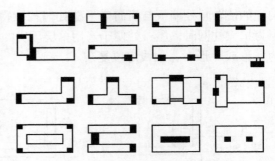

图 19-12　楼梯间、电梯间及生活辅助用房位置（涂黑处）

3. 平面组合

（1）楼梯间的位置与设计要求　在多层厂房中，按楼梯和电梯的相对位置不同，常见的组合方式有：楼梯和电梯在同侧并排布置，楼梯围绕电梯布置，楼梯和电梯分两侧相对布置。设计中应结合厂房的实际情况，处理好与出入口的关系，组织好人行和货运交通。

常见的楼梯间、电梯间与出入口的关系处理方式有两种。一种是人流和货流同门出入，不论楼梯和电梯的相对位置如何，人流和货流均由同一出入口进出，交通路线直接通畅，且不相互交叉。另一种是人流和货流分门出入，设置不同的出入口进出，交通路线明确，不交叉干扰，对生产有洁净等要求的车间尤其适用。

（2）楼梯间与生活辅助用房的组合　楼梯和生活辅助用房的组合，应便于人流的交通和安全疏散。对一些生产环境有特殊要求的厂房，如洁净、无菌厂房等，其生活辅助用房的组合，不仅要满足一般的使用要求，还应保证生产人员在进入生产工段前，按先后顺序完成各项准备工作后，才能进入生产车间（见图 19-13）。此时，生活辅助用房的组合就应按这些特殊的要求进行。

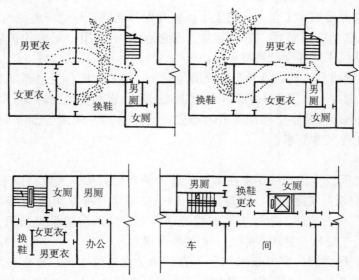

图 19-13　楼梯间与生活间组合示意图

当多层厂房的楼梯间和生活辅助用房采用非独立式的建筑空间组合时，由于生活辅助用房所需的层高较低（一般在 2.8~3.2m），而生产车间的层高一般又较高，为了合理利用建筑空间，在竖向上常采用夹层或错层的组合方式，以便能较多地布置生活辅助用房。

19.3 多层厂房的剖面设计

多层厂房的剖面设计主要是研究和确定厂房的层数、层高、剖面形式及工程管线的布置等有关问题。

19.3.1 厂房层数的确定

多层厂房层数的确定应综合考虑生产工艺、城市规划、基建投资以及楼面使用荷载、建筑结构形式和场地的地质条件等因素。

1. 生产工艺的影响

多层厂房层数的确定，首先要考虑生产工艺流程的要求。对生产工艺要求明确、严格的厂房，在依据竖向生产工艺流程确定各生产工段相对位置和面积的同时，也就确定了厂房的层数。如面粉加工厂，利用原料或半成品的自重，竖直布置生产流程，自上而下分别为除尘、平筛、清粉、吸尘、磨粉、包装六个工段，相应地也就确定厂房的层数以六层较合适。而对于工艺限制小，设备与产品较轻的厂房，用电梯就能解决所有垂直运输的需要。适当增加厂房的层数，既可节省占地面积，又给使用带来较大的灵活性，如电子、医药、服装等多层厂房。

2. 建设场地及其他技术条件的影响

建于市区的多层厂房，其层数的确定应考虑城市规划、街区面貌、周围环境以及与厂区建筑的协调等要求。另外，还应考虑厂区的地质条件、建筑结构形式、建筑施工方法、建筑材料的供应等因素。如地质条件差或处在地震区时，层数不宜过多。在结构、材料、施工等条件允许的情况下，为节约用地，可适当增加厂房的层数。

3. 经济因素的影响

厂房的层数与厂房的造价有直接关系。层数多，技术难度大，施工周期长，厂房的单位面积的造价就高（见图 19-14）。但层数过少，用地浪费，也不经济。经济地确定厂房层数，与厂房展开面积的大小有关。图 19-15 中曲线所示，一般在 3~4 层最为经济，展开的面积大时，层数可适当增多 1~2 层。

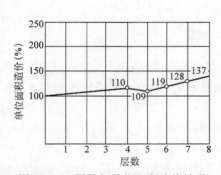

图 19-14　层数与单位面积造价关系

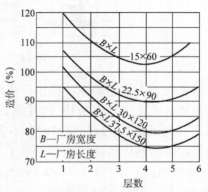

图 19-15　层数和厂房展开面积与造价的关系

19.3.2　厂房层高的确定

影响多层厂房层高的因素很多，设计中应综合考虑层高与生产工艺、生产运输设备、建筑施工、建筑经济、视觉比例、采光通风及管道布置的关系，合理、经济、美观地确定厂房的层高。

（1）层高与生产、运输设备　多层厂房的层高首先取决于生产工艺的布置和运输设备的大小。在满足生产工艺要求的同时，还应满足生产运输设备对厂房高度的要求。在工艺允许的情况下，把一些重量大、体积大和运输量大的设备布置在底层。对个别较大的设备，可根据需要增加底层的高度，用局部抬高层高或降低地面的方法解决，不致影响整幢建筑的层高。

（2）层高与厂房的采光通风　层高的确定还应考虑厂房的采光通风要求。为了保证多层厂房室内有必要的天然光线，一般采用双面侧窗天然采光。厂房的层高一定时，通过侧窗阳光的照射深度是一定的，当厂房宽度增加时，如果只加大窗口宽度，不能保证厂房中部的采光效果得到很好的改善，因而要相应地增加层高，提高窗口高度，以满足采光要求。设计时可参考单层厂房天然采光面积的计算方法，根据我国《建筑采光设计标准》（GB 50033—2013）的规定进行计算。

对采用自然通风的车间，厂房的净高应满足《工业企业设计卫生标准》（GBZ 1—2010）的有关规定。对散发大量热量或有害气体的工段，则应根据通风计算，确定厂房所需的层高。通常，层高越高，对改善环境越有利，但造价也随之提高。

对生产有特殊要求的厂房，如恒温恒湿、洁净、无菌等，车间内部通常采用空气调节和人工照明，这样应在符合卫生标准的情况下，尽量降低厂房层高。

（3）层高与管道布置　层高的确定还要受厂房管道布置方式的影响。在要求恒温、恒湿的厂房中，空调管道的高度是影响层高的重要因素。常见的几种空调管道布置方式如图19-16所示。对厂房层高影响较大的是一些水平管道，如空调车间，由于空调管道的断面高度较大，一般可达 1.5～2.5m，这时管道的高度就成为确定层高的主要因素。另外，还有将管线布置在窗下墙位置的，这里就不详细介绍了。

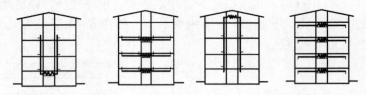

图 19-16　多层厂房的几种管道布置

（4）层高与经济因素　确定厂房的层高，还应从经济角度予以考虑。层高与厂房的单位面积造价成正比，从图19-17中可以看出，层高每增加0.6m，单位面积造价就提高8.3%左右。因此，确定厂房的层高时，不容忽视经济问题。

目前，多层厂房的层高常用 3.6m、3.9m、4.2m、4.5m、4.8m、5.4m、6.0m、6.6m、7.2m 等数值。其中，3.6～6.0m 较为经济。

（5）层高和室内空间比例　厂房的层高在满足主产工艺要求的前提下，还要兼顾到室内建筑空间比例的协调。即厂房室内高宽比的研究。一般厂房在分割成小间时，室内空间高宽比在 1∶2 以下较为合适。而在大空间的情况下，其室内空间高宽比在 1∶4 以上较为合适。

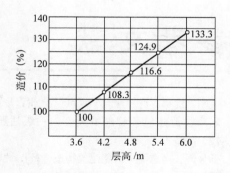

图 19-17　层高与单位面积造价的关系

19.3.3　剖面形式

多层厂房柱网的布置不同，其剖面形式也不相同。不同的结构形式，不同的工艺布置，对剖面形式的影响很大。根据柱网的布置，在多层厂房设计中常采用的剖面形式如图 19-18 所示。

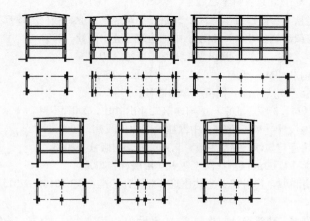

图 19-18　多层厂房的几种剖面形式

复习思考题

1. 多层厂房常用的柱网类型有哪些？
2. 多层厂房生活间的布置应注意哪些问题？
3. 多层厂房楼梯、电梯常见的组合方式有哪几种？
4. 多层厂房确定层数和层高的主要因素是什么？

参 考 文 献

[1] 裴刚, 沈粤. 房屋建筑学 [M]. 广州: 华南理工大学出版社, 2002.

[2] 北京注册建筑师管理委员会. 一级注册建筑师考试辅导教材 [M]. 北京: 中国建筑工业出版社, 2003.

[3] 杨金铎, 房志勇. 房屋建筑构造 [M]. 北京: 中国建材工业出版社, 2003.

[4] 同济大学, 等. 房屋建筑学 [M]. 北京: 中国建筑工业出版社, 1999.

[5] 陈保胜. 建筑构造资料集 [G]. 北京: 中国建筑工业出版社, 1994.

[6] 金虹. 房屋建筑学 [M]. 北京: 科学出版社, 2003.

[7] 王崇杰, 岳勇, 崔艳秋. 房屋建筑学 [M]. 北京: 中国建筑工业出版社, 1997.

[8] 武六元, 杜高潮. 房屋建筑学 [M]. 北京: 中国建筑工业出版社, 2003.

[9] 舒秋华. 房屋建筑学 [M]. 武汉: 武汉理工大学出版社, 2002.

[10] 孙玉红. 房屋建筑构造 [M]. 北京: 机械工业出版社, 2003.

[11] 叶佐豪. 房屋建筑学 [M]. 上海: 同济大学出版社, 1999.

[12] 李必瑜. 建筑构造 [M]. 3 版. 北京: 中国建筑工业出版社, 2000.

[13] 张伶伶, 孟浩. 场地设计 [M]. 北京: 中国建筑工业出版社, 1999.

[14] 王学军, 袁雪峰. 房屋建筑学 [M]. 2 版. 北京: 科学出版社, 2003.

[15] 李必瑜. 房屋建筑学 [M]. 武汉: 武汉工业大学出版社, 2000.

[16] 中华人民共和国住房和城乡建设部. 公共建筑节能设计标准: GB 50189—2015 [S]. 北京: 中国建筑工业出版社, 2015.

[17] 中华人民共和国公安部. 建筑设计防火规范: GB 50016—2014 [S]. 北京: 中国计划出版社, 2014.

[18] 中华人民共和国住房和城乡建设部, 中华人民共和国国家质量监督检验检疫总局. 建筑抗震设计规范: GB 50011—2010 [S]. 北京: 中国建筑工业出版社, 2010.

[19] 中华人民共和国建设部. 民用建筑设计通则: GB 50352—2005 [S]. 北京: 中国建筑工业出版社, 2005.